공학윤리

김정식 저

GS인터비전

머리말

이 책은 미래의 공학자, 전문가(PE; professional engineer), 기술자(engineer and technologist), 기능사(technician), 전문연구자(researcher), 학생(engineering student) 등 모든 공학과 관련되어 전문가가 되기를 원하는 사람들을 위한 것이다.

공학기술과 윤리는 공학 기술자들이 사회의 전문가로서의 역할을 수행함에 있어 그들의 행위를 통제하고, 방어하는 전문가들의 규칙들과 기준들에 관한 연구이다. 또한 공학기술과 윤리는 기술자들이 직업과 관련된 각종 이해관계의 문제에서 현명하게 대처할 수 있는 능력과 방법을 이와 같은 학문의 연습과 훈련을 통하여 스스로 터득해야 하는 현대사회의 과제이다.

최근 공학 기술인의 윤리와 관련한 사례들이 증가하고 있다. 예를 들면 공학과 관련된 설계결함, 식품의 피해, 안전사고, 기술 개발로 인한 환경오염, 각종 교통사고의 기계의 결함으로 인한 문제, 재산 손실 및 업무의 방해 등 이해관계의 충돌로 인하여 공학기술 윤리의 중요성에 대한 인식이 상승하고 있다. 공학 기술인의 활동이 사회에 미치는 막대한 영향을 고려한다면, 공학 기술인들의 윤리 의식이 사회 발전과 대중의 안전 및 행복에 중요한 변수로 등장하고 있다고 볼 수 있다.

공학윤리 교육에서 궁극적인 이슈가 될 수 있는 명제는 역시 정의감, 공평성, 형평성, 공정성 등의 고취와 윤리적 실천의식이 필요하다. 이것은 단편 지식의 암기와 교양의 문제를 떠나 졸업 후 복잡한 엔지니어의 세계에 부딪히게 되는 공학관련 학생과 엔지니어 들이 학교에서 접해보지 못했던 상황을 잘 해결해 나가는 윤리적 실천의식은 사회의 안녕과 복지, 건강, 행복을 추구하는 엔지니어의 사명과 잘 부합하고, 사회적 책임감과 개인적으로는 만족한 업무로 인한 자긍심과 엔지니어로서의 보람을 느낄 수 있게 하기 위함이다.

공학 윤리는 좋은 설계, 제조를 하기 위한 사회적 지식을 기초로 하고 있다. 훌륭한 설계와 좋은 제조는 물론 폭넓은 공학적 지식의 기초로부터 성립되지만 공학적 지식만으로는 사회가 요구하는 정도를 충족하지 못한다는 발상에서 출발한다. 공학 윤리는 공학적 지식의 모습을 확인하고, 거기에 포함된 사회제도나 인간과의 관계와도 연관된다. 기업과 비즈니스 윤리도 공학 윤리의 대상이다.

엔지니어는 공학의 연구자로서 자신의 이익을 위하고 사회의 발전을 위하여 지적 재산권, 개인 프라이버시 보호법을 포함한 법과 연구자로서의 윤리를 알 필요가 있다. 실험, 실습실에서의 연구의 결과는 곧 바로 현실로 이어지는 결과가 많고 그 이익과 성과는 자신을 포함한 사회의 몫으로 남는다. 또한 미래 사회 건설의 주역이 됨으로 전문가로서 사회를 보호하려는 윤리적 인식도 필요하다. 엔지니어는 사회속의 전문가이며 그 실천가이기도 하다. 기술의 실천자임으로 제작과 제조의 신성한 의무와 책임의식도 필요하다.

시대가 흐르면서 학문도 파생한다. 모든 학문이 철학, 자연학, 윤리학으로부터 발전되어 나오지 않은 학문이 어디 있으랴. 공학기술 윤리의 분야도 다양하다. 국가에 따라 논의하는 관점도 조금 씩 다르다고 생각된다. 그러나 환경윤리, 정보 윤리, 생명윤리가 공학기술 윤리의 근간이 되는 것은 확실하지만 의공학과 자연과학(理學)이 관련이 없다고 볼 수 있는 근거는 없다. 그래서 책의 제목이 암시하듯이 공학이라는 학문의 범주에서 주로 공학과 관련된 사람들의 행위의 방향을 탐색하는 기술 철학의 분야를 주 논의 대상으로 다루려고 한다.

공학 윤리의 기본은 사람에게 해(害)를 주지 않는다고 하는 것이 기본 명제가 되어야 한다. 사실, 윤리라고 하는 것은 신적인 존재나 이상의 세계에서는 필요 없는 말이다. 단지 인간이 만드는 사회에서 더구나 오늘날과 같이 점점 더 첨예한 과학 문명이 발달하면서 생긴 말이다. 공학 윤리가 필요한 것은 전문가로서의 엔지니어가 사고의 문제성을 포함하고 있거나 결함의 함유, 실수의 인정이 될 수 있는 것들로 하여금 타인에게 피해 의식을 전가하지 않는 것이 최소한의 공학 윤리에 대한 기본의식이라고 말할 수 있다. 끝으로 본서를 통하여 독자들이 다시 한 번 기본의식에 충실하도록 다짐하는 시간이 되기를 소망해 본다.

2011년 8월 저자 일동

차 례

1
CHAPTER

공학 윤리학
(The ethics of engineering)

1.1 공학 윤리 교육의 목적
1.2 공학 윤리 교육의 의의
1.3 공학기술의 정의
1.4 공학의 가치중립성
1.5 현대 공학기술 사회의 윤리적 쟁점
1.6 Case Study: 도심의 대형 백화점 건물 붕괴 사고

1.1 공학윤리 교육의 목적

인간 사회의 중심에는 과학과 공학 또한 그의 실천을 책임지는 과학자, 기술자가 있다. 그리고 과학과 공학의 실천으로 인한 피해를 최소한으로 줄이기 위해서는 그들의 깊은 윤리의식에 기초한 인식과 분석사고, 판단, 행위의 실천에 있다. 기술자의 지식과 기술, 행동은 인간 사회의 안전, 건강 및 복지에 대단히 큰 영향을 미친다. 전문성이 있는 기술자에게 여러 가지 사회적 요구사항이 뒤따르는 것은 당연하다고 하겠다.

기술자(engineer)들의 직업 특징은 일반인들의 직업 특징과는 다르다. 즉, 물건을 설계 한다거나, 제조 한다는 것을 의미하는데 이와 같은 발명과 개발에는 분명 물건을 사용하거나 그에 의존하는 것과는 현저히 다른 관계를 갖는다. 이와 같은 특이한 행동이 가능한 기술자는 자신의 행동에 의하여 그 집단이 창조한 하나의 둥지 속에서 단지 생활을 운영할 뿐만 아니라 타인에게 위험을 끼치는 행위를 할 수도 있다. 그 좋은 예가 '사고'라는 것이다. 사고는 우연히 발생할 수도 있고 자연적으로 발생한 것처럼 보이는 경우도 있으나 대부분 인간의 윤리적, 공학적 오류에 의한 필연적인 것이라는 것이 일반적인 이론이다.

이와 관련된 일을 하는 기술자의 행위와 의식은 대단히 큰 위험을 수반하며 안전과 건강, 다른 사람의 행복에 큰 영향을 끼친다. 그렇다면 사고를 방지하기 위해서 기술자가 조심하거나 해를 덜 끼치는 정도로 설계하면 된다고 하는 것도 근본적인 대책은 아니다. 기술자가 행위를 할 때 자연과 인간에게 어떤 영향을 주는 선례의 사고나, 경험, 습관, 윤리의식이나 제도, 규정, 사고방식을 이해하고 실천한다는 것은 분명히 전문가인 기술자의 행동에 도움이 되는 것은 확실하다. 이러한 기술자의 윤리의식과 관련된 용어를 공학윤리(Engineering Ethics)라고 한다.

공학윤리는 가르침이나 훈육의 제목이 아니라 좋은 설계, 제조를 하기 위한 사회적 지식과 기술을 기초로 하고 있다. 훌륭한 설계와 좋은 제조는 물론 폭넓은 공학 지식의 기초로부터 성립되지만 공학 지식만으로는 사회가 요구하는 정도를 충족하지 못한다는 발상에서 출발한다. 공학 지식으로는 인간의 행위에 관계된 지식의 이해와 활용이 중요하다.

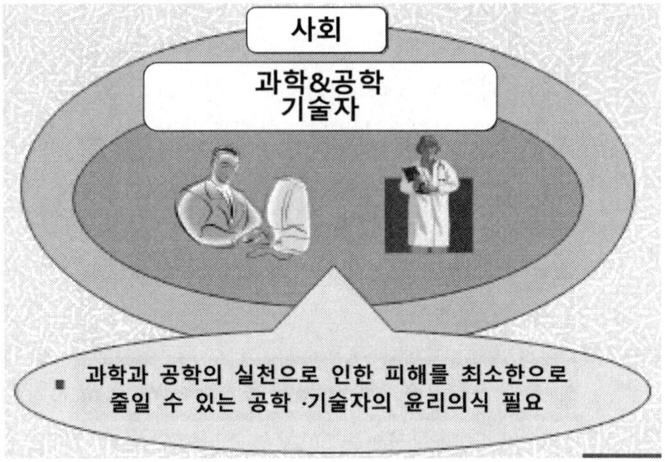

<그림1.1> 공학윤리 교육의 필요성

공학윤리는 공학 지식의 모습을 확인하고 거기에 포함된 사회제도나 인간과의 관계와도 연관된다. 그리고 기술자는 보통 기업에 근무하기 때문에 기업조직의 모습을 알 필요가 있다. 기업과 비즈니스 윤리(기업윤리 혹은 경영윤리)도 공학윤리의 대상이다. 또한 기술자는 공학의 연구자로서 자신의 이익을 위하고 사회의 발전을 위하여 지적 재산권, 개인 프라이버시 보호법을 포함한 법과 연구자로서의 윤리를 알 필요가 있다. 실험, 실습실에서의 연구의 결과는 곧 바로 현실로 이어지는 결과가 많고 그 이익과 성과는 자신을 포함한 사회의 몫으로 남는다. 공학이 거대한 사회적 실험이라는 논리의 토대가 되는 것이다.

공학의 목적은 단순한 자연과학의 응용이 아닌 자연과 인간에 대한 건강과 복지, 행복을 위한 목적적 응용과학이다. 자연을 파괴하지 않는 범위 내에서 인간의 유익을 추구하는 것이 목적이다. 파괴할 수밖에 없는 상황이라면 대안과, 대책, 지속가능한 발전책 또는 다른 해결책을 찾아 움직이는 것이 공학의 특별한 특징이다. 공학에 있어서 절대적인 단 하나의 해법이 존재하지 않는다는 것이다.

제품 제조의 상호성과 관련성이 집단의 의사결정으로부터 이루어진다고 볼 때 그 물건의 단순 제조의 범위를 벗어나는 것이다. 인간이 만든 사회에서 집단의 필요와 요구에 의한 선(善)의 활용이 기술자가 하는 행위의 목표가 될 수 있다.

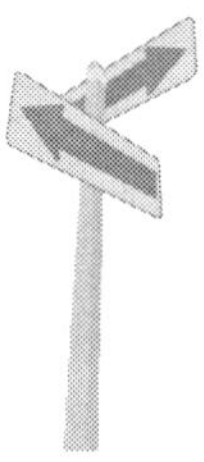

공학윤리의 기본은 사람에게 해(害)를 주지 않는다고 하는 것이 기본 명제가 되어야 한다. 공학윤리가 필요한 것은 전문가로서의 기술자가 사고의 문제성을 포함하고 있거나 결함의 함유, 실수의 인정이 될 수 있는 것들로 하여금 타인에게 피해 의식을 전가하지 않는 것이 최소한의 공학윤리에 대한 기본의식이라고 말할 수 있다.

그것은 단지 공학 지식만을 의미하지는 않는다. 가령, 환경에 대한 고려, 휴머니즘, 개인적 도덕성, 사회에의 반대 세력에 대한 배려, 사고에 대한 책임과 법 등의 기준을 생각하지 않을 수가 없기 때문이다. 기술자는 회사나 기업에 근무한 것이 보통이기 때문에 이와 같은 경우에 기업과 개인과의 윤리 문제가 관련된다.

결국 공학이라는 것은 단지 과학적 지식을 응용하는 것이 아니라 독특한 영역이 있고 각각의 지적인 공헌을 하고 있는 것임으로 실제 생활과 직접적인 관련이 있다. 따라서 가장 합리적이어야 하고 복잡한 사회 시스템에 대응하고 대안을 구할 수 있는 영역이어야 함으로 이를 연구하는 연구자의 경우에는 독특한 발명의 소명을 다하라고 하는 것이 기술자의 사명이자 목적만이 아니라 전문 지식인으로서 실천가로서 소임을 다하는 것이 그 목적이다. 자연이라고 하는 대상에 통제를 가함으로서 설계, 제조를 하는 합리적 의무를 다하라는 것이 기술자의 사명이다.

오늘 날의 설계 제조는 혼자가 이루어지기 어려움으로 그러한 의미에서 팀이 구성되고 팀워크가 이루어지며 의사결정이 된다. 그래서 인간의 행복과 유익을 위한 개발이 이루어진다. 따라서 기술자는 연구자로서 결국 지적 재산권과 관련이 있고 타인의 지적 재산권을 기초로 하여 개발을 하며 또 독자적인 지적 재산권을 창출하는 사회적 공헌을 한다.

사고와 위험에 대한 책임도 동시에 수반되며 직접적인 관련이 있는 사람뿐만 아니라 많은 다른 제 3자와도 긴밀한 관계가 있다. 각자의 독자적인 공헌을 첨가하고 있을 뿐만 아니라 타인에게 피해를 줄 가능성도 있다. 그 때문에 사회적 제도로 법률과 규칙이 있다. 그러한 사실을 잘 알고 있는 만큼 올바른 설계, 제조가 이루어져야 한다. 올바른 설계 제조를 한다는 것은 전문가로서 사회적 책임이기 때문이다.

공학윤리의 분야는 "공학의 윤리적 측면" 및 다른 "사회적 영향"에 관한 관련은 있지만 명확하게 구별되지 않으면 안 된다. 공학의 사회적 영향이라고 하는 것은 "공학"이라고 하는 일반적인 공학의 결과나 산출물 등의 물적 대상이나 그 시스템

The importance of the
engineering ethics education

- All American Engineers is
- 1. To give all engineering graduates basic values of **professional sense of conduct.**
- 2. To give every engineering graduate **a sense of responsibility** for care and objectivity in the **application of the knowledge** and technical expertise entrusted to him

-from NSPE (Nationa l Society of Professional Engineers)

<그림 1.2> 공학윤리교육의 중요성, NSPE(미국공학기술전문가협회)

의 연구에 주로 관계되는 분야이다. 대조적으로 공학의 윤리적 측면이라는 것은 기술자의 윤리의식에 관한 분야로서 개인으로서 혹은 집단 속의 전문가로서 "공학관련 직업", "기술관련 직업"이라고 말하는 전문직에 속하고 있는 사람에 의하여 이루어지는 행위나 실천, 결과에 관계된 분야이다. 이들 두 가지 분야의 관계는 매우 밀접하다고 할 수 있고 그러한 사이의 관계는 몇 개인가의 점의 관계로 서로 반대적 관계를 갖기도 한다. 비상관의 관계가 아니라 역의 관계가 성립되기도 한다. 공학 학문과 그 실천의 목적이 사회 현실과 충돌할 수도 있기 때문이다.

기술자는 사회를 지배하는 공학적 존재의 창조에 중요한 공헌을 하고 있다. 이 때문에 그들의 윤리적 책임을 검토할 필요가 있고 그들이 만들어 냈던 공학의 영향을 생각해 볼 필요도 있다. 사회에 미치는 공학의 영향을 평가할 때 공학의 창조에 있어서 기술자의 역할을 고려하는 것은 때때로 그 공학이 완전히 필요 없어질 때까지 유한하다. 그 이유는 현재에 충실한 기술자를 지원, 훈련하고 옹호하기 위함이다. 기술자의 책임을 묻자고 하는 것이 아니라 오히려 기술자를 지원하고 기술자가 된 개인의 사회적 책임에 관한 문제이기 때문이다. 그래서 기술자를 위한 윤리 교육의 필요성이 주장되고 있다.

이와 같은 움직임이 표면화하고 나타나게 된 배경에는 적어도 두 가지의 요인이 있다. 하나는 공학기술에 대한 신뢰 회복의 문제이고 또 하나는 복잡한 공학문제의

<표 1.1> 미국 헤이스팅스센터 보고서 중 "고등 교육에 있어서 윤리교육"의 목표

*자료: Harris et al., Engineering Ethics,

From the project conducted by the Hastings Center

1. Stimulating the Moral Imagination(도덕적 상상력의 자극)
2. Recognizing Ethical Issues (윤리 문제의 인식)
3. Developing Analytical Skills (분석 능력의 개발)
4. Eliciting a Sense of Responsibility(책임의식의 확산)
5. Tolerating Disagreement and Ambiguity(견해의 차이나 애매함에 대한 이해)

실천을 목적으로 하는 기술자들의 자격과 인증에 관한 사회적 제도의 재평가이다. 위험과 안전을 수반하는 전문 지식을 가진 기술자들의 사회적 자격과 윤리의식은 곧 그들의 행위가 사회에 절대적인 영향을 끼치고 있다는 인식이 생긴 것이다.

"고등 교육에 있어서 윤리교육 : 헤이스팅스·센터 보고"의 권고에 포함된 다음의 목표 리스트는 특정한 과목 혹은 교육 과정이 그러한 목표의 설정에 관심을 갖고 있는 자에게 이바지하기 위해서도 필요하지만 이러한 기본 목표는 공학윤리의 수업에서도 내용을 검토하는 것이 바람직하다.

공학윤리에 대한 접근 방법은 기술자나 기술자에게 미치는 사회적 영향을 연구하는 "기술자의 관리에 있어서 개인 기술자의 역할에 관하여" 혹은 "전체적인 기술자 전문직의 역할에 관하여"라고 하는 정도 밖에 없다. 이것은 공학윤리의 내용으로 빈번히 사용되고 있다.

이들 과목의 대부분은 "여러 가지 공학·기술의 영향은 무엇일까", "그 영향은 좋은 것인가 아니면 나쁜 것인가"하는 문제에 초점을 맞추고 있다. 그러나 "기술자가 가능한 것은 무엇인가", "기술자가 해야 하는 것은 무엇인가" 또는, "특별히 보다 부정적인 영향에 관계되는 기술자의 책임은 무엇인가" 하는 문제는 고려되고 있지 않다. 대부분 이런 과목은 한 분야의 관점에서 가르치고 배우고 있지만 공학, 법률, 사회 과학과 행동 과학 그리고 인문 과학과 같은 다양한 부문의 사람을 필요로 하고 있다. 그리고 이런 과목은 가르칠 수 있는 학교의 제한이 따르게 된다.

이것은 공과 대학 학생들에게 인문 과학과 사회 과학의 소양을 키워주기 위해 시행되고 있고 인문대학 학생들에게는 과학적 상식과 교양을 제공하기 위해 시행되고 있다. 이런 과목은 대개 기술자와 기술자의 윤리적인 의사 결정 과정에 직접 관련된 주제를 다룬다고 볼 수 있지만 공학윤리적인 문제에는 직접적인 관계가 없다고 볼 수 있다. 물론 이런 과목들은 다른 분야에 많은 자료를 제공하고 있지만 공학윤리만을 특별히 다루는 것은 아니다. 여기에서 주된 초점은, 공학윤리에서 교육의 문제이다.

여기에서 기술자 교육과정에 있어서 윤리 교육의 목표에 관하여 일련의대조적인 사고방식을 가능하게 하는 것은 우선 전문가가 목표 설정한 것 또 는 적절한 전문가와 공동으로 목표를 설정하는 것 그리고 서비스를 받는 고객이 목표 설정하는 것 또는 사회 일반이 목표 설정하는 것을 포함하고 있다.

"윤리"를 공과 대학의 교육 과정으로 해야 한다는 의견이 기술자와 기술자 외의 사람들 사이에서 나타나고 있다. 그러나 "활동의 목표를 어떻게 해야 하는가" 또는 "어떤 내용을 포함해야 하는가"에 대해서는 아직도 의견의 일치를 보지 못하고 있다. 이미 다른 학부에서 비슷한 형식으로 접근하고 있고 그런 형식으로 계속 접근하겠지만 모든 공학부에서 적어도 한 개의 과정은 공학윤리 과목을 가르쳐야 한다고 보고 있다.

그러나 윤리 문제의 일반적인 내용을 가르치면 그것의 가치가 많이 떨어지지만 기술자에 관한 출판물 또는 이러한 주제를 다룬 일반적 문헌으로 "왜 윤리를 기술자 교육 과정으로 가르치는 것이 당연한가" 그리고 "이와 같은 과목의 목표는 무엇인가"에 대해 기술자들 사이에서 견해의 일치를 보이고 있다.

하나의 예시를 든다면 아마 미국에서 발간된 NSPE(National Society of Professional Engineers; 미국 공학기술 전문가 협회)의 보고에도 있고 그 중에는 아래와 같이 공학윤리 교육의 두 가지의 목표를 명기하고 있다.

이것은 NSPE (National Society of Professional Engineers)의 예이고 아마도 공학윤리의 교육 목표를 어떻게 설정하는가 하는 것에 따라 다양한 시각이 나올 수 있는 것을 지금의 공학교육에 현실에서 어쩌면 당연할지도 모르는 일이다.

모든 공학 학생 (graduate) 에게 전문직 행위의 기본적인 가치관을 심어 주어야 한다. "to give every engineering graduate basic values of professional a sense of conduct"

학생에게 부여된 지식과 기술적 경험을 적용하는데 주의 깊고 타당하도록 책임의식을 모든 공학 학생에게 주어야 한다. "to give every engineering graduate a sense of responsibility for the exercise of care and objectivity in the application of the knowledge and technical expertise entrusted to him"

NSPE의 전문에 의하면 "공학과 관련된 업무는 중요한 그리고 폭 넓은 학업을 필요로 하는 직업이다. 이러한 직업의 소속인인 만큼 기술자들은 최고 수준의 정직성(honesty)과 청렴함(integrity)을 보여 주리라고 기대한다. 기술자들은 모든 사람들의 삶의 질에 직접적이고 지대한 영향을 미치고 있다. 따라서 기술자이 제공하는 서비스는 정직함(honesty), 비편향성(impartiality), 공평함(fairness), 그리고 평등성(equity)을 필요로 하며 대중의 건강, 안전, 그리고 복지의 유지에 헌신하여야 한다. 기술자(engineer)들은 윤리적 행위의 최고 원리들의 고수(adherence)를 요구하는 직업적 행위 기준 아래 행동하지 않을 수 없다."

ABET(Accreditation Board for Engineering Technology)의 전문에 의하면 "기술자들은 자신들이 종사하는 직업의 청렴(integrity)과 명예(honor)와 존엄성(dignity)을 제고하고 발전시킨다."라고 되어 있다.

IEEE(Institute of Electrical and Electronics Engineers)의 전문에는 "우리 협히 사람듬은 전 세계를 톻하여 삶의 질에 영향을 미치는 우리의 공학기술의 중요성을 인식하고 우리의 직업, 공학 협회 구성원, 또 우리가 봉사하는 공동체에 대하여 개인적인 의무를 짊에 있어서, 최고의 윤리적(highest ethical), 직업적 행위를 수행할 것을 서약하고, 다음 사항에 동의하는 바입니다."라고 명시하고 있다.

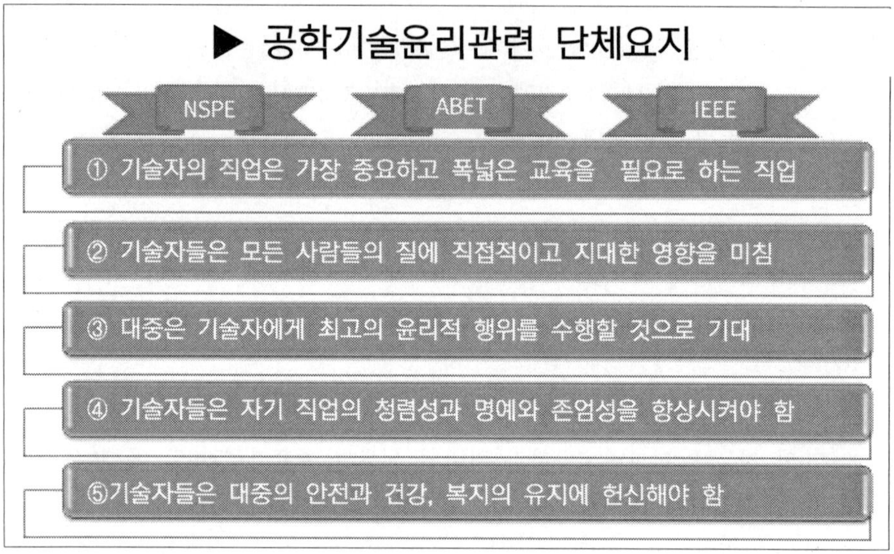

<그림 1.3> 공학기술윤리관련 단체의 요지

이들 세 협회의 전문들의 내용의 요지를 종합하면 대체로 다음과 같다:

① 기술자의 직업은 가장 중요하고 폭 넓은 교육을 필요로 하는 직업이다.

② 기술자들은 전 세계를 통하여 모든 사람들의 삶의 질에 직접적이고 지대한 영향을 미친다.

③ 따라서 대중은 기술자에게 최고의 윤리적 행위를 수행할 것을 기대한다.

④ 이를 위해 기술자들은 자기 직업의 청렴성(integrity)과 명예(honor)와 존엄성(dignity)을 향상시킨다.

⑤ 대중의 안전과 건강과 복지의 유지에 헌신하여야 한다.

이 요지는 높은 학력의 소지자인 기술자(engineer)는 인류의 삶의 질을 높여 주는데 크게 기여할 뿐 아니라 최고의 윤리적 행위가 아니면 이를 크게 악화시켜 기술자의 직업을 손쉽게 더럽히거나, 불명예스럽게 하거나, 비천하게 할 수 있음을 명시한 것이다.

1.2 공학윤리 교육의 의의

기술자에 의한 윤리 교육의 논의는 대부분 언제나 암시 중에 미래의 기술자가 주로 전문역할을 다한 때에 더욱 윤리적으로 행동한 사례에 한하여 한다고 한 궁극적인 목표를 말하고 있지만 여기에서도 다시 한 번 더욱 윤리적이란 전문직 협회 규정의 교육 의지를 준수하는 것을 의미한다. 요컨대 기술자는 대체로 윤리 교육의 목표를 의사, 변호사, 또는 교육자가 일반적으로 그렇게 하는 것이 당연하다 라고 보고 있는 것을 취급하는 것이다.

윤리적 입장에서 보면 고객 즉 공학기술 관련 학생 및 또는 일반 대중이 이러한 교육 목표 설정의 주체임에도 교육목표 결정을 할 수 없는 것은 그들이 최소한 공학의 실천자, 이론가들의 전문가가 아니기 때문인가 한다. 이와 같은 목표 설정을 설명하는 입증 책임은 기술자와 철학자 양자에 여전히 부여되어 있다.

학생은 일반적으로 특히 공학기술 전공의 학생은 도덕적 자율성이 부족하다는 말이 있다. 그들은 현재 소정 과목과 관련한 모든 문제의 해답에 관하여 관심이 많고 강사에게 익숙하도록 교육받아 왔기 때문에 자신의 의지와 행동의 책임에 대한 훈련을 받아 본 적이 별로 없다.

바로 교육 시스템의 구조야 말로 자발적인 공학기술의 실천자 양성에 문제점을 드러내고 있는 것이고 대학 수준에서조차 특정 분야의 전문 지식을 쌓는 것이 우선이라고 생각하고 학생은 당연히 수동적이고 순종하는 역할을 하고 복종으로써 전문지식과 기술을 쌓는다고 하는 근세 시대 교육방식의 답습이 오늘날 공학교육의 현실이었다. 그러나 인터넷과 정보전달 체계의 발달로 교과서적인 지식은 복잡한 공학현실에서 문제점을 해결하는데 한계점을 들어내고 있을 뿐만 아니라 종합적인 지식을 활용한 문제해결 방식은 인간이 원시시대부터 해오던 고전적인 생존비결이었다. 이러한 질서 속에서 발달해 온 윤리학은 공학기술 문제를 원만히 해결하는 데 도움을 주고 오히려 많은 효과를 발생한다는 이론이 앞 다투어 증명되고 있다.

이상적으로는 윤리학의 입장으로부터 기술자 교육 과정에 있어서 윤리 과목의 목표 설정에는 기술자 전문가가 가지고 있어야 하는 윤리의식 뿐만 아니라 철학자의 윤리인식, 사회학자, 법률학자의 식견도 오늘날의 공학 전공 학생들의 기본 소양이 된다. 공학윤리 과목에 공헌할 좋은 가능성을 갖는 자의 범위에는, 사회학자, 심리학자, 변호사, 그리고 역사가가 포함된다. 전문직의 사회학, 기업의 사회학, 그리고 나아가서는 조직 구조의 분야에서 훈련이나 경험을 쌓고 있는 자는 공학윤리 과목의 특정한 문제를 취급하는데도 특히 적임이다. 산업 심리학, 대인 커뮤니케이션, 그리고, 가치관과 의식의 심리학적 연구로 훈련과 경험을 쌓고 있는 심리학자도 또한 공학윤리의 특정한 문제를 취급하는데 적절하게 보인다.

최근 출판된 일본이나 미국의 공학기술 교과서의 내용으로 대부분 다음과 같은 내용을 포함하고 있다. 도덕 문제, 환경 문제, 기술자와 경영자의 관계, 위험과 안전, 연구나 실험의 정직성, 핵무기 문제, 공해, 환경문제, 쓰레기 폐기물 문제, 실업의 만성화, 의료 생명 조작의 문제, 연구자 윤리, 과학 기술자 윤리, 기업윤리(경영윤리), 내부고발, 사회적 책임, 위험과 안전, 환경윤리, 정보, 생명윤리 등의 문제이다.

과학 기술의 고도화와 복잡화 등에 이어 최근 생명 윤리에 관한 문제, 원자력에 관한 문제, 사건과 사고 등 일반 시민들에게 과학화 기술화의 불신감과 공포가 증대되고 있기 때문이다. 이와 같은 불신감과 공포를 줄일 수 있는 해결책을 구하려는 것이 결국 과학자, 기술자들의 윤리 의식에 의존할 수박에 없고 드디어 과학, 기술자의 사회에 대한 책임의식까지 그 개념이 확대되어 가고 있는 것이다. 그렇다면 기술자의 사회에 대한 책임을 명제로 하여 실천할 수 있는 부제를 찾아 기술자들의 안전 의식에 대한 철저 혹은 기술자 윤리 의식의 확보 등의 도구를 마련할 수박에 없는 실정에 이르렀다.

기술사라고 하는 자격은 일본뿐만이 아니라 한국 국내 자격으로만 통용되다가 사회가 점점 국제화 되는 추세에서 해외에서도 일할 기회가 많아지면서 국제적으로 기술사 자격의 통일성이 필요하게 된 것이다. 즉, 기술자가 해외에서 근무할 경우 미국이나 일본, 한국 등에서 공통의 공학기술 교육을 교육한 후 일정한 시험이나 훈련을 거친 다음 동일한 자격을 부여하자는 움직임이 생기게 된 것이다. 따라서 공학기술 교육의 교육과정에 대한 공통성과 교육 목표의 일치가 필요하게 된 것이고 이것이 국제적인 기술사 자격의 상호 인정의 요건으로 대두되게 된 것이다. 그 교육 목표에 공학윤리 교육의 충실과 직업윤리에 대한 철저도 포함되고 있다.

한편 대학에서도 공과대학을 졸업하는 신임 기술자의 자격에 관한 논의도 이루어져서 공과대학에서 공학기술을 배우는 학생들도 언젠가는 전문 기술자가 되기 때문에 이들의 교육 또한 일정한 국제적 수준에 이르렀는지를 검증하고자 하는 노력이 미국의 ABET(Accreditation board for engineering technology) 및 일본의 JABEE (Japanese accreditation board for engineering education) 그리고 한국의 ABEEK (Accreditation board for engineering education of Korean)를 비롯한 세계 각 교육기관을 검증하는 교육 검증기관에서 동일 수준의 기술자의 자격을 유지하는데 전문가적인 직업의식을 갖춘 기술자들의 공학윤리에 대한 의식과 인식의 교육 훈련을 요구한 탓이기도 하다.

세계화, 국제화, 표준화가 진행되는 과학과 공학 세계에서 기술자의 건전하고 사려 깊은 윤리적 시각과 관점 없이는 국제사회에 대응하기 어려운 환경에 직면하게 될지도 모른다. 따라서 사회의 주인공이 될 지식인 특히 예비 기술자의 양성에 있어서 공학윤리적 입장에 대한 연구가 시급하다.

최근의 미국, 일본을 비롯한 선진국에서는 이런 상황을 직시하고 있으며 연구하는 사례 및 분석을 통해 이런 상황을 이해하고 인식하는 기초 연구가 진행되고 있다. 이러한 주제가 일반인들에게 그 중요성이 현실적으로 나타나게 된 것은 미국에 있어서도 근간의 일이다. 이러한 미국에서도 이러한 주제 의식에 대한 평가는 나날이 높아지고 있다.

미국의 공과 대학은 1980년경부터 공학윤리 과목을 수업에 적용시켜 정착되어 왔다. 최근 일본의 대학에서도 이에 대한 연구가 활발히 진행되고 있으며 과학과 기술자에 관한 사건, 사고를 예방하는 차원에서 대학교육의 정규 과목으로 정착되고 있다. 이것은 미국의 기술자들이 인식하고 있는 일들이 일본에서도 현실로 나타나고 있기 때문이다.

공학윤리 교육에 대한 또 다른 필요성의 하나로 미국공학교육인증기준(ABET; Accreditation Board for Engineering Technology), EC 2000)을 들 수 있는데 이 기준에 인증을 받고자 하는 대학에서 학생들이 갖추어야 하는 여러 가지 능력 중 공학윤리 교육에 대한 조항이 들어 있기 때문이다. 즉, 인증 기준 (f) 조항은 '직업적, 도덕적 책임에 대한 인식(An understanding of professional and ethical responsibility)'으로써 이 조항은 전문 공학, 기술자들이 공학윤리와 사회적 책임에 대한 관점을 깊이 이해하도록 요구한다.

1.2 공학윤리 교육의 의의

<표 1.2> 미국공학교육인증원(ABET; Accreditation Board for Engineering Technology)의 인증 기준

(a) An ability to apply knowledge of mathematics, science and engineering.
수학, 기초 과학, 공학 지식과 이론을 응용할 수 있는 능력

(b) An ability to design and conduct experiments as well as to analyze and interpret data.
자료를 이해하고 분석할 수 있는 능력 및 실험을 계획하고 수행할 수 있는 능력

(c) An ability to design a system, component or process to meet desired needs.
요구된 필요조건에 맞추어 시스템, 요소, 공정을 설계할 수 있는 능력

(d) An ability to function on multi-disciplinary teams.
복합 학제적 팀의 한 구성원의 역할을 해낼 수 있는 능력

(e) An ability to identify, formulate and solve engineering problems
공학문제를 인식하며 이를 공식화 하고 해결할 수 있는 능력

(f) An understanding of professional and ethical responsibility
직업적, 도덕적 책임에 대한 인식

(g) An ability to communicate effectively
효과적으로 의사를 전달할 수 있는 능력

(h) The broad education necessary to understand the impact of engineering solution in a global and societal context.
거시적 관점에서 공학적 해결방안이 끼치는 영향을 이해할 수 있는 능력

(i) A recognition of the need for, and an ability to engage in life-long learning.
평생 교육에 대한 필요성의 인식과 평생 교육에 참여할 수 있는 능력

(j) A knowledge of contemporary issues.
경제, 경영, 환경, 법률 등 시사적 논점들에 대한 기본 지식

(k) An ability to use the techniques, skills, and modern engineering tools necessary for engineering practice.
공학 실무에 필요한 기술, 방법, 최신 공학 도구들을 사용할 수 있는 능력

*자료: http://www.abet.org

엔지니어들의 갖추어야 하는 윤리적 덕목
■ That is required to responsible engineer ▪ rightness, fairness, equity(정의감, 공평성, 형평성) ▪ Honesty(정직성, 솔직함) ▪ Integrity(성실, 정직, 고결함) ▪ Impartiality(불편향성) ▪ Honor(명예심) ▪ digity(존엄, 고상함, 품위) etc.

<그림 1.4> 기술자들이 갖추어야 하는 덕목, NSPE, ABET 등

1977년에 미국 과학재단(NSF)의 후원으로 미국 과학 진흥 협회(American Association for the Advancement of Science)의 조사에 의한다면 미국의 대부분의 대학에서 과학 기술이 인간의 윤리 및 가치에 미치는 영향을 테마로 하는 수업이 이미 제공되고 있었다.

주로 "기술 평가", "과학 기술과 가치", "과학 기술과 대중 정책"이라고 하는 일반적인 과목으로부터 "자동차가 미국 문화에 가져 왔던 영향", "컴퓨터와 프라이버시", "현대 사회 속의 기계 기술"이라고 하는 특수한 과목에 이르기까지 다양하지만 과학 기술의 영향력과 그 선악을 고찰할 것을 기본 테마로 하고 있는 점에서는 공통된다.

공학윤리(engineering ethics)라고 하는 연구는 철학, 공학기술, 사회 과학, 법학, 경영학 등을 넘나들면서 실제적인 학술적 연구가 행하여지게 된 최초의 연구로는 1978년으로부터 1980년에 걸쳐 미국 과학 재단과 미국 인문학 연구 기부금(NEH)의 후원으로 쓰인 로버트 바움(Robert Baum)의 "철학과 공학윤리에 관한 국가 프로젝트(National Project on Philosophy and Engineering Ethics)"가 최초이다.

바움(1980)은 공학윤리를 협의의 의미에 있어서 어떠한 종류의 도덕적 원리를 수반하는 학문 혹은 개인 또는 집단으로서의 기술자의 행위에 관한 판단과 결정을 취급하는 것으로 정의하고 있다.

"기술자의 행위에 대한 판단과 결정"이라고 말한다면 연구 대상은 대단히 한정된 것이라고 생각되지만 오히려 공학윤리를 기술평가(technology assessment)와 같은 연구 분야와 같이 명확하게 구별하여 새로운 연구 분야로 다루었다는 점에서 의의가 있다고 할 수 있다.

현재의 공학윤리의 교육은 이와 같은 형태의 연구에 초점을 맞추어야 할 것으로 판단된다. 공학기술윤리 교육의 목표는 과학 기술의 발전에 따른 불안감, 불신감을 없애줄 수 있는 신뢰와 신용의 회복에 있다.

공학윤리를 기술자의 의사결정에 관한 연구라고 작게 정의하였지만 기술자의 행위는 어떠한 도덕적 원리에 근거해야 하는 것이며, 혹은 어떻게 해야 윤리적 기술자를 육성하는 것이 좋은 것인지에 관한 다양한 견해가 있을 수 있을 것이다. 또한, 윤리교육의 실천과 훈련에는 윤리 규정이 중요한 역할을 담당할 것이라고 생각되지만 윤리 규정은 기술자 교육에 어떻게 도움이 될 수 있어야 할 것인지를 생각해 볼 필요가 있다.

이러한 문제에 대하여 생각해 보면 윤리적인 기술자를 육성하는 것은 그 기술자가 소속하는 혹은 장래에 소속하게 되는 기술직 협회가 정하는 윤리 규정을 충실히 지키는 기술자를 기르는 것이고 윤리 문제의 해결은 반드시 그 규정에 준거해 행해지지 않으면 안 된다는 것이다. 그러나 이것은 몇 가지의 문제점이 있다.

예를 들어 개개의 기술자가 규정에 따라서 윤리적 판단을 내리는 것은 실제상 불가능하게 가깝다. 주된 이유는 첫째, 윤리 규정은 모든 개별의 상황을 설명하고 있지 않다고 하는 것이며 둘째, 규정에 포함되는 각 조항의 적용에는 해석의 여지가 있어 어느 해석이 최선일까를 판별하는 것이 용이하지 않은 것 같은 상황이 있다. 규정에 포함되는 기본적 원리는 상황에 의해서 서로 서로 모순되는 일이 있고 규정 자체는 이 모순을 해결하는 지침을 주지 않는다. 예를 들면, 미국 공학교육 인증단체인 ABET(Accreditation Board for Engineering Technology) "기술자 윤리 규정"의 네 개의 기본 원리에는 다음과 같은 것이 포함되어 있다.

우선 스스로의 지식과 기술을 인류의 복지 증진을 위해서 이용하는 것이다. 그리고 정직하고 공평한 것, 그리고 대중, 고용자, 의뢰자를 위해서 충실한 태도로 봉사하는 것이다. 군사 병기, 원자력, 농약 등의 관련 공장에서 일하는 기술자가 인류의 복지의 증진과 고용자나 의뢰자에게의 충실성과의 사이에서 서로 서로 모순되는 의무의 딜레마에 빠지게 되는 쉽게 상상이 가는 일이다.

윤리 규정의 준수와 도덕적 자율성(moral autonomy)의 획득이 안이하게 동일시되고 있다는 것은 이럴 경우 규정의 제정이나 보급이 기술직 협회 속의 벌써 높은 지위에 있는 경험이 풍부한 전문가들의 협의라고 판단에 의해서 행해지는 것인 이상 도덕적 자율성을 획득하기 위한 교육이 권위주의적으로 행해진다고 하는 사태는 피할 수 없는 것이다. 의사결정의 “안내 책자(guide book)”로서의 윤리 규정은 금지하고 있는 행동을 규정한다고 하는 부정적인 견해가 아니고 오히려 개개의 기술자에 대해서 전문가에게 적당한 행동을 촉구하여 그와 같이 행동하는 기술자를 지원한다고 한 적극적인 면에서 윤리 규정의 의의를 이해할 수도 있다. 윤리적으로 올바른 판단을 내리기 위한 "안내(guide)"로서의 규정의 역할이다.

기술계 학생을 자율적인 도덕적 주체로 양성하는 경우에도 그들이 윤리 규정을 받아들이기 이전부터 있는 윤리적 신념은 존중해야 한다. 그 신념이 무엇에 유래하는가 하는 것은 개인차가 있을 것이고, 별로 중요한 것은 아니다. 하지만 그것을 한층 더 성장시키려면 다양한 개별적 상황을 윤리적으로 올바른 판단을 내리는 훈련을 실시할 필요가 있다.

과학·기술자의 대중에 대한 책임의 문제의식은 대단히 중요한 문제이다. 이것은 우리도 예외가 될 수 없으며 자연 앞에 모든 인간은 평등하고, 언제나 미약한 존재로 남아 있다. 과학과 공학의 직접적인 수혜자이자, 개발자, 개혁에 앞장서야 하는 공학·기술 전공 학생들은 자연 환경을 개혁하고, 변화하는데 중심적 역할을 수행하는 미래의 공학, 기술 전문가가 되기 위하여 전문직으로서 사회에 대한 책임과 윤리의식을 고취해야할 필요가 있다.

생명에 관한 윤리의식이라고 하는 것은 생명을 함부로 취급하지 않고 분별할 것을 강조하는 전통적인 종교의식으로부터 출발한다. 한마디로 사람을 죽이고, 환경에 피해를 입히지 않는 결과를 얻도록 유전자 조작 문제를 다룬다. 정보 윤리는 간단히 ‘정보를 훔치는 것이 아니라 복사한 것이다’라고 말하는 문제를 취급한다. 물리적으로는 자기의 소유물이 적어지는 것이 아닌데도 표절이라고 말하는 저작권에 관한 문제가 생긴다. 즉, ‘훔치다와 복사하다’라고 하는 것은 재고되어야 한다. 또한, 환경에 관한 윤리는 인간 주위에 둘러싼 환경에 관한 의식을 중요하게 취급하고 있다. 인격을 가진 대상과 그것을 갖지 않는 대상에 대한 책임과 의무 의식을 주제로 다룬다.

그에 반해 공학윤리는 그다지 특별한 문제를 취급하고 있지 않을 것 같은 느낌을 받는다. 이것은 설계와 제품과 그것을 만드는 사람과 일반적인 사람과의 관계를 취급하고 있기 때문이다. 다만, 주목할 것은 오래 전부터 공학의 문제가 존재해 왔기 때문에 그 법률적, 사회적인 해결도 서로 통하여 왔다고 하는 것이다. 이것은 인간의 기본적 윤리의식이 잠재해 있기 때문이다.

과거에는 공학이라고 하는 학문의 영역이 불분명하였을 뿐만 아니라 사용자와 제작자 혹은 제공자의 단순관계에서 책임과 의무에 관한 윤리가 존재하였다. 그러한 의미의 공학윤리에서 특별히 새로운 가치 전환이 이루어져야 하는 것은 아니지만 지금까지의 방식으로의 법률적 해결은 사실 관계를 해석하는 일에만 몰두하였다. 그 때문에 공학윤리에 있어 필요로 하는 것은 새로운 법률, 예를 들면, 지적재산권법, 손해배상법 등의 법률에 의한 통제가 더욱 필요하게 된 것이다. 단순윤리 의식이 전제되고 기본적인 가치관을 넘어서는 결과를 얻게 되는 것이다. 즉, 공학윤리에 있어서 법의 사회학이 필요해진다.

제품을 제작하고 인간에게 유익한 환경을 만드는 것이 기술자의 본연의 임무이지만, 사고를 내거나 환경에 악영향을 끼치는 것을 막는 것도 기술자 직무의 중요한 부분을 차지하기 때문에 공학윤리가 발생한다. 물론, 공학윤리가 타인에게 피해를 끼치지 않는 규범을 가지고 있다고 말할 만큼 종래의 윤리와 그 응용에 지나지 않을 것 같다고 할지 모르겠다. 그러나 구체적으로 기술자가 놓여 있는 상황을 바라본다면 다음의 두 가지 점은 개인의 윤리적 행동을 전형이라고 생각한 윤리학에서 지금까지 그다지 반성이 없었다는 것을 이해할 것이다.

의사나 변호사와 같은 전문가는 개인적으로 영업하고 있다. 그 때문에 고용자와 비교해 자신의 입장을 확실히 주장할 수 있다. 그러나 기술자는 보통 기업에 고용되어 있다. 그 때문에 전문가라는 입장이 불명확하게 되었으며 이러한 이유로 더더욱 전문가 윤리가 자리 매김 해야 할 때가 된 것이다. 두 번째의 상황은 기술자가 만들었던 객관적인 설계와 제품이 우리들의 환경의 일부가 된다고 하는 것이다. 의사나 변호사는 기본적으로 전문적 충고자이다. 물론, 의사는 수술을 하지만 그 경우에도 환자와는 직접적, 개인적인 관계가 성립된다. 그것에 비해 기술자가 물건을 만든다고 하는 것은 만들었던 물건이 의뢰를 받았던 사람에게만 직접 관계될 뿐만 아니라, 제3자에게까지도 그 영향을 끼친다.

대량 판매점에서 판매하는 것을 소비자가 구입한다. 그 때문에 만들었던 사람과 의뢰자 간의 직접적인 계약 관계가 없다. 전문가가 직접 관여하고 있는 설계과정, 제조과정 이외의 시간과 장소에 있어도 설계와 제품은 많은 사람에게 영향을 준다. 이 때 인과관계와 결부된 책임은 파악하기 어렵게 되고 만들었던 사람이 예상치 못하는 결과를 초래할 수도 있다. 쉽게 생각해서 제조자가 만든 설계와 제품이 직접적 계약 관계가 없는 일반 사회인들이 사용하여 피해가 발생할 경우 이것은 개인적 윤리 의식을 떠나 사회적 문제가 된다. 조직 가운데에서의 행위라고 하는 조건 때문에 인과관계를 정하는 것이 어렵고, 정한다 해도 누구에게 책임을 부과해야 좋을지 판단하기가 어렵다. 따라서 일반적인 윤리학적 판단으로 공학 전문가들의 행위나 결과를 판단하는 것은 대단히 어렵다는 문제가 발생한다.

이상과 같이, 전체적인 면을 바라보고 판단하기 어렵다는 사정이 있기 때문에 사고 등과 관련된 법률이나 규제를 객관적이고 개괄적으로 바라보는 법사회학과 같은 사고방식이 필요해진다. 우리들은 과학과 공학이 존재하는 위험스런 사회에 살고 있기도 하지만 때문에 그 위험한 사회에 대처할 수 있는 제도나 규율이 함께 존재하는 사회에 살고 있다. 그에 앞서는 개념이 공학윤리인 것이다. 따라서 공학윤리의 다양한 분야는 인간의 사회생활과 같이 언제나 우리 곁에서 일어날 수 있는 모든 공학적(engineering), 기술적 상황(technological status)을 포함하여 생각해야 하는 어려움이 있다.

1.3 공학기술의 정의

기술의 역사는 곧 인류의 역사이기도 하다. 약 300만 년 전에 지구상에 출현한 원시 인간이 기술을 이용하여 보다나은 삶을 추구하기 위한 자연과의 긴 투쟁의 역사는 곧 인류의 역사가 되었다. 그 후 인간은 생물학적으로 진화되어 왔을 뿐만 아니라 과학 기술학적으로도 진보에 진보를 거듭하여 공학과 과학, 기술을 발전시키면서 오늘날과 같은 찬란한 물질문명을 이룩하여 왔다.

기술의 특성과 의미를 찾는 일은 인간의 의미, 인간의 역사 인간의 사회 등을 통하여 기술학적으로 접근하여 모색하는 것이라고 할 수 있다. 기술의 역사가 오래된 것에 비하여 기술학(Technology) 그리고 공학(Engineering)과 같은 과학이 본격적으로 연구되기 시작한 것은 그리 오래지 않은 산업혁명기부터였다.

기술은 인간이 생존을 위하여 자연과 투쟁을 시작하였을 때를 그 기원으로 보기 때문이다. 중세에 이르기까지 기술이라는 말은 주로 예술(藝術 ; art)이라든지 기예(技藝)라 불렸고 과학은 자연철학(自然哲學)이라 하였다.

어원적으로 예술과 기예는 그리스어의 테크네(techneē), 라틴어 아르스(ars;영어 및 프랑스어의 art, 독일어의 Kunst)를 어원으로 해 재주 · 기(技) · 예(藝)의 뜻으로 쓰이고 있었다. 기술은 이와 같이 어떤 목적을 가지고 활동하는 인간이 창조한 수단(도구, 기계)과 지식(규칙, 법칙)의 체계(system)라는 개념이 확립된 것은 얼마 되지 않는다.

문헌적으로는 괴팅겐대학 경제학 교수였던 J. 베크만이 1772년 기예사(技藝史, Kunst Geschichte)라는 과목을 기술학(技術學, Techno1ogie)이라고 칭한데서 유래하며 독일에서 처음 발생한 것으로 되어 있다. "기술학"이라는 용어는 베크만이 "기술학 입문(Anleitung zur Technologie)"이라는 저서를 내면서부터이다.

과학이라고 하면 단순히 자연과 인간 물질에 대한 원리나, 이론, 지식을 의미하지만 단순히 기술이라 하면 자연을 대상으로 인간의 유익성을 위한 실천적 행위를 의미한다. 그리고 과학과 기술을 합하여 "과학 기술"이라 하면 오늘날 "자연과학 · 응용과학 · 공학 및 생산기술을 일괄해서 논하거나 취급할 때 쓰이는 총칭이다."라고 표현한다. 원래 과학(science)과 기술(technology)은 별개의 용어로서 중세이후로 각기 다른 방향을 걸어 왔으나 현대에 이르러서는 거의 상호 불가분의 관계를 가지고 발전해 가고 있다.

공학이라는 학문적 영역은 1870년대 이후로 선진국의 대기업들이 제품의 개발을 위해 물리학자와 화학자 등의 과학자들을 고용하고 정부가 군비와 산업진흥을 위하여 연구소를 설치하게 되면서부터였다.

공학(工學 ; engineering)은 어원적으로 라틴어의 인게니움(ingenium), 즉 발명 또는 천재의 소산(所産)을 뜻하며 기술자(기술자 ; engineer)는 17세기의 화포장인(火砲匠人)들을 의미하였다. 이들은 모두 무기(武器)를 발명하고 이것을 다루는 사람들을 가리켰다.

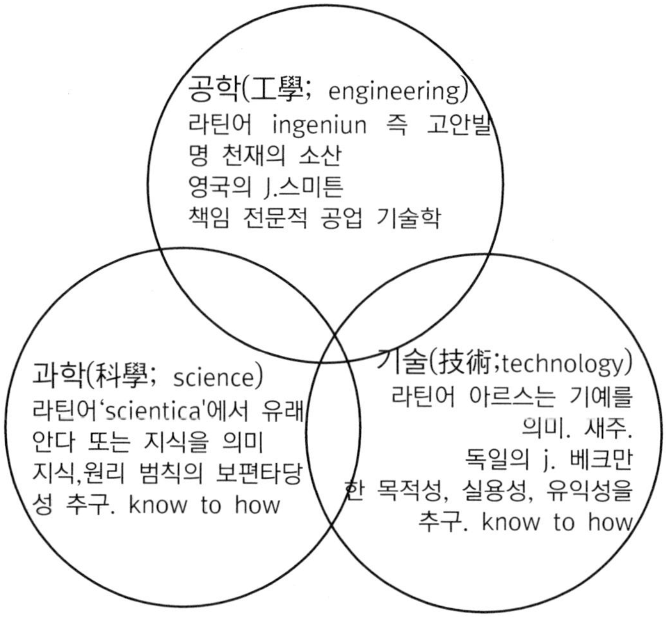

<그림 1.4> 과학, 공학, 기술의 의미

최초로 공학이라는 단어를 사용한 이는 영국의 J. 스미튼으로 화포장인과 구별하여 1771년 기술자라는 말로 시민 기술자(civil engineer)라는 말을 처음으로 사용함으로써 시민에게 봉사하는 직업인을 의미하게 되었고 그해에 시민 기술자의 조직(Society of Engineer)을 결성되었다.

공학은 일반적인 과학의 연구 성과를 바탕으로 한다고 인식하고 있다. 그러나 그 실용성과 효율성을 중시하는 기술적 활동이라는 점에서 순수 과학과는 일편의 차이가 있다. 순수과학은 연구 활동으로서 그 임무가 완료되는 것과는 달리 공학은 설계(design)에 입각한 제조, 조립, 생산 등의 후속활동이 뒤따르게 된다.

오늘날 엔지니어(기술자)는 생산, 판매, 관리 등 공학기술 사회 전반에 종사하면서 인간생활의 모든 영역에 영향력을 행사하고 있다. 이들의 전문적 지식과 기술에 근거한 판단은 일상적인 위험과 안전관리 시스템 속에서 활동을 하게 된다. 한편 과학은 자연세계에서 보편적 진리나 법칙의 발견을 목적으로 한 체계적 지식이라고 일컬어진다. 과학은 영어와 프랑스어로 'science'라고 표기하고 이것은 모두 어떤 사물을 '안다'는 라틴어 'scire'에서 나온 말이다. 넓은 의미로는 학(學) 또는 학문(學問)과 같은 뜻이며 독일어의 'Wissenschaft'는 학문(Wissen)과 명백히 구별되어 과학을 의미하며, 철학·종교·예술과 대립되는 개념으로 쓰였다. 따라서 과학이 진리의 발견을 목적으로 한다면 공학과 기술은 인간에게 얼마나 실용적으로 유익한가하는 발명의 문제에 목적을 둔다.

농업기술의 발달은 고대국가를 성립시키는 토대가 되었고 국가의 지배와 상거래의 중심이 되는 도시가 발생하게 되었고 농업 분야에 종사하는 기술인과 수공업 분야에 종사하는 장인 등 분업이 이루어졌다 이렇게 농업기술은 고대사회의 사회구조나 계급, 인간관계 형성에 영향을 미친 것이다. 이것이 기술이 사회에 끼치는 영향(impact 혹은 effect)라고 보는 견해가 지배적이며 일반적인 인식으로 자리 잡고 있는 것이다. 기술이 인간과 자연과의 관계 사이에 놓이는 '적응 방법' 또는 '시스템'이라고 말할 수 있는 것처럼 윤리학은 인간과 인간의 사회적 관계를 연결시키는 고리역할을 하고 있다.

공학의 연구 대상은 이와 같은 기술적 행위(사고와 실천)로서 기술적 행위과정에 관한 원리를 탐구하는 학문이다. 자연과학과 근대적 공학기술은 쌍생아라고 부르기도 하지만 이들 영역은 매우 의롭게 도와 가며 상호의존적 보완관계를 유지하여 왔다. 과학은 기술적 발명에 갈채를 보내면서 그 발명품을 이용하여 또 다른 새로운 발견의 길을 갔고 기술은 과학적 발견을 적극적으로 수용하여 자연환경을 사회의 목적에 맞게 변형시켜나갔다.

공학기술의 의미는 인간을 선(善)의 목적에 합목적적인 성격을 유지하지 않는 한 또 다시 오류에 빠질 위험성을 가진 것이 기술의 양면성이다.

- 공학기술은 사회 속의 계급을 규정한다.
- 공학기술은 사회를 발전시킨다.
- 공학기술은 부를 축적하는 수단이 된다.
- 공학기술은 노동을 대신한다.
- 공학기술은 인간의 정신적 발달을 촉진한다.
- 공학기술은 사회를 변화시킨다.
- 공학기술은 사회의 관계를 형성한다.

- 공학기술은 과학을 응용한다.
- 공학기술은 새로운 과학이론을 정립한다.
- 공학기술은 인간의 건강과 안전, 행복을 추구한다.

이와 같이 공학기술은 많은 영향과 효과를 인간사회에 끼친다. 위에 열거한 공학기술의 특성을 반대로 해석해도 다양한 결과적 사실을 발견할 수 있을 것이다.

과학은 법칙성을 확립하기 위하여 진리를 탐구하는 것이지만, 공학기술은 합목적성에 기반을 둔 인간 활동 과제를 해결하기 위하여 유용한 재화와 용역을 창조하는 행위이다. 따라서 과학자들은 그것은 무엇인가? 왜 그런가라는 질문에 답하려고 노력하지만, 기술자는 어떻게 할 것인가? 어떤 재료를 사용하여 어떤 방법으로 처리하여 어떻게 만들어 낼 것인가에 관심을 갖는다. 따라서 공학기술은 관찰과 실험에 의한 과학적 방법을 응용하기도 하고 새로운 제품이나 공정 또는 시스템을 창조하는 활동이 된다.

근대 이전의 기술은 숙련 장인의 기능에 의존하여 발달되었고 생산의 모든 과정이 이루어졌으나, 근대 산업혁명 이후의 기술은 과학적 사고의 지식 및 행동을 동반하지 않은 기술은 무의미할 정도로 과학에의 의존성이 커진 것은 사실이다.

<표 1.3> 과학(공학)과 기술의 의미 차이

구분 / 분류	과학(science)/공학(engineering)	기술(technology)
어원	scientica(라틴어)/ingenium(라틴어)	techne(그리스어), ars(라틴어)
의미	‘안다’ 또는 ‘지식(知識)/발명 혹은 천재의 소산(所産)’	재주 · 기(技) · 예(藝)
목적	보편타당성, 원리, 규칙, 법칙의 규명	합목적성, 실용성, 유익성의 추구,
대상	우주, 자연, 물질, 생명	자연, 인간, 환경
방법	무엇인가(know to what)	어떻게 하는가(how to).
결과	과학적 지식, 원리, 법칙	기술적 생산물, 방법, 과정, 시스템

빛이 직진한다는 과학적 원리를 응용하여 반사 망원경이나 잠망경을 설계 제작해야 하고, 자장 속에서 전자가 휘는 과학적 원리를 응용하여 텔레비전을 만들어 내기도 한다. 우리가 흔히 사용하고 있는 영상기록장치(Video Tape Recorder)와 자동차가 발명되고 만들어지기까지의 과학적 기술적 이론 및 원리, 과학자, 기술자, 숙련공 등의 연구 결과를 분석하여 보면 가히 19세기 이후의 유명한 과학자, 기술자가 망라될 것이며 최신의 과학적, 기술적 업적이 총 집합되어 있음을 알 수 있다. 결론적으로 19세기 이후의 기술은 과학과 긴밀한 상호관계를 유지하면서 기술과학 즉, 공학이라는 독자적인 학문 영역을 가지고 발전하여 왔으며 기술학은 기술적 행위에 관한 연구로서 교양학문으로, 공학은 전문 기술학으로 나뉘어 현재까지 발전하여 왔다.

시대적 상황에 따라 기술은 사회에 많은 영향을 끼쳤고 계급을 형성하였으며 국가를 조직하는 데 결정적인 역할을 하였다. 오늘 날도 마찬가지로 어떤 기술을 누가 가지고 있느냐에 따라 국부의 규정이 가능한 것이 일반적인 견해일 것이다. 원자폭탄은 전쟁을 종식하는 결과를 낳았지만 원자폭탄으로 인한 피해는 오늘 날까지 이어지고 있다. 기술 사회를 육성하는 것도 기술이지만 오히려 기술사회에 지배당할 수도 있는 것이 인간 사회인 것이다.

한편 공학기술은 사회적 변화이며 변형이다. 과학 기술 사회는 지식의 혜택 혜택뿐만 아니라 필요성의 분명한 정의에 의해서 판단된다. 잠재적인 새로운 공학기술

<표 1.4> 공학기술의 본성(The nature of engineering technology)

공학기술의 본질(The Nature of engineering technology)
1. It is Related to Science?(과학과의 관련성)
2. It Involves Design(설계)
3. It Involves Making(제조)
4. It is Multi-Dimensional(복합적)
5. It Is Concerned With Values(가치)
6. It is Socially Shaped/Shaping(사회적 변화/변형)

은 단 한 번에 혹은 몇 번에 걸쳐 개발될 수 있고, 널리 통용될 수도 있다. 이러한 공학기술은 소비자의 선택과 사회에 의해서 구성된다. 아직은 기술이 사회를 변화시킨다는 논리와 논쟁의 여지가 있기는 하지만 자동차는 전 사회의 삶의 양식과 환경에 따라 변화되어 왔고 사회적 변형의 형태로 남아있다.

1.4 공학의 가치중립성

현대사회에서 공학기술의 편향성은 크게 두 가지 면에서 지적을 받는다. 하나는 공학기술의 효과만을 중시하고 사회에서 기술의 편리함만을 추구하려는 경향과 그 기술로 인한 악영향의 결과를 아무도 책임질 수 없다는 것이다. 공학은 거대한 사회적 실험이라는 말이 있다. 공학기술은 국가경쟁력의 원천으로 국가 사회의 발전책으로 어떤 국가이든지 현대는 공학기술의 연구를 국가의 생존과 관련된 문제라고 생각한다. 이러한 목적을 달성하기 위하여 많은 공학기술의 연구에 박차를 가하고 있지만 공학기술의 악영향의 결과로 인한 대책의 마련 등이 학문적으로 깊이 연구되거나 논의된 바가 없다. 이것은 공학기술의 특성이기도 하고 악영향의 결과가 나타났을 때 비로소 그 대책을 세우려는 인간의 비윤리적 습관과 태도가 배경이 된다고 할 수 있다.

한편, 공학기술의 본성에 대해서는 해석의 유연성이 뒤따르고 있다. 공학기술은 과연 인간을 위한 것인가 혹은 선(善)의 목적으로만 사용되어야 하며 인간의 유익성만을 추구해야함으로 가치의 중심을 인간에게 두어야 한다는 것이다. 그렇지 않으면 공학기술은 “개발”과 “사용”이라는 양면성을 가지고 있고 가치중립적인 것임으로 행위자와는 관계없는 스스로의 발달 논리를 가지고 있다는 논리이다. 또 기술은 사회적인 산물로서 사회가 원하는 기술만이 가치가 있고 존속되어 발전되어야 하지만 그것은 어떤 방향으로 사용될 것인가에 대해서는 기술자들의 견해와는 무관하다는 것이다.

공학기술의 가치중립성의 문제는 공학은 학문일 뿐이며 이를 연구하는 것은 개인의 이익을 위한다기 보다 사회를 위한 것임으로 가치중립적이며 학문은 스스로의 발달 논리를 가지고 있으므로 특정한 사람의 연구가 아니더라도 제 3자, 혹은 그 다음 세대에 의하여 계속 발전할 수 있는 속성이 있다. 따라서 그 학문은 그것을 사용하는 사람들의 책임이 뒤따를 뿐 이를 연구하는 것은 책임과 무관하다는 논리이다.

공학기술이 가치 중립적이서 사회구조 변화에 기여하는가 하는 것은 기술 도구론의 입장에서는 과학 기술을 지배의 문제로만 제한하는데 문제점이 있다. 지배 관계가 사회적 관계에 모두 통용되는 절대적 진리가 아닌 만큼 과학 기술을 오로지 지배와 피지배의 틀 속에서만 파악하는 것은 설득력이 없는 것이다. 또한 과학 기술의 개발, 보급을 계급의 입장에서 설명하는 것은 과학 기술의 본성을 파악하려는 가치중립성의 면에서도 위배 가능성을 내포하고 있다.

공학기술의 도구(道具)적 관점은 공학기술과 사회 구조의 관계를 설명하는 일부의 잣대가 될 수 있다. 공학기술과 사회 구조의 관계에서 공학기술의 영향력이 과연 사회 구조 조정을 실현하는가 하는 것은 과학 기술이 지배 계급의 도구이며 따라서 과학 기술은 지배하는 계급의 이익을 위해 봉사하는 수단일 뿐이라는 기술 도구론적인 관점의 해석이 있다.

이것은 예를 들어 공장주가 공장에 기계를 도입했을 때 노동력 절감 및 상품의 대량 생산을 통해 이윤을 극대화할 수 있으므로 공장주의 경제적 이익에 큰 효과를 나타낸다. 하지만 노동자의 경우는 반대로 기계의 도입으로 인하여 일자리의 상실, 경제적 빈곤을 가져다주며 실업자를 양산하게 되는 계기가 된다. 따라서 기계의 도입과 공장의 설립은 결국 인간인 노동자들의 편이 아닌 일부 지배 계급의 전유물이고 결국 과학 기술은 지배계급의 도구이자 수단으로 전락하게 되고 피지배 계급에 대한 효과적인 통제수단이 된다는 것이다. 이것은 공학기술의 본성을 행위나 수단의 관점에서 파악한 것으로 행위자와 피행위자의 관계만을 의식한 것으로 기술의 본성 설명하는 데 사회학적인 논리를 삽입한 결과라고 볼 수 있다.

과학 기술과 사회와의 관계는 어떤 사회로 조직되어 있는가 혹은 어떤 기술로 구성되어 있는가에 따라 해석을 달리할 수 있다. 세상이 지금과는 다른 방식으로 구성되어 있었다면 기술의 종류도 서로 다를 것이고 세상도 또한 다른 방식으로 구성되어 있기 때문에 어떠한 기술을 가지고 있었는가에 따라 실질적으로 존재하는 기술의 구성방식도 서로 다를 것이라는 가설을 내놓을 수가 있다.

이러한 분석에 따라 첫째 평화적인 집단으로 안정된 사회를 유지하고 있는 집단

둘째, 전혀 지적이지 못한 기술을 가지고 있는 사회 그리고 기술자들을 선택적으로 통제할 수 있는 사회에 따라 세 가지 모형을 생각할 수 있는 것이다.

안정된 사회를 유지하고 있는 집단에서는 적절한 과학 기술을 통제할 수 있는 제도적 장치와 시민 사회의 권리를 인정하고 있음으로 공학기술의 개발과 통제를 적절하게 활용할 수 있을 것이다. 그러나 전혀 지적이지 못한 사회일수록 과학과 기술의 통제는 불가능할 것이고 과학 기술의 지배를 받을 가능성이 많은 집단이다. 또 기술자를 선택적으로 통제할 수 있는 집단은 국가의 이익을 위해서는 과학 기술의 중립성과는 관계없이 국가의 이익만을 위한 방향으로 과학 기술을 악용할 수도 있다. 과학과 공학 기술의 가치중립성은 사회구조에 따라 달리 해석이 가능할 논리를 내포하고 있다.

일반적으로 전쟁 무기의 개발이나 원자 폭탄의 당위성, 환경오염과 인간의 기계화, 생명윤리에 대한 위협적 연구 등은 과학이 인간의 윤리나 가치론을 무시하면서 발전시켜왔지만 이에 대해서 아무런 책임을 지지 않고 있다는 생각의 기초에는 여전히 과학 기술이 가치중립적이고 혹은 가치와 관계가 없다는 논리를 가지고 말하는 것이다.

1.5 공학기술 사회의 윤리적 쟁점

현대는 복잡하고 지식과 정보화 사회라고 일컬어진다. 현대 사회에 있어서 다국적 기업의 기업윤리 문제는 윤리적 쟁점이 될 수 있다. 인도의 보팔 사건을 통하여 다국적 기업의 무책임한은 많은 사람들에게 경종을 울린 바 있다. 언론의 자유와 정보통신 윤리 문제의 충돌 및 컴퓨터의 오용으로 인한 개인 사생활 침해 문제 등은 사회에서 인간이 지켜야 하는 소중한 가치와 가치가 서로 충돌하는 경향을 보이고 있다. 현대인 누구나가 기술자가 제공하는 전문 지식과 서비스에 점점 의존하고 있으며 이 의존 관계 때문에 당연히 기술자를 상당히 윤리적이면서 전문적인 기준으로 관리해야 한다. 현대 공학기술 사회의 윤리적 쟁점이 될 만한 것으로 다음과 같은 것을 꼽을 수 있을 것이다.

- 다국적 기업의 기업윤리
- 언론의 자유와 정보통신, 컴퓨터윤리(개인 사생활 침해)
- 성차별과 차별 철폐 조치
- 공학의 가치중립성과 사회적 책임윤리
- 역전환 공학기술(reverse engineering)과 연구윤리의 한계
- 동물실험과 생명윤리
- 기술평가(환경영향 평가)와 환경개발
- 설명 상에프라이버시권(Right of Privacy)서의 동의
- 사적 광고와 전문성 업무

기술자에게는 자기 규제의 책임과 의무가 부과되어 있지만 그 규제는 기술자적 및 윤리적인 기준에 위반하는 기술자를 벌주는 것과 그러한 기준에 충실한 기술자를 보상하고 지원하는 쌍방을 포함하고 있다.

정보에 관한 고찰을 하는 경우에는 컴퓨터라고 하는 정보 기기에 직접 관계된 문제와는 크게 다른 문제가 관련된다는 것이다. 하드웨어, 소프트웨어라고 부르는 개념이 생겨난 것이다. 정보 윤리는 이처럼 폭이 넓어지게 되었다. 즉, 전문가의 문제로 한정하는 것이 어렵고 일반적인 사용자(user), 소비자라 하는 사람들에게 있어서의 윤리 문제까지도 정보 윤리에서 취급하는 까닭이 된다.

인터넷의 관리에 관해서는 문제의 종류가 다르다. 처음에는 네트워크가 기초적인 접속 공학이나 애플리케이션의 개발이 충분하지 않은 것에 의한 장애가 대부분을 차지하고 있었다. 예를 들면, 다른 조직 간의 네트워크 접속에 아날로그 통신 회선 즉, 일반적인 전화 회선을 사용했기 때문에 잡음에 의한 회선 절단이 빈발했다. 때마다 관리자는 모뎀 (회선 접속 장치)의 전원을 한 번 자르는 것이다. 또, 네트워크 접속을 위한 통신 규약 그 자체가 개발 중이었고 표준화가 불충분한 것에 의한 장애도 다수였다.

한편, 네트워크 접속 그 자체에 관한 장애보다도 네트워크 이용자의 이용 상의 문제가 점점 더 큰 문제가 되었다. 관리 비용이 많이 해당되는 것은 외부에서의 부정한 이용에 대한 대책이다. 조직 내에 특별히 지켜져야 하는 것이 정보가 된 것이다. 정보에의 침입에도 주의하게 되었다.

해커(크래커)는 기본적으로 사용하는 사람이 관계되고 있다. 기술자에 대한 영향이 전문가로부터 보통의 사람에게 나누어져 왔듯이 이제는 일반 사람들이 정보의 전문가가 된 시대이기 때문이다. 교통사고에 있어서 기술자적 문제 이상의 '운전자의 에티켓'이 강조되는 것과 비슷하다.

인터넷도 이와 비슷하다. 정보 윤리는 네티켓이라고 하는 것을 강조하고 있다. 거리의 운전자가 에티켓이 요구된다면 컴퓨터의 경우에는 네티켓이라 부른다. 이것은 네트워크를 사용하는 사람의 윤리이다.

설계와 제품에 있어서는 설계자밖에 할 수 없었던 제어를 단순한 관리자의 행위가 정보, 프로그램에 있어서는 할 수 있게 되었다. '전문가는 만드는 사람, 소비자는 사용하는 사람'이라고 하는 구분이 불명확하게 되고 있다.

정보 윤리는 전문가의 통제를 넘는 것이 가능하게 되었다. 그렇기 때문에, 전문가에 의한 사회 안전의 보장은 인정되지 않는 경우도 존재한다. 홈 페이지에서 화상 저작권 침해의 발견이 용이해진다. 그러나 그러한 공학을 사용한다고 하는 것은 모든 홈 페이지에 대해 검색을 하고 내용의 검열을 하는 것을 전제하는 것이 된다.

법(law)이라는 단어는 넓게 보아서 사회규범의 일종이다. 그 정의에 대해서는 여러 가지 설이 있으며 논쟁이 계속되고 있다. 법이라는 말의 어원은 헤브라이어에서 thorah는 "가르침", 그리스어의 diké는 "관습", nomos는 "배분", 라틴어의 ius는 "명령", lex(프랑스어의 loi)는 "수집", 프랑스어의 droit는 라틴어의 directum에 연유하며 "정서(整序)된 것", 독일어의 Recht는 "정의(正義)", 같은 독일어인 Gesetz 및 영어의 law는 "놓인 것"을 의미하는 말에서 연유한다고 한다.

프라이버시권(Right of Privacy)은 인격권의 하나로서 사적(私的)인 일을 공개 당하지 않을 권리이며, 그 침해에 의한 물질적 내지 정신적 손해에 대해 배상청구를 할 수 있다는 권리. '개인의 자유로운 생활', '사람의 눈을 피해 있는 것', '타인에 간섭받지 않는 것' 등을 뜻하는 말로서, 이것이 권리로 인정받게 된 것은 우리나라의 경우 1970년대 무렵부터이며 헌법에 사생활의 비밀을 보장하는 규정이 설치되어 있다.

공학의 가치중립성과 사회적 책임윤리의 충돌 문제는 공학 기술은 중립적이어 스스로 발전하며 그것을 사용하는 사람들의 책임 문제가 따르는 것인지에 대한 논란

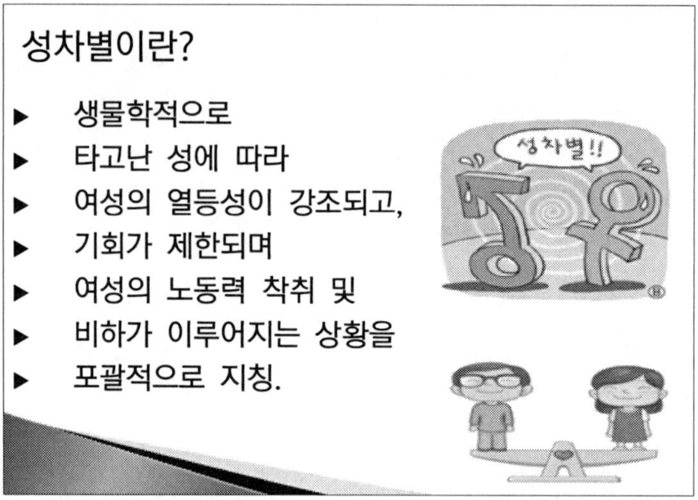

<그림 1.5> 성차별의 의미

도 현대 공학기술사회의 윤리적 쟁점이다.

모든 발명은 필요의 어머니이고 모방 기술은 원시시대 이후로 가장 보편적인 기술이전의 수단이었다. 다른 나라, 다른 기업의 발명품을 분해하여 자기 기업의 주력 상품으로 개발하려는 의도 또한 역전환 공학기술(reverse engineering)과 연구윤리의 한계의 충돌 상황으로 보인다.

한편 생명윤리 분야에서는 다양한 문세 이외에도 동물실험과 생명윤리가 충돌할 가능성이 있으며 환경윤리 분야에서는 환경 개선을 위한 기술평가 즉, 환경영향 평가가 오히려 환경 훼손의 시발점이 된다는 주장이 있다. 이와 같이 현대사회는 복잡성과 함께 다양한 이익 집단의 이해관계가 분쟁의 소지가 될 수 있으며 이와 같은 사례에 현명하게 대처할 수 있는 기술자들의 윤리적 품성의 함양이 더욱 절실하게 요구된다고 할 수 있다.

1.6 Case Study: 도심의 대형 백화점 건물 붕괴 사고

1. 사고의 개요

1995년6월 28일 오후 대부분의 도시 시민들이 저녁 시장을 보려고 가까운 백화점을 들르는 시간에 대도시 도심에 위치한 대형 백화점 건물 2개동 중 북측건물(지상5층, 지하4층)의 5층 슬래브 붕괴 후 연쇄적으로 지하층까지 붕괴되어 사망 501명, 부상 937명, 실종신고 관리자 6명의 대참사가 발생했다. 또한 372 대의 차량과 약 878개 업체가 피해를 입었으며 재산 피해는 약 2700억 원으로 추정된다.

<표 1.5>대형 백화점 건물 붕괴 사고 개요

<table>
<tr><td>사고명</td><td colspan="5">대형 백화점 건물 붕괴 사고</td></tr>
<tr><td rowspan="2">시설물 종류</td><td colspan="2">건축물</td><td rowspan="2">구조물 위치</td><td colspan="2">서울 서초구</td></tr>
<tr><td>종류</td><td>지사5층 지하4층의 철근콘크리트 구조 2개동</td><td>국 별</td><td>한 국</td></tr>
<tr><td>준공년월</td><td colspan="2">1990. 7. 27.</td><td>사고년월</td><td colspan="2">1995. 6. 28</td></tr>
<tr><td rowspan="2">제원 및 형식</td><td>형 식</td><td colspan="4">• 지상5층 지하4층의 철근콘크리트 구조 2개동
• 2개동은 중앙홀로 연결
• 북측 건물의 기준층은 4개의 코너가 콘크리트 벽체의 코아로 이루어지고, 코아의 안쪽은 기본모듈 10.8m 의 플랫 슬래브 구조
• 중앙부에 에스컬레이터용의큰 개구부가 있었음</td></tr>
<tr><td>제 원</td><td colspan="4">• 대지면적 : 15,397 m^2
• 연면적 : 73,877 m^2
• 붕괴한 북측 건물 기준층 크기 : 50.4m × 73.6 m</td></tr>
<tr><td rowspan="2">사고요인 및 원인</td><td>사고요인</td><td colspan="4">설계, 시공, 유지관리의 부실</td></tr>
<tr><td>사고원인</td><td colspan="4">• 구조계산 미반영 구조설계도서 작성
• 설계도 미완성 상태에서 공사착공으로 시공 중 빈번한 설계변경
• 슬래브 상하부 철근 배근 간격유지 부실로 슬래브 내력 감소
• 무량판 구조에서 지판설치 누락
• 내력벽과 슬래브 연결 철근의 정착부실
• 과적하중 적재에 의한 설계하중 초과
• 잦은 용도변경에 의한 구조체 손상</td></tr>
</table>

2. 공학적 오류

1) 설계측면의 원인

설계측면에서 00백화점은 flat slab라는 무량판 구조를 사용하였다. 이와 같은 flat slab 구조물은 바닥과 기둥의 연결 부위가 두껍고 강하게 설치되어야 한다. 그런데 건물 주 기둥 및 보조기둥과 층별 바닥의 연결 부위가 하중을 견디기 어려울 만큼 취약했다. 지붕마감 하중 산정에 있어 구조 계산서에서는 콘크리트를 두께 60 mm의 경량 콘크리트로 적용하여 사용하중을 90 kg/m^2 으로 계산되었으나 설계도에 표시된 것에 따르면 가장 불리한 중앙부 콘크리트의 두께는 280 mm 이고, 붕괴현장에서 수거한 두께 150 mm의 보통 콘크리트를 고려하더라도 시공 상태의 하중이 345 kg/m^2 가 되어 255 kg/m^2 정도 초과하였다.

무량판 구조란 바닥보가 전혀 없이 바닥 판만으로 구성하고 그 하중을 직접 기둥에 전달하는 구조를 말한다. 이 형식의 slab 두께는 15 cm이상으로 하고, 기둥상부(capital)는 깔때기 모양으로 확대하고 그 위에 드롭 패널을 설치하거나 계단식으로 2중 보강하여 바닥판을 지지한다. 무량판 구조의 장점은 구조가 간단하여 공사비가 저렴하고, 실내 공간 이용률이 높으며 고층건물의 층 높이를 낮게 할 수 있다.

<그림 1.6> 대형 백화점 건물 붕괴 현장 1995년 6월 29일 오후 5시 52분경, 서울

반면에 무량판 구조의 단점은 철골 구조물이 아닌 콘크리트 건물일 경우에는 무너지기가 쉽다. 더구나 정밀계산을 하지 않고 경험적 안전 확보에 목표를 둔 간이 구조 계산 설계 때에는 치명적 손상을 받는다.

공사 착공 전에 설계도가 미완성되어 공사 착공 전(설계 기간)에 설계 변경이 잦아 설계 도면을 제대로 완성하지 못한 상태에서 공사를 착수하였으며, 공사를 진행하면서 공정 단계별, 층별로 설계도면을 작성, 수시로 납품함으로써 체계적인 시공계획 수립에 차질을 초래하였다.

또한 설비, 전기도면은 골조 공사가 완료된 후에 작성 되었다. 무리한 설계변경과 증개축을 감행하여 기초와 구조물을 보강하지 않은 채 5층을 부실 시공하였고, 매장을 늘리면서 기둥 보강 공사를 하시 않은 채 승축공사와 보수공사를 강행하고, 건물지반도 약하다는 것을 고려하지 않았다.

고정 하중과 적재에 의한 설계하중 초과하여 건물을 사용하였으며, 설계에 반영되지 않은 냉각탑 4기: 총중량 136톤, 냉각탑 본체+받침대+운전용 물을 설치하였으며 주민의 반발이 있어 00연수원 방향으로 해체하지 않은 상태로 이설하여 냉각탑 주위 기둥에 좌우가 불균형된 집중하중이 작용하였다.

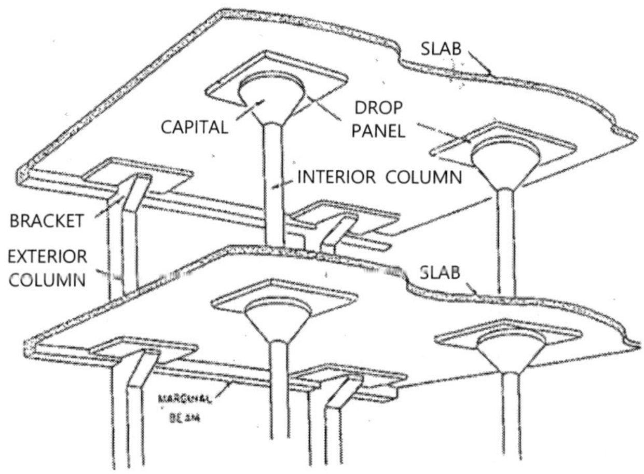

<그림 1.7> 플랫 슬래브 (무량판) 구조 설명도

1.6 Case Study; 도심의 대형 백화점 건물 붕괴 사고

2) 시공측면의 원인

상단철근을 지지하는 고임대의 부실로 바닥판 상단철근이 정상적인 위치보다 4~6 cm 정도 내려앉게 시공되었고, 또한 지판두께가 설계치수 45 cm보다 5 m작게 타설 시공된 것이 많아 유효두께 감소로 부재의 내력이 저하되었다.

슬래브의 상, 하부 철근 배근 간격이 유지 부실하여 표준 시방서상 두께 30 cm인 슬래브의 경우 상하부 철근의 적정 간격이 22 cm 정도이나 상부철근이 직정위치 보다 약 5~7 cm 정도 내려 앉아 슬래브 내력 감소와 고정하중의 증가 요인이 되었다. 띠철근(Hoop Bar)의 부실로 기둥에서 주근(수직철근)을 감싸게 되어 있는 띠철근이 주근을 외부에서 감싸지 않고, 일부분에서 내부에 위치하고 있으며, 기둥 주근이 상, 하 연결 될 경우 수직도를 유지하지 못하였으며 주근의 피복두께가 과다하였다. 내력벽과 슬래브 연결철근의 정착 부실하여 콘크리트의 옹벽과 슬래브의 연결 부분은 철근의 정착 길이를 충분히 확보하거나 Hook 장치를 하여야 하나 코아 내력벽과 옥상 바닥판연결 부분은 상부 철근이 Hook도 없이 불과 25 cm로 짧게 정착 되었다.

그 외 국내의 시멘트 파동으로 건물이 건축되던 1992년 당시 그 품질이 검증되지 않은 대량의 중국산 시멘트가 국내에 유입 되었으며, 콘크리트 조달 자체가 어려워 생산 후 유효시간 90분이 경과된 콘크리트에 물타기 등을 하여 사용하는 일이 있었다. 콘크리트 양생 시간을 충분히 주지 않아서 콘크리트 타설 후 최소 3주 이상 거푸집을 존치, 양생해야 하는데 그렇지 않았던 것이 문제점을 더욱 가중시켰다.

3. 윤리적 오류

최초에 신청 허가된 5층의 롤러 스케이트장을 식당가로 용도를 변경하면서 식당가의 내부개조가 이루어져, 대리석 및 화강석 등의 마감재 공사, 특히 15 cm 두께의 콘크리트 주방바닥 공사, 벽돌벽체 공사와 함께 대형냉장고 등의 시설물 적치로 초기 설계시 보다 360 kg/m^2 이상의 과다한 하중이 추가 적재되었다.

잦은 용도변경에 의한 구조체 손상으로 용도 변경시마다 전기, 설비, 배관, 배선

<표 1.6 > 대형 백화점 건물용도 변경 일지

1987년 7월 21일	건축허가(건축면적 71,136 m^2)
1989년 11월 27일	1차 설계변경 (2,069 m^2 증축)
1990년 3월 9일	2차 설계변경 (판매시설 약 2,000 m^2를 운동시설로)
1990년 4월 24일	3차 설계변경 (운동시설 약 7,000 m^2를 업무시설로)
1990년 7월 27일	준공검사 (연면적 73,205 m^2로 확대 승인)
1994년 8월 3일	증축 및 용도변경 승인
1995년 6월 29일	A동 붕괴(17시 50분경)

과 방화 샷타 설치 등을 위하여 구조체를 부분적으로 절단 및 파취하여 매장 면적이 당초 4,100평에서 붕괴 시까지 용도 변경과 증축에 의하여 9,200평으로 증가하였다. 건물 유지에 관한 관리인식의 부족으로 설계단계부터 종합적인 안전성 검토가 이루어지지 않았으며 관리 조직의 전문성 결여로 인하여 안전 관리가 평상시 관심 밖으로 밀려나 옥상 냉각탑 설치 및 5층을 식당가로 용도 변경할 때와 지하층 증축시 안정성에 영향을 미칠 수 있는 구조체를 손상시켰다. 그 외 행정기관은 대중이 이용하는 시설에 대한 관리를 철저히 하지 않았다.

건축공사 중에는 7명, 마무리 공사에는 20명의 상주 감리요원이 필요하나 실정에는 1명 정도가 한 건축물을 감리하는 것이 보통이다. 더구나 공사기간 단축과 공사비 절감을 위해겉치레 감리를 했을 가능성과 업자와 관계공무원의 결탁 가능성 등이 제기 되었다. 또한 내실보다 외관에 치중하는 시민들의 의식, 안전보다 회사의 이익을 우선시 하는 분위기, 조급함과 실적우선주의 등이다.

그 외 감독관청이 합법적인 절차를 무시하고 문제점 검토 없이 증축을 허가하였고, 관계 공무원의 업무과다로 전문지식 없이 형식적인 중간 준공검사 업무 처리되었으며, 부실 부분에 대한 확인이 미흡하였다. 또한 건축법상 민간건축물의 안전관리 및 사후유지관리체계 분야가 사각지대인 점도 한 요인이 되었다.

4. 문제해결 및 향후 대책

백화점 건물 붕괴 사고는 변칙시공으로 기둥 및 철근의 유효단면이 감소되어 응력의 집중 유발 가능성이 높은데도 준공 후 구조검토 없이 무단변경으로 하중의 초과로 균열의 불안정 요인이 성장

- 그 이면에는 건축허가 제도, 감리제도 및 공사관행상의 불합리성 등이 간접적 원인으로 작용
- 특히 인명사고가 크게 된 요인은 위해요인을 발견하고도 정직한 상황분석, 관리주체의 판단력 부재와 안전에 대한 관련자의 인식부족으로 비상조치를 취할 수 있는 위기관리 체계의 가동이 늦었음.
- 무엇보다 인명경시 풍조와 위기에 대처하는 평시교육과 훈련이 없었던 것이 안전 불감증을 유발하였고 사고 후 구조구난에 대한 긴급 대처 능력으로 부족하여 한계성이 노출되었음

이에 대한 행정적 대책으로 "건축법" "주택건설촉진법"등 소위 건설관련 5개 법령에서 설계자, 시공자, 감리자에 대한 처벌기준을 최고 무기 또는 3년 이상의 징역에 처하도록 하는 등의 관련 법령의 많은 개정이 있었다. 정부가 쏟아낸 각종 규제 법령들이 비리 청산을 가로막는 걸림돌이 되고 있다는 현실을 인지하여, 현재 규제위주로 된 후진적 건설제도를 대대적으로 개혁, 시장기능에 맡기는 산업 환경을 갖춰야 하는 것이 최우선 과제가 되었다. 또한 기술적인 측면의 대책으로

- 철근 콘크리트 구조물의 순간 붕괴 주범은 철근의 이음, 연결부의 부착·정착 파괴이다. 그러므로 부재내의 이음부와 부재사이의 연결부나 정착부에서의 철근의 정착 및 이음길이의 시방규정 이상의 확보가 가장 중요하다.
- 이음 장착 길이 확보와 함께 시방규정에 따른 적정 피복두께가 확보 안 될 경우, 그리고 바다모래 사용 시 염해로 인한 철근부식과 이에 수반하는 주철근에 따른 팽창성 균열의 방지가 매우 중요하다.
- 플랫슬래브 같은 RC구조물에서는 응력집중부인 기둥과 상판 연결부에서의 펀칭전단파괴의 방지를 위한 전단 보강 근의 정확한 배치가 매우 중요.
- 과적하중으로 인한 취성붕괴를 방지하기 위해서는 상판의 휨 인장 파괴를 유도하여 상판의 균열이나 큰 휨 변형은 일어나도 펀칭전단파괴나 압축파괴

가 일어나지 않게 하기 위하여 상판의 휨강도 보다는 펀칭 전단강도가 더 높고, 기둥의 압축강도는 가장 높게 하므로 최소한 보는 안전율 2.0이상, 전단은 2.2~2.5, 기둥은 2.5~3.0정도로 안전여유(Safety Margin)의 체계를 확보할 수 있도록 설계해야 할 것이다.

- 철근콘크리트 구조물에서 콘크리트의 강도는 설계 강도의 85%이상은 확보되도록 하고 특히 시공시 정상 골재와 정상 레미콘의 사용, 정상적인 양생기간 확보 등에 유의해야 한다는 것이 명백하여졌다.

5. 공학윤리 토론사항

1) 최신 공법을 도입하는 데만 치중하지 않고 그 공법을 충분히 검토하여 안전성을 최우선으로 고려하여야 하여도 이와 같은 사고가 발생한다고 볼 수 있는가?
2) 공사가 시작되기 전에 완전한 설계도를 만들어 안전성, 편의성, 경제성 등을 검토 후 공사에 착수하였다면 사고는 미연에 방지될 수 있는 것인가?
3) 중간에 잦은 설계 변경과 공학윤리적 책임과 관련이 있는 것인가?
4) 건설종사자들이 사명감을 가지고 철저한 설계, 시공, 감리를 하여야 한다는 것은 공학윤리의 어떤 분야, 주제와 관련이 있는 것인가?
5) 기술자, 경영자 간의 공학윤리 의식의 의사결정은 사고 방지와 관련이 있는 것인가?
6) 이와 같은 사고의 광범위한 원인과 근본 대책은 어디에 있는가?

2
CHAPTER

기술자 윤리

(Engineer Ethics)

2.1 기술자(Engineer)의 정의

초기의 기술은 예술, 기예, 재주라고 표현 인식되었으며 기술의 역사는 거의 인류의 역사라고 보아도 과언이 아니다. 대학에서 공학이 가르쳐지게 된 역사는 지금으로부터 약 200여 년 전의 일이니 과학, 공학이라는 용어는 기술이라는 용어보다 훨씬 더 지난 이야기이다.

기술이란 어떤 목적을 가지고 활동하는 인간이 창조한 수단인 도구나 기계에 관한 지식의 체계를 의미하며 보다 넓은 의미로는 인간의 욕구나 욕망에 적합하도록 주어진 대상을 변화, 창조하는 모든 인간적 행위를 말한다. 현재 번역어로 기술자라 하면 엔지니어를 비롯한 대부분의 공학기술 관련 사람들을 통칭하는 말로 쓰이고 있다. 다른 말로는 기술자(engineer=technician=technical expert), 산업기사(technical engineer)가 있을 수 있고 미국에서는 공과대학을 졸업하고 일정한 시험을 통과하여 기술자가 된 사람을 기사(fundamental engineer)라고 하여 우리나라에서 말하는 기능사(vocational technician), 기능공(skilled worker, craftsman) 등과는 구분하고 있다.

■ 기술·어떤 목적을 가지고 활동하는 인간이 창조한 수단인 도구나 기계에 관한 지식의 체계를 의미하며 보다 넓은 의미로는 인간의 욕구나 욕망에 적합 하도록 주어진 대상을 변화, 창조하는 모든 인간적 행위를 말한다

전문기술자(engineer, technologist, technical engineer)

- 공학전문직의 합당한 일에 전문적으로 교육과 훈련을 받은 사람

일반기술자(vocational technician)

- 정규 4년제 공과대학 이하의 수준을 말하고 산업현장에서 실무에 종사하는 사람

기능공(skilled worker, crafts man)

- 기업이나 사회 속에서 기술적 기능을 가지고 직접적 실천이나 행위를 하는 조직 구성원을 의미

사전적 의미에서의 기술자는 "engineer"와 "technician"이 동일한 의미로 사용되고는 있으나 "engineer"는 기술사(技術士; professional engineer)에 해당하는 의미라고 볼 수 있으며 공과대학을 졸업하고 일정한 기간 동안 실무 경험을 갖춘 사람들이 국가시험을 통과하여 얻는 자격을 말한다. 공학의 세계에서 가장 높은 자격의 지위를 일컫는 용어이지만 공학윤리학에서 말하는 기술자는 일반적으로 전문직에 종사하는 모든 기술자를 대상으로 함으로 전문기술자인 P.E. 및 일반 기술자인 F.E, 그리고 통상적인 일반 용어인 engineer, technician 등의 통틀어서 의미한다.

그리고 vocational technician은 일반 직업 기술자의 의미를 가지고 있다. 이들은 전문 엔지니어의 지도와 감독을 받으며 동시에 기능공을 지휘, 통제하는 역할을 한다. 그러나 이들도 또한 기술자 못지않은 전문 지식과 기술을 가지고 있는 경우가 많으며 학력과는 무관하게 특수한 분야에서 오랜 경험과 독특한 예술적 기술을 소유하여 소위 명장, 장인 등의 사회적 존경의 명칭을 받고 있는 부류도 많다. 단지 명칭은 국가 자격증의 정도를 구분할 뿐 전문 공학기술직에서 전문가적인 기술 활동을 하고 있는 모든 사람을 기술자라고 인정하고 그들의 수준 있는 공학윤리 의식을 기대하는 것이다.

전문 기술자인 P.E.(professional engineer)는 고도의 지식과 기술을 가지고 대단히 중요한 사회적 프로젝트에 참여하는 경우가 많고 이들의 조그만 실수나 판단의 착오, 기술적 오류는 엄청난 사회적 파장을 불러일으키는 사고의 주원인이 되기도 한다. 이들은 전문가임으로 자율성과 독립성, 통제력을 가지고 업무에 임하겠지만 혹 있을 수 있는 이해의 충돌(conflict of interest)의 굴복하거나 여러 가지 의미 있는 이유로 인하여 사회적 책임을 다하지 못하는 경우에 불특정 다수의 피해가 온다는 것이다.

기술관련 전문가인 직업 기술자(vocational technician)의 윤리적 의식과 판단 능력 등도 공학기술 직업에 대단히 중요한 비중을 차지하고 있을 것이다. 이들이 하는 실무는 곧 사회적 실험이라고 하는 대형 프로젝트의 실제 하급 건설 책임자일 수도 있고, 더욱 더 세밀한 작업에 투입되고 있는 기능공의 감독자일 수도 있다. 이들의 업무 중요도가 큰 반면에 윤리적 책임의 한계가 불분명하다는 것이 현실적인 판단일 것이다.

전문적 기술자인 기술자(professional engineer, engineer, technologist, technical engineer)는 윤리적 책임의 한계에서 주요한 기술의 책임을 질뿐만 아니라 동시에 기술에 있어서 경제적·법률적 및 도덕적, 윤리적 의무와 책임을 지지 않을 수 없다. 그러나 비전문적 직업 기술자(vocational technician)에게는 그러한 엄격한 제한이 없고 대부분의 경우 부차적인 기술책임을 지게 된다. 이런 점에서 전문 기술자의 윤리적 책임의 한계와 일반 직업 기술자의 윤리적 책임의 한계는 법적인 의미에서 달라진다 하더라도 윤리적 목표의식에는 동일한 수준의 의식을 기대하지 않을 수 없다.

기술자는 기술을 원점으로 하여 인류나 공공사회에 기여 해 나가는 것을 그 업무로 한다. 그 업무를 수행하기 위한 판단기준은 자기가 소속되어 있는 사회, 기업, 조직체의 참다운 행복 추진이며, 이것이 기술자 윤리의 기준이다. 기술자는 한 개인이며 사회 속의 시민임으로 윤리의식의 고취 수준 정도가 서로 다르거나 판단 의식에 차이가 있을 수 없다. 특히 중요한 사회적 책무를 수행하는 공학기술 전문가나 일반 직업기술자의 윤리 의식은 다 같이 고귀하게 동일한 수준의 윤리적 행위를 할 필요성이 있는 것이다.

2.2 기술자 윤리 교육의 목표

오늘날 기술자라고 하는 말은 매우 넓은 개념으로 사회 전반에서 통용되고 있다. 일반적으로 기술 단체 혹은 조직체라 하면 공학자와 기술학자(전문 기술자)가 활동하는 광범위한 조직체를 의미하기도 한다. 이들은 대부분 기업에서 공학과 관련된 여러 가지 작업을 하며 다른 어떤 전문직 못지않게 사회적으로 중요한 직무를 수행하고 있다.

기술직 혹은 기술관련 기능직은 사회적으로 가장 유능한 일을 하며 가장 많은 숫자를 유지하고 있다. 그러면서도 그에 상응하는 대우를 받지 못하는 것은 여러 가지 각도에서 해석해 볼 필요가 있으나 그 중의 한 예로 조직의 구성원의 리더십, 단결력, 자기 정화 혹은 구속력을 갖지 못하다고 하는 의미 있는 해석을 내려 볼 수도 있다. 동일한 사회적 위치의 전문가임에도 선진국과 비교하여 열악한 대우를 받는 이유는 분명히 존재한다.

공학전공 학생들이 졸업하고 사회로 배출될 때 스스로 기술자 혹은 공학자라고 하는 생각을 가지고 사회로 진출한다. 기술자 전문직 조직 구성원 속에는 여전히 기능과 기술을 담당하는 기술자 조직이 공학의 지식과 기술을 이용하는 최일선의 사회 개혁자들임에 틀림이 없다. 이들이 공학기술에서의 윤리의식은 미래의 공학기술 상황에 대한 일단의 잣대가 될 수도 있다.

기술자는 일반적으로 사람보다 물건을 상대로 하는 일이 많고 개인적인 감정이나 정서를 표현하는 것보다 객관적이고 창조적인 일에 몰두하고 있다. 이들이 하는 일은 사회를 건설하는 데 대부분의 일생을 소비하고 때로는 이들의 능력의 정도에 따라 국가 경쟁력이 결정되기도 한다. 대부분의 공학전공 학생의 윤리에 관한 인식은 "사실"과 "가치"에 관한 구체적 개념에 관하여 잘 알고 있고 "사실"은 현실적, 외적 세계에 존재하고 "가치"는 개 인 내부에 존재하는 대응적, 존재론적 모델을 암시적으로 받아들이는 것 같다.

공학전공 학생들은 "윤리"란 대부분 개인이나 사회의 가치관과 관련이 있고 완전히 주관적으로 해석될 수 있으며 개인의 판단에 맡길 수밖에 없는 피동적이며 자신과는 밀접한 관계가 없는 지식이라고 생각하고 있다. 그들은 윤리적 인식은 주관적이고 정신 내부의 직관적 지식에 근거하고 있기 때문에 윤리 문제에 관한 개개

<표 2.1> 공학의 분류

*자료: 위키 백과사전http://ko.wikipedia.org/wiki/%EA%B3%B5%ED%95%99

▪ 산업공학	▪ 재료공학
▪ 전기공학	▪ 화학공학
▪ 전자공학	▪ 생물공학
▪ 반도체공학	▪ 섬유공학
▪ 디스플레이공학	▪ 도시환경공학
▪ 의용전자공학	▪ 우주공학
▪ 통신공학	▪ 환경공학
▪ 기계공학	▪ 고분자공학
▪ 자동차공학	▪ 원자핵공학/원자력공학
▪ 조선공학	▪ 자원공학
▪ 항공공학	▪ 컴퓨터공학
▪ 건축공학	▪ 지리정보공학
▪ 토목공학	▪ 항공 전자공학
▪ 금속공학	…etc

인의 의견 불일치를 해결하는 것은 불가능하다고 믿고 있다. 이러한 공학윤리에 관한 철저한 상대적 관점 때문에 공학윤리 수업을 시작할 때 생기는 공통적 어려움의 출발점이 된다. 또 다른 공학전공 학생들의 특징은 언어 영역보다 수리 영역에서 많은 이해력과 능력을 가지고 있다. 인간보다 물건에 관계된 일을 하는 것을 기본적으로 선호하는 것과 관련하여 공학전공 학생은 때때로 인간의 상호 작용을 포함한 문제와 같은 윤리적 사례를 분석하는데 두려움을 갖고 있다. 특히 윤리적 미묘한 상황을 해결하는 데 어려움을 느끼고 개인이 행해야 할 다음 행동을 결정하는데 망설임을 가지고 있다.

윤리적 판단 능력이 대단히 미묘한 상황에서 행위 할 수 있는 인간적인 다른 행위를 몇 가지 고찰한 뒤에 윤리 분제나 딜레마(dilemma)에 내한 전문가적인 해결책을 찾는 것이 중요한 기술자의 윤리적 행위임에도 불구하고 이와 같은 행동의 결정을 하는 것에 대단히 고민스러워하는 경향이 있다.

공학전공 학생들의 행위 습관은 자신들이 처한 상황이 공학윤리 문제와 관계가 있지만 그다지 그 부분을 의식하고 있지는 않다. 이러한 사실은 사회 주체 세력으로 인식하지 않고 피동적 사회인으로 스스로를 자각하는 데에도 원인이 있다. 공학윤리 교육의 대상이나 공학윤리 과목의 내용의 문제에 깊게 관계되지만 사회 인식 또한 그것은 정치나 경영하는 지도층만의 문제라고 인식하는 경향이 있어서 그런 결과를 얻게 되는 것이 아닌가 하는 점을 논하게 된다.

공학윤리란 전문직 윤리의 한 분야이지만 개인적인 윤리와 사회적 윤리와 구별하지 않으면 안 된다. 기술자 윤리는 그 기준이 어디에 있든지 그 기준을 각각의 상황에 어떻게 적용해야 하는가 하는 문제가 있다. 사회나 기업 조직 속에서 심각한 문제가 되기 쉬운 일을 회피하기 위하여 건전한 윤리적 의사 결정을 하는 윤리 의식의 실천이다. 예빙 윤리에 괸힌 실무는 공학전공 학생들의 도덕적 상상력을 자극하여 윤리저 쟁점이 생성될 때 그것을 인식하는 능력, 기술자적 능력을 발휘할 때 윤리적 문제를 발견하는 일, 윤리 문제를 처리하기 위하여 분석하는 일 등 기술자의 행동에 있어서 책임 감각을 도출해 내는 것과 같은 일들이 기술자의 예방윤리의 실무분야이다. 따라서 기술자가 행위 하는데 있어서 의견 불일치 집단이나 개인들 간에 윤리 의식에 불일치하는 일이나 판단하기 애매한 성질의 것을 논의 하는데 고도의 윤리의식을 발휘할 수 있는 능력을 키워주는 것이 공학윤리의 교육의 목표가 된다.

2.2 기술자 윤리 교육의 목표

Harris et al.(1995)등이 저술한 고등 교육에 있어서 윤리교육; 헤이스팅스 센터 보고"의 권고에서는 공학윤리 교육목표를 표 2.2와 같이 정의하고 있다.

한편 일리노이 대학의 마이클 데이비스는 공학윤리 교육의 목표에 포함되어야 하는 사항으로 표 2.3과 같은 사항을 제시하고 있다. 따라서 공학윤리 교육의 목표는 윤리적 감각 능력을 확보하고, 윤리적 지식을 응용하여 상황을 판단하며, 판단된 지식과 감각을 직접 행동으로 옮길 수 있을 수 있는 단계까지 훈련되어야 하는 것이 공학전공 학생들의 공학윤리의 교육목표가 된다.

<표 2.2> 고등 교육에 있어서 윤리교육의 목적

자료: Harris et al.(1995), Engineering Ethics, "고등 교육에 있어서 윤리교육 : 헤이스팅스 센터 보고서"

1. 도덕적 상상력의 자극 (Stimulating the Moral Imagination)
2. 윤리 문제의 인식 (Recognizing Ethical Issues)
3. 분석 능력의 개발 (Developing Analytical Skills)
4. 책임감의 의식 확산 (Eliciting a Sense of Responsibility)
5. 견해의 차이나 애매함에 대한 이해 (Tolerating Disagreement and Ambiguity)

<표 2.3> 공학윤리교육 목표에 포함되어야 하는 사항

*자료: Michael Davis, Illinois Institute of Technology

1. Raising sensitivity : 감각을 증대시키는 것(help see issues)
2. Provide information : 충분한 판단기준을 가질 것(what are relevant standards)
3. Enhance judgment: 판단을 명확히 할 것(practice deciding, giving reasons)
4. Strengthen will-power: 행동으로 실천할 것(willingness to do right)

<표 2.4> 공학윤리 교과목의 구체적 목표

1. Sensitivity: 감각능력:
   - …to raise awareness of ethical aspects of professional work .
   - 전문가의 직무에서 윤리적인 감각능력을 향상하는 것

2. Knowledge: 지식능력:
   - …to learn about professional standards such as codes of ethics .
   - 윤리헌장과 같은 전문가의 행동기준에 관한 지식의 향상

3. Judgment: 판단 능력 :
   - …to develop skills in moral reasoning .
   - 도덕적 추리의 기술을 습득.

4. Commitment: 책임 능력(공약, 의무) :
   - …to strengthen personal dedication to exemplary conduct
   - 모범적인 행동에 개인적 노력(헌신)을 강화하는 능력.

즉, 윤리적 감각능력(Sensitivity)은 전문가의 직무에서 윤리적인 감각능력을 향상하는 것(.....to raise awareness of ethical aspects of professional work)을 말하며, 이것은 엔지니어들이 공학현장에서 실무에 접근할 때 나타날 수 있는 여러 가지 상황을 미리 예측하고 인지하는 최초의 능력을 말하며 이와 같은 능력이 있을 때 윤리적 행위를 할 수 있는 단계를 의미한다.

윤리적 지식능력(Knowledge)은 윤리규범과 같은 전문가의 행동기준이 있어서 이에 관한 지식의 향상하고, 각종 선례나 사례를 통하여 올바른 판단을 할 수 있는 기준(....to learn about professional standards such as codes of ethics)을 의미한다. 따라서 윤리적 지식이 없는 상황에서 판단하는 행위에 반하여 나타날 수 있는 상응한 지식을 확보함으로서 보다 윤리적으로 판단할 수 있는 근거가 되는 것이다. 이와 같은 지식은 현장에서보다는 엔지니어가 되기 전 단계에서 이미 훈련되고, 확보되어야 함으로 학교에서 미리 공학윤리를 가르쳐야 하는 근거가 되는 것이다.

한편, 윤리적 판단능력(Judgment)은 도덕적 추리의 기술(....to develop skills in moral reasoning)을 의미하는 것으로 윤리적 행위인가 아닌가를 쉽게 판단할 수

있는 능력의 습득을 의미한다. 관습과 관례 등의 현실적 상황에서 구체적으로 행위의 판단을 하는 능력을 갖추는 것이 공학윤리 교육의 목표가 될 수 있다.

이와 같은 모든 공학윤리교육의 목표는 최종적으로 책임(Commitment;공약, 의무)질 수 있는 능력의 함양에 목적이 있는 인간으로서 건전한 책임의식을 갖추었을 때 올바른 엔지니어라고 볼 수 있는 것이다. 이와 같은 윤리 의식은 모범적인 행동으로 개인적 노력(헌신)을 강화하는 능력(...to strengthen personal dedication to exemplary conduct)이라고 볼 수 있으며 결국 현장에서 윤리적 행위를 실천할 수 있을 때 그 목적이 달성된다고 보는 것이다.

2.3 기술자의 윤리와 교육

공학전공 학생들과 기술자들에 대한 윤리 교육의 목적에는 실무 현장에서의 적용을 위해 구성 되어야 하는 것이 당연하다. 왜냐하면 주의해야 하는 것은 실무현장에서는 전혀 예상치 못한 환경이 기다리고 있고 쉽게 관례에 의존하게 되는 습관을 배우게 될지도 모르기 때문에 기술자는 예방윤리 실천을 위한 실천 사례에 대응할 수 있도록 개인의 능력과 태도를 기르는데 의의가 있다.

물건을 만드는 기술자의 윤리는 논문을 만드는 과학자 연구자의 윤리와는 차이가 있다. 법은 잘못된 이론을 제출하였다고 하여 그 과학자에게 책임을 묻지 않으나 기술자의 경우 설계와 제품에는 제조물 책임법이 있어서 사회적 책임을 요구하고 있는 것이다.

기술자의 주변 환경에서는 설계와 제조에 있어서 기술자 개인의 단순 의지가 개입될 가능성이 있다. 설계와 제품에 대한 통제는 그를 고용하고 있는 기업주, 경영자의 책임에 앞서 일차적인 책임이 기술자에 있음을 알아야 한다. 사회로 배출될 때 스스로 기술자라는 생각을 가지고 사회로 진출하는 공학전공 학생들은 공학, 기술자 전문직 조직 구성원 속에서 여전히 일반적으로 사람보다 물건을 상대로 하는 일이 많고 개인적인 감정이나 정서를 표현하는 것보다 객관적이고 창조적인 일에 몰두하며 사회를 건설하는 데 대부분의 시간을 소비하고 이들의 능력의 정도에 따라 국가 경쟁력이 결정된다. 따라서 윤리적 실천 행위에 잘 대응할 수 있도록 개인적 능력과 태도를 길러야 한다.

공학윤리의 주 내용에 대한 광의의 주제는 다음과 같은 주제를 통하여 분석할 수 있다.

- 전문 연구자로서 기술자가 가져야 할 전문가 윤리 문제.
- 과학 기술자로서 기술자가 처하게 되는 정보, 환경, 생명 윤리적 문제.
- 기술자가 실무에 임했을 경우 경영자와의 의사소통, 의사결정, 팀워크 등의 딜레마 문제
- 현장 실무 전문가자로서 위험과 안전 문제
- 새로운 제품의 연구나 실험에 있어서의 정직성, 신뢰성 문제
- 도덕성에 관한 문제와 사회적 책임에 관한 문제

법은 "소프트의 잘못"에는 책임을 묻지 않는다. 잘못된 이론을 제출하였다고 하여 그 과학자에게 책임이 있다고 묻지 않는다. 그러나 기술자의 경우 설계와 제품에는 책임이 요구된다. 이런 의미에서 물건을 만드는 기술자의 윤리는 논문을 만드는 과학자, 연구자의 윤리와는 차이가 있다.

과학계의 문제의식과 관련하여 무과실 책임이라는 것이 있다. 어떤 의미에서는 소비자에 대한 전문가의 책임이라고 할 수 있지만 아마 이것을 극단적으로 적용하려고 했을 경우 기술자에게는 과대한 부담이 된다. 실제로 예기치 못한 상황이란 이 세상에서는 얼마든지 발생할 수 있기 때문이다.

의사는 환자를 위한 생각으로 독단적으로 치료를 했을 때 윤리적 문제가 발생 할 수 있다. 그러한 문제를 막기 위해 환자의 '자기 결정'이 강조된다. 예로써 치료 방법을 미리 환자에게 알려줄 필요성과 피해자와 가해자의 관계가 될 수 있다는 것을 환자나 의사 모두 인식하고 있다. 그러나 기계나 구조물을 만드는 기술자에 있어서는 피해자와 가해자가 될 수 있는 사람이 직접 대면하지 않는다. 대부분의 경우 일반인의 자기 결정권은 구조물의 형상이나 기능의 결정과는 관계가 없다. 냉장고나 컴퓨터는 전자 대리점에서 구입하고 빌딩이나 다리는 이미 세워져 있다.

스스로 의사를 결정한 환자는 의사에게 직접 불평을 할 수 있지만 소비자, 경영자는 직접 설계자에게 불평을 하지 못한다. 게다가 다리나 빌딩이라고 하는 구조물

은 불특정 다수의 사람이 사용한 것이기 때문에 개인의 자기 결정만을 문제로 한 것은 가능하지 않다. 만들어진 제품이나 구조물은 많은 불특정 다수에 영향을 주는 것이다. 따라서 집단의 의사결정이 이루어졌다고 보기에는 어려운 문제가 포함된다.

인간은 자신의 신체 보호나 권리를 위한 최소한의 방어가 요구된다. 기본적 인권 중 하나인 생존권을 지키는 것은 중요한 가치로 인식되고 있다. 가치는 인간의 존엄성과 비교한다면 상당히 낮은 평가를 받고 있기 때문에 권리나 의무의 대립이 기술자의 경우 의사나 변호사와는 다른 문제가 된다. 전문가로서 직접 상대해야 하는 것이 의사나 법률가는 인간을 대하는 반면 기술자는 기계나 구조물을 대하기 때문이다. 이때 인권이라고 하는 절대적인 가치가 직접 평가의 척도가 되어야 하는 반면 여러 가지 가치, 안전성, 효율, 연비, 미관 등을 고려한 후에 기술자가 설계, 제조한 물건에 대한 평가가 있다는 어려움이 뒤따른다.

2.4 기술자의 권리와 의무

원론적으로 전문가의 윤리 헌장에도 있듯이 기술자는 전문직 종사자로서 대중의 안전이나 건강, 복지를 위하여 지킬 의무가 부과되어 있다. 한편으로 전문가는 전문성과 독립성, 자율성을 가지고 행위를 할 권리가 주어져 있듯이 기술자는 기업 또는 다른 조직체의 고용인으로서 보수를 받고 근로하는 의무가 있게 된다.

당연히 전문직 종사자로서 조직에 대할 의무도 있다는 것이지만 이 양자는 자주 상반되므로 기술자는 자신의 윤리적 판단과 생각에 근거하여 결정해야 한다. 즉 자율이라는 것이 기업 조직에 있어서는 권위에 대한 도전이나 반감으로 인식될 수도 있기 때문에 조직이나 기업의 권위에 대해서 개개의 기술자의 자주적 판단은 때로는 의미 없는 행위일 수도 있다.

기술자의 권리는 일반적으로 다음과 같이 말하여진다.

- 자신에게 맡은 일을 전문가로서 최종적으로 인증(認證)할 권리
- 개인적 능력, 경험, 업무, 책임에 상응한 보수를 받을 권리
- 사회적 공헌도, 능력, 지식, 기술이 사회적으로 평가될 권리

- 전문직에 알맞은 일을 위임받아 그 수행을 통해 스스로의 능력, 경험, 명성을 높여 갈 수 있는 권리
- 타인에게 고용되었을지라도 개인적으로 계약한 업무를 수행할 수 있는 권리
- 품위손상이나 무능력이 증명되지 않는 한 자격과 면허 등 일신상의 권한을 유지할 수 있는 권리

에를 들어 기술사나 APEC 엔지니어, 미국의 전문 엔지니어(P.E.:professional engineer)로 기술자는 국제적으로 능력을 인정받아 편견 없이 개별적으로나 공동 작업을 수행하는 권리를 획득할 수 있다. 그 밖에 일반 기술자로서는 자신에게 맡겨진 일에 자신만의 최신 정보와 지식, 기술을 사용하고 다른 전문 능력을 가지는 기술자 지식을 빌려 자신의 능력을 한층 발휘할 수 있는 권리도 일반인들이 가질 수 없는 기술자만의 권리에 해당한다.

- 자신의 능력을 발휘하여 사회에 도움이 되는 일을 할 수 있는 권리
- 자신의 능력을 키워나갈 수 있는 것과 업무를 수행하여 완성했을 때의 성취감.
- 자신의 개발품이나 자신의 능력을 발휘한 제품이 실제 사회에서 사용되는 만족감.
- 자신의 호기심을 채우면서 작업을 수행 할 수 있는 것

등이 기술자들이 일반인들에 비하여 가질 수 있는 특별한 만족감이 될 수 있을 것이다.

한편 기술자들이 윤리적 오류를 범하게 되는 여러 가지 사례를 참고하여 이와 같은 일을 수행하는 데 기술들이 특히 주의해야 할 것이 있다.

- 기업 윤리가 실제로 제대로 행해지고 있는 회사를 선택하는 것은 무엇을 위해서 일을 하는가 하는 기본 문제와 일을 하는 직장 환경을 선택하는 의미에서 향후 더욱 중요한 문제가 될 것이다.
- 설계는 설계도가 완성되었다 하더라도 끝나는 것이 아니라 기술자의 책임은 시공이나 그 후의 보수 작업까지를 포함하여 생각해야 할 필요가 있다. 서비스의 사용자나 공사를 하청 받는 하청업자, 보수를 하는 사람들에게 주의와 배려를 하는 것은 고객의 신뢰를 얻는 매우 중요한 요소이기도 하다.

- 위탁자나 고객들에게 이것은 시간이 걸린다든가, 비용이 많이 든다. 혹은 다른 최신 기술이 있다고 권유하는 것보다는 위탁자나 사용하는 고객을 위하여 충분히 배려하여 만들어지는 제품이 최선의 좋은 제품이다.
- 일을 하는 도중에 적극적으로 문제점을 찾아 보고하고 공표하는 것이 중요한 기술자의 책임이다. 그렇게 하기 위하여 기술자로서의 지식, 능력, 경험 외에 그것이 어떠한 영향을 외부에게 줄 것인가 하는 통찰력을 가지는 것이 중요하다.
- 연구 자료 및 데이터에 충실하게 대하고 절대로 연구윤리를 벗어나는 행위를 하지 않는다. 연구 자료 및 데이터의 조작은 정량적인 문제로 점점 데이터에 대한 감수성이 없어져 큰 문제로 발전하는 경향이 있다.
- 일시적인 거짓말이나 개인적인 도덕성을 해치는 행위를 하지 않는다. 공학기술은 사람을 현혹하거나 속일 수 있는 특성이 아니기 때문에 반드시 더 큰 문제가 발생할 수도 있다.
- 다른 부서를 비롯하여 과거에 실패한 경험이 없었음으로 하는 자만심을 갖지 않는다. 사고는 언제나 곁에 있을 수 있으며 대부분의 사고는 미리 예견되었고 막을 수 있었다는 사실과 사람의 실수나 책임감의 부재에서 나오는 인재(人災)라는 사실을 망각해서는 안 될 것이다.
- 진실은 항상 현장에 있으므로 산업현장을 모르는 기술자는 진정한 기술자라고 할 수 없다.
- 최신의 사회적, 기술적 정보에 정통하고 사회의 변화와 기술의 최신 경향을 익혀 늘 업무에 활용할 수 있는 연구적인 태도를 가지는 것이 중요하다.
- 기업 조직 내에서 문제점을 고발하기 전에 자신의 주장이 올바른 것임을 확신하고 행위를 할 필요성이 있다. 잘못된 내부고발은 자신과 타인의 명예를 실추시키고 판단을 흐리게 하며 잘못될 경우 인신공격이나 명예훼손 등으로 남게 된다.
- 업무와 관련된 법률 지식에 정통할 필요성이 있고 우선적으로 법률을 위반하지 않도록 업무를 추진하는 것이 중요하다.
- 어려운 공학적 결정을 해야 하는 경우에는 스스로 설명 책임을 완수할 수 있을 것인지를 생각해야 한다.

2.5 제조물 책임법 (PL: product liability)

제조물 책임법이란 "제품의 결함 또는 부족한 안전성으로 인하여 사용자가 인적, 물적, 정신적 피해를 당했을 경우, 그 제품의 공급업자가 배상을 해야 하는 제도"를 말한다. 이 제조물 책임법이 소비자의 제품에 대한 불만사항과 다른 점은, 제품 불만사항은 제품의 품질불량으로 인하여 표시된 기능을 하지 않을 경우 그 제품을 수리, 교환 또는 환불해 줌으로써 책임이 제품에 한정되는 제도인데 대해서, 제조물 책임법은 제품결함으로 인하여 피해를 당했을 경우 인적, 물적 피해뿐만 아니라 정신적 피해까지를 배상해주는 제도이다.

제조업자의 과실로 인하여 소비자가 피해를 보았을 경우에는 그 과실이 입증되면 제조업자는 형사 처분까지도 받게 되는 것은 일반적인 법리인데, PL은 제조업자의 과실이 아니더라도 소비자가 제품을 사용 중에 제품의 결함으로 인하여 손해를 입게 되면 민사책임을 지는 제도이다. 이것을 엄격책임(Strict liability)이라고 하고 이것이 협의의 PL이다. 그런데 근래에 와서는 제품결함 유무에 관계없이 제품사용 때문에 피해를 입었다면 이를 배상해야 한다는 절대적 책임론(Absolute liability)까지 대두되고 있다.

생활수준의 향상에 따라서 자동차와 가전제품의 보급률이 증가하고, 거기에 따라서 각종의 안전사고가 빈발하게 되면서 제조물 책임법 즉, PL제도가 1960년대부터 미국에서 가장 먼저 발달되었다. 본격적으로 법제화가 시작된 것은 90년대 이후의 일이었고 법원은 과실에 관한 사업자의 주의의무를 고도화, 객관화, 추상화함으로써 사안을 공정하게 해결하려 했으며 94년 7월 일본에서도 드디어 PL법의 제정으로 입법적 해결방법이 등장하기에 이르렀다.

이러한 입법화의 배경을 자세히 보면 기업을 둘러싼 거대한 시대의 흐름을 읽을 수 있다. 첫째, 경제와 정보의 글로벌화가 미치는 영향이다. 우리나라가 국제사회의 중요한 구성원이 되려면 앞서 말한 PL의 법제화라는 국제사회의 동향 속에서 소비자 보호라는 시대적 요청을 받아들여야 한다.

둘째, 소비자의 의식의 변화이다. 생활이 어느 정도 풍요로워지자 소비자는 제품의 양보다는 질과 안전성을 따지게 되었다.

셋째, 사회의 다양한 측면에서 투명성과 공평성에 대한 요구가 높아지고 있다는 사실이다. 거기에서 가장 중요한 열쇠는 정보공개이다. 제품사고의 방지와 피해자 구제에서도 마찬가지이다.

행정의 설명책임(accountability)뿐만 아니라 소비자에 대한 기업의 설명책임도 반드시 필요하다. PL에서는 적절한 경고표시를 하지 않은 경우에도 결함 책임을 물음으로써 기업의 설명책임을 앞서 제시하고 있다.

현대의 대량생산체제는 제조물책임과 관련하여 다음과 같은 문제를 야기하게 되고, 이에 따라 제조물책임에 대한 논의가 대두되기 시작하였다.

첫째, 오늘날의 제품은 복잡한 설계와 고도의 과학 기술로 제조되어 제조자는 전문적인 지식을 바탕으로 충분한 주의를 기울이면 제품결함을 비교적 용이하게 발견해 낼 수 있는 반면 소비자는 아무리 주의를 기울여도 근본적인 제품결함을 발견하기 어렵다.

둘째, 오늘날의 제품은 동일한 설계와 공정에 따라 자동화 및 규격화된 동일 제품이 대량으로 생산되고 있다.

셋째, 제조자는 제품의 대량생산 및 판매로 거대한 부를 축적하면서 이에 반해 제품결함으로 인해 발생한 소비자의 피해에 대해서는 책임을 분담하지 않는다면 불합리하다는 논리가 지배적으로 대두되었다. 이상과 같은 문제제기는 1960~70년대를 거치면서 기업이 자신만의 이윤을 추구하는 집단이 아니라 사회의 하부조직으로서 기업자체의 이익을 증진함과 동시에 사회전체의 복지를 보장하고 증진시켜야 한다는 사회 경제적 요구로 발전하게 되었다.

우리나라에서도 제품결함으로 인한 소비자의 피해보상을 보장하는 "제조물 책임법"이 있는데 그 골자는 소비자가 제품 결함으로 인하여 피해를 본 경우에 제조업자의 과실을 입증하지 못하더라도 피해보상을 청구할 수 있고 그 유효시한은 제품이 유통 된지 10년으로 정한다는 것이다. 일반적으로 미국에서는 제조물 책임에 의거한 결함을 다음의 3가지로 분류하고 있다.

① 제조상의 결함이란 해당 제조물을 제작하는 과정에서 생산자가 주의 의무를 성실히 준수했음에도 불구하고 제조물이 원래 의도한 설계와 다르게 제조·가공됨으로써 안전하지 못하게 된 경우이다. ② 설계상의 결함은 제조업자가 합리적인 다른 설계를 이용했더라면 피해나 위험을 줄일 수 있었음에도 대체설계를 이용하지 않아

<표 2.5> 제조물책임법이 규정하는 제조물의 결함

*자료: 삼성경제연구소(1994). PL의 현황과 우리 조직의 대응방안.

제조물 자체의 결함	제조물 설명상의 결함(지시, 경고)
설계상의 결함	취급설명서, 경고라벨의 불비
▪ 제조물안전설계 설계품질관리의 불충분 ▪ 안전시스템의 불비 부족 ▪ 중요보안부품의 내구성 부족 ▪ 최신기술 수준에 불합격	▪ 취급설명서의 설명부족 불충분 ▪ 경고라벨의 불비 부적절
제조상의 결함	팸플릿, 선전관고, 판매원의 설명 불비
▪ 고유기술 부족 미숙으로 인한 잠재적 불량 ▪ 제조의 품질관리 불충분	▪ 선전광고 문구의 과대, 부실 표시 ▪ 판매원의 구두설명 불비, 명시의 보증 위반

제조물에 결함이 발견된 경우를 말한다. ③ 표시상의 결함은 제조업자가 합리적인 설명 지시 경고등의 표시를 했더라면 제조물로 인해 발생할 피해를 줄일 수 있었으나 이와 같은 행위를 하지 않은 경우이다. 제조상의 결함, 설계상의 결함, 표시상의 결함으로부터 생겨난 모든 손해에 대하여 책임주체가 손해액의 많고 적음을 떠나 배상을 하여야 한다는 것이 제조물 책임법의 주 내용이 될 것이다.

PL과 관련된 문제 중의 하나는 '제품회수제도'(Product Recall)이다. 제품회수제도는 애프터서비스에서 제품을 교환해주는 것과는 다르다. 제품에 하자가 있을 경우 이를 제조, 판매한 사업자가 스스로 하자있는 제품을 수거, 교환, 수리, 보상해 주거나, 혹은 정부에서 그것을 명령할 수 있다. 사용자의 요구가 있을 경우에만 제품을 교환해 주는 애프터서비스와는 달리 제품회수는 모든 사용자에게 수거, 교환해 주는 제도이다. 단, 그 하자가 사용자의 안전이나 건강에 중대한 피해를 줄 수 있는 가능성이 있을 경우에 한한다.

우리나라에서는 제품회수에 관한 규정이 소비자 보호법, 식품위생법, 자동차관리법 및 대기환경보전법 등에 규정되어 있다. 이 규정에 따라서 기업은 하자가 있는 제품에 관한 정보를 공개해야 하며 의무적으로 해당제품을 수거, 보상해 주어야 한다.제조물책임(PL)제도는 손해가 생긴 후에 사후적으로 민사적 책임을 묻는 제도이고, 제품회수제도는 피해가 생기기 전에 사전에 행정적으로 조치를 취하는 제도이다. 그 차이의 구체적인 내용은 표 2.7과 같다.

PL제도는 기업에 커다란 영향을 준다. 첫째, 제조원가에 부담을 준다. PL제도가 실시되면 제품안전 강화를 위한 제조원가가 상승한다. 특히 제품 결함으로 인하여 제품을 회수해야 할 경우 막대한 회수비용이 들게 마련이다. 둘째, PL보험에 가입할 수 있으나 그 보험료가 너무 높고, 그럼에도 불구하고 사고가 생겼을 경우의 패소율이 높고 배상 금액이 높아 보험회사에서 PL보험 인수를 꺼리게 된다. 셋째, 신제품개발이 지연되거나 중지된다. 즉, 제품안전요건이 강화되어 새로운 설계와 철저한 실험이 요구되기 때문에 제품개발이 지연된다.

특히 1970년대, 1980년대 미국의 'PL위기'의 경우처럼 보험업계에서 신제품의 PL보험 인수를 거절할 경우에는 신제품의 개발이 완전히 중단된다. 넷째, PL사고의 예방과 사고가 발생하였을 때 그 방어를 위하여 기업의 법률업무가 가중되고, 직접 기업 활동이 아닌 PL관계 인력과 시간이 많이 필요하게 된다.

PL에 대한 기업의 대비책은 사전대책과 사후대책의 두 가지로 나누어진다. 첫째로 사고가 생기지 않도록 제조, 판매, 품질관리과정에서 철저한 안전책을 강구해야 한다. 둘째로 부득이 PL사고가 발생하였을 경우 자발적 제품회수, 피해자와 피해복구를 위한 공동노력을 해야 하고 소송 당한 사건에 대해서는 철저한 방어대책을 세워야 한다.

생산기술의 발달 및 생산조직의 기계화가 가능해짐에 때라서 생산 조직 내에는 분업이 확대되었으며 제조공정 및 서비스 과정은 보다 세밀하게 구분되어져 왔다. 이러한 과정에서 근로자 1인이 통제할 수 있는 영역은 제한되게 되었으며 그에 따라서 특정한 공정에 대한 전문화가 동시에 이루어지게 되었다. 전체공정 가운데 어느 한 공정만을 통제함으로써 제품이나 서비스의 질을 유지한다는 것이 어려워지게 되었으며 그 과정 중 잘못된 부분을 찾아낸다는 것 자체가 곤란하게 되었다.

예를 들면 자동차 사고가 일어난 경우 그러한 사고가 자동차에 내재한 제조공정상의 하자에 의한 것인지 또는 운행과정 중 우연한 상황에 의한 것이지 파악한다는 것 자체가 어렵기 때문이다. 생산조직 외부의 관현 전문가에게 위와 같은 과정의 감독을 위탁하는 경우도 많지만 행정상의 규정에 의해서 위탁이 의무화된 경우에도 관련전문가 집단의 이해관계에 의해서 감독의 취지가 흐려질 수 있다.

<표 2.6> 제조물책임법(PL)과 리콜(recall)제도의 비교

구분	제조물책임법	리콜제도
성격	▪ 민사책임원칙의 변경	▪ 행정적 규제
기능	▪ 사후적 손해배상 ▪ 손해배상을 통해 간접적으로 ▪ 소비자 안전 확보	▪ 사전적 위해 제품 회수 ▪ 이를 통해 예방적, 직접적으로 ▪ 소비자안전 확보
근거	▪ 제조물 책임법	▪ 소비자보호법, 자동차 관리법, ▪ 식품위생법, 대기환경오염법등
요건	▪ 제조물책임법 ▪ 손해발생 ▪ 결함과 손해의 인과관계	▪ 제조물의 결함으로 위해가 발생 하였거나 발생할 우려가 있을 때

<표 2.7>우리나라 제품회수제도(Product Recall)의 처리와 내용

*자료: 대한상공회의소(1966). 리콜제도 및 소비자 보호 관련제도 설명회 자료.

	소비자보호법	식품위생법	자동차관리법	대기환경보전법
담당부처	해당 중앙행정기관	보건복지부	건설교통부	환경부
회수대상	모든 물품과 용역	식품	자동차	배기가스배출물품
회수요건	안전기준 위반이거나 반복위해 가능성	식품위생 위험 있거나 위험발생 가능성	자동차 안전 기준 위반	배기가스 배출 허용기준 위반
기업의 조치	1. 소비자에게 위해사실 알리고 2. 시정계획에 따라 회수하고 3. 주무부장관에 시정결과 통보	1. 소비자에게 위해사실 알리고 2. 해당제품 회수하여 폐기	1. 소비자에게 회수계획을 알리고 2. 계획에 따라 회수하고 3. 결과를 정부에 통보	1. 환경부에서 시정명령 내리면 2. 명령에 따라 시정계획서 제출 3. 시정결과를 정부에 통보
정부의 조치	시정결과 미흡하면 수거, 폐기 등 시정명령	자진회수지시, 제조금지, 판매금지	기업의 자발적 시정조치가 없을 경우 시정명령	시정계획대로 시정하지 않을 경우 시정명령

이와 같은 이유로 전문화된 조직의 통제를 위해서 내부고발은 그 필요성이 증가되고 있는 것이 현실이라고 하겠다. 즉 관련 생산 및 서비스 과정에 대해서 전문지식을 지닌 조직 내부의 근로자는 자신이 속한 사회가 지니고 있는 가치와 공익을 염두에 두고 제조과정 중의 하자를 외부기관 등에 보고할 수 있으며 이를 통해서 사회적으로 문제가 될 수 있는 조직내부의 비행이 통제될 수 있기 때문이다.

2.7 Case Study; 대형교량 붕괴 사고

1. 사고 개요

1994년 대도시 서울의 대형 교량 상판에서 10~11번째 교각사이 경판 중앙부분 48 M가 강으로 추락하는 엄청난 사고가 발생하였다. 이 사고로 인하여 사망 32명, 부상 17명의 인명 피해와 6대 추락 (버스 1, 봉고 1, 승용차 4)의 차량 피해가 일어났다. 이 교량의 구조형식은 게르버 트러스 교량으로, 주경간부의 36 m 두 앵커

<그림 2.2> 대형 교량 붕괴 사고 (1994년 10월 21일 오전 7시 40분경, 서울)

트러스와 핀으로 연결된 48 m의 중앙 현수 트러스를 갖는 다리길이 120 m의 장대교량이었다.

이러한 구조형식은 60년대 이전에는 많이 사용되었지만 구조적 여용성(structural redundancy)이 적은 구조형식이었다. 그러나 당시에는 드물게 트러스교로서의 미관도 고려한 국내 최초의 용접 트러스교였다. 당시 제작 기술로는 이러한 특수형식의 장대교량에 대한 완벽한 제작이 어려운 상황임에도 불구하고 과감하게 이 방식을 채택하였으나, 일반 교량공사와 같은 의식과 기술 수준을 가지고 시공에 임하면서 시공과정에서 실질적인 감리제도가 없는 상황에서 건설되었고, 준공 후에도 유지관리가 이루어지지 못함으로서 준공 15년 만에 붕괴되는 참사를 야기하게 되었다.

2. 공학적 오류

1) 직접적인 사고 원인

대형 교량의 붕괴는 사고지간의 중앙부 서스펜디드 트러스의 북단을 지지하고 있던 3개의 핀 연결 수직재중, 동측 수직재의 용접부위에 존재하던 피로균열이 급격히 진전되어 수직재가 파단 되고, 이에 따라 이미 피로균열로 약화되어 있던 중앙 수직 재와 서측 수직재가 순차적으로 파단 되면서 서스펜디드 트러스의 붕괴가 발생하였다.

① 시공 측면의 원인

파단 부위인 핀 플레이트와 수직재 플랜지의 용접이 설계대로 X형 맞대기 용접으로 되어 있지 않고 외면에 I형으로 용접되어 있고 모재의 전단면에 걸쳐 용접되어 있지 않은 상태이다.(아래의 핀 연결부 용접부위 상세도 참조) 따라서, 하중을 전달하는 유효 단면적이 설계 유효 단면적보다 상당히 감소된 상태로 시공되어 있다.

중앙 수직재 연결부 및 동, 서측의 수직재 연결부는 붕괴 시점 이전에 이미 피로균열이 진행되어 있었으며, 허용 응력을 초과하는 위험한 상태에 직전까지 유지되고 있었다. 특히 교량 설계에 대한 경험 부족으로 기존 용접강 도로교를

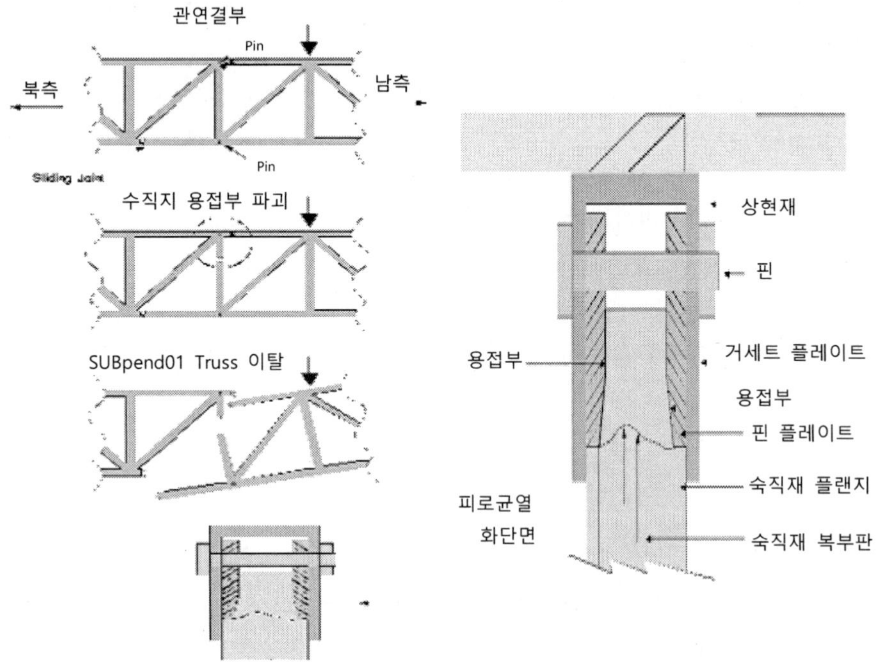

<그림 2.3> 대형 교량 붕괴 사고 원인

대부분 외국에 의존하여 건설하는 등 교량 설계에 대한 경험이 부족하였고, 시공을 고려하지 않은 교량 형식으로 게르버 연속 트러스교를 사용하여 교량 형식상 붕괴 위험을 사전에 알 수 없는 특징을 지니고 있었다는 문제점이 제기되었다.

즉, 요약하여 보면 X자형 용접 대신 I자형 용접을 택했을 뿐 아니라 이것도 겉만 용접되어 설계 하중을 감당하지 못하는 근본적인 원인이 되었고, 공사비 부족으로 정부는 비현실적인 품셈으로 총공사비의 60~70%만이 지급되었으며, 통상적으로 준공에 6년이 소요되는 게르버 연속 트러스교 형식임에도 교량은 2년 6개월의 짧은 기간 동안 완공되었다.

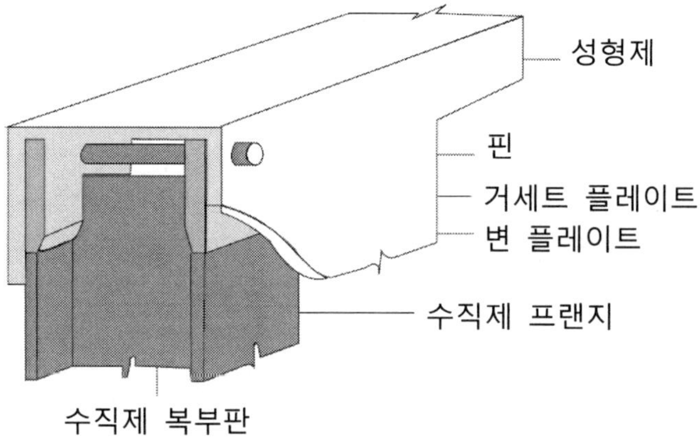

<그림 2.4> 게르버 수직재의 핀 연결 상세도
(a)완전 용접, (b) 불완전 용접
(c) X용재의 완전용접 방법

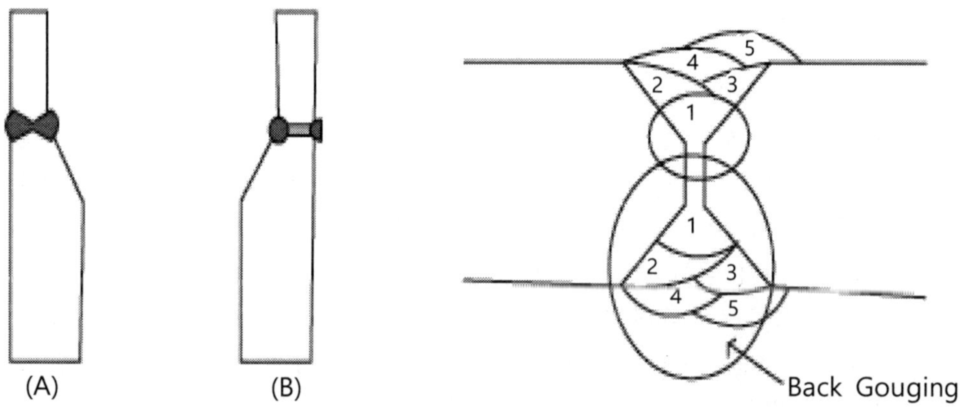

<그림 2.5> (a)는 완전 용접 모양, X자 완전 용접의 통상적 순서와 방법 (b)는 사고 당시의 불완전 용접 모양

2.7 Case Study; 대형교량 붕괴 사고

② 유지관리 측면의 원인

핵심부재인 수직재의 용접부는 준공 당시부터 불량 용접되어 유효단면이 설계 단면보다 훨씬 감소된 상태에서 계속된 차량하중 재하로 붕괴직전까지 장기간에 걸쳐 피로균열이 서서히 진전된 것으로 조사되었다. 적절한 점검 및 체계적인 유지관리의 미비로 인해 이미 발생된 수직재 용접부의 균열과 파단상태를 조기 발견하여 사전 예방조치를 시행치 못하였다. 규정 이상의 과적차량 통행제한에 실패함으로써 균열 진전을 가속화시켜 결국 임계상태에 도달한 균열은 취성파괴로 급속히 진전하였고 결국 파단에 이르게 되었다.

부족한 유지 보수 예산과 담당 공무원들의 전문성 부재 및 소홀한 유지 보수 활동으로 중차량에 대한 규제나 붕괴 전 보고 된 신축 이음부 균열에 대한 신속한 대처를 하지 않는 등 행정적인 노력에만 그친 관할 부처의 대응과 행정적 절차에만 얽매여 실질적 조치를 취하지 않았다는 지적이 있었다.

③ 설계 측면의 원인

성수대교 상부구조는 교각에 지지된 앵커 트러스와 현수 트러스가 링크와 힌지로 연결된 게르버 트러스 구조로 설계되어 있었다. 교량 상부 구조 계획상 수직재 파단시 붕괴의 사전예고가 불가능한 여용력이 없는 구조로 계획되었고, 현수트러스와 앵커트러스가 접속되는 핀 연결하단부에서 횡방향 브레이싱이 완전히 분리되어 있어 횡력 전단기구가 불합리하게 설계되어 있다. 그러나 재검토 결과 수직재의 주어진 단면에 발생하는 작용응력은 허용응력을 초과되지 않으므로 상기의 원인은 붕괴의 직접적인 원인은 아닌 것으로 추정된다.

핀과 행거, 그리고 핀을 지지하는 상·하현재의 거세트 플레이트는 상호 미끄럼성이 확보되도록 하여야 하는데 이를 확보하기 위한 상세설계가 부족하였다. 당시의 국내 시공 능력 및 시공 환경을 충분히 감안하지 못하여 실제 시공 시에 연결부의 연결 등에 있어서 설계에서 허용하지 않은 무리한 현장 용접 등의 연결방법을 사용하도록 하였다.

한편 낙후된 교량 설계 과정은 현재와 같은 컴퓨터 시뮬레이션을 통한 정확한 설계가 이루어지지 않아 3차원적인 구조 분석이 불가능했고, 유지관리를 불편하게 설계된 거세트 플레이트판 안쪽에 용접부위가 위치하여 용접부위에 대한 유지관리가 불편했다.

3. 윤리적 오류

시공당시 공사기간과 공사비에 대한 무리한 계획, 전문적인 감리 및 유지관리체계의 미확립, 관련 기술의 연구투자 미흡, 전문 기술인력 부족, 전반적으로 정부의 안전의식과 과학적 사고의식이 부족하였다. 과학과 기술 논리보다 우선하는 정치, 행정 편의, 실적위주 논리 등의 사회구조적인 원인이 근본적인 부실을 불렀다고 할 수 있다.

미비한 감리제도 때문에 교량은 기본 및 실지 설계→착공→준공의 3단계 과정만을 거쳤으며 이 당시 감리제도는 유명무실한 제도에 그쳤다. 순환감독제로 인한 공무원들의 책임의식 결여되어 담당 공무원이 공사 전 과정을 담당하지 못했기 때문에 책임의식이 결여되어 있었고 안전을 무시한 시공회사의 결정으로 시공능력을 갖추지 못한 건설회사가 정치권과의 유착을 통해 시공회사로 선정되었다. 또한 부실한 기타 제도 및 관행으로 최저입찰제, 하도급, 낙후된 시방 제도들이 교량 붕괴의 간접적 원인으로 작용하였고 질보다 실적 위주의 사회 환경과 중동 개발 붐에 인한 국내 전문가들의 부재 및 제설제의 남용으로 총 8천여 톤의 제설제 사용은 교량의 부식을 촉진시켰다는 원인 분석이 나왔다.

4. 문제해결 및 향후 대책

1) 행정대책

- 건설 행정 체계상 대책 : 건설 행정에 관련된 전문 인력을 양성 배치한다.
- 예산상 대책 : 분야별 예산 관리를 통한 전문적 예산 집행이 대책을 마련한다.

2) 기술상 대책

- 신기술 도입 : 선진 기술을 받아들이되 우리 실정에 맞게 수정, 보완해야 한다.
- 신공법 개발 : 충분한 투자와 개발 노력을 통해 신공법을 개발한다.

- 전문기술관료 양성 및 기술 분야 관리 : 전문 기술 관료 책임제를 시행한다.
- 공사감리제도의 강화 : 감리비의 현실화와 현장 감리 공무원을 둔다. 등의 대책 발표가 있었다.

5. 공학윤리 토론사항

1) 사회적 대형 사고의 원인이 된 사람과 사고의 결과로 피해를 본 사람은 어떤 관계인가?
2) 공공 시설물의 붕괴나, 파괴에 의한 책임의식은 어디로 귀속되어야 하는가?
3) 교량 시공에 대한 의사결정권자는 누구인가?
4) 사회적 시설물의 설치, 시공, 유지, 보수와 공학적, 윤리적으로 문제화 될 수 있는 이슈(issue)를 열거할 수 있는가?
5) 이러한 사고를 방지하기 위해 국가가 할 수 있는 윤리적 노력은 무엇이 있을까?
6) 이러한 사고에 대비하여 학교에서 기술자들에게 해 줄 수 있는 교육은 어떠한 것이 있는가?

3
CHAPTER

윤리학과 응용윤리

3.1. 도덕과 윤리와 법
3.2 윤리학의 원리
3.3 응용윤리학의 범위와 분류
3.4 비판적 사고와 공학윤리
3.5 비판적 사고를 기르는 방법.
3.6. Case Study; 청소년 수련원 어린이 화재 참사사고

3.1. 도덕과 윤리와 법

일반적으로 윤리학이라 하면 철학의 한 분야로 인간관계의 학문이다. 즉, 인간의 행위에 관한 여러 가지 문제와 규범을 연구하는 학문이라고 할 수 있다. 자연에 대한 인간의 관계를 문제로 하며, '자연과 인간이 어떠한 관계를 가지면 좋을까'에서 한 발짝 더 나아가 '인간과 인간과의 관계를 어떻게 생각해 가면 좋을까'까지를 고찰한 학문이다. 인간과 인간의 사이에는 어떤 모습이든지 간에 여러 가지 모양의 문제가 생긴다. 그 문제를 해결할 수 있다고 믿는 것이 최초 윤리학 발생의 한 원인일 것이다.

현존하는 '윤리학'이라는 이름을 가진 책 가운데 가장 최고의 것이라고 알려진 것은 아리스토텔레스의 '니코마코스 윤리학 : Ethica Nichomacheia'이다. 아리스토텔레스는 그리스 시대의 최고의 윤리학자였으며, 윤리학도 그에 의해서 비로소 확립되었다고 볼 수 있다. 그는 플라톤의 제자였는데 플라톤은 아테네의 아카데미아에 학원을 설립하였고, 플라톤이 죽은 뒤 이 학원에서 윤리학은 자연학, 논리학과 더불어 철학의 한 분과로 보게 되었다. 아마도 철학에 있어서 이와 같은 삼분설(三分說)은 로마시대까지 이어졌고 로마의 철학자 키케로나 세네카 등은 'ethica'의 역어로서 '모럴리스(mora1is)'를 사용하였다. 그 어원은 '모스(mos)'로서, 이는 그리스어의 'ethos'와 마찬가지로 습속을 의미한다.

이와 같이 윤리의 어원은 습속과 관계가 깊으며 습속은 오늘날, 모럴(moral) 즉 도덕의 의미로 사용되게 되었다. 많은 사람에 있어서 인간관계에 관련된 생활태도의 문제는 현재의 행복을 중심으로 한 것이 많다. 사람은 감성과 이성을 함께 가진 주체자로서 동물성과 인간성을 모두 갖춘 자이다. 따라서 사람은 감각적 행동과 이성적 행위를 행하게 된다. 이리하여 순수유리학에서는 행동과 행위를 구별하게 되고 윤리학의 대상이 선-악인만큼 순수윤리학에서도 대상으로 하고자 하는 것은 동작이 아니라 행위인 것이다.

사실 행동은 심적인 측면과 외적인 충동이나 자극에 의하여 무의식적으로 반복하는 동작이다. 가령 어린이들의 행동은 대부분 본능적인 동작이며 무의식적 행위인 것이다. 이러한 행동은 목적의식을 갖는 것도 아니며 행동의 결과에 대하여 책임을 지는 것도 아니다. 이러한 행위는 의도적인 행위가 아니며 자발적인 행위도 아니다.

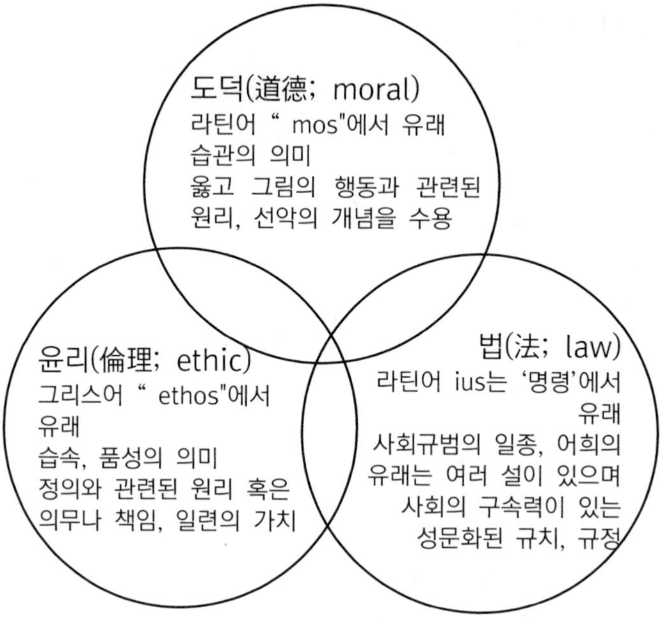

<그림 3.1> 도덕, 윤리, 법의 의미

행위는 행동이나 동작 또는 운동과 전혀 다른 것이다. 이는 이성적 존재에게만 해당하는 고유의 것이다. 이성적 행위는 도덕적 행위라고 부른다. 따라서 신체적 동작에 비하면 행위의 범위는 좁은 편이고 전체적 생애 중에서 행위의 연령이란 유년기와 망령된 노년기를 제외하면 얼마 되지 않을 것이다. 그런데 이성은 목적을 설정하고 목적을 실천하는 원동력이다. 그러므로 행위란 목적의식을 가진 유의적 행동인 것이다.

도덕적 행위에는 그 특징이 있다. 사실 윤리학에서 문제 삼는 것은 행동이 아니고 행위이다. 왜냐하면 행위는 행위의 주체자인 본인의 임의적 선택에 의한 것이며, 목적의 식을 갖고 선택한 행위이기 때문에 그 행위의 결과에 대하여 책임이 따르기 때문이다. 여기서 책임이란 행위의 결과로서의 의미이며, 분별력을 갖고 있는 주체자의 의지를 말하는 것이다.

한편 도덕적 행위의 특징은 행위의 논리적 근거와 행위체계가 이론적이라는 것이다. 그리고 도덕적 행위는 주체자의 자유로운 의지에 의한 행위이다. 이것은 전혀

윤리의 의미〈용어 정의〉

- 윤리(Ethic)
  1. 무엇이 옳고 그르거나 그와 관련된 원리 혹은 도덕적 의무나 책임
  2. 일련의 원리나 가치
- 도덕(Moral)
  1. 옳고 그름의 행동과 관련된 원리
  2. 도덕(Moral)은 인정된 규율과 일치하며, 선과 악의 개념을 수용하는 것
- 윤리(Ethic)는 정의감, 공평함, 공정함(rightness, fairness or equity)에 대한 미묘한 의문을 포함함
- 법(Law)
  1. 지역 공동체의 구속력이 있는 습관 또는 실천·행동의 규칙 또는 규정하게 되거나 정식으로 구속력이 인정되거나, 통제하고 있는 당국에의해 실시되는 행동

<그림 3.2> 윤리의 사전적 의미

외적인 요인이 작용하지 않고 스스로의 결단에 의한 행위를 말하는 것이다. 여러 가지 의욕과 욕망을 앞에 놓고 그것을 선택하는 의지가 자신의 결의에 의해서 행위하였을 때 이것을 자발적인 행위라고 하는데, 달리 표현하면 윤리적 행위 혹은 도덕적 행위라고 한다. 그러므로 윤리적 행위는 자유 법칙에 의한 행위인 것이다. 이리하여 칸트는 윤리적 행위의 근거를 자유의 개념에 두었다.

도덕적 행위는 앞에서 설명한 것처럼 이성적 사람이 행한 행위 중에서 그 일부에 해당한다. 다시 말하면 사람은 다른 동물과 달리 여러 가지 내용을 가진 행위를 한다. 이것은 사람을 행동하는 실존재로 본 것이며, 사람의 행위의 다양성을 표현한 것이다.

일반적으로 도덕과 법의 내용과 형식상의 완전한 구별은 근세에 와서 이루어진다. 하지만 지금까지도 도덕과 법률과의 구별에 대한 회의적 반응을 보인 사람들이 자연법론 자들이다. 이 자연법론 자들은 도덕과 법과의 근본적 융합을 자연법의 차원에서 주장하고 있기 때문이다. 그들은 넓은 의미에서 법은 사회적 규범으로써 도덕법과 실정법 모두를 포함하고 있다고 주장한다. 그러나 일반적으로 도덕과 법률은 그 성격과 적용범위, 그것이 지양하는 목적 관념에 따라 분류한다.

1) 도덕률은 이성 그 자체의 법칙이다.
2) 도덕과 법은 사람에게 다 같이 강제성을 요구한다.
3) 우리의 생활은 목적주의 생활과 법칙주의 생활로 구별된다.
4) 도덕과 법률의 구별은 그것의 적용영역에 따라 구별된다.

도덕과 법은 별개의 것이며 그 적용 범위가 다른 것이지만 서로의 관계는 불가분의 것이다. 그러나 사회의 양상이 다양하고 여러 가지 기능의 분화됨에 따라 사회는 도덕과 법률의 분리를 요구하게 된다. 이것은 사회질서의 차원과 사회건설에서 그리고 행위의 동기의 차원과 결과의 차원에서 도덕과 법의 구별이 피할 수 없음을 말하는 것이다. 그런데 아무리 도덕과 법을 구별한다 하더라도 법에 앞서 인도주의가 주장되고 법은 법으로써 피할 수 없는 허점을 갖고 있기 때문에, 사람과 사람과의 본질적인 문제는 윤리적 차원에서 해결되어야 할 것이다.

윤리학자들은 사람과 그 관계론에 관한 본성에 관하여 폭넓은 연구를 한다. 그들의 이러한 연구 결과들은 인간에 대한 체계적이고 합리적인 견해를 제공하며 또한 하나의 연구 분과로서 순수 철학의 주요한 문제가 된다.

플라톤(Platon)은 스승의 주관적인 영혼을 객관화하여 그것을 철학적 근거로 삼으려고 하였는데, 그 객관적 근거가 바로 이데아(Idea)이며 소크라테스의 덕(德)에 대한 객관적 근거가 최고 이데아인 선(善)의 이데아이다. 다시 말하면 소크라테스의 추상적 행복론에 대하여 플라톤은 사람이 지니고 있는 모든 고유한 기능을 완전히 발휘한 상태가 최고선이라고 규정하였는데, 이것이 윤리학을 사람의 본성과 현실성을 기반으로 한 실질적 윤리학의 정립으로 보는 견해가 많다.

플라톤은 윤리학의 중심과제인 선에 대한 이론이나 덕에 대한 이론을 이상 국가와 결부시켜 국가의 기능도 바로 사람으로 하여금 그 본성을 완전히 발휘하게 하는 것이라고 하였다. 그러므로 플라톤의 윤리학은 사람(도덕)과 사회(윤리) 및 국가(법)와의 관계에서 완성되며, 이러한 관계에서 가장 으뜸가는 덕이 정의의 덕인데 이 정의의 덕은 사람의 마음의 조화이다. 그리고 마음의 조화가 이루어지는 무대가 바로 사회이기 때문에 개인적 윤리의 완성은 사회생활에서 이루어지는 것이다.

한편 아리스토텔레스는 덕을 지적 또는 이론적 덕(diagnostic or theoretic virtue) 과 실천적 또는 윤리적(practical or ethical virtue)으로 나누었는데, 이것은 소크라테스의 앎의 덕과 플라톤의 덕 사상을 종합한 윤리상이라 할 것이다. 물론 아리스토텔레스의 윤리 사상은 중용에서 그 의미가 명백히 밝혀지는데 중용은 이성에 의하여 목적 되며, 이성에 의하여 얻어지는 것으로써 행위의 습관 또는 성향이다.

그러나 윤리학이 이성적 바탕 위에서 학으로서 정립된 것은 역시 근세 칸트에 이르러서였다. 칸트는 과거의 모든 철학을 비판하여 우선 학으로써의 성립 될 수 있는지를 밝혔고, 다음으로 학으로써의 형이상학을 세우는 작업을 그의 모든 비판철학의 체계에서 밝혔는데 그 첫째가 자연형 이상학이며 둘째가 도덕형 이상학, 즉 윤리학인 것이다. 그는 철학의 대상을 현상의 영역과 사유의 영역, 즉 자연계와 자유계를 구명함으로써 윤리학을 형이상학적 차원에서 이론적으로 전개하였던 것이다. 다시 말하면 이성만이 자유로써 도덕률을 세울 수 있는 근거이며 이 도덕률을 실천할 수 있는 주체가 된다. 그러나 윤리학은 어디까지나 앎의 대상이 아니라 자유의 영역에 속하는 사유의 대상이기 때문에 도덕률은 이론과 실천을 겸한 것이다. 칸트의 윤리학은 이론과 실천을 겸한 사람의 이중적 성격 위에서 정립된 것이다.

현대 윤리학은 실용주의적 윤리학, 가치론적 윤리학 그리고 분석철학적 윤리학 등으로 구분된다. 하지만 현대에서는 윤리학이 학(學)으로써 성립될 수 있는지를 검토하는 메타윤리학까지 윤리학의 한 부분을 차지하고 있는 실정이다.

일반적으로 윤리학은 사람의 행위에 대한 근거와 기준, 행위의 동기와 목적, 그리고 행위의 규범과 가치 등에 관한 학문이라고 하지만, 긴 역사와 넓은 범위를 갖고 있기 때문에 간단히 규정지을 수 없는 학문이다. 다만 철학을 크게 이론철학과 실천철학으로 나눈다면 윤리학은 후자에 속하는 것이다. 이러한 윤리학을 도덕철학이라고도 하는데 이것은 도덕에 대한 이론을 의미하는 것이다. 우리가 보다 윤리학에 대한 명확한 개념을 파악하기 위해서는 그 어원 및 글자 풀이를 하는 것도 바람직한 일일 것이다.

사람에 따라서 윤리학은 선에 관한 학, 혹은 최고선에 관한 학이라고 말하기도 하며, 또는 의무에 관한 학, 그리고 가치에 관한 학이라고 말하기도 한다. 그러나 윤리적 판단의 대상이 행위이므로 결국 윤리학은 행위 일반의 원리에 관한 학이라고 말할 수 있을 것이다. 하지만 행위는 품위나 인격에 따라 달라지며 소박한 습관에 따라 달라지므로 오히려 행위를 결정하는 성품이라든지 인격에 관한 학이라고 말한다. 도덕적 판단은 행위의 동기와 결과에 대한 선과 악을 문제 삼는 판단이므로 도덕적 판단 그 자체에 중점을 두어 윤리적 과제로 삼았던 것이다.

윤리와 도덕의 관계는 동양과 서양에서 그 어원상의 의미가 다소 다르다. 그러나 일반적으로 도덕은 개인의 품성이나 습관, 예절을 뜻하며, 개인적 혹은 사회적 활동에 대한 가치의 평가를 포함 한다. 한편 윤리는 도덕적 문제를 이론적으로 규명하는 지성적 작업이다. 그리고 도덕은 기존의 사회 규범을 수동적으로 받아들여 실천하는데 중점을 두고 있다. 그러나 윤리는 더 나아가서 그 사회 규범을 회의적 태도로 비판함으로써 정당화 하듯이, 역시 새로운 행위의 규범을 창조하는데 목적을 두고 있다.

흔히 '도덕적' 이라는 용어나 '윤리적'이라는 용어는 흔히 '옳거나 그른' 또한 ' 좋거나 나쁜' 이라는 말과 같은 뜻으로 사용된다. 그리고 도덕의 문제를 학문적으로 논할 때나 일반적으로 사용할 때는 보통 이들을 구별하지 않고 단순히 '윤리' 라는 표현을 쓰기도 한다.

결국, 사전적으로 요약하여 정의하자면 윤리(Ethic)의 의미는 "무엇이 옳고 그르거나 그와 관련된 원리 혹은 도덕적 의무나 책임"을 의미함으로서 사람이 사회생활을 영위하면서 행위에 앞선 올바른 이성적 판단을 하기 위한 일련의 원리나, 가치, 의무, 책임 등을 의미하는 용어라고 볼 수 있고, 도덕(Moral)은 "옳고 그름의 행동과 관련된 원리" 혹은 "인정된 규율과 일치하며, 선과 악의 개념을 수용하는 것"이라고 볼 수 있다.

한편, 서양 윤리학에서의 윤리는 도덕적 개념의 "정의감(rightness)을 포함하여 공평함(fairness), 공정함, 형평성, 평등성(equity)에 대한 미묘한 의문을 포함"함으로서 그 범위를 확대하고 있으며 법(Law)은 "지역 공동체의 구속력이 있는 습관 또는 실천", "행동의 규칙 또는 규정하게 되거나, 정식으로 구속력이 인정되거나, 통제하고 있는 당국에 의해 실시되는 행동."이라고 규정할 수 있을 것이다. 종교는 특정신앙을 믿어 왔던 국가, 민족과 사회의 역사와 전통에 따라 제 각기 상이하게 설정되어 왔다. 또한 종교는 이성과는 또 다른 체계이다. 그러나 보편적인 세계종교는 윤리를 개척하지 않았고, 오히려 보다 높은 차원의 실천적 윤리로 승화시킨다.

여러 가지 사회규범은 모두 윤리를 근간으로 하고 있으며, 보편적 윤리와 일치하는 관습과 법만이 올바른 사회 규범으로 인정받을 수 있다. 만약 모든 인간이 도덕적으로 완전하다면, 관습이나 법 없이도 사회질서는 유지될 수 있다. 그러나 현실이 그러하지 못하기 때문에 인간은 도덕과 법, 관습 그리고 윤리가 존재하는 것이다. 따라서 인류는 개인으로서의 인간과 전체로서의 사회가 올바른 사회적 윤리관을 형성함으로서 법을 준수하는 일은 용이하게 될 것이고, 관습은 아름답게 형성되어 나갈 것이다. 그리고 사회도 자연스럽게 정화될 것이다.

3.2. 윤리학의 원리

윤리학은 도덕적 문제가 발생할 수 있는 모든 전문영역에 관해 성립가능하다. 예를 들어 오늘날 인류는 심각한 환경오염으로 고통을 받고 있으며 환경오염은 궁극적으로는 인간의 행위에 기인한다. 따라서 환경문제와 관련한 환경윤리가 가능하다.

생명과 생명을 다루는 의학과 관련해서 발생할 수 있는 도덕적 문제들을 해결하기 위한 윤리학의 한 분야가 의료윤리학이며 이것이 발달하여 오늘날에는 생명윤리라는 분야가 생기게 되었다. 이와 같이 윤리학에 근거를 두고 각 분야에서 일어날 수 있는 도덕적 문제를 다루기 위한 것이 응용윤리학이며 공학과 관련된 윤리의 연구에서 공학윤리학이 발생하는 것이다.

공학윤리 교육의 목표는 미래 기술자(engineer)에게 도덕적 쟁점(issue)들에 관하여 비판적이고 독립적으로 생각하는 능력과 이를 직업적 공학적 실천에 있어 직업기술자(engineer)들이 겪는 상황에 적용하는 도덕적 자율성(moral autonomy)을 함양시키는 것이다. 공학기술의 특성은 복잡성 (기술적 복잡성, 예: 안전의 문제),위험성(대형 혹은 잠재적 사고들에 대한 예방), 신중성 (윤리적 원리들의 심각한 충돌, 윤리적 딜레마, 자기 성취, 시민에 대한 의무, 고용주에 대한 의무)등으로 특징 지울수 있으며 따라서 복잡한 문제를 분석(analyzing)하는 훈련과 쟁점이 되는 문제들을 가장 윤리적으로(most ethical) 해결하는 방법의 학습이 요구된다.

우리가 필요한 것은 우리에게 사용가능한(workable) 윤리 문제 해결 기술의 개발이다. 이를 위해, 먼저 몇 가지 윤리 이론들을 고찰할 필요가 있다.

윤리적 원리

- 공리주의(utilitarianism)윤리: 어떠한 개인적, 집단적 행위 중에서 그 결과가 최대 다수에게 최대 선(the most utility, the most good for the most people)에 기여하는 것이 가장 선한 것이다
- 의무 윤리(duty ethics): 공리적 행위가 최대선(the most good)으로 인도하든 하지 아니 하던 관계없이 사람들에게는 누구나 실행해야 할 일 (의무)들이 있다 (예: 타인에 대한 공정한 대우, 타인을 해치지 말 것) 이 있다.
- 권리 윤리(rights ethics): 공리적 행위가 최대선(the most good)으로 인도하든 하지 않든 관계없이, 사람에게는 누구나 실행해도 좋은 일 (권리)들이 있다.
- 덕 윤리(virtue ethics): 보통 사람에게는 누구나 가져야 할 성품(good character traits)(virtue)이 있다. 누구나 이를 갖도록 해야 한다.
- 책임윤리(ethics of responsibility): 각 사람들은 소속된 집단 내에서 해야 할 일정한 일 (책임)을 가지고 있다.

인간의 행복(well-being 안녕, 복지)을 최대화(maximizing)하는데 기여하는 행동을 선으로 본다. 이런 윤리적 원리 중에서도 특히 공리주의는 공학적 분석에서 위험-이득의 분석(Risk-Benefit Analysis, 예 인도의 보팔 가스사고), 비용-이득의 분석(Cost-Benefit Analysis, 포드 자동차의 핀토 사건)에서, 대단히 중요한 기본 도구로 사용된다. 그러나 몇 가지 중요한 문제를 소지하고 있다.

공리주의 원리를 내세우는 경우, “집단의 행복은 소속 개인의 행복을 내포한다”는 전제에 의존한다. 그러나 이러한 주장은“분해의 오류” (Fallacy of division)라는 논리적 오류를 내포하고 있다. 즉, 집단을 위하여 좋은 일은 특별한 개인이나 개인 집단에게는 악일 수 있다. 집단 이익의 추구는 소수에 대하여 극도의 악을 자행하거나 발생 시킬 수 있다.(보팔의 예).

어떤 주어진 문제에 대하여 어떤 이론을 사용할 것인지, 이를 어떻게 결정할까? 하는 문제는 공학윤리에서 다루어져야 할 일부분에 해당하는 것이며 공학윤리를 교육하는 적절한 방법, 내용, 평가 등의 교육과정을 정립을 위한 연구가 활발히 이루어져야 한다.

<표 3.1>권리윤리와 의무윤리 비교

권리윤리	의무윤리
▪ 나는 살 권리가 있다 ▪ 나는 정신과 육체적으로 완전할 권리가 있다. ▪ 자유로운 행동을 할 권리 ▪ 말할 권리 ▪ 속지 않을 권리 ▪ 무시당하지 않을 권리 ▪ 약속을 지킬 권리 ▪ 비차별 ▪ 사생활과 재산보유 권리	▪ 남은 나를 죽이지 않을 의무가 있다 ▪ 남은 나의 정신과 육체를 침해 않을 의무가 있다. ▪ 남은 강요하지 않을 의무 ▪ 말할 권리를 방해 않을 의무 ▪ 속이지 않을 의무 ▪ 무시하지 않을 의무 ▪ 약속을 지킬 의무 ▪ 인종, 성별, 종교, 국가, 성적취향을 차별 않아야 하는 의무 ▪ 사생활과 재산보유를 방해 않을 의무

3.3. 응용윤리학의 범위와 분류

공학윤리학은 자율적인 학문일 뿐만 아니라 응용윤리 학문으로도 연구 될 수 있다. 윤리학은 보편적인 윤리적 원리를 특정한 생활 영역과 행동 영역에 적용함으로써 하나의 특정한 "구체적" 윤리학이 된다. 이 구체적 윤리학은 도덕성의 무조건성의 요구를 도덕 내지는 개별 행동과학의 특성과 관련 지어 설명한다.

순수 윤리학의 과제는 도덕적 책임과 의무에 대한 이론적 정당화를 통하여 무엇이 도덕적으로 옳은 것이고, 그른 것인가 하는 것에 대한 질문의 답을 밝히는 것이 주목적이고 이와 관련된 하나의 이론을 확립시키는 것이 궁극적인 목적이다. 그러나 응용 윤리학의 특징은 특정한 도덕적 문제들을 해결하는 것을 그 과제로 삼고 있으며 순수윤리학에서 파생되어 나온 것으로 이해할 수 있다.

응용윤리학(applied ethics)이란, 윤리학의 여러 이론을 실제적인 삶과 사회 문제에 응용하여 그 타당성을 따져보는 윤리학이다. 의료윤리에서 임신중절(abortion)이나 안락사, 유전자 조작 등의 문제를 도덕적으로 정당화할 수 있는 것인지 정당화된다면 어떠한 조건들 하에서 그렇게 되는지를 탐구하는 것이다.

그 외에도 응용윤리학에서 주로 다루는 주제는 사형제도, 전쟁과 테러, 환경과 생태계, 경제적 정의와 복지, 세계적인 가난과 기근, 핵무기, 가축사육과 육식 및 채식 등과 같은 수많은 주제가 있을 수 있다.따라서 응용윤리학은 실제적인 삶의 문제에 실천적으로 적용한다는 의미에서 "실천 윤리학(practical ethics)"라고 부르기도 한다. 응용윤리학과 순수 윤리학은 지향하는 과제는 다르지만 응용 윤리학은 기본적으로는 순수 윤리학의 가치관을 따른다는 것이다. 이러한 기본적 토대를 공유하고 있는 학문인만큼 순수 윤리학과 응용 윤리학은 반이론적 경향 같은 배타적인 방향으로 나갈 것이 아니라 양자 간의 이론과 성과들을 공유해 나가는 등의 관계를 모색해야 한다.

1. 의료 윤리

의료 윤리 또는 의사 윤리에서는 의사의 활동이 도움을 필요로 하는 사람들에게 적절한 방법으로 도움을 주어야 한다는 보편적 규범의 구체화로 그 범위를 한계 한다. 이 경우에 도움을 필요로 하는 사람은 병든 사람이다. 그리고 적절한 도움은 일차적으로 의학적 치료와 간호의 성격을 가진다. 오늘날 논의되고 있는 의료 윤리는 생명 윤리학와도 매우 관계가 깊고 무엇보다도 다음과 같은 주제들을 주로 취급한다.

- 임신중절; 임신 중절은 생명을 보호해야 하는 의사의 의무와 양립할 수 있는가? 양립할 수 있다면 어떤 전제하에서 가능한가?
- 안락사: 자발적인 죽음, 능동적 안락사 또는 수동적 안락사, 소위 살 가치가 없는 삶을 종식시키는 것은 생명을 보호해야 하는 의사의 의무와 양립할 수 있는가? 양립할 수 있다면 어떤 전제하에서 가능한가?
- 의료 수단; 심각한 상태에 있는 중환자에게 생명 유지 치료와 생명 연장 치료는 어느 정도까지 강구되어야 하는가? 죽을병에 걸린 환자의 생명을 그들 자신의 소망과는 반대로 인위적으로 계속 유지하는 것은 허용되는가?
- 유전자 조작: 의사가 인간을 대상으로 유전자 조작을 해도 되는가? 즉 유전병을 제거하거나 예상되는 심각한 신체적 결함을 제거하기 위해서 유전자를 조작하는 것은 허용되는가?
- 인체 실험; 의사는 인간을 대상으로 약품 실험이나 수술 실험을 실행 할 자

격이 있는가? 자격이 있다면 어떤 조건하에서 그런 것인가? 태아를 가지고 실험하는 것은 허용되는가?

- 인공 수정; 의사는 비자연적 방식으로-동종 수정이나 이종 수정을 통해서, 시험관내에서의 체외 수정을 통해서, 자궁내의 생식세포 교환을 통해서- 인간의 생명을 만들어 낼 자격이 있는가? 있다면 어떤 전제하에서인가?
- 뇌수술; 의사가 뇌수술을 통해 불평가 되거나 충동적인 사람을 "진정시키고" 사회의 규범 구조에 "적응하도록" 만드는 것은 허용되는가?
- 장기 이식; 의사가 다른 사람의 건강 유지나 회복을 위해서 "기증자"의 장기를 적출 하여 이식해도 되는 때는 언제인가?
- 고지의 의무; 의사는 환자에게 환자의 병의 종류와 상태 및 건강 회복에 요구되는 수술과 조치의 위험성에 대해서 전부 알려야 할 의무가 있는가?
- 선의의 간섭주의; 환자의 자율성은 의사의 지시에 의해서 어느 정도까지 제한되는 것이 허용되는가? 또는 환자의 자율성은 상황에 따라서 무시되어도 좋은가?

이러한 모든 질문들은 궁극적으로 윤리학적 성격을 가지며 원리적인 해명을 필요로 한다. 위에 제시된 문제들은 모두 갈등 상황에서 널리 인정되고 있는 가치들에 중점에 두고 어떤 경우에는 어떤 가치를 우선시 하고 다른 경우에는 다른 가치를 우선시 하는 이유에 대한 근거를 제시하는 것과 관계된 것이다.

2. 생명 윤리

원래는 의료 윤리에서 출발하였으나 오늘 날에는 생명, 생태, 환경 등의 영역과 연계하면서 확대된 영역으로 생명 윤리의 대상은 의학 윤리의 중심에 서 있는 좁은 의미의 인간의 생명이 아니라 자연 안에 그 자체로 현존하는 모든 유기체의 생명 전체를 의미한다. 생명 윤리는 무엇보다도 현대의 유전공학, 생명공학 등에 의해서 등장하였으며, 특히 분자 생물학에 의해서 시작되었다.

"유전공학의 기회와 위험"에 대한 제10대 독일 연방의회 조사위원회도 그 위원회의 보고서에서 유사한 논의를 하고 있다. 이 위원회는 철저한 "유전공학의 기술적 영향평가"와 더불어 인간의 유전자에 대한 유전공학적 조작된 미생물을 통제하지 않고 방치하는 행위의 금지, 유전공학을 군사적 물질 즉, 생물학 무기로 전용하는 것의 금지 등을 제안하고 있다.

생명 윤리는 현대의 기술로 인해 야기되는 동식물의 생명 및 인간의 신체와 인격에 대한 자유와 존엄에 대한 엄청난 위험이 존재하는 학문과 연구에는 어디서나 요구된다. 기술적으로 무엇이나 만들 수 있다는 무책임한 기술 만능 주의적 환상에 대해서는 대중의 복지를 고려하여 한계가 설정되어야만 한다. 단지 관련된 시민들의 분명한 동의가 있는 경우에만 공공복지를 침해하는 것이 허용된다.

3. 사회 윤리

사회 윤리는 이를 테면 개인 윤리와 짝을 이루는 개념이다. 개인윤리가 개인이 자기 자신에 대해서 가지는 권리와 의무를 강조하는 데 비해서, 사회윤리는 개인이 살고 있는 인간 공동체에 대해서 개인이 가지는 권리와 의무를 강조한다.

사회 윤리는 이기주의, 시기, 권력 추구, 증오 등의 같은 자연적 경향과 소질에 맞서서 이웃사랑, 동정, 관용, 배려와 연대성을 내세움으로써 사회화 과정이 단순한 자연적 행위가 아니라 무조건적인 요구를 충족시켜야 하는 본질적으로 도덕적 행위임을 보여준다.

"사회적으로 확대된 규범과 제도와 사회 체계에 관한 윤리학"으로써 사회 윤리는 그러므로 성숙한 행위 주체들이 자유롭고 책임을 다하는 가운데 "더불어 사는 삶"의 토대를 형성하거나 그러한 것으로 정당화 될 수 있는 사회화의 모든 형식들과 관계된다.

4. 기업 윤리

기업 윤리는 사회 윤리의 한 분야이다. 기업은 사회의 소산물이며 기업은 사회 속에서 성장한다. 기업 윤리는 선한 삶을 위한 윤리적 원리들을 효율성, 이익증대, 가치 상승 등의 기업 활동 요구와 결합시키고자 한다.

오늘날 우리가 무분별한 발전과 성장 위주의 기업경영의 결과로 말미암아 직면하게 된 환경문제, 윤리경영의 문제와 더불어 정의롭게 기업 질서에 관한 새로운 청

사진이 요구하는 비판의 목소리가 점점 더 커지고 있다. 훌륭한 윤리경영을 실천하여 온 기업들이 여전히 상존하고 단기 이익만을 앞세운 기업들이 도태한다는 보고는 여기저기에서 나오고 있다.

각자는 자기 행위의 경제성을 개인적 소유의 관심 즉, 이윤 증대, 소득 극대화를 넘어서 전 사회적 실천의 맥락에서 자기 비판적으로 성찰해 보도록 요구 받고 있다. 오늘날 기업 윤리에서 특히 논의 되고 있는 주제들은 다음과 같다.

- 기업적 가치와 윤리적 가치에 관한 이론
- 경제적 제한의 가능성
- 경제적 재화론과 윤리적 재화론
- 자유 시장 기업에서 윤리적 의무
- 목적 합리적이고 기술 지배적인 행위의 정당화
- 경제적 능력과 도덕적 능력
- 해방적 사회정치학

5. 연구 윤리

연구 윤리는 학자가 학문 연구에 종사하는 과정에서 지켜야 하는 도덕적 요구에 대해 성찰한다. 공학과 같은 학문의 경우에는 설계의 윤리와 일맥상통한다고도 볼 수 있을 것이다. 연구나 설계 모두 공익성과 안전성의 윤리학적 바탕을 두고 실천하는 응용윤리학이기 때문이다.

독일의 헌법 제5조 제3항은 “예술과 학문, 연구와 교수는 자유롭다”고 천명하고 있다. 그러니 학자에게 용인된 자유로운 연구와 교수의 권리는 마음대로 학문적 조사와 실험을 해도 된다는 특허의 의미가 아니다. 연구의 자유는 다른 모든 자유와 마찬가지로 책임을 져야만 하며 정당화의 의무를 가지고 있다.

학자의 책임은 이중적이다. 즉 학자는 내적 책임과 외적 책임을 가지고 있다. 학자의 내적 책임은 그의 전문적 직업윤리가 그에게 명령하는 것으로써 그가 탐구하는 사물이 진실로 어떤 상태에 있는가를 인식하는 책임이다. 진리의 추구와 진리의 발견은 한편으로 국제적으로 용인된 표준에 따라 올바르게 학문적인 방법으로 진행되어야 한다. 다른 한편으로 공평성, 형평성, 청렴성, 비판성, 정확성, 확실성의 규칙들이 학자의 윤리를 구성한다.

사회에 대한 학자의 외적 책임으로 학자는 연구 프로젝트의 잠재적 위험성에 항상 주의해야 하며 악용으로 인해 일어날 수 있는 위험을 경고해야 한다. 그리고 해로운 결과가 예상되는 연구 즉, 기대되는 유용함보다 해가 많을 것으로 예상되는 연구는 중단해야 한다.

6. 환경 윤리

최근에 환경 보호론 자들로 부터 윤리학을 요청하는 소리가 높아지고 있다. 인간이 지구를 체계적으로 착취하고, 그 피해가 간과할 수 없는 지경에 이름에 따라 “환경에 대해 도덕적 책임을 지는 새로운 윤리학"이 특별히 요청되었다. 그러한 환경윤리(Umweltehik)는 발상의 전환을 필요로 한다. 자연과의 교류는 더 이상 전적으로 인간의 이익과 필요에 의해서 결정되어서는 안 된다. 일종의 "자연에 대한 외경”을 다시 느낄 수 있기 위해서는 "프로메테우스적 오만"을 제거 하는 것이 중요하다.

이제는 인간 중심적 관점을 버리는 것이 필수적이다. 인간은 환경 문제를 여전히 재화를 평가하는 문제로 다룰 것이고 그러한 평가에 의해서 자연은 단지 일시적으로 훼손되지 않는 상태로 남을 수 있을 뿐이다. 그리고 그런 재화 평가에서 자연의 몫은 꾸준히 줄어들게 된다. 인간 본성과 인간 외적 자연의 밀접한 연관 관계는 현 세대의 사람들에게 지구 환경 체계와의 교류와 관련하여 우리의 후손을 포함하는 모든 인간들의 연대 공동체로부터 생겨나는 의무를 부과한다. 이런 점에서 생태학적 윤리학은 본질적으로 미래 윤리학이다.

우리의 후세대는 “긍정할 만한 본질을 가진 존재에 대한 권리”를 가지고 있다. 현재 세대의 미래에 대한 책임을 명료하게 실천할 규범의 목록으로서 환경 윤리에서는 다음과 같이 주제를 정하였다.

- 인간과 고등 동물의 실존(Gattungsexistenz)을 위태롭게 하지 말 것: 집단적 자기 보존
- 미래 인간의 존엄한 실존을 위태롭게 하지 말 것: 인간 삶의 조건을 저해하지 말 것

- 현존하는 자연 자원과 문화자원을 보존하고 개선 할 것: 건설과 보존
- 미래 지향적 목표를 추구함으로써 타인을 원조할 것: 보조성
- 실천 규범의 의미를 후 세대에 교육할 것 등이다.

그러므로 환경 윤리는 자연에 대한 태도를 변화시켜야 할 과제를 가지고 있다. 그리고 이렇게 자연에 대한 변화된 태도에 의해서 인간은 자기 자신과 후세대를 위해서 자연을 합목적적 이유 없이 훼손, 취급하는 것을 중지해야 한다. 인간의 책임은 고유한 가치, 즉 불가침성이 인정되어야 하는 인간 이외의 영역에 까지 확대된다. 그리고 인간의 행동 의지와 행동 능력은 이 불가침성에서 한계를 가져야만 한다.

7. 직업윤리

직업윤리란 직업 선택의 기준뿐만 아니라 직장인이 지녀야 할 바람직한 가치규범을 말한다. 직업의 선택과 직업관 그리고 직업의식과 같은 주관적인 원리뿐만 아니라, 권리와 의무, 효율성과 형평성, 개인과 전체, 동기와 결과, 선과 악 사이의 갈등에 대한 합리적 해결책 등과 같은 객관적 원리를 포함한다.

직업윤리에는 직업의 종류와 관계없이 공통적으로 요구되는 행동 규범인 "직업 일반의 윤리"와 특정한 직종별로 사회적으로 기대되는 행동 규범인 "직업별 윤리"가 있다.

근로자의 윤리, 기업가의 윤리, 법조인의 윤리, 은행가의 윤리, 의사의 윤리, 공직자의 윤리, 방송인의 윤리, 기술인의 윤리 등이 이에 해당한다. 경제적 의무를 넘어서서 사회의 보편적 가치나 역할을 수행해야 하는 사회적 책임이 강조된다. 사회적 책임을 잊은 채 단순히 경제적 의무만을 이행할 때 사회 전체적으로 부정부패가 만연하게 된다.

2001년도 국제투명성 기구의 조사에 의하면 총91개국 중 한국의 부패 지수는 42위였다. 가까운 일본이나 싱가포르에 비해 훨씬 높았다. 한국 사회는 구성원들 간의 신뢰가 떨어지고 부패가 만연함으로써 그 만큼 사회적 비용을 더 많이 지출하고 있는 것이다.

<표 3.2> 국가별 부패 지수 (지수가 낮을수록 부패의 정도가 높음)

*자료: 국제투명성기구(2001년)

국가	지수(순위)
싱가포르	9.2(4위)
영국	8.3(13위)
미국	7.6(16위)
독일	7.4(20위)
일본	7.1(21위)
프랑스	6.7(23위)
한국	4.2(42위)
…….	…….

3.4. 비판적 사고와 공학윤리

이성적 비판의 토대 위에서 이루어지지 않은 사고는 어떤 주장에 대해 아무 반성 없이 그것을 그저 수동적으로 받아들이려는 사고를 말한다. 이런 사고는 무비판적인 사고이고 맹목적인 사고이다. 어떤 주장에 대해 그저 좋은 듯 따르기만 하기 때문이다. 이에 대배되는 개념이 바로 비판적 사고이다.

비판적인 사고는 꼭 부정적인 측면을 의미하는 것은 아니다. 비판적 사고를 부정적인 것으로 보는 것은 특정 주제나 주장들을 단순히 수동적이고 무비판적으로 받아들이려는 소극적인 태도 때문이다. 하지만 비판적으로 사고한다는 것은 어떤 주제나 주장 등에 대해서 적극적으로 분석하고 종합하며 평가하는 능동적인 사고이다. 그래서 능동적으로 이루어지는 비판적 사고의 목적은 어떤 주제나 주장에 대해 무조건 부정적으로 비난하려는 것이 아니라, 그것을 더욱 더 깊이 있고 폭넓게 이해하려는 것이다.

공학윤리의 측면에서 볼 때 기업환경에 대부분 적응하게 되는 기술자들의 의식구조를 살펴보면 이와 같은 사고의 훈련이 중요하다고 할 수 있다. 적응과 복종, 혹은 충성과 불충성의 딜레마에 빠질 수 있는 기술자들의 의식 구조에서 보다 한 걸음멀리서 생각하고, 판단하고, 행위 할 수 있는 사고가 필요한 것이다.

<그림 3.3> 비판적 사고

비판적 사고에 대해서 한마디로 정의할 수는 없지만, 여러 가지 측면에서 그것의 몇 가지 중요한 특징을 제시할 수 있다. 비판적 사고는 전통적으로 흔히 쓰여 온 다른 말로 표현하면, 추리하는 사고를 말한다. 추리하는 사고는 우리의 사고 중 우리의 이성적인 능력을 바탕으로 하는 사고이지. 아무런 원리 없이 마구잡이로 머릿속에 떠오르는 이미지나 관념들을 연상하는 것이 아니다. 추리하는 사고는 어떤 이유나 근거에 의존하고 있으므로 그것은 합당한 사고이다. 또한, 비판적인 사고는 의식적이고 반성적 사고이다. 즉, 비판적 사고란 무엇에 대하여 되새김질하는 것이다. 합당하게 추리하는 반성적 사고를 우리는 비판적인 사고라고 할 수 있겠다.

과거의 과학 기술자이 인식하는 "과학"이라는 것은 순수한 것이며, 객관적이고, 가치중립적이며, 무비판적인 자연에 대한 진리탐구의 학문으로 이해되어 왔으며, 공학기술 역시 동일한 맥락에서 과학연구의 성과들이 인간의 삶에 현실적으로 적용되는 것으로 간주되어 왔다. 과학과 공학기술은 주관적인 판단과 편파적인 이해로부터 완전히 자유로운 분야로 알려 왔던 것이다.

기술은 인간의 주관적인 요구와 필요에 의하여 개발된다. 특정한 기술 개발에는 이미 특정한 목표를 성취하기 위한 기획과 연구비 및 용역을 투입하는 예비계획이 작동되고 있는 것이다. 과학이나 공학, 그리고 그것의 현실적인 적용은 인간의 주관적인 의도로부터 자유로운 것이 아니다. 공학기술 그 자체만으로 인간은 행복할 수 없다. 오히려 공학기술은 점점 더 첨예하게 인간의 삶의 질을 왜곡하고, 위험에 빠뜨리는 경우도 흔히 있어 왔기 때문이다. 공학기술이라는 것은 인간이 어떻게 사용함에 따라 그 가치가 달라지는 것이기 때문에 그 기술에 정점에 서있는 기술자들이야 말로 자신의 기술이 사람들을 이롭게 하는 일에 쓰이도록 해야 한다는 것은 자명한 일이다.

가치를 나타내는 단어에는 '좋은', '나쁜', '….해야 한다', '……하지 않아야 한다.', '옳은', '그른' 등이 있다. 이 단어들은 도덕적 가치를 표현하기도 하고 도덕 외적인 가치를 표현하기도 한다. 예를 들어 "곤경에 처한 다른 사람을 돕는 것은 선한 일이다"라고 하는 진술은 다른 사람을 돕는 행위에 대해 긍정적인 도덕적 가치를 부여한다. 그렇게 말함으로써 그 주장은 그런 행위를 승인하며 칭찬하고 있으며 그 행위를 권장하고 있다. 이런 긍정적 가치 이외에 부정적인 도덕적 가치를 표현하는 단어를 포함하는 진술도 있다. 예를 들어 "약속을 어기는 것은 나쁜 짓이다"라는 진술은 약속을 어기는 행위에 대해 부정적인 도덕적 가치를 부여하고 있다. 또한 그 행위를 받아들이지 않고 있으며, 암암리에 비난하고 있기도 하다. 그럼으로써 약속을 어겨서는 안 된다는 것을 암묵적으로 규정한다.

도덕적 영역과 관련이 있는 가치 영역으로 법적 영역이 있다. 도덕적 영역과 법 영역에서는 공통적으로 어떤 개인이 어떤 행위를 해아 하고 어떤 행위를 하지 않아야 하는지에 대해서 규정한다. 도덕적 법칙을 어겼을 때 우리가 비난받는 것에 그친다면, 법률을 어겼을 때는 단순히 비난정도가 아니라 처벌을 받기도 한다는 것이다.

기술자가 행해야 하는 옳은 일 또한 규정적 주장에 입각하는 것이라고 할 수 있다. 이는 도덕적일 수도 있고, 법률적일 수도 있는 것이다. 이에 따라 기술자들은

<표 3.3> 서술적 주장과 규정적 주장 요약

요약	
서술적 주장	어떤 사태를 서술하는 주장.
규정적 주장	가치를 표현하는 단어가 들어가 있는 주장.

윤리적인 행동을 위해서 비판적 사고를 기를 필요가 있고, 이 비판적 사고라는 것은 타고난 것이 아니며 후천적으로 습득이 가능한 것이다.

전문직의 특정을 가지고 있는 기술자는 행위에 앞서 도덕적 상상력의 발휘를 할 필요성이 있다. 이것은 맹목적인 충성을 강요하는 기업환경에 적응 하더라도 항상 대중의 안전과 건강, 복지를 우선시해야 하는 기술자 직업의 특성상 행위에 앞선 도덕적, 비판적 사고의 판단 후에 행위를 결정하는 태도가 중요해지기 때문이다. 공학윤리의 교육 목적은 도덕적 사고력, 상상력의 확산에 있다.

3.5. 비판적 사고를 기르는 방법.

우선 비판적 사고를 향상시키기 위해 그 동안 제시된 여러 가지 방식을 살펴보기로 하자. 이 방식에는 아주 형식적인 방식에서 비형식적인 방식에 이르기까지 다양하다. 비판적 사고를 위해 다음의 6가지 방식이 주장된다.

1. 형식 논리학적 사고로 접근하는 방식

형식 논리학은 우리가 사용하고 있는 논증과 증명 방식 중 연역 논증에 제한된 것이다. 형식 논리학에서 이루어지는 논의는 아주 부분적으로 비판적 사고를 키워주는 데 그친다. 즉 이 방식으로는 비판적 사고를 극히 제한적으로 다루게 된다. 예를 들어 어떤 주장의 목적이나 맥락, 관점, 개념 정의, 전제가 참인지의 여부를 따지는 일은 전혀 고려되지 않는다. 따라서 형식 논리로 접근 하는 방식은 비판적 사고를 향상시키는 데 한계가 있는 방식이 될 것이다. 오히려 방해할 수도 있다.

비판적 사고가 적용될 수 있는 논의는 형식 논리로 접근할 수 없는 것도 많다. 특히 일상적인 상황 논의와 시사적 논의, 과학전 논의 등에서는 형식적인 논리의 적용이 공학윤리적 문제를 비판적으로 사고하는 데 큰 도움이 되지 않을 것이라고 본다.

2. 기술적 오류로 접근하는 방식

일반적으로 기술적 오류란 잘못된 결과를 말한다. 기술적 오류는 형식 논리로는 접근할 수 없거나 형식 논리 내에서는 문제가 없지만 내용적으로 문제가 있는 오류이다. 이것은 위의 방식과는 대조적으로 좀 더 실용적인 측면에서 비판적 사고를 향상시키려는 방식이다. 이것은 기술적 오류에 대해 다루는 것이지만, 주로 잘못된 기술적 행동의 결과를 논의한다. 잘못된 결과의 유형을 분류하고 어떤 점에서 잘못을 저질렀는가를 분석하고 평가한다. 그래서 잘못된 결과를 피할 수 있도록 사고 훈련시키고자 한다.

이 방식은 학생들의 관심을 끌기 쉽다는 장점이 있지만, 이런 접근 방식에는 나름대로의 분명한 한계가 있다. 그것은 좋은 결과에 대해 적극적으로 가르치지 않는다는 점이다. 좋은 결과는 다른 학습에서 다른 방법으로 체득할 수 있다. 그렇지만 이에 대한 학습이 우선하지 않으면 잘못된 결과에만 국한되어 사고하는데 그치게 된다. 물론 기술적으로 잘못된 오류를 열거, 논증함으로써 좋은 결과를 간접적으로 알게 할 수는 있겠지만 공학적 상황 자체에 대해서 즉, 좋은 결과와 잘못된 결과를 균형 있게 배우는 것이 필요하다.

또한 공학적 상황에서 오류를 분류하는 방식이 이론가들마다 아주 다르게 나타난다는 것이 문제가 된다. 같은 논증이라도 기술적 오류를 분류하는 방식에 따라 몇 가지 상이한 오류로 분류되는 경우가 있다. 더 세분된 분류가 반드시 올바른 분류는 아니다. 우리가 기술적 오류를 분석하는 것은 그 자체로 의미가 있다기보다는 좀 더 나은 행위의 훈련을 위해서이다. 올바른 판단을 위한 논증의 훈련은 공학윤리적 상황에서 기술자의 기술적 오류에 대한 판단을 위해 좋은 도구가 될 수 있다.

3. 윤리적 오류로 접근하는 방식

이 방식은 주로 어떤 식의 기술적 결과이든 이를 분석하기보다는 인간의 도덕적, 윤리적 오류의 처음과 끝을 분석하고 평가하는 것을 학습한다. 여기서는 기술적 결과의 형식적 측면과 비형식적 측면을 보는 것이 아니라 인간의 윤리적 행위의 처음과 끝을 두고 분석해 보는 방법이다.

사건, 사고가 생기는 경우는 대부분 공학적 오류에 앞서서 인간의 윤리적 상황과 비윤리적 상황을 모두 상상하여 분석한다. 혹은 연역적 논증과 귀납적 논증을 모두 다룬다. 따라서 윤리적 행위의 결과 형식과 내용을 모두 논의하는 것이다.

타당한 행위의 방식에 집중하는 형식 논리의 방식보다는 비판적 사고의 요소를 훨씬 더 풍부하게 다루고 있다. 어떤 기술적 원인이 결과의 원인이 되었는가 보다는 어떤 윤리적 상황이 그러한 기술적 결과를 가지게 되었는가에 초점을 맞추고 있다. 그 외에도 그 결과를 구성하는 전제가 참인가 거짓인가 하는 문제도 다룬다. 또한 형식적이든 비형식적이든 좋은 결과와 잘못된 결과를 균형 있게 다룬다.

이 방식은 앞의 두 가지 방식보다도 비판적 사고를 포괄적으로 향상시킨다는 점에서 더 나은 방식으로 보인다. 그렇다고 이 방식이 비판적 사고를 향상시키는 데 충분하다는 의미는 아니다.

다음의 세 가지 방식은 논증 유형으로 접근하는 방식을 충분히 보완해 줄 수 있을 것으로 보인다.

4. 결과를 포함한 상황, 배경 등으로 접근하는 방식

우리가 비판적으로 분석하고 평가해야 하는 것은 기술적 결과만이 아니다. 그러한 결과가 있기 전 부터의 상황과 그러한 상황이 있게 된 배경도 함께 생각해야 한다. 주장, 가설, 설명, 제안, 판단, 분석, 결정 등에도 논증과 마찬가지로 비판적 사고가 필요하다. 왜냐하면 비판적 사고는 기술적 오류로 규정된 사건 사고에만 제한되는 것은 아니기 때문이다. 그래서 이 방식은 기술적 오류뿐만 아니라 그 상황이 있기 전의 상황, 설명 등 배경을 함께 고려하여야 한다. 일반적인 상황과 배경도 결정적인 안전사고의 원인이 될 수 있기 때문에 상황과 배경을 먼저 고려해서 판단하는 것이다.

어떤 상황이 어떤 결과를 얻게 되었는가 하는 문제는 그 내용을 분석하기 전 상황이 그 내용 결과를 얻는데 영향을 미쳤는가, 그렇지 않은가 하는 논증을 분석하고 평가하는 것이다. 그럼에도 불구하고 그 결과를 분석하고 평가하는 방법에 대한 일반적인 원리가 지배한다는 것을 알 수 있다. 그러한 상황이 있기 전 주장, 가설, 설명, 제안 등은 그것을 분석하고 평가하는 방법에 대한 일반적인 원리를 제시하기가 어렵다. 그것은 결과의 내용만 먼저 눈에 보이고 결국에는 결과의 내용에 더욱 의존하고 있기 때문이다. 이러한 방식은 기술적 안전사고의 사전 상황을 분석하고 기술적 오류의 결과를 연결하는 접근방식이다.

5. 개별 학문영역으로 접근하는 방식

이 방식은 다양한 종류의 개별 학문 영역 내에서 비판적 사고를 훈련하는 것이다. 어떤 구체적인 한두 개 학문의 맥락에서 떼어내어 비판적 사고를 익히는 것이 아니라 물리학, 화학, 생물학, 심리학, 의학, 철학, 공학 등 개별 학문 내에서 비판적으로 복합적으로 사고하도록 만드는 것이다. 개별학문이란 것이 단순히 지식이나 정보의 집합이 아니기 때문이다. 모든 학문은 서로 통하고 있고 연계되어 있다고 한다.

이런 의미에서 (5)의 방식은 (3)의 방식을 보완할 수 있다. 그런데 (3)의 방식으로 학습한 사람은 학문 일반이나 사고 일반을 지배하는 원리 등을 알고 있으므로 개별학문을 지배하는 원리는 익히는데 더 수월할 수 있다.

공학윤리의 비판 의식을 함양하기 위하여 각각의 교과 내에서 다양한 방식으로 기술적 오류를 비판적으로 사고하는 훈련이 필요하다. 이것은 응용 윤리학의 특성상 한 과목에서만 함양되는 것이 아니라 인간의 다양한 행동과 행위의 대한 분석과 비판이 우선해야 하기 때문이다.

6. 무조건적 '강력한' 비판적 사고의 방식

기술적 오류의 결과만으로 기술적 오류를 접근하는 방식은 논증을 원자적으로 다루는 것이라고 지적한다. 즉 그것은 기술적 결과가 일어나게 된 실제 배경이나 맥락을 무시하는 제한된 범위에서 다루는 것이다. 원자적인 결과 분석의 학습은 학생들에게 자신의 세계관이나 자신이 기반을 두고 있는 사고틀을 비판적으로 반성할 수 있는 동기를 제공하지 않는다.

기술적 결과에 대한 원리를 탐구하고 그것을 적용하는 훈련과 더불어 정치, 경제, 사회, 문화, 예술 등의 첨예하고 당면한 문제 등을 보다 넓은 맥락과 연관시켜 보는 사고하여 보는 것이 바람직할 것이다. 무조건적인 강력한 비판적 사고의 본질은 단순히 비판과 반성만을 강요하는 것이 아니라 이것이 사회, 경제, 정치에 미치는 영향까지 분석하고자 하는 사고의 확장성에 특징이 있다. 이러한 비판적 사고의 방식은 사고의 방식을 더욱 적극적으로 실현할 수 있는 기초단계이다.

기술자가 자신의 기술을 쓰기 위해 옳은 일에 대한 명확한 인식이 필요하고, 옳은 일과 그른 일을 따지기 위하여 비판적 사고가 필요하다. 따라서 모든 기술자들의 비판적 사고를 기를 수 있는 학습을 통해 보다 윤리적인 기술자로 교육시켜야 하며 기술자들은 공학적인 문제를 해결함에 있어 항상 비판적 사고로 그것이 대중의 안전과 건강, 복지 및 인류의 편의를 위해 옳고 그름의 판단을 비판적으로 사고할 필요성이 절실해지는 것이다.

3.6. Case Study: 청소년 수련원 어린이 화재 참사 사고

어린이 화재 참사 사고는 성인과 달리 특별한 보호가 요구되는 어린이들이 공학적 시설과 설치물을 안전하게 사용할 수 있도록 매우 용이하게 설계되고 사용되어야 함에도 불구하고 부적절한 환경으로 인하여 효과적인 대처를 할 수 없도록 함으로서 사고를 당하는 예가 수없이 많다. 선진국에서는 이에 대한 대처 방안이 각별하다. 예를 들어 모든 학교 버스는 노란색으로 쉽게 구분이 가능하도록 하였고, 소방차와 스쿨버스가 진행할 때에는 모든 차들이 비켜주고 보호해 주는 사회적 인식과 장치가 있다.

다음의 열거되는 사실은 어린이들이 잘못 설계된 시설물과 보호 장치의 미흡, 안전 불감증으로 빚은 엄청나 사고의 일례이다.

1. 사고의 개요

① 1999년. 6월. 30일 새벽01:41~04:25경 청소년 수련원 00호실에서 화재 발생

② 맞은편 방에서 간식을 먹던 유치원장 000씨가 고함소리를 듣고 나가 화재 발생 확인

③ 화재 발생 확인 후 1시 41분 후에 119로 화재 발생 신고 접수

<그림 3.4> 청소년 수련장 어린이 화재 참사 사고

<그림 3.5>청소년 수련장 어린이 화재 참사 사고 사망자들
(1999년. 6월. 30일 새벽01:41~04:25경)

2. 대피

① 화재 발생 후 불이 2층까지 번지는 데에 30분 이상 소요

② 2층과 3층에 있었던 497명의 어린이 중 대부분은 폭 1 m, 피난 계단 52 m의 복도를 통해 대피하였으나 지도교사가 없었던 301호실의 어린이 18명은 질식해서 숨짐

③ 다른 호실의 2명 어린이는 교사들이 발견하지 못해 대피할 수 없어 숨짐

3. 진압

① 화재 후 분말 소화기가 작동이 되지 않아 초기 진화에 실패

② 수련원 직원과 어린이집 교사 30여명이 인근 수영장의 물을 양동이로 퍼 불을 끄려 했음.

③ 신고 접수 후 소방차가 출동하였으나 수련원 앞에 진입을 방해하는 철조망이 놓여 있었고, 정문 입구는 폐쇄되어 진입에 상당한 시간이 소요되어 초기 화재 진압과 인명구조에 실패

4. 공학적 오류

① 수련원측의 부실 건축 : 수련원 건물이 설계기사 자격이 없는 자에 의해 설계된 후 컨테이너로 제작 되었으며 내부에 스티로폼 등 인화성 건축자재를 사용하는 등의 심각한 문제가 있었다.

② 건축사 사무소의 설계과실 및 감리 업무 소홀: 건축법 위반 사항으로 건축법과 건축법시행령을 무시하였다. 공무원 6명은 96년 최초 불법 용도변경으로부터 등록 때까지 불법 건축물에 대한 허가에 직접 또는 간접적으로 개입했다. 현행 건축법 시행령 15조는 컨테이너 또는 폐차량으로 된 가설 건축물의 경우 일반 건축물로 사용승인을 받을 수 없다고 규정하고 있다. 또 92년 6월 개정된 건축법 23조는 건축물에 대한 검사 및 확인 등 감리 업무 일체를 건축사에게 대행시킬 수 있다.

③ 소방법규 위반: 소방법 시행령 3조 및 건축법 시행령 3조는 생활권 수련원 등의 건축물에 대해 화재 등 재난에 대비해 벽과 바닥, 비상통로 등의 시공방법과 사용자재 등을 까다롭게 규정하고 있다. 그러나 자연권 수련원이라는 이유로 피난계단과 내화구조 등에 대해서는 아무런 규정도 적용받지 않았다. 이에 따라 자연권 수련원에 피난과 방화시설에 대한 엄격한 규정을 적용하는 법 개정이 뒤따라야 한다는 지적이 있다.

5. 윤리적 오류

① 공무원과 건축업자간의 유착관계: 법 규정에는 엄격한 시설 규정이 있지만 건축사와 공무원들은 이를 악용해 부실 건축물을 정상 건축물로 허가하였고 건축업자는 건축물 사용 승인을 받음으로써 관련 공무원의 암묵적 묵인은 윤리적으로 돌이킬 수 없는 직무유기행위를 범하게 되었다.

② 소방 설비 관리 소홀 : 어린이들의 장난을 우려해 화재 경보 스위치를 꺼놓았으며 비치된 소화기 16개 중 9개는 소화액이 없는 상태로 비치하였다.

③ 청소년 기본법 위반: 청소년기본법은 수련시설의 설치, 운영에 대한 허가과정에서 6백30명 정원의 숙박시설은 1~3급의 청소년 지도사를 각 1명 이상씩 모두 3명 이상을 두도록 규정하고 있다. 그러나 경영진 측은 1급과 2급 지도사 1명씩만 확보한 채 운영 허가신청을 냈고 담당 공무원은 그대로 허가를 내 주었다. 성실하게 지도할 필요성이 있는 인솔 교사들도 보호 의무자의 책임을 무시함으로서 윤리적 행위의 오류를 범하였다.

<표 3.4> 어린이 안전연대의 사업 및 내용

사업의 종류	사업의 내용
정책 사업	아동안전과 관련된 입법 추진, 영, 유아 보육시설 및 유치원 안진 실태조사, 어린이 이용시설에 대한 정기적인 안전점검 실시, 전문적인 안전점검요원 양성, 안전사고로 피해를 입은 불우 어린이 지원 사업, 안전생활을 위한 심포지엄 및 워크샵 개최, 안전생활을 위한 심포지엄 및 워크샵 개최, 아동 안전을 위한 안전길라잡이 및 안전 지킴이 캠페인, 아동안전관리 우수 기관 선정 및 시상
교육 사업	아동안전에 대한 각종 연구, 어린이 안전테마 공원에서 안전교육 실시, 안전교육을 위한 자료개발, 아동들의 안전교육을 위한 정기 세미나 및 국내외 전문 학술교류
홍보 출판	어린이 안전관련 출판물 제작, 안전재단 소식지 발행, 안전사고 사례집 발행, 안전재단 홈페이지 운영, cyber 추모관 운영
기타 사업	국제 교류 및 협력을 통한 어린이 안전운동 전개, 어린이 안전테마 공원 관리 및 운영, 회원 모집 및 관리

<표 3.5> 지방 법원 합의부의피고인의 선고이유와 선고 형량 및 구형량

*자료: 00지방 법원 제20 형사부 판결문, pp1-8; http://www.realpaper.co.kr

피고	선고이유	선고 형량	구형량
경영자	업무상 과실치사상	징역 2년6월 및 금고 5년	징역 7년 6월
보호자 유치원 원장	상동	금고 5년(고법;4년 500만원 벌금)	금고 5년
공무원 과장	뇌물수수 및 직권남용	징역 3년	징역 5년
보호 교사	업무상 과실치사상,	금고 1년6월에 집행유예	금고3년
건축설계사무소 대표	상동 및 건축법위반	징역2년	징역 3년
건축사	상동	징역1년에 집행유예 2년	징역 3년
부동산 임대업자	건설산입기본법위반	징역8월에 집행유예 2년	징역1년
공무원 건축과장	허위공문서 작성	징역1년6월	징역4년
건축계장	허위공문서 작성	징역 1년 6월	징역4년
건축계 직원	허위공문서 작성	부분 무죄,추후 선고	징역 2년
건축계 직원	허위공문서 작성	벌금 500만원	징역1년6월
면사무소 직원	허위공문서 작성	벌금 300만원	징역1년 6월
면사무소 총무계장	상동 및 공문서 위조	징역1년에 집행유예 2년	징역2년
무직	공무집행방해,	징역1년	징역2년
무직	상동	징역1년에 집행유예 2년	징역1년 6월
목수	상동	징역8월에 집행유예 2년	징역 1년

6. 문제해결 및 향후 대책

23명의 생명을 앗아간 청소년수련원 화재사건의 이면에는 수련원 경영자 측의 불법행위와 이에 대한 공무원들의 묵인, 유치원 관계자등 시설 이용자들의 준법의식 부재가 원인이기도 하였지만 공학적, 기술적 안전 설계에 관한 책임이 더욱 부각된 예라고 볼 수 있다.

법원의 판결과 , 그 후 피해자 가족이 행한 의미 있는 사업이 나타나게 되었다.

유족회가 모체가 되어 2000년 7월 7일 어린이 안전재단이 설립되었고 정책사업, 교육사업, 홍보출판 사업, 기타사업을 수행하며 또 계획하고 있다. 사업의 종류와 그 내용을 보면 표 3.4 ~ 3.5와 같다. 그리고 법원의 강도 높은 처벌이 뒤따랐다.

7. 공학윤리 토론사항

1) 건축설계 기술자는 어린이들이 사용하는 건물임을 사전 인지하고, 설계에 고려하였는가?
2) 모든 건축물은 화재와 같은 비상시를 대비한 안전한 설계를 어느 정도까지 고려하고 설계하는가?
3) 관련 공무원이 부실 건축 사실을 알고도 이를 묵인한 것은 공학윤리의 원리에서 어떤 오류를 범한 것인가?
4) 어린이 화재 참사 사고에서 교훈이 되는 설계 측면에서 문제가 되는 사항은 무엇인가?
5) 어린이 화재 참사와 같은 대형 사고를 막기 위해 사회, 국가적으로 해결해야 할 문제는 무엇인가?

4
CHAPTER

윤리헌장의 목적과 필요성

4.1 윤리헌장의 역사와 의의

윤리헌장이라 함은 일반적으로 영어의 "code of ethics"를 번역한 것으로 일반적으로 윤리강령(倫理綱領)이라고도 한다. 법의 의미와는 달리 조직체나 단체, 기업에 종사하는 사람들의 포괄적인 행위를 규정하기 위한 의미의 용어이다. 미국 등의 공학관련 전문직 협회의 윤리 규정은 회원들의 행위에 대한 적절한 기준을 제시하고 있으며 이 규정을 지키기 위한 세세한 지침까지 정의해 놓은 곳도 있다. 따라서 윤리규정, 윤리규범, 윤리강령, 혹은 윤리헌장 등은 거의 같은 의미이며 개인적으로는 규칙, 규율, 신조 등도 같은 맥락에서 개인이나 기술자들의 윤리적 행위의 한계를 정리한 의미로서 쓰인다고 볼 수 있다.

미국의 존슨앤드존슨(Johnson & Johnson)사는 명확한 행동기준을 규정한 "윤리헌장; 우리의 신조(Our Credo)"를 갖고 있기 때문에 모든 직원들은 사태를 수습하는 주요 지침으로 그 윤리헌장을 활용하였다. 존슨앤드존슨사의 CEO 이었던 짐 버크는 회사이념을 강화하는 프로그램을 직접 관리하면서 1980년대에 맞춰 윤리헌장을 개선하였다. 이러한 과정을 통해 윤리헌장은 사람들의 행동에 직접적인 영향을 주는 실질적이고 영향력 있는 지침이 된 것이다.

<그림 4.1> 윤리헌장이란?

10년 동안 존슨앤드존슨은 그 규정의 중요성을 계속 확인해 왔다. 타이레놀 사태는 회사 이념이나 강령의 중요성을 더욱 부각시켰으며 즉흥적인 계획을 수행하는 대신에, 존슨앤드존슨은 '회사의 이념과 규정'에 포함된 원칙과 가치를 통해 회사의 목적을 실현한 것이다. 대중들이 본 것은 진정한, 원칙이 있는 리더십 이었다. 타이레놀 사건처럼 가공할 사태는 좀처럼 일어나지 않는다. 존슨앤드존슨은 과감한 결단력

<표 4.1> 최선의 공학윤리적 윤리경영의 실천사례

<존슨 앤드 존슨 사의 사례>

1982년 어떤 정신병자가 청산가리를 일부 타이레놀 캡슐에 집어넣었다. 이로 인해 여덟 명이 사망하고 긴급 대응책으로 존슨앤드존슨은 창고에 저장되어 있는 모든 재고물량을 처분하기로 결정 하였다. 뿐만 아니라 이미 방출된 타이레놀 총 3,100만 병을 회수 하였다.이일로 회사는 1억 달러를 지출하였다. 사고가 존슨앤드존슨의 과실이 아니라는 것이 밝혀졌음에도 불구하고 회사는 모든 비용을 지불한 것이다.

존슨앤드존슨의 대응은 매우 솔직하였다. 가장 좋은 예로 존슨앤드존슨은 즉시 미디어와의 완전 공조체제를 선택 하였다. 나중에 존슨앤드존슨은 청산가리가 들어갔던 타이레놀 캡슐 제품을 모두 알약으로 교체 하였다. 이를 위해 다시 수백만 달러가 들어갔다.

위기에 결단력 있는 대응을 한 주역은 바로 존슨앤드존슨 경영자였던 있던 짐 버크(Jim Burke)였다. 그는 아일랜드계 미국인이었는데, 정직하고 직설적이며 책임감이 매우 강한 경영자로 알려져 있었다. 사건이 발생하자 짐 버크는 상황을 자세히 알리기 위해 여러 차례 TV 프로그램에 출연하기도 하였다. 그런데 예상 외로 존슨앤드존슨에게 돌아간 것은 비난보다는 호의적인 반응이다. "존슨앤드존슨이 사건에 대처한 모습은 회사경영이 솔직하고, 잘못을 뉘우치고 있으며, 책임감이 강하다는 것을 입증하는 것이었다. 이것은 그들이 이번 독극물사건을 신속하게 해결하고, 대중을 보호하는 일에 전념하고 있음을 알린 것입니다"라고 〈워싱턴 포스트〉는 평했다.

현재 타이레놀은 처방전이 필요 없는 의약품 중 가장 잘 팔리는 것 중의 하나다. 이 사건 이후 존슨앤드존슨은 비처방제 시장점유율을 37%라는 과거의 자리를 되찾기 위해 많은 투자를 하였다."시간과 돈이 들어갈 것이며 고난의 과정도 필요하다. 하지만 우리는 이러한 과정이 타이레놀의 선도적 위치를 되찾기 위해 필수적이라는 것을 알아야 한다. 또 이것은 사업에서 중요할 뿐만 아니라 윤리적으로도 꼭 필요한 것이다"하고 짐 버크는 말하였다. 존슨앤드존슨의 올바른 상황파악과 신속한 대응 그리고 최고경영자의 신념과 의지에 의해 판매고는 재빨리 회복할 수 있었다.

한편 존슨엔드존슨 사는 1943년 최초의 기업윤리헌장으로 알려진"우리의 신조(Our Credo)"를 발표하였다.

덕분에 잘 대처할 수 있었다. 존슨앤드존슨은 꼭 필요한 핵심인물로 위기관리팀을 결성했고 무엇보다 중요한 것은 그 회사의 회장이었던 짐 버크의 리더십이었다.

기업의 윤리적 책임은 사회적 책임을 수호하는 기업의 존재가치를 유지하는 가장 핵심적인 사명이다. 이는 최고경영자가 일선에서 리더십을 발휘하여 조직을 이끌어 나가는 것만으로는 완수할 수 없으며 리더십을 바탕으로 전 조직원이 참여하여야 하는 사명인 것이다.

미국에서는 학회 조직이 아니라 직업 단체로서 다양한 협회가 존재하고, 윤리 의식에 관한 문제는 학회 조직의 차원이 아니라 협회 차원에서 다루어지는 것이 보통이다. 때문에 무엇을 목적으로 어떤 일을 하기 위한 단체인지를 분명하게 하기 위해 그들 협회의 윤리 규정과 시기를 살펴볼 필요가 있다.

- 1847년 미국 의사 협회(AMA) - 미국에서 처음 제정된 윤리 규정
- 1884년 미국 장례 관리사 협회(National Funeral Directors Association)
- 1908년 미국 법률가 협회(ABA)
- 1911년 미국 자문 기술자 협회(American Institute of Consulting Engineers)
- 1912년 미국 전기 기술자 협회(AIEE), 미국 화학 기술자 협회(AIChE)
- 1914년 미국 기계 기술자 협회(ASME), 미국 토목 기술자 협회(ASCE)
- 1927년 미국 기술자 협회(AAE)

1947년 전문직 발전을 위한 기술자 평의회(ECPD)－1963년, 1974년, 1977년에 개정을 하고 이 윤리 규정은 후에 공학기술 인증위원회(미국공학교육인증원)가 계승 발전(ABET;Accreditation Board for Engineering Technology)시켰다.

1964년 미국 공학기술 전문가협회(NSPE; National Society of Professional Engineers) －그때까지 ECPD (1947년 판의 윤리 규정을 사용하고 있었지만 이번에 독자적인 윤리 규정을 채택하여 NSPE는 1958년 윤리 심사위원회(BER)를 설치하고, 회원으로부터 발생한 윤리 문제에 대하여 회신을 작성하는 활동 등을 계속하고 있다.

<표 4.2> 미국공학기술전문가협회(NSPE)의 엔지니어 윤리헌장(1987년) 전문(Preamble)

*자료: 미국 전문기술자 협회 http://www.nspe.org

공학은 중요한 지식을 요구하는 전문직이다. 전문 직업인인 기술자는 자신의 직무가 모든 사람의 생활의 질에 직접적이고 매우 중대한 영향을 미친다는 것을 인식해야 한다. 따라서 엔지니어가 제공하는 행위는 정직성(honesty), 비편향성(impartiality), 공평성(fairness), 평등성(equity) 등의 원칙에 부합해야 하며 대중들의 건강(health), 안전(safety), 복지(welfare)를 위해 수행되어야 한다. 엔지니어는 자신의 직무를 수행함에 있어서 대중, 고객, 고용주 및 전문직 협회를 위해 윤리적으로 합당한 행동을 해야 한다.

I. 기본규정(Fundamental Canons) 엔지니어는 자신의 직무상 의무를 수행할 때,

1. 대중의 건강, 안전, 복지를 가장 중요하게 생각한다.
2. 자신이 할 수 있는 영역의 서비스만을 한다.
3. 객관적이고 신뢰할 수 있는 공적 발언을 한다.
4. 전문인으로서 고용주나 고객에 대한 믿을만한 대리인 또는 신뢰자로 행동한다.
5. 기만적인 행위를 하지 않는다.

II. 실천규정(Rule of Practice)

1. 엔지니어는 대중의 건강, 안전, 복지를 가장 중요하게 생각한다.
   a. 엔지니어는 항상 자신의 기본적 의무가 대중의 안전, 건강, 재산 및 복지를 보호하는 것이라는 것을 인식하고 있다. 그것이 위험하게 되는 상황에서 전문가로서의 판단이 곤란할 경우에는 자신의 고용주, 고객 등 이에 관한 권한을 가진 자에게 알린다.
   b. 허용된 기준에 비추어 대중의 건강, 재산 및 복지에 안전한 엔지니어링 서류만 을 승인한다.
   c. 법과 본 규정과 고객 혹은 고용주의 사전적인 동의 없이는 자신의 직무수행과 관련하여 알게 된 사실, 자료, 정보를 공개하지 않는다.
   d. 엔지니어는 타인이 자신의 이름 혹은 회사의 이름을 사용하도록 허용해서는 안 되며, 남을 속이거나 부정직하게 사업 혹은 전문 직무를 하는 것으로 보이는 회사 또는 개인과 업무를 동조하지 않는다.
   e. 엔지니어는 다른 엔지니어가 본 규정을 위반한 것을 알았을 때 요청되는 정보 및 지원을 제공하는데 적절한 관계자와 협력한다.

2. 엔지니어는 자신이 할 수 있는 영역의 서비스만을 한다.
   a. 엔지니어는 특정분야의 학력 혹은 경험에 의해 자격이 있는 직무만을 수탁 받는다.
   b. 엔지니어는 자신의 능력 밖의 직무에 관한 계획 또는 서류에 서명하지 않는다. 또한 능력이 있다 하더라도 자신이 직접 관장하지 않는 계획이나 서류에 서명하지 않는다.
   c. 엔지니어는 프로젝트 전체를 조정하는 책임을 질 수 있고, 이 경우 프로젝트의 각 기술부분이 그 업무를 수행할 자격이 있는 엔지니어에 의해 서명으로 날인된 경우에만 전체 프로젝트의 엔지니어링 서류에 서명할 수 있다.

3. 엔지니어는 객관적이고 신뢰할 수 있는 공적 발언을 한다.
   a. 엔지니어는 전문적인 보고, 발표, 혹은 증언을 함에 있어서 객관적이고 진실해야한다. 엔지니어는 보고, 발표, 혹은 증언에 필요한 모든 관련 정보를 수집해야 하며 그것은 사건의 발생 시기에 대한 내용을 포함해야 한다.
   b. 엔지니어는 어떤 사안에 관해 적절한 지식과 능력이 있을 때, 전문적인 의견을 공표할 수 있다.
   c. 엔지니어는 이해 당사자로부터 의뢰를 받아 보수를 받은 업무에 관해 이해 당사자의 명시적인 사전 언급이 있거나 엔지니어의 이해관계가 있는 경우 외에는 발표, 비판 혹은 논쟁하지 않는다.

4. 엔지니어는 전문인으로서 고용주나 고객에 대한 믿을만한 대리인 또는 신뢰자로 행동한다.
   a. 엔지니어는 자신의 이해관계와 고용주 혹은 고객의 이익이 상충된다는 것을 알고 있거나 그런 일이 예상될 때는 엔지니어의 판단 혹은 업무의 질에 영향을 미칠 수 있거나 미치고 있는 사정을 알림으로써 공개한다.
   b. 엔지니어는 모든 이해 당사자의 합의가 있는 경우 외에는 당해 프로젝트의 해당 업무 혹은 직접 관계있는 업무에 관해 고객 외의 자로부터 금전적 보수 혹은 다른 형태의 보수를 받지 않는다.
   c. 엔지니어는 고용주 혹은 고객에게 책임을 지는 다른 계약 당사자로부터 직접적 혹은 간접적으로 금전적인 대가를 요청하거나 받지 않는다.
   d. 공공기관의 소속원, 자문인 혹은 피고용인으로서 공무를 수행하는 엔지니어는 자신이나 자신이 소속된 기관이 추천하거나 수행한 전문 업무에 관한 결정에 관여하지 않는다.

e. 엔지니어는 그가 속한 기관의 대표 혹은 임원이 정부기관의 일원인 경우 당해 정부기관과 전문업무의 계약을 하거나 계약요청을 한지 않는다.

5. 엔지니어는 기만적인 행위를 하지 않는다.
   a. 엔지니어는 동료 엔지니어 및 그 외 제휴 엔지니어의 학력 혹은 자격에 관한 허위진술을 알고 그대로 전달하거나 수용하지 않는다. 엔지니어는 의뢰받을 업무와 관련하여 현재 수행하고 있거나 과거에 수행했던 업무에서 담당한 책임의 정도를 높이거나 과장하지 않는다. 또한 엔지니어는 업무의 의뢰 청구와 관련되는 자기소개에서 자신의 고객, 피고용인, 제휴자, 조인트 벤처 혹은 과거 실적에 관해 자신의 수행 능력을 높이 평가받기 위해 허위진술을 하지 않는다.
   b. 엔지니어는 직접적이나 간접적이라도 공공기관에 의한 계약의 낙찰에 영향을 미치려는 의도로 사회적 상례에 의해 낙찰에 영향을 미칠 것으로 여겨지는 상당한 금액의 정치적 헌금을 요청하거나 수령하지 않는다. 엔지니어는 일을 의뢰받기 위해 선물이나 기타 가치 있는 대가를 제안하지 않는다. 엔지니어는 일을 의뢰받기 위해 자신이 고용한 사람, 중개 허가를 받은 상사에게 지급하는 경우 외에는 부당한 이익을 지급하지 않는다.

Ⅲ. 전문가로서의 의무(Professional Obligations)

1. 엔지니어는 자신의 직무에 관해 최상의 정직성을 유지한다.
   a. 엔지니어는 자신의 잘못이 밝혀지면 자신의 잘못을 인정하고 자신의 직무에 관한 평가를 왜곡하거나 변경하려는 행동을 삼간다.
   b. 엔지니어는 프로젝트가 성공적일 수 없다는 믿음이 있으면, 이것을 고객 혹은 고용주에게 알린다.
   c. 엔지니어는 자신의 일상적인 업무를 방해하는 외부적인 고용을 받아들이지 않는다. 외부적인 고용을 수용할 경우에는 그 전에 자신의 고용주에게 알려야 한다.
   d. 엔지니어는 거짓이나 위장을 통해 다른 고용주에 소속된 엔지니어를 유인하지 않는다.
   e. 엔지니어는 전문직업인으로서의 품위와 정직성을 희생하여 자신의 이익을 증진시키는 행동을 삼간다.

2. 엔지니어는 항상 대중의 이익을 위해 봉사한다.
   a. 엔지니어는 시민과 관련된 일 및 자신이 소속된 사회의 안전, 건강 및 복지를 위해 건설적인 봉사를 할 수 있는 기회를 갈망한다.

b. 엔지니어는 그가 속한 엔지니어 사회에서 받아들여지는 기준에 일치하지 않고 1대중의 건강 및 복지에 영향을 미칠 것으로 판단되는 계획 혹은 기술에 관해 서명하지 않는다. 고객이나 고용주가 그와 같은 전문직으로서 합당한 행동에 반하는 행동을 강요할 경우에는 관계당국에 통보하고 그 프로젝트의 직무를 포기한다.

3. 엔지니어는 대중을 속일 가능성이 있는 모든 행동이나 업무를 회피한다.
   a. 엔지니어는 사실적 근거가 없거나 사실은 잘못 공표하는 해위를 포함한 진술을 회피한다.
   b. 엔지니어는 종사원의 모집을 위해 광고와 일관성을 유지하는 조건에서 자신을 광고할 수 있다.
   c. 엔지니어는 일관성을 유지하는 조건에서 대중적 혹은 기술적 논문을 쓸 수 있다. 그러나 다른 사람이 수행한 일에 관한 논문인 경우에는 그 논문에 대한 권리가 저자에게 주어지지 않는다.

4. 엔지니어는 현재 혹은 과거의 의뢰인, 고용주와의 업무에 관한 비밀을 의뢰인 및 고용주의 허락 없이는 공개하지 않는다.
   a. 다른 사람의 고객에 의해 엔지니어링 업무를 수행 중인 엔지니어는 모든 이해 당사자의 동의 없이는, 당해 업무와 관련되어 앞으로 할 일을 추진하기 위한 협상을 하거나, 현재의 업무와 관련하여 취득한 특별한 전문지식과 관계되는 다른 프로젝트에 주(主)계약자로 참여하기 위한 준비를 하지 않는다.
   b. 엔지니어는 어떤 프로젝트의 고객 혹은 고용주를 대신하여 특별히 전문적인 지식을 취득한 경우에, 당해 프로젝트와 관련된 모든 이해 당사자의 동의 없이는 적대적인 이해관계에 참여하거나 표방하지 않는다.

5. 엔지니어는 자신의 이익과 고객 혹은 고용주의 이익이 상충되는 경우에, 자신의 이해관계로 인해 의무 이행에 영향을 주지 않는다.
   a. 엔지니어는 제조하고 있는 생산품의 특정 자재를 공급하는 자로부터 무상으로 설계해 주는 것을 포함하여 금전적인 혹은 기타의 대가를 받지 않는다.
   b. 엔지니어는 자신의 업무와 관련된 프로젝트와 관련하여, 고객 혹은 고용주와 거래관계에 있는 계약자 혹은 다른 당사자로부터 직접적 혹은 간접적으로 수수료, 부당한 이익 등을 받지 않는다.

6. 엔지니어는 엔지니어링 업무에 종사하는 자에게 적정한 대가를 주어야 한다는 원칙을 지킨다.

a. 엔지니어는 피고용인 혹은 엔지니어 파견업자로부터 대가를 받지 않는다.
b. 엔지니어는 다른 엔지니어를 고용할 경우에는 전문 능력의 등급에 따라 임금을 준다.

7. 엔지니어는 고용, 승진, 업무 수행을 위하여 다른 엔지니어를 비판하거나 부적절 한 방법을 사용하지 않는다.
   a. 엔지니어는 엔지니어링 분쟁에서 분쟁해결 업무를 하는 경우, 성공시의 요구조건으로 수당을 요구하거나 제안하거나 받지 않는다.
   b.고용된 엔지니어(salaried engineer)는 고용주가 허용하고 윤리적 관점과 일치하는 한에서 아르바이트를 한다.
   c. 엔지니어는 개인적 일을 위해 고용주의 동의 없이 고용주의 장비, 소모품, 실험실, 사무실을 사용하지 않는다.

8. 엔지니어는 직접 혹은 간접으로 다른 엔지니어의 평판, 전망, 업무 혹은 고용에 관해 악의적으로 혹은 그릇된 손상을 입히지 않고, 다른 엔지니어의 일에 관해 불성실하게 비판하지 않는다. 그러나 엔지니어는 다른 엔지니어가 비윤리적이거나 위법적인 업무수행을 하고 있다고 믿어질 때는 이에 대해 조치할 수 있는 관계당국에 보고한다.
   a. 개인사무소를 개설한 엔지니어는, 다른 엔지니어와 함께 하는 업무관계가 종료되지 않은 경우, 그가 알지 못하게 하고 동일 업무에 종사하고 있는 다른 엔지니어의 업무를 평가하지 않는다.
   b. 정부, 기업 혹은 교육기관에 고용된 엔지니어는 자신의 직무상 필요한 경우에만 다른 엔지니어의 업무를 검토할 권한이 주어진다.
   c. 판매회사 혹은 기업에 고용된 엔지니어에게는 납품된 제품을 다른 공급자의 제품과 비교할 권한이 주어진다.

9. 엔지니어는 중대한 태만(gross negligence)에 의하지 않고, 달리 엔지니어의 손해를 보전할 방법이 없을 때, 면책된다는 조건으로 자기의 직무에 관한 책임을 진다.
   a. 엔지니어는 직무활동을 위해서 주 등록법(state registration law)에 순응해야 한다.
   b. 엔지니어는 비윤리적 행동을 은폐하기 위해 엔지니어가 아닌 자나 조합과 제휴하지 않으며, 제휴한 경우 그들의 모든 직무활동에 대해 자신이 책임을 진다.

10. 엔지니어는 타인에게 업무를 맡긴 경우, 그 타인을 신뢰하고 타인의 이익을 우선한다.
   a. 엔지니어는 필요한 경우, 자신이 책임을 지고 설계, 발명, 문서 작성, 기타 업무를 하는 자를 임명한다.
   b. 엔지니어는 고객이 제공한 설계서를 사용하는 경우, 그 설계서가 고객의 재산임을

인식하고 명시적 허락이 없이는 복사하지 않는다.

c. 엔지니어가 맡은 일이 개선, 계획, 설계, 발명 등 저작권 혹은 특허권에 해당될 수 있는 경우, 그 일을 맡기 전에 그 소유권에 관해 확실한 협정을 한다.

d. 엔지니어가 한 설계, 자료, 기록 등이 고용주에게 배타적으로 속하는 일인 경우 그 성과물은 고용주의 재산이다.

11. 엔지니어는 다른 엔지니어, 예비 엔지니어(students)와 정보와 경험을 서로 나눔으로써 전문직무의 효율성을 신장시키는 데 협력하고 지도를 통해 전문직이 발전하도록 노력한다.

a. 엔지니어는 다른 엔지니어들을 격려하고 그들의 발전과 교육에 협조한다.

b. 엔지니어는 다른 엔지니어가 전문직업인 단체의 회의에 참석하여 논문을 발표하도록 장려한다.

c. 엔지니어는 다른 엔지니어가 가급적 빨리 엔지니어 단체에 등록을 하도록 강조한다.

d. 엔지니어는 다른 엔지니어에게 전문가 본래의 교육 및 경험을 활용하는 완전한일을 맡기고, 좀 더 낮은 교육 및 경험을 요하는 일은 하위 전문가나 기능공 (technician)에게 맡긴다.

e. 엔지니어는 고용을 희망하는 엔지니어에게 회사의 업무조건 및 고용 직위에 관해 정확한 정보를 주고, 고용 후에는 어떤 변화에 관해서도 정보를 제공한다.

미국공학기술전문가협회(NSPE) 집행위원회 성명

엔지니어에 대한 가격 견적 혹은 입찰서의 제출을 금지하는 NSPE의 윤리헌장에 대한 대심원 판결이 나온 후 몇몇 사례에서 암시되어 있는 오해를 정정하기 위해 대심원의 판결이 셔먼 법은 가격경쟁 입찰 요구하지 않는다.The Sherman Act doesnot require competitive bidding) 는 것을 밝히고 있음과 그 의미를 명확히 하기 위해 다음의 결정을 덧붙이고 있음을 특별히 언급한다.

1. 엔지니어와 기업은 엔지니어링 사업에 관한 개인적 경쟁 입찰을 거부한다.
2. 고객은 반드시 경쟁 입찰에 의하도록 요구되지 않는다.
3. 엔지니어링 용역의 구매 절차를 규제하는 연방, 주 및 지방법의 효력에는 영향을 미치지 않는다.
4. 전문가 협회가 공공기관이 엔지니어링 용역사업자의 선정 및 협상 절차에 관한입법을

하도록 적극적으로 추진하는 것은 자유이다.

5. 엔지니어링 용역에 관한 경쟁 입찰을 금지하는 규정을 포함하여 주(洲)의 등록처 의 규정의 효력에는 영향을 미치지 않으며, 주의 등록처는 엔지니어링 용역의 발주에 관한 규정을 둘 수 있다.
6. 대심원이 특별히 언급한 바와 같이 판결은 NSPE 및 그 회원들이 정부의 행동에 영향을 미치려고 기도하는 것을 금지하지 않는다.

이 윤리헌장을 회사 등 법인에 적용하는 경우, 그 법인의 형태가 어떻든 그 회사 등 법인에 소속된 개인의 윤리헌장의 준수 의무가 취소되는 것은 아니다. 윤리헌장은 자연인(real person)이 수행하는 전문직에 관한 것이다. 자연인은 사업 조직 내에서 정책을 수립하고 그것을 이행하는 사람이다. 윤리헌장은 엔지니어에게 적용하기 위해 제정 되었고, NSPE 회원에게 이에 따라 행동하도록 노력할 의무를 부여하고 있다. 이 원칙은 윤리헌장의 모든 규정에 적용된다.

1912년 미국 전기 기술자 협회(AIEE)에 만들어진 윤리 규정은 다른 많은 전문직 협회의 윤리 규정의 모델이 되었고 이것을 모방하여 다른 협회가 윤리 기준을 제정하기 시작하였다. 1947년 전문직 발전을 위한 기술자 평의회(ECPD)의 윤리헌장은 오늘날 미국 공과대학의 인증평가를 중심으로 하는 미국 공학교육 인증원(ABET; Accreditation Board for Engineering Technology) 윤리헌장의 모델이 되었을 뿐만 아니라 공학기술의 교육 분야에서 최초의 윤리헌장의 제정이라는 의의를 남기게 되었다.

그런데 윤리 규정이라고 해도 규정을 채택 사용하는 목적은 시대와 함께 변하고 있다. 이 변화와 함께 윤리 규정 자체도 개정되어 왔지만 변화 과정을 주목하면 거의 3단계로 구분이 가능하다. 예를 들어 초기의 기술직 협회가 설립된 19세기가 끝나갈 무렵과 처음으로 윤리 규정의 개정이 행해진 제2차 세계 대전 이후의 시기 그리고 다시 한 번 중요한 개정이 행해진 1980년경의 3개의 시기이다. 초기의 윤리 규정과 제2, 제3의 시기의 것과의 사이에는 큰 차이가 있다. 그 차이는 기술자의 "대중(public)"에 대한 의식의 차이라고 볼 수 있는데 초기에서의 기술자의 대중에 대한 의식은 제품에 대한 고용주와 의뢰자의 중간에 위치한 신분의 입장에서 보는 것이었다. 그러나 전통적으로 전문직이라고 불렸던 법학, 신학, 의학의 분야에서

A structure of Engineering job

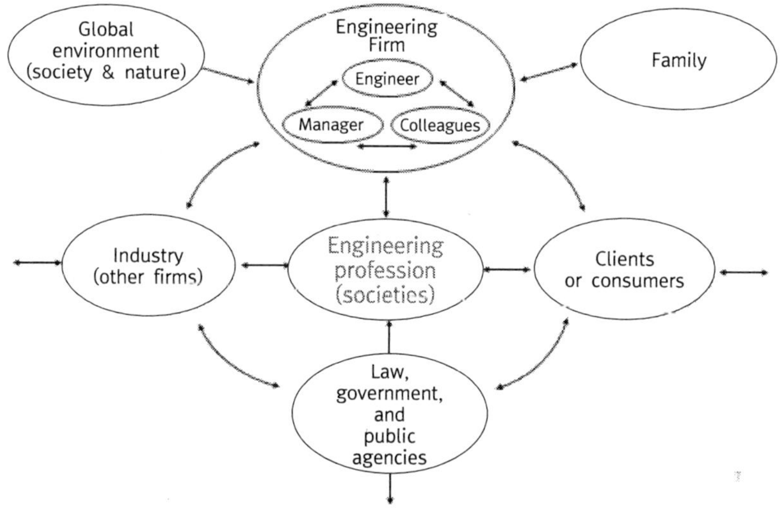

<그림 4.2> 공학기술 전문직의 직업 구조

는 의뢰하는 개인, 개인의 복지 우선을 최우선하는 행위를 하였고 그로 인해 전문직의 위치를 유지하여 온 것이다. 이들이 오늘 날까지 이어지는 전문직의 모형이 된 것이다.

큰 변화가 나타나는 계기로 된 것은 1947년에 ECPD가 채택한 윤리 규정이다. 대중의 생명에 대한 안전과 건강에 대한 배려, 대중에 대한 충성심 등에 관한 원리가 도입된 것이다. 이로부터 미국 대부분의 기술직 협회가 이것을 채택하는 윤리 규정의 개성을 하였다. 1963년과 1974년의 개정에서는 한층 더 이점을 강조하여 만들어졌고 1977년의 개정에서는 인류의 복지가 최우선하는 윤리 규정의 중심이 되었다.

전문가의 행동의 근본 원리는 고결성에 있기 때문에 기술자는 대중이나 고용자나 의뢰자(to the public, his employers, and clients) 모두에게 충실할 것을 정하고 있다. 그리고 대부분의 사람들에게 대하여 공정하고 공평한 의무를 수행하여 대중의 복지와 인류의 복지를 위해 특수한 지식을 사용할 것을 1947년 처음으로 ECPD 즉 전문가 발전을 위한 평의회가 정하였다. 그리고 기술자는 그 전문직의 의무의 수행에 있어 대중의 안전, 건강, 복지를 최우선 한다 하다(hold paramount the safety, health and welfare of the public)고 하는 1974년 개정 규정은 미국의 주요한 기술직 협회 대부분(ASCE, ASME, AIChE 등) 이 현재까지 사용하여 오고 있다.

왜 윤리헌장에 따를 것인가 하는 문제는 각 개인의 도덕성과 성격, 둘러 싼 환경의 차이에서 여러 가지 행동이 나올 수 있다. 전술의 논의로부터 기술자가 윤리헌장에 따르는 것이 당연한 이유는 명백하게 보일지도 모르지만 전문직 윤리를 말할 때 기술직을 포함한 전문직이 스스로의 규정을 지지해야 할 이유에 관하여 명백해야 하는 이유가 있다. 이러한 이유 중 한 가지는 공학협회의 회원이 협회에 가입한 때, 그와 같이 행동한다고 동의한 것이기 때문이다.

전문 학협 회에 가입하고 있지 않다고 해서 그들이 전문가들이 아닌 것은 아니며 그들이 전문적 일을 하지 않는 것도 아니다. 오히려 현장에 투입되어 있는 기술자들이 오랜 경험을 통한 전문직에 속하는 사람일 수도 있고 이들의 전문가적인 의식이야말로 대단히 중요한 사회의식일 것이다.

그들이 사회 이익 즉, 대중의 공공 안전성에 반하는 행위를 할 수 있는 권한이 주어진 것은 아니며 따라서 윤리헌장과 의식의 교육이 필요한 중요한 근거가 되고 이유가 된다. 또 하나의 이유는 공학 전문직과 사회와의 사이에 묵시적 “계약 관계”관계가 있다고 하는 것이다. 기술자가 취한 이익, 지위, 권한은 사회의 도움으로 유지된 교육, 상당한 급료, 신망, 그리고 사회 소속감의 특전을 사회에 돌려줌에 따라 기술자는 사회에 대하여, 성실, 신용, 그리고 뛰어난 공헌의 의무를 지고 있다고 이해되고 있다.

윤리헌장은 전문직과 사회의 사이가 아니라 오히려, 전문직 기술자끼리의 사이에서 합의 내지 협정이다. 기술자는 명료하게 그러한 합의를 다른 기술자와 맺지 않았는지는 모르지만 그들은 기술자가 될 것을 결단하고, 스스로를 기술자라 칭하고 있으며 칭하는 것에 수반한 이익을 받고 있다. 이러한 이익은 그들을 기술자라고 부르는 것을 바라는 다른 사람들의 지지에 의존하고 있는 것이다.

표 4.3은 미국 전지전자기술자 협회의 윤리 규정이다.

IEEE(Institute of Electrical and Electronics Engineers)는 미국 전기전자기술자 협회의 약자로 전문공학협회의 하나이며 오랜 전통과 역사를 통하여 회원은 공학이

<표 4.3> 미국 전기 전자 기술자 협회의 규정, 1990년

미국 전기 전자 기술자 협회

(THE INSTITUTE OF ELECTRICAL AND ELECTRONICS ENGINEERS, INC.; 미국, 1884년 설립)

윤리헌장 (Code of Ethics)

우리IEEE(Institute of Electrical and Electronics Engineers) 회원은 공학이 세계의 사람의 생활의 질에 미치는 영향력의 크기를 감안하고, 전문직과 그 회원, 그리고 우리가 봉사하는 사회에 대하여 개인적 책임과 의무가 있는 것을 인정하며 이것에 따라 고귀한 윤리적, 전문적 행위를 할 것을 선서하고 이하에 동의한다.

1. 대중의 안전, 건강 및 복지라고 일치하는 공학상의 결정을 할 책임과 의무가 있는 것을 인정하고, 대중 내지 환경을 위험하게 하는 요인은 신속하게 밝힌다.
2. 이해관계의 분쟁이 존재하든지 예견된 때 가능한 한 그것을 회피하고 또한, 실제로 존재하는 경우 영향을 입는 당사자에 그것을 밝힌다.
3. 권리 요구나 유용한 자료에 근거하여 평가를 하고 성실하면서 현실적으로 행동한다.
4. 뇌물수수는 어떠한 형태의 것도 거절한다.
5. 기술의 적절한 응용, 그리고 그것에 의하여 생길 수 있는 결과에 관하여 이해의 개선을 도모한다.
6. 기술적 능력의 유지·향상에 노력하고, 훈련과 경험에 위한 자격이 획득된 경우에만 타인을 위한 업무에 종사하며, 그 후에도 적절한 한계가 있음을 공포하여야 한다.
7. 기술적 업무에 대한 성실한 비평은 탐구하고, 받아들이고, 제공하며 잘못이 있으면 인정하고 정정하고, 또한, 다른 사람의 공헌을 적절하게 평가한다.
8. 인종, 종교, 성별, 장애, 연령, 또는 국적과 같은 사항과는 관계없이 모든 사람에게 공평하게 대우한다.
9. 부정행위 또는 악의 있는 행위에 의하여 신체, 재산, 평판, 또는 고용에 위해를 가하지 않는다.
10. 이 윤리헌장을 따라 동료나 협력자에 대하여 전문직으로서의 성장에 이바지하도록 원조하고 지원한다.

IEEE(Institute of Electrical and Electronics Engineers) 이사회 인정
1990년 8월

*자료: 미국 전기전자 기술자 협회(IEEE(Institute of Electrical and Electronics Engineers), http://www.ieee.org/portal/index.jsp?pageID=corp_level1&path=about/whatis&file=code.xml&xsl=generic.xsl

세계의 사람들의 생활의 질에 미치는 영향력의 크기를 감안하고, 또, 전문직과 그 회원, 그리고 나아가 봉사할 사회에 대하여 개인적 책임과 의무가 있다는 것을 인정한 것이다. 그 규정은 공학윤리의 교육적 측면에서 해석하여 보면 아래와 같다.

① 이 조항은 사회적 책임과 대중의 안전, 건강 및 복지에 대해 일치한 공학상의 결정을 할 책임과 의무가 있는 것을 인정한 것이다. 따라서 대중 내지 환경을 위험하게 할 수 있는 요인은 신속하게 사회에 공표하여 방지를 목적으로 하는 공학협회 대부분의 처음조항과 일치한다.

② 조직 내에서의 이해의 충돌이 존재할 때 그 예방을 우선으로 하고 그렇지 않을 경우에는 영향을 입는 당사자에게 알릴 것을 권고하고 있다.

③ 전문가의 윤리 의식을 의미하며 합리적, 도덕적 행위 지침을 강조한다.

④ 사회에서 만연할 수 있는 민감한 사항인 뇌물수수에 관한 지침이다.

⑤ 과학과 공학도 소재가 적절한 응용, 환경 및 자연에 대해 생길 수 있는 결과에 관하여 열거한 것이다.

⑥ 전문가의 자격과 능력에 관한 윤리적 조항이다.

⑦ 평생 교육적 차원에서 자신의 공학적 업적에 관한 성실한 비평은 계속할 것을 강조한 것이다.

⑧ 인종, 종교, 성별, 장애, 연령, 또는 출신국과 같은 사항과 관계없이 모든 사람을 공평하게 대우해야 한다는 조항이다.

⑨ 개인적 도덕성을 강조한 것이다.

⑩ 팀워크와 전문직의 미래와 발전을 위하여 상호협조의 의미를 담고 있는 것이다.

윤리헌장은 기술자들이 적절한 공학적 결정을 할 수 있도록 도와주고 윤리적 딜레마에서 탈피할 수 있는 근거를 제공하여 준다. 모든 공학관련 기업과 조직 및 단체들은 윤리헌장을 제정하고 준수해야 하는 사회적 근거가 될 수 있다. 성문화되어 있는 윤리헌장이 없다하더라도 윤리헌장이 가지고 있는 무의식적 실천 의지를 자극할 수 있는 윤리 규정의 제정이 필수적이다.

- 자기 보호; 다른 기술자로부터 피해를 입는 것을 느끼는 기술자나 일반적인 사람을 지키는데도 도움이 될 것이다.

<표 4.4> 미국기계기술자 학회의 윤리헌장

*자료: 미국기계학회(ASME), http://digital.asme.org/Codes_Standards_Digital_Books.cfm

기술자는 기술자로서의 청렴, 명예, 위엄을 다음과 같은 방법으로 실현한다.

1. 인간의 복지 향상을 위해 지식과 기술을 사용한다.
2. 정직하고 공정하며 타인, 자신의 고용주, 고객에게 성실하게 봉사한다.
3. 기술자로서의 경쟁력과 권위를 높이기 위해 노력한다.

기본 규정

1. 기술자는 대중의 안전, 건강, 복지를 최고수준으로 유지하는 것을 자신의 직업적 성과로 삼아야 한다.
2. 기술자는 자신의 경쟁 범위 안에서만 서비스를 제공한다.
3. 기술자는 자신의 경력을 통해 직업적 발전을 시속해야 하고 휘하에 있는 기술자들에게 직업적, 윤리적 발전의 기회를 제공해야 한다.
4. 기술자는 고용주나 고객에게 충실한 대리인이나 수탁자로서의 직업의식을 갖고 행동해야 한다. 이해관계의 갈등이 생기지 않도록 해야 한다.
5. 기술자는 서비스를 제공함으로써 직업적 명성을 쌓아가고 타인과 불공정하게 경쟁하지 않는다.
6. 기술자는 훌륭한 사람이나 조직과만 교류한다.
7. 기술자는 객관적이고 정직한 방법으로만 대중의 문제를 제기한다.

- 자기 통제; 규정이 이것을 금하고 있음이라고 하는 것으로 기술자가 잘못을 범할 압력을 가하는 훨씬 용이한 환경을 만드는데도 도움이 될 것이다.
- 존엄성 유지; 공학적 행위를 하면서 당혹감이나 수치심이나 죄악감에 해당되게 느껴야 할 필요가 없는 데에 도움이 될 것이다.
- 공정함 유지; 다른 사람이 공정하게 행동한다고 생각하고 스스로가 공정(fairness)하게 행동한다고 하는 의무의식이 생기게 될 것이다.
- 정당성 유지; 기술자의 행위가 법적인 문제가 되었을 때 준수함으로서 정당성을 회복할 수 있는 근거가 될 것이다.
- 책임성 유지; 기술자의 행위에서 행위의 기준이나 안내자로서의 역할을 수행할 수 있다.

ASME의 윤리규범 해석은 구체적인 윤리적 기술자들의 행위 목표를 나타낸다. 특별한 상황에서 기술자가 참고할 수 있는 원칙이다. 또한 기술자는 직업적 관행을 따를 것이 아니라 원칙적으로 윤리헌장에 관한 실제적인 지도방향을 준수해야한다고 요구한다.

4.2 윤리헌장(code of ethics)의 의미

공학윤리헌장을 정하는데 있어서 주의해야 할 사항은 초기에 미국의 윤리헌장의 제정에 영향을 미친 많은 규정은 기술자의 책임 의식만을 규정한다는 것이다. 윤리헌장은 기술자의 책임뿐만 아니라 기술자의 권리와 보호의 규정도 함께 규정되어야 할 것이다. 미국에서 공학관련 기술자 협회가 채택한 최초의 공학윤리헌장은 미국 전기 기술자 협회AIEE; American Institute Electrical Engineers)의 것으로 1912년에 채택이 되었다. 이 규정은 다른 기술자 협회의 대부분의 규정의 모델 역할을 했지만 제1의 규정은 다음과 같은 것이었다.

"기술자는 고객 혹은 사업주의 이익의 보호를 스스로의 전문직 제1의 의무라고 생각하는 것이 당연하고, 그러므로 이 의무에 반하는 어떠한 행위도 피하여야 한다."

이들 초기의 규정 어느 쪽에도 다음과 같은 일반 대중에 대한 기술자 전문가의 책임에 관한 내용은 없다.

ECPD가 새로운 기술자 윤리 규범을 모델로 다양한 기술자 협회가 공학윤리헌장의 정식 규범화를 채택한 것은 1947년이 되고 나서부터였다. 이 규정은 "사업주나 의뢰인에게 책임에 중점을 두는 것이 당연하다"라고 지적하고 대중의 복지에 관심을 나타내기 시작한다. 정식화된 규정은 다음과 같다.

"전문직 행위의 이미지는 고결성에 대한 차이이기 때문에 기술자는 대중, 사업주 및 의뢰인에 대하여 충실하게 직무(duties)를 다하고 또, 모든 사람에 대하여는 공정하게 함으로써 한편으로 치우치는 일 없게 직무를 다한다. 대중의 복지에 스스로 관심을 기울일 것, 그리고, 인류의 이익을 위해 스스로의 전문 지식을 적용할 준비를 하는 것은 그 직무이다."사업주 혹은 의뢰인에 대한 기술자의 직무는 지금에 와서 "기술자는 전문직에 관계된 문제로 의뢰인 혹은 사업주를 위해 성실한 대리인 혹은 수탁자의 역을 맡는다"고 하는 것만이 명시되어 있다.

이러한 최신 규정의 정식화를 가장 이론적으로 강하게 비평한 것은 사무엘 플로어 맨(Samuel Florman)이다. 그는 저서 "공학의 실존주의적 즐거움"이나 다수의 논문에서 윤리에 대하여 논의하고 있다.

"즉, 기술자는 실제, 무엇이 일반대중의 가장 큰 이익을 결정할 것인가에 대해 시민보다 결코 적임이 아니기 때문에 그들은 일반적인 복지를 옹호할 특별한 책임을 조금도지지 않는다." 때때로 "이 일견되고 극단적인 입장에 있어서 대중이 최고의 이익이라고 하는 것에 대해 어떻게든지 기술자는 한 부분에 책임이 있다"고 해석하며 기술자의 자격을 말한다.

어떤 윤리헌장도 현재 기술자의 권리를 논하고 있지 않지만 주요한 기술자 협회의 대다수는 큰 조직에 고용된 기술자 다수의 전문직 고용에 관한 지침을 인정하고 있다. 그렇지만 이러한 지침은 여전히 윤리헌장을 따랐던 기술자의 행동을 행위한 것에 대한 보복으로부터 그 기술자를 보호하는 문제를 규정하고 있지 않다. 이 문제는 윤리헌장의 제정과는 별도로 윤리적으로 행동한 자의 행위를 보호해야 하는 규정으로 확대되어야 하기 때문이다.

이러한 측면에서 IEEE(Institute of Electrical and Electronics Engineers)가 정면에서 취급하고 있지만 규약(constitution)에 사업주를 지적하기 위한 특별한 절차를 편입하고 있다. 이러한 절차 아래에서 유지되어야 하는 것이 윤리헌장을 신설해야 하는 기술자 전문직 혹은 그 조직체들의 특별한 임무가 아닌가 한다.

기술자 전문가 협회의 역사로부터 명확한 것처럼 기술자의 규정은 주기적으로 비판적인 검토와 변경을 경험하고 있다. 이 재평가의 임무는 협회의 윤리위원회에서 자발적으로 봉사하는 회원에 의해 행해지고 있다. 규정은 사회에 있어서 스스로의 전문직의 역할에 관하여 기술자 협회의 현재의 이해를 반영하고 있어야 한다. 이 이해의 변화에 수반하여 규정도 변화해야 한다.

대부분의 미국의 윤리헌장은 기술자가 보유한 기술자적 지식의 중요성을 지적하고, 거기에는 특별한 책임을 수반할 것을 인정하고 있다. 최초의 규범(canon)은 "대중의 안전성, 건강 및 복지"라고 표현하며 행동해야할 책임 및 대중 혹은 환경이 위험하게 될지도 모를 요인에 대하여 공표할 것을 강조하고 있다.

IEEE(Institute of Electrical and Electronics Engineers) 규정으로는 이 1991년판이 환경에 관하여서 처음으로 언급하고 있다. 그것을 포함한 것은IEEE 내부에서 전문직의 의무에 관한 견해가 발전한 것을 반영하고 있다. 규정 2-7은 기술자의 전문직으로서의 지식과 판단을 개선하고 옹호할 것을 인정하고 있다. 이들의 전문직으로서 의무에 대해 지적했다. 이해의 충돌, 불성실한 뇌물수수는 모두 기술자의 전문직으로서의 지식과 판단의 신뢰성에 바탕을 두는 것이기 때문에 피하지 않으면 안 된다.

규정 8-10은 기술자의 일반적인 의무에 관하여 말하고 있다. 전문직은 사회적으로 볼 때 가장 결과가 빠르고 바람직한 지위에 이르는 길을 제공한다. 그것은 또, 현명하게 사용하지 않으면 안 되는 경제적 힘 혹은 다른 형태의 힘을 전문직에 제공하고 있다. 그 때문에 기술자는 다른 전문 일자리와 같이 타인을 손상시키지 않도록 신경을 쓰지 않으면 안 되고 다른 전문직의 윤리적 행동을 지원하지 않으면 안 된다. 미국 전기전자기술자 협회 (the institute of electrical and electronics engineers, inc.; 미국, 1884년 설립)의 윤리헌장이 그러하다.

4.3 윤리헌장의 준수 의무

왜 윤리헌장에 따를 것인가 하는 문제는 각 개인의 도덕성과 성격, 둘러 싼 환경의 차이에서 여러 가지 행동이 나올 수 있다. 다만 윤리헌장이 존재하는가 하는 문제와 윤리헌장의 준수문제는 다른 것이다. 윤리헌장을 준수하지 않았을 경우의 문제도 우리는 여기서 판단을 내릴 수가 없다. 공학윤리의 역사상 좋은 사례 분석을 시도하는 수밖에는 없다.

기술자가 윤리헌장에 따르는 것이 당연한 이유는 명백하게 보일지도 모르지만 전문직 윤리를 말할 때 기술직을 포함한 전문직이 스스로의 규정을 지지해야 할 이유에 관하여 명백해야 하는 이유가 있다. 이러한 이유 중 한 가지는 기술자 협회의 회원이 협회에 가입한 때 그렇게 행동하겠다고 동의한 것이기 때문이다. 예를 들면 IEEE(Institute of Electrical and Electronics Engineers) 규정의 서론의 한 절은 서약 혹은 약속의 형태를 취하고 있다. 따라서 그들은 전문가 협회에 가입한 동시에 그 실천을 목적으로 하는 윤리헌장의 준수 의무가 발생하는 것이다. 불행한 것은 이러한 이유가 소수의 현장 기술자에게는 들어맞지 않는다는 것이다 그들은 어느 단체에도 속해 있지 않는 전문 기술자일 수도 있다. 또한, 대다수의 현장 기술자는 어딘가의 전문직 기술자 협회에 속하여 있는 사실 아니기 때문이다.

또 하나의 이유는 기술자 전문직과 사회와의 사이에 묵시적인 계약 어떤 종류의 상호관계가 있다고 하는 것이다. 기술자가 취한 이익은 사회의 도움으로 유지된 교육, 상당한 급료, 신망, 그리고 사회 소속감의 특전을 사회에 돌려줌에 따라 기술자는 사회에 대하여 성실, 신용, 그리고 공헌의 의무를 지고 있다고 이해되고 있다. 개개의 기술자와 사회 사이의 관계를 공고하게 하기 위해 기술자는 소속 협회의 윤리헌장을 준수한다고 서약하지 않으면 안 된다.

윤리헌장의 또 다른 견해에 의하면, 윤리헌장은 전문직과 사회 사이에서가 아니라 오히려 전문직 기술자들과의 "합의 혹은 협정"이다. 기술자는 명료하게 그러한 합의를 다른 기술자와 맺지 않았는지는 모르지만 그들은 기술자가 될 것을 결단하고 스스로를 기술자라 칭하며 칭하는 것에 수반한 이익을 받고 있다.

Michael Davis은 기술자가 기술자의 윤리헌장을 지지해야 하는 이유를 다음과 같이 요약하고 있다

- 공정함(fairness); 그것에 따르면 다른 사람이 공정하게 행동한다고 생각하고 스스로가 공정하게 행동한다고 하는 의무이다.
- 자기 방어; 그것에 따르면 규정이 이것을 금하고 있음이라고 하는 것으로 기술자가 잘못을 범할 압력을 가하는 훨씬 용이한 환경을 만드는데도 도움이 될 것 같다.
- 자기 존중(respectability); 그것에 따르면 기술자를 당혹감이나 수치심이나 죄악감에 해당되게 느껴야 할 필요가 없는 데에 도움이 될 것 같다.
- 자기 통제; 그것에 따라 다른 기술자로부터 피해를 입는 것을 느끼는 기술자나 일반적인 사람을 지키는데도 도움이 될 것 같다.

사회적, 직업적 계약으로서의 윤리 규정은 전문직 단체가 윤리 규정을 채택해야 하는 이유를 설명하고 있다. 사회적 직업적 계약이라고 하는 개념의 의미는 공학기술윤리 교육의 중요한 역할을 이루고 있다. 예를 들어 하나는 "사회와의 계약(contract with society)"이라고 하는 생각이며 또 하나는 "전문가 사이의 계약(contract between professionals)"이라고 하는 생각이다.

윤리 규정을 사회와 전문 기술직과의 사이의 어떤 종류의 계약의 표현이라고 본다면 전문직은 사회가 주는 비싼 보수, 명예 있는 지위, 두터운 신뢰, 독자적인 자율성이라고 하는 이익을 제공 하는데 대하여 사회는 전문직으로부터 고도의 전문지식과 기술을 필요로 하는 서비스와 서비스의 제공에 대한 기술자의 행위를 규제할 것을 요구할 수 있다.

윤리 규정은 도덕적 기초를 아는 것이다. 안내나 계약이라는 생각과 같이 윤리 규정의 강제력을 기술자 개인의 외부에 두는 것이 아니라 강제력은 내면화 되지 않으면 안 된다고 하는 주장이 있다. 즉, 기술직은 단순한 생계를 세우는 길이 아니고 하늘이 준 직업적 "소명(profession, calling)"이어서 기술자는 높은 사회적 목표를 달성하기 위해서 스스로의 기술과 능력을 통제하지 않으면 안 된다는 주장이다.

윤리적 기술자의 육성은 단지 규칙에 복종할 만한 기술자를 기른다는 것이 아니고 개개의 규칙의 정당화와 일련의 규칙을 받아들이는 것의 윤리적 근거의 이해를 목표로 하는 것이 아니면 안 된다. 예를 들면 개개의 기술자에 관해서 기술직에 있어서의 윤리적 차원을 이해하고 있는 기술자는 보다 좋고, 보다 행복(better and happier)하다고 하는 것이다. 그리고 고용자의 입장에서는 "윤리는 좋은 비즈니스다"(Ethics is good business)이라고 하는 인식을 가지게 되는 것이다. 즉, 윤리적 행동은 단기간에서는 비용이 생산성을 능가하지 못하지만 장기적으로 보면 생산성이 비용을 훨씬 상회하는 이익이 된다. 기업이 윤리에 대한 강한 관심을 나타내는 것은 시장에서도 유리하게 되고 윤리는 보다 뛰어났던 것보다 생산적인 기술자를 만들어 낸다는 점에서 윤리에 대한 교육이 필요하다.

윤리 규정이나 법률이 가지는 다른 중요한 역할은 원래 그 자체가 목적이 아니라 어느 목적을 달성하기 위한 수단이다. 기술직 협회가 윤리 규정을 제정한다. 그것을 사용하여 계몽과 교육을 병행한다면 훌륭한 윤리 교육의 한 장면이 될 수 있다.

기술직 협회 외부의 사람들에 대해서는 윤리 규정의 이해하도록 설명하고 함께 윤리에 대한 관심을 환기할 수 있고, 이해, 의식 개혁을 도모할 수 있게 된다. 윤리 규정이 목적으로 하고 있는 곳을 실현하기 위한 전체적인 운동이며 윤리 규정의 제정에만 목적이 완성되는 것이 아니기 때문이다. 이러한 운동을 추진하는데 있어서 윤리 규정을 제정하고 대내외적으로 교육하는 것은 대단히 의의가 있는 일이다.

윤리 규정이 가지는 이러한 측면을 잃지 않기 위하여 윤리 규정의 비판적 분석이라고 하면 도덕적 기초 만에 주목하는 것이 아니라 윤리 규정의 변천사를 생각해 보고 그것을 통해서 윤리 규정이 무엇을 목적으로 하고 어떠한 방향으로 향해 왔는지를 이해하는 것이 중요하다. 기존의 윤리 규정이 목적 달성을 위해서 적절한 것일지를 비판적으로 음미하는 것은 교육의 장면에 대해도 행해져야 하는 것이다.

윤리헌장의 강한 필요성으로 기술자의 정체성에 관한 문제이다. 기술자는 대개

<표 4.5>미국공학교육인증원에서 인증하는 기술자들의 윤리헌장
(ABET Code of Ethics of Engineers)

기본 원리(THE FUNDAMENTAL PRINCIPLES)

Engineers uphold and advance the integrity, honor and dignity of the engineering profession by; - 기술자들은 아래와 같이 공학 전문직의 정직성, 명예, 그리고 존엄성을 향상, 유지한다.

I. using their knowledge and skill for the enhancement of human welfare;
   - 자신의 지식과 기술을 인류 복지의 향상에 사용한다.

II. being honest and impartial, and serving with fidelity the public, their employers and clients;
   - 공정하고 정직하게 신뢰를 가지고 대중과 자신의 고용주와 고객에 대해 봉사한다.

III. striving to increase the competence and prestige of the engineering profession; and
   - 공학기술 전문가의 권익과 경쟁력의 향상을 위해 노력한다.

IV. supporting the professional and technical societies of their disciplines.
   - 자신의 규범에 입각한 전문적이고 기술적인 모임을 지원한다.

기본규정(THE FUNDAMENTAL CANONS)

1. Engineers shall hold paramount the safety, health and welfare of the public in the performance of their professional duties.
   - 기술자들은 전문직 수행에 있어서 대중의 안전, 건강과 복지를 최우선시 해야 한다.
2. Engineers shall perform services only in the areas of their competence.
   - 기술자들은 그들이 보유한 전문성의 범위 내에서만 서비스를 수행해야 한다.
3. Engineers shall issue public statements only in an objective and truthful manner.

- 기술자들은 공공 발언을 할 때에는 반드시 객관적이고 진실한 자세로 임해야 한다.

4. Engineers shall act in professional matters for each employer or client as faithful agents or trustees, and shall avoid conflicts of interest.
   - 기술자들은 각각의 사용자나 고객을 위한 업무에 있어서 신뢰받는 대리인이나 위탁자가 되어야 하며, 이해 충돌을 회피해야 한다.
5. Engineers shall build their professional reputation on the merit of their services and shall not compete unfairly with others.
   - 기술자들은 그들의 서비스 상의 장점으로 직업적 명성을 이루어야 하며, 다른 기술자들과 불공정하게 경쟁해서는 안 된다.
6. Engineers shall act in such a manner as to uphold and enhance the honor, integrity and dignity of the profession.
   - 기술자들은 직업의 존엄성과 정직성과 명예를 유지하고 드높이기 위한 자세를 견지해야 한다.
7. Engineers shall continue their professional development throughout their careers and shall provide opportunities for the professional development of those engineers under their supervision.
   - 기술자들은 그들의 관리 하에 있는 기술자들에게 전문성의 개발 기회를 부여하여야 하며, 또한 경력전반을 통하여 그들 자신의 전문성 개발을 계속해야 한다.

*자료: 미국공학교육인증원(ABET(Accreditation Board for Engineering Technology), http://www.abet.org/Linked%20Documents-UPDATE/ABET%20Governance%20Docs.pdf#search="CODE"

매니저, 관리자 혹은 경영자가 되는 것을 열망한다. 이것은 전문가로서의 정체성의 토대를 무너뜨리는 것이 되기도 한다. 의사나 변호사의 경우 한번 그 전문가의 위치에 오르게 되면 그 전문직에 대한 법적 지위나 위치를 상실할 염려가 없다. 그러나 기술자의 사회적 지위는 아이러니하게도 국가와 사회에 따라 조금씩 다르다는 견해를 보인다. 대개 선진국에서는 기존의 전문가 집단 즉, 의사, 변호사와 같은 위상을 보이고 이들 전문가 집단의 경우 대부분 윤리헌장을 보유하는 전통이 있는 반면 그의 실천적 관리도 엄격하다. 하지만 후진국으로 갈수록 그와 반대되는 경향이 있다. 윤리헌장의 보유가 전문가 집단의 여부를 결정짓는 요소는 아니지만 전문가 집단이라고 사회가 신뢰하는 집단은 반드시 그 실천적 규정인 윤리헌장으로 보유하고 있다.

공학의 세계에서는 공장 관리를 하는 관리 전문직의 경우 연구나 제조, 설계를 중심으로 하는 공학 전문직과는 차이가 있다. 공과대학을 졸업하지 않고도 기업에서 기술자로 고용된 경우도 있고 정보통신, 소프트웨어공학의 분야에서는 공과대학 출신이 아님에도 전문가로 인정받는 기술자가 많기 때문이다. 이렇게 보면 기업에서의 전문가 입장에서 의사나 변호사와는 달리 그 자신 스스로가 정체성을 무너뜨리는 결과를 낳게 되는 것이다. 따라서 기술자 전문직이라는 정체성을 굳건히 하기 위해서도 기술자의 윤리헌장을 제정하고 그 권위를 유지하는 노력이 오랜 시간 지속되어야 사회가 신뢰하는 윤리헌장의 본래의 의도를 벗어나지 않게 된다.

윤리헌장 성립의 또 다른 이유로 전통적인 전문가 집단과 새로운 전문가 집단과의 책임 소재의 불분명이다. 가령, 예를 들어 '나쁜 행동이다'라고 이해하고는 있었지만 그것을 막지 못했다고 해서 그 책임을 묻는다는 것은 무리가 있다. 기술자의 경우 하나의 설계나 제조, 시스템의 구축은 대부분 팀의 구성으로 이루어지는데 그들은 자기 통제 하에 있던 것에만 책임이 있을 뿐 그 시스템을 구축하여 나쁜 결과를 얻었을 경우의 책임은 개인 전문가에게 있다기보다는 그 팀을 지휘 감독한 상사에게 책임이 크다.

이러한 책임소재의 불분명성으로 인하여 전문가 집단 중에서도 기술자의 경우 그 정체성에서 전통적인 전문가 집단과는 차이가 있다. 오히려 그 복잡성을 취급하는 면에서는 설계 전문가의 경우 모든 예측 가능한 조건을 상상하여 시스템을 구축하는 것이 불가능하기 때문에 나타날 상황에 대하여 모두 책임을 진다는 것이 전형적인 전문가 집단과는 다른 것이다.

결국, 기술자의 전문직은 의사나 변호사와 같은 전통적 집단의 전문가들과는 다르게 취급해야할 정체성을 가지고 있다고 해야 할 것이고 그에 따른 윤리헌장도 특별한 윤리헌장이어야 한다는 논리가 성립된다. 이러한 의미에서 미국의 전문기술자들의 교육시스템을 검증하고 그 교육 프로그램을 인증하고 있는 기관인 미국공학교육인증원(ABET; American Board for Engineering Technology)의 전문 기술자의 윤리적 자격은 아래와 같은 사항을 갖추어야 한다.

4.4 Case Study; 도시 지하철 안전사고

1. 사고 개요

공공시설인 지하철 사고는 대형 사고로 이어진 예가 많다. 그만큼 대중이 이용하는 공공시설의 안전성이 확보되어야 하는 것이다.

이 사고는 지하철 열차가 중앙역에 진입함과 동시에 방화범에 의한 화재가 발생했다. 미흡한 대처능력 속에 맞은편에 열차가 진입, 기관사는 뒤늦게 발차를 시도했지만 열차가 작동하지 않자 마스 콘 키를 뺀 후 탈출, 열차의 출입문은 자동 폐쇄됨으로써 대부분의 승객들이 대피하지 못하고 열차내부에서 사망, 불길과 난연재에서 발생한 고온의 유독가스에 의해 총337명(사망 191명 부상 146명의 인명 피해와 5000 억 정도의 물질적 피해를 내었다.

2. 공학적 오류

1) 도시 지하철도의 구조적 결함

건설부채를 운영기관에서 부담하는 문제 : 지방의 도시철도는 국고 보조금과 지방자치단체의 비용으로 재원을 조달하고 있는데 국고 보조금은 30%정도에 불과 하였고 운영기관에서 건설비를 부담하기 때문에 도시철도 운영기관은 극심한 적자에서 벗어나지 못한다. 이러한 상황에서 직원의 수는 턱없이 부족하고 시설과 자재도 충분하지 못하게 되는 악순환이 이어진다.

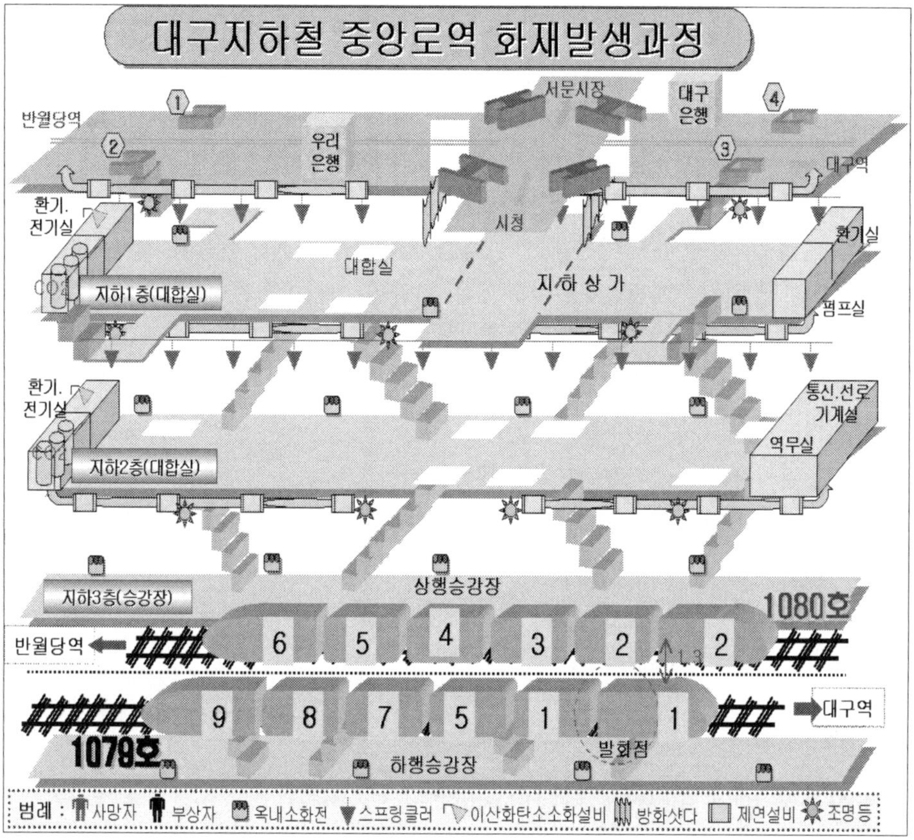

<그림 4.3> 대도시 지하철 화재사고 발생과정

2) 서로 다른 건축법 적용

건축법은 대부분 지상 건축물 위주로 제도화되어 있고 재난예방을 위한 기준, 특히 지하철 역사와 같이 지하공간에 위치한 다중이용시설에 대한 기준들이 취약하다. 지하철의 지하3층 역사에는 스프링클러 장치가 설치되어 있지 않았고, 1층 상가 2층에만 스프링클러가 설치되었다.

3) 시설물의 문제

이번사고의 대부분의 희생자는 유독가스에 의한 것이지만 지하공간에서유독가스나 연기를 배출시키는 시설이 너무나 부족하였고 외부공기를 유입시켜주는 재연시스템도 동작하지 않는 등 비상등이 작동하지 않는 문제 지상으로 직접 관통하는 피난통로나 소방통로가 없는 점, 피난 유도등의 실효성 문제 등이 지적되었다. 특히 전동차량 마감재의 급격한 연소로 극심한 농연이 역사 내부에 충만되어 피난통로를 자력을 찾는데 매우 곤란한 상황이었음이 밝혀졌다.

4) 열차 내부의 불안전한 재료 사용

- 벽, 천정, 단부 : FRP
- 단열재 : 방사선가교 폴리우레탄
- 바닥재 : 염화비닐수지
- 의자 커버 : 폴리에스터
- 쿠션 재 : 발포우레탄폼

3. 윤리적 오류

1) 발화물질 반입 및 방화 차단의 미흡

방화범이 여러 번 점화를 시도 하였지만 기관실에서는 이를 저지할 수 없었다. 열차내부에 화재에 대한 경보장치가 없고, 기관실과 연결되는 통화 장치에 대한 인식도 부족했다.

2) 1인의 기관사 시스템으로 인하여 대처능력 상실

초기 사령실에 화재에 대한 보고누락으로 대처능력은 물론, 초기에 화재상황을 점검함과 동시에 상황실에 보고를 할 수 있는 능력을 갖추지 못하였다.

3) 운전사령실의 대처능력 부족

CCTV에 화재경보가 울렸지만 안일한 대처하였고, 화재발생 보고를 받고 추후 확인철차를 거치지 않고 단순한 주의운전 방송을 전달하여 다음 열차의 중앙로 진입을 막지 못했다.

4) 기관사의 정확한 판단능력 부족

초기 주의방송을 듣고 화재상황을 충분히 인지하였고 40~50M 전방에서 연기를 목격하였다면 차량을 정차시키지 않고 통과해야 했다.

5) 관계기관의 사전예방정책의 부재

도시철도운영기관의 안점담당 조직의 역할은 사고예방 보다는 열차사고나 사상사고 발생시 조사 기능에 역점을 두고 운영되고 있다. 안전 선담기구의 조직조차 없었으며 감사부내에 감사팀과 함께 안전 방재 팀으로만 편제되어 있었다. 자동화 설비가 도입되었다는 이유와 경영개선이라는 미명아래 최소한의 인력조차 배치하지 않음으로서 감시체제가 역할과 사령실 2중 구조만 되어있기 때문에 적절한 대처가 미흡할 수밖에 없었다.

4. 문제해결 및 향후 대책

지하철 내장재 상태에 대한 점검과 단순히 난연재가 아닌 유독성가스 검출여부를 검사하는 법을 제정 하였고 향후 내장재를 불연재나 방염처리를 거친 자재로 교체한다. 지하철 사고 발생시 인근 운행 전동차를 자동으로 정지시키는 비상 제동시스템이 2004년 상반기까지 전국 지하철에 구축되며 또 승객 대피방향과 반대방향으로 유독가스를 배출하는 지능형 제연설비와 연기확산을 지연하는 제연경계벽도 설치된다. 지하 3층 이상인 신규 지하철 역사에는 직통피난계단이 설치된다. 지하터널에는 비상조명등과 소화설비가 설치 중이고 유도등과 비상조명등의 지속시간이 기존 20분에서 1시간으로 상향 조정되고 있다.

비상시 응급대응 요령 등의 매뉴얼이 제작돼 지하철 역사와 전동차에 비치됐고 철도안전법 제정이 추진돼 기관사면허제가 도입되고 운전사령 자격기준도 대폭 강화되었다. 하지만 무엇보다 중요한 것은 안전 불감증을 조금이나마 인식하게 되었다.

<그림 4.4> 차폐된 방화셔터

5. 공학윤리 토론 사항

1) 공공시설물과 대중의 안전 관계는 어떤 관점에서 설계되어야 하는가?
2) 지하철 기관사가 지녀야할 공학윤리에서 가장 중요시 되여야 할 사항은 무엇이라고 보는가?
3) 지하철과 같은 대형사고 발생시 지하철공사, 경찰, 소방관계자, 민방위 체제 등의 유관 관계는 어떤 체제를 유시해야 하는 것인가?
4) 공공시설물의 사회적 귀속관계는 누구인가?

5

CHAPTER

전문가 윤리

(Professional Ethics)

5.1 공학기술 전문직의 정의

공학 분야를 적절하게 정의하기 위하여 공학 전문직의 정의를 적어도 공학 전문가란 공학(engineering) 혹은 공학기술학(engineering technology) 학사B.S 혹은 B.E) 학위 이상을 수료한 사람 그리고 경영자로부터 기술 영업, 품질 관리, 그 밖에 비 연구직(non-R&D position)을 포함하여 기술자(engineer)의 지위를 가지고 고용된 자에 한정하여야 할 것이다. 이것은 완전히 자의적으로 그 분야의 범위를 정했다라고 하는 것은 아니다. 왜냐하면 전문가적 공학윤리 교육을 논의할 때 대학 수준의 공학윤리 교육에 초점을 맞추고 있기 때문이다.

공학 학회와 협회의 의미는 조금 달리한다. 둘 다 공학 전문직의 조직인 것은 분명하지만 학회의 성격은 역시 학문의 영역을 중심으로 관리, 유지 교류 차원의 민간 조직이 아닌가 한다. 그러나 여기서 논의하고자 하는 전문가 협회의 성격은 학문의 영역만이 아닌 실체적인 공학, 기술자들과 관련 있는 사회 구성원들의 이익과 권위를 대변하는 조직임에 차이가 있다.

면허, 자격, 법적 지위, 사회적 위치 등을 목적으로 하는 공학 전문직의 조직이어야 하고 국가 정부가 통제하지 않는 자발적 주도적인 민간 사회 조직이어야 한다. 전문직의 의식을 앙양 유지하는 사회 선도 조직이자 사회 개발의 주체인 것이다. 예를 들어 미국의 공학관련 전문직 협회는 NSPE, IEEE, ABET등이 좋은 사례가 될 수 있다.

공학 자격 보유자 전원에게 열려 있는 미국 전문 기술자 협회 (NSPE; National Society of Professional Engineers) 와 같은 조직이 좋은 예가 된다. 미국에서는 일반 공학조직이 있다. 이러한 일반적 조직의 대부분은 비교적 큰 전문 협회 정도의 큰 회원 수를 가지고 있지 않나. 이들 일반 조직의 대부분은 순수한 학무적 전문적인 조직이고 회의의 개최, 잡지나 전문적 문서의 발행에 활동을 한정하고 있다. 그러한 조직 협회는 종종 윤리헌장을 갖지 않고 윤리 문제의 논의는 스스로의 문제이거나 적어도 전문가 자신의 문제이라고는 보지 않는다.

ECPD는 원래 전문직 공학 학위 프로그램의 인정과 관련하여 이에 책임이 있는 행정조직이었다. 그렇2만 지금까지의 30여 년간에 일반적으로 수용할 수 있는 윤리헌장의 정식화에 있어 지도적 위치를 차지하고 있다. ECPD가 정한 공학윤리에 관한 기본규정이 150개 이상의 공학 협회와 같은 단체 중 30여 개의 단체가 그 규정을 채택하였거나 수정하여 채택하였다. 또한, 미국 공학 협회 전체에서 최대의 회원 수를 가지고 있고, ECPD의 공학윤리헌장과는 근본적으로 다른 윤리헌장을 가지고 있는 미국 전기·전자 기술자 협회 IEEE(Institute of Electrical and Electronics Engineers)도 중요한 공학 전문직의 조직이라는 것을 간과해서는 안 된다. IEEE 또한 ECPD의 회원 단체인 것도 중요한 사실이다.

이와 같이 미국의 중요한 공학전문직은 모두 자발적인 윤리헌장을 가지고 있고, 윤리헌장을 가지고 있는가하는 여부가 책임 있는 사회적 조직인 공학전문직의 하나의 특징으로 나타나고 있다.

5.2 전문직(professional)의 의미

전문직이란 고도의 전문적인 교육을 통해 특정 분야의 지식과 기술을 요구하는 직업을 말한다. 오늘날 지식이나 정보가 경제적 가치를 창출하는 지식 기반 사회에 진입하면서 이들 전문직 종사자들의 위상은 한층 높아지는데 이들은 대체로 일반 근로자들보다 상대적으로 사회적으로 높은 지위를 차지하며 지위에 걸 맞는 사회적 영향력을 행사한다. 따라서 전문직 종사자들에게는 어느 사회에서나 그 사회적 지위에 상응하는 윤리의식을 요구하게 된다. 즉, 전문직이란 '전문성'을 가진 직업, 혹은 그 직업에 종사하는 사람들의 집단을 의미하는 것으로 일반적인 직업과는 구분되는 특성을 갖는 것으로 이해된다.

전문직은 영어의 profession의 번역어로서 그것은 profess(공언하다)라는 말에서 비롯되었다. 타인은 할 수 없거나 하더라도 불완전하게 하는 것을 나만이 완전하게 할 수 있다고 공언하는데서 나온 말이라 할 수 있다. 오늘날 우리가 전문직이라고 할 때 전문직으로 분류될 수 있는 직업군으로는 대체로 의사, 변호사, 성직자와 같이 인간의 생명과 직간접적으로 연관된 직업 외에도 특정 분야의 전문적 지식을 요구하는 기술자, 언론인이나 연예인, 공직자들도 전문직에 포함시키는 경향이 있다. 그러나 이러한 전문직이나 전문가에 대한 명확한 구분이나 그 범위가 존재 하지 않고 다만 그 관련 학회가 존재하여 그에 기초하여 몇의 규정을 직업군에 따라 구성

지었을 뿐, 어디까지를 전문가로 지정하느냐는 과거부터 현 시점까지 문제로 남아 있다.

이러한 상황에 직면해 있는 전문가가 지녀야 하는 최적의 전문직주의란 어떻게 정의 할 수 있으며, 어느 누가 전문가라 여겨질 수 있는지, 또한 여러 상황에서 발생하는 문제에 대한 책임 범위는 어디까지 인지 명확한 구분이 필요하다. 그 분야 중에서도 아직까지 구성원에 대한 정의가 용이치 않은 기술자라 칭해지는 직업군에 대한 광범위한 고찰이 필요하다.

전문가의 이러한 애매함을 그 구성원의 수동적, 자율적 행동에 따라 초보자, 중급자, 상급자, 숙련자, 전문가로 구분 지을 수도 있다. 기술 습득의 단계에서 제1단계를 일반적으로 '초보자(novice)' 혹은 초심자의 단계라고 구분할 수 있을 것이며 초보자는 아무런 의심 없이 주위환경도 생각하지 않은 채 규칙과 규율에 따라 행동할 것을 배우게 된다.

예를 들어 초보운전자는 수동 변속 장치가 있는 자동차 운전에서 '어떤 속도에서 기어를 변속 한다' 또는 '얼마큼의 거리를 두고 앞차를 따라 간다' 등의 규칙을 따르게 된다. 초보자의 동작은 일반적으로 그렇게 쉽게 인식할 수 있는 것들이다. 그들은 엔진의 소리, 경사의 각도, 그 외에 다른 도로 사정과 같은 환경적 요소들을 전혀 고려하지 않고 기어 변속의 규칙을 철저하게 지킨다.

제2단계는 '중급자(advanced beginner)' 단계라고 할 수 있다. 중급자가 초보자와 구별되는 특징은 두 사람 모두 규칙을 따라 행동하지만 중급자는 그러한 규칙들을 환경에 따라 적응하여 변경할 수 있다는 것이다. 상황 이론적 관점에서 본다면 중급자는 특정한 유형을 인식하고 그러한 유형에 맞게 규칙을 변경하기 시작한 것이다.

제3단계는 '상급자(competence)' 단계이다. 상급자도 여전히 규칙을 따르지만 상당한 융통성을 지니고 있다. 단 상황이 정상적일 때에 한한다. 상급자의 경우에는 모든 규칙에 대해서 조금 더 종합적으로 이해하고 있다. 그는 종합적인 행동 감각을 가지고 있으며 여러 규칙들 중에서 적절한 것을 선택한다.

제4단계는 '숙련자(proficient)' 단계이다. 많은 경우 숙련가들은 규칙을 선택하거나 따르지 않는다. 이들은 풍부한 경험으로 현재의 상황을 이전에 여러 번 부딪혔던 상황과 매우 유사한 것으로서 인식하고 훈련을 통해 형성된 반사작용으로 적절히 반응한다.

제5단계가 '전문가(expert)' 단계라고 할 수 있다. 이 단계에서서의 전문가는 규칙을 따르지 않으며 실제로 행동을 지배하는 어떠한 규칙도 의식적으로 인식하지 않는다. 오히려 이들은 힘들이지 않고 자연스럽고 무의식적으로 행동한다. 정상적인 상황에서 전문가는 판단하거나, 규칙을 따르거나, 문제를 해결하거나 하지 않는다. 오히려 정상적 상황이 아닐 경우에 그렇게 한다.

"전문가(expert)"와 "경험(experience)" 두 단어가 공통 어근을 포함하고 있는 것으로도 그것을 확인할 수 있다. 항공기 조종사가 되기 위한 훈련은 강의를 듣고 책을 통해 지식을 습득하는 이론적 가르침과 많은 시간동안 비행 시뮬레이터에서 실습과 철저한 감독 하에 실제 비행하는 시간으로 구성된다. 많은 일에서 가장 중요한 능력은 예기치 못했던 상황에 대처하는 능력이다. 이론적이고 실천적인 지식들을 고루 습득하여 전문가란 것에 바로 설수 있게 되면 그에 반하는 사회적 책임이 따르게 된다. 쉽게 전문가가 어떠한 행위를 했거나, 제품을 설계했다는 것에서 그 책임이 끝나게 되는 것이 아닌 것이다.

한 사건을 예로 보면 1981년에 캔서스 시티의 하이야트 리젠시 호텔의 연락용 통로가 붕괴된 결과 114명의 생명을 잃어버리고 200명 이상이 중상을 입는 미국 최악의 건물 붕괴 사고가 발생하였다. 행정 재판소의 재판관이었던 James Deutsch는 연락용 통로의 제일 설계 기술자에게 "전문직으로서의 직무에 대하여 의도적인 관심을 갖지 않은 것에 대해 유죄임을 인정한다"고 선언한 사례가 있다. 구조공학의 기술자에게는 건축물의 설계에 있어 구조상의 안전성 모든 점에 관하여 책임이 있다고 한 것이었지만 기술자는 대중의 건강과 안전을 보호 하여야 한다는 것이다.

"전문직주의" 정확하게는 전문직으로서 시작되는 직업의 특징은 전문직이 특별한 전문지식을 가진 자가 아니라 그 지식과 기술을 실천하는 자로서의 윤리의식을 가진 자임을 의미한다. 전문직 윤리헌장의 역할 중 중요한 것은 전문직 지식이 부적격한 일에 사용되는 것이나 반윤리적으로 사용하는 것으로부터 지키는 것이다.

이러한 윤리적인 부분에 대한 전문가에 대한 보호책이 필요하여 이에 직면하는 문제점에 대해 전문직 협회가 취해야 할 행동에 대해 이렇게 나타낸다.

① 모든 전문직 협회는 윤리와 전문직 주의에 관계된 문제에 관하여 조언을 필요로 하는 회원을 돕기 위해 윤리 핫라인(hot-line), 옴부즈맨(윤리문제 처리담당자), 윤리담당 부서를 설립하는 것이 당연하다.

② 모든 전문직 협회는 전문직의 윤리헌장에 따라 행동하는 회원이 곤란에 처할 경우를 대비하여 그 회원을 돕기 위한 자금을 확보하는 것이 당연하다.

③ 모든 전문직 협회는 양심에 어긋나는 일의 담당을 거부하는 회원의 권리를 옹호하는 것이 당연하다.

④ 모든 전문직 협회는 다연 환경을 지키도록 회원에게 요청하는 것이 당연하다.

⑤ 모든 전문직 협회는 대중의 위생, 복지 및 안전을 지키는 활동에 종사하는 책임과 의무로부터 기술자를 지키는 법률을 통과시키도록 더욱 활발하게 의회에 요청하는 것이 당연하다.

⑥ 모든 전문직 협회는 기술의 영향과 위험의 결과에 대하여 좀 더 적극적으로 대중에 정보를 제공하는 것이 당연하다.

⑦ 모든 전문직 협회는 기술자의 윤리적 행동을 표창하고 보상하기 위해 좀 더 많은 행동을 하는 것이 당연하다.

이러한 정의가 기술자들이 직면해있는 문제에 대해 필요한 일련의 대책과 관련함을 나타내고 있다. 특별한 상벌 기준이 존재 하고 있지 않은 규제 상황에서 이러한 대안들의 촉구와 조속한 법정 제정 또한 필요함을 실감케 하는 부분이다.

결국 전문직이란 칭호를 지닌 구성원들은 그에 따르는 사회적인 대중의 안정성과 건강 및 복지에 관한 책임을 수반하며 그 윤리적인 부분에서 책임까지 지니게 된다. 전문직의 특성이나 개념도 사회의 변천과 더불어 많이 변화되었지만 현재 전문직이란 직업사회학적 관점에서 볼 때 일정한 직업적·사회적 특성을 갖추고 있으며, 사회적으로 공인되는 어떤 특정한 직업 범주를 지칭하는 것이라고 할 수 있다.

사회에 미치는 공학의 영향을 평가할 때 창조에 있어서 기술자의 역할을 고려하는 것이 필요하다. 그 이유는 현재에 충실한 기술자를 지원, 훈련하고 옹호하기 위해서이다. 기술자의 책임을 묻자고 하는 것이 아니라 오히려 기술자를 지원하는 등 기술자가 된 개인의 사회적 책임에 관한 문제이기 때문이다.

법률직, 의료직 외 많은 다른 현대적인 전문직과 대조적으로 기술자라고 하는 전문직은 특히 그 구성원을 정의하는데 있어서 간단, 용이하지 않다. 활동 중인 기술자의 범위를 생각해 보면 단순히 하나의 집단으로 규정할 만한 특별한 필요-충분조건이 없다. 기술자 전문가 집단으로 들어가려고 하는 사람이나 그 전문직을 떠나고 있는 사람들까지 생각해 보면 더욱 그렇다.

5.3 공학기술 전문직의 요구조건

전문직이라 함은 일반적으로 미숙련자인 아마추어와 반대의 개념으로 고등 학력(higher education)과 고도의 훈련실습(internship and training), 자격증, 현장경험, 지식(expertise)과 기술(skill), 판단력(judgement), 보수(compensation) 등의 조건을 갖춘 직업을 말한다. 따라서 전문가는 일반 대중이 소지하지 못한 지식과 기술, 능력을 가지고 있고 사회는 그것을 일반 대중을 위하여 사용하도록 요구하고 있다. 대중에 대한 책임 달성을 위하여 사회가 전문직의 단체(협회)를 구성하여 전문직을 관리하도록 하여야 하며 이 때 전문직 협회는 전문가 지식 단체를 규정하고, 통제하는 윤리헌장을 제정하고 협회가입 기준 설정, 실무기준 유지, 대학교육 프로그램의 인증, 전문직 자격(시험)제도, 평생교육 체제 권장, 전문직 윤리와 행위기준 마련 및 운영 등이 필요하다.

1. 전문성 - 고도의 지식과 실무경험

전문직 종사자가 되기 위해서는 무엇보다도 관련 분야의 지식을 획득하기 위해 고도의 지적 교육을 받아 사회적으로 요구되는 자격조건을 갖추어야 한다. 전문직의 기술은 해당 분야의 오랜 실무경험을 통해서도 획득할 수 있지만 그 기술이 체계적인 이론교육의 토대 위에서 형성된 것이 아닐 경우 심각한 문제를 야기할 수가 있다. 예를 들어 병원에서 오랜 동안 근무 하면서 수술하는 것을 지켜본 간호사나 간호조무사들이 성형 수술과 같은 무면허 의료행위를 하다가 구속되는 경우를 볼 수 있는데 이들로부터 시술을 받은 사람들이 수술 부작용으로 파생되는 많은 사례를 볼 수 있다. 전문가는 오랜 수련의 기간과 경험을 거친 한 분야에서의 폭넓은 지식과 실무를 갖추고 직무를 수행하는 사람을 말하는 것이다.

2. 자율성 -자기 주도성

전문인의 직무 활동의 경우 다른 일반 직무와는 달리 그들은 자신들로부터 서비스를 받는 수혜자에 대해 직무사의 주도권을 행사한다는 점이 특이하다. 예를 들어 의사나 변호사의 경우 그들은 그들의 환자나 의뢰인이 쉽게 알 수 없는 생소한 정보나 지식을 근거로 업무를 진행하기에 모든 의사 결정 과정을 자신들이 주도해 나가게 된다. 의학 지식이란 전문 의료인이 아닌 한 알 수 없는 것이기에 의사는 환자의 상태에 따라 취할 수 있는 치료방법을 환자나 보호자에게 알리고 그 중에서 의학적인 면에서나 비용 면에서나 가장 효과적인 치료 방안을 제시하고 그것을 선택할 수 있도록 권유하게 된다. 그의 직무행위에 있어서 대체로 자율성을 확보하게 된다.

3. 책임성 -자율적 규제. 특권, 윤리헌장

전문직 종사자들은 일반직 종사자들과는 달리 행위의 자율성이 주어짐으로써 자신들의 판단이나 행동에 대해 개인적인 책임을 져야 한다. 또한 그들은 자신들이 갖고 있는 지식이나 기술을 통해 타인에 대한 봉사와 공공복지에 이바지하게 됨으로써 사회적 존경과 더불어 여러 가지 형태의 사회적 특권을 누리고 있다. 따라서 전문직 종사자는 경제적 이익을 우선시하기보다는 사회적 봉사와 기여에 더 가치를 두는 삶을 살아야 한다. 이러한 이유에서 전문직 종사자들은 자신들의 행동 을 자율적으로 규제할 윤리헌장, 혹은 윤리헌장을 제정하고 이것을 실행할 자치 기구를 설치하여 운영하고 있다.

이들에게 윤리헌장은 단순히 알아두어야 할 규칙이 아니라 전문직의 명예를 준수하는 강제적 규정이 되어야 하고 스스로 자율적 규제를 함으로서 품위를 손상하지 않아야 한다. 전문직이 전문직의 특권과 보수, 책임성을 유지하기 위한 끊임없는 노력이 있어야 할 것이다.

<표 5.1> 전문직과 일반직의 차이

차 원	전문직	일반직
이론 및 지적 기술	소유	결여
사회적 가치와 관련성	관련	비관련
훈련 기간	장기	단기
행위 성향	하부문화 중시	하부문화 경시
동기	봉사	사익
자율성	높음	낮음
연대의식	높음	낮음
윤리의식	성숙	미숙
훈련 정도	전문화	비전문화

4. 독립성-가치관, 윤리의식

사회적 공명심과 공적인 책임의식 및 윤리를 중요하게 생각한다는 것은 전문가주의 공통된 사항이다. 중세 기사들은 왕과 영주와의 계약관계를 "충성"이라는 계약으로 여러 가지 특권을 부여 받은 존재였다. 중세 사회가 안정을 찾으면서 그들은 지식과 교양으로 무장을 하고 기독교적 공명심으로 새로운 상위 계층이 되었다. 신학이 지배하던 중세시대에 기사들은 오늘날 "기사도"라는 높은 윤리의식을 요구받았고 이것은 엄격한 종교 윤리인 기독교 윤리를 바탕으로 하고 있으며 용기, 존경, 신뢰, 인의, 협동, 예의, 명예 등을 중요하게 생각하여 그들의 독립적인 지위를 유지하였다.

이와 같이 높은 윤리의식과 더불어 자기 행위에 대한 자율성과 독립성을 갖춤으로서 오늘 날의 전문가적인 의식의 기원이 된 것이다. 시간이 갈수록 높은 수준의 교육과 전문지식 및 기술을 갖추어야 전문직으로서 추앙과 사회의 명예를 획득하게 된 것이다. 이것이 오늘날의 전문직 모델의 원형이라고 볼 수 있을 것이다.

흔히 전문직이라고 하는 의사, 성직자, 변호사들이 높은 윤리 의식과 사회적 가치에 대한 판단권한을 부여한 것은 이들이 독립성을 유지할 때 가능하게 된 것이다. 사회가 당면한 높은 경쟁수준과 미래에 대한 불확실성은 일시적으로 사회적 책임감과 자율적 판단력을 흐리게 할 수 있으나 독립성을 유지하고 품위를 지킴으로서 전문직으로서의 사명을 다하는 것을 보장하는 사회가 건전한 사회일 것이다.

따라서 전문직은 높은 윤리의식을 갖춘 집단으로서 독립적이고, 독자적인 가치관을 세울 필요가 있고 구체적인 실현방법인 윤리헌장을 준수함으로서 전문직 조직의 발전과 사회 공헌에 힘써야 할 것이다.

5.4 전문직의 협회의 윤리헌장

기술자를 비롯한 공학기술 전문직 종사자들이 시니고 있는 고도의 지식과 기술 그리고 그것을 기반으로 한 그들의 업무상의 자율성은 올바로 사용될 경우 최선의 결과를 가져 올 수 있다. 그러나 이들 자율성의 남용될 경우 최악의 결과를 가져올 수 있다는 점에서 공학기술 전문직 종사자들의 사회적인 책임에 대한 윤리의식은 남달라야 한다.

캐나다 온타리오 주에서 전문직 종사자들이 전문직 종에 종사하기 위한 조건은 표 5.2와 같다. 외국의 경우 정부에서 전문직 종사자들을 관리할 수 있게 협회를 만들어 가입하게 하고 심사과정을 거쳐서 전문직의 자격이나 면허를 따야만 그 전문직에 종사할 수 있게 한다. 그리고 전문직 종사자가 위법 행위를 할 경우 제재를 가할 수 있는 규정을 만들어서 시행하고 있다.

우리나라도 협회의 구성과 윤리헌장을 준수할 수 있는 사회윤리 의식 및 이와 관련된 규정의 제정 등은 우리 사회가 당면한 과제 중의 하나이며 자율적으로 공학기술 전문직 종사자들의 관리할 필요가 있다.

전문직에 있어서 윤리적 책임은 산업의 분업화와 발달에 따라 전문지식이 필요로 하는 직업이 생김에 따른 새로운 윤리적 이슈이다. 여기서 전문직이라 하면, 전통적으로 의사, 성직자, 변호사 등을 들 수 있는데, 러그(H.Rugg)와 브룩(B.M.Brooks)은 다음과 같은 10개항의 특징을 들어 전문직에 대한 정의를 내렸다.

① 전문직은 일생의 사업으로 인정한다.

② 개인적 이득보다 대중의 복지, 공중에 대한 서비스를 더 존중하고 법에서 요구된 이상의 의무를 지고 있다고 생각한다.

③ 인권과 능력의 최고도를 지향한다.

④ 직업의 평가를 업무자체에 두고 근무연한과 같은 외형적인 것에 두지 않는다.

⑤ 조직체와 대변 기관을 발전시킨다.

⑥ 업무와 행동을 지배하는 윤리헌장을 실천한다.

⑦ 고도로 발달된 과학적이고 철학적인 지식에 의존한다.

⑧ 장기간의 전문적 교육과 실습기간을 요구한다.

⑨ 일반사회에 대하여 진정한 지도성을 발휘한다.

⑩ 성문화된 법률적 지위를 향유한다.

전문직으로 불리는 이러한 직업은 체계화된 이론적 지식을 기반으로 새로운 직업 성원의 충원과정에서 공식적인 장기간의 훈련과 일정한 자격을 요구한다는 점 등에서 일반적인 직업들과 구분되며 정도의 차이는 있지만 경제적으로나 사회적으로 높은 수준의 보상이 주어진다는 점에서 직업구조와 사회계층상 높은 위치를 차지하고 있다.

<표 5.2> 캐나다 온타리오 주 전문직에 종사하기 위한 조건

개 요

온타리오 주에서 전문직에 종사하려면 해당 직종의 관리 기구에 등록해야 합니다.
등록은 면허 또는 허가라고 하기도 합니다. 각 직종마다 자체적인 등록절차가 있습니다.
본 규약의 목적은 전문직 협회 등록 신청을 하는 개인과 전문직 협회가 투명하고 객관적이며 공정한 등록절차에 따라 관리되도록 하는 것입니다.

본 규약의 part2에는 공정한 등록 절차에 관한 일반적 의무를 정하고 있고, part3는 구체적 의무를 정하고 있습니다.

구체적 의무는 다음과 같습니다.

(a) 신청자에게 정보 제공
(b) 합리적 시간 내 결정, 서면 답변 및 근거 설명
(c) 합리적 시간 내 내부 재심 또는 이의신청
(d) 증빙서류, 또는 필요한 증빙서류를 제시할 수 없을 때 이를 대신할 수 있는 서류에 대한 공개 정보
(e) 투명하고 객관적이며 공정한 자격 심사

(f) 교육받은 심사자 및 결정자
(g) 신청자가 본인의 신청에 관하여 전문직 협회가 보관하고 있는 기록을 열람할 수 있도록 허용

part4는 공정등록절차 감독관의 임명에 관하여 명시하고 있습니다.
공정성 감독관(Fairness Commissioner)의 1차적 임무는 전문직 협회의 등록절차를 심사하는 것입니다. 공정성 감독관은 본 규약이 철저히 준수되는지 확인하기 위해 전문직 협회의 감사를 감독합니다. 또한 공정성 감독관은 세부항목 1,2,(3)에 명시된 자문 역할도 수행합니다.

part5는 해외에서 교육받은 개인 및 전문직 협회 등록 신청자 또는 신청가능자에게 등록요건, 등록 신청 절차, 인턴 및 멘토 취업 기회 등에 관한 정보 및 지원을 제공하는 해외교육자 지원센터(Acceess Center for Internationally Trained Individuals)의 설립을 정하고 있습니다. 동 지원센터는 세부항목 16(2)에 명시된 기타 기능도 수행합니다.
공정성 감독관은 part7에서 부여된 권한에 의거하여, 전문직 협회가 본 규약의 part3 또는 6, 또는 세부규칙을 위반하고 있다고 판단될 경우 시정명령을 내릴 수 있습니다.

본 규약이 철저히 준수되도록 하기 위해, 전문직 협회는 part6에 의거하여 동협회의 등록절차를 지속적으로 검토하고 공정성 감독관에게 연례 등록절차 보고서를 제출해야 합니다. 또한 전문직 협회는 공정성 감독관이 제시하는 명단에서 동 협회가 선택한 감사의 감사를 받습니다. 동 감사는 전문직 협회가 선택 및 임명하지만, 공정성 감독관이 정한 감사기준에 따라 감사를 수행합니다. 감사는 3년마다 실시하되, 공정성 감독관이 지정한 시기에 수행할 수도 있습니다.

공정성 감독관은 part7에서 부여된 권한에 의거하여, 전문직 협회가 본 규약의 part3 또는 6, 또는 세부규칙을 위반하고 있다고 판단될 경우 시정명령을 내릴 수 있습니다.

part8은 본 규약에 의거한 위반사항, 다른 법규와의 상충문제, 본 규약에 의거한 공무원의 민사소송 면책조항, 기타 관련 문제 및 규칙 수립권한 등을 명시하고 있습니다.

보건의료 전문직 협회는 등록문제에 관하여 종전과 같이 보건의료 전문직협회 등록절차법(Health Professions Procedural Code)에 의거하여 운영됩니다. 본 규약의 section 34에는 1991년도 보건의료전문직 협회법(Regulated Health Professions Act, 1991)별표 2에 명시된 바와 같이 동 등록절차법의 개정안이 명시되어 있으며, 신청자에게 제공되는 정보에 관한 요건, 심사 및 결정을 담당하는 인원의 교육훈련, 각 협회의 등록절차 검토, 공정등록절차 보고 및 감사준비 등, 본 규약에 의거하여 다른 전문직 협회들에 요구되는 추가 공정 등록절차를 반영하는 것이 개정의 목적입니다.

http://www.citizenship.gov.on.ca/english/about/bill124/bill124.explanatory_note. korean.pdf

5.4 전문직의 협회의 윤리헌장

지식과 기술 이외의 보다 세부적이고 사회적인 기준은 다섯 가지 속성에서 찾을 수 있다. 그 속성들은 공학기술 전문직이 되기 위해서 실천기술의 바탕이 되는 체계적인 이론과 지식을 갖추어야 한다.

이른바 전문직이 가지고 있는 다섯 가지의 속성이다.

첫째, 지식과 이론은 정식 학교교육을 통해 가능.

둘째, 고객과 전문가 사이에서 권위와 신뢰.

셋째, 사회로부터 전문가적 특권을 인정받음.

넷째, 전문직 자체의 윤리헌장을 채택.

다섯째, 전문직의 가치, 규범, 상징과 같은 고유문화 형성.

전통적인 전문직에 속하는 직업으로는 의사, 치과의, 약사, 변호사, 공인회계사, 간호사, 변리사, 회계사, 세무사, 교사, 화가, 작가 등이 있으며 신흥 전문직은 방송, 광고, 영화, 출판사업 관계의 전문직인 아나운서, 영화감독, 디자이너, 컴퓨터 프로그래머, 컨설터너 등 다양하다.

현대적 전문직은 장기간의 교육훈련을 통해 고도의 전문적 지식을 습득해야 한다는 점, 직업 활동이 서비스 지향인 점, 직업의 사회적 영향이 큰 점 등에서 기성 전문직의 특성을 함께 가지고 있으나 한 가지 큰 차이점은 직업의 역사가 일천하여 종사자의 수가 적고 같은 직종의 종사자들 사이의 연대의식이 제도적으로 형성되어 있지 않거나 형성 중에 있다는 사실이다.

전문직의 개념적 특성을 요약하면 전문성, 독립성, 자율성이라 말할 수 있다. 전문직은 또한 그 사회적 성격으로도 다른 직업과 구별되는 특징을 가지고 있다. 대부분의 경우 그 직업 활동이 사회적인 공익의 신장과 직접 관련되어 있는 경우가 많은데 이것을 공학기술 전문직의 공익적 성격이라고 부를 수 있다. 예를 들어 의사와 약사는 사회복지의 영역이 되어 가고 있는 의료서비스를 직접 다루는 전문직이다. 이러한 전문직의 공익적 성격은 윤리의식에 비롯하여 나오는 것으로 강한 윤리 의식과 특수한 전문직의 윤리 의식이 강조되어 나온다. 그것은 전문직이라는 직업 자체의 성격 즉, 고도의 지적 수업을 필요로 하는 직업이면서 동시에 대중의 이익을 주된 목적으로 삼는 전문직의 특수성에서 유래한다.

전문 지식과 기술은 비윤리적으로 사용될 때 엄청난 사회적 결과를 초래할 뿐 아니라 비전문가에 의해서는 쉽게 발견될 수 없고, 또 전문 지식과 기술은 쉽게 통제하거나 규제할 수 없는 성질이 있기 때문이다. 그러므로 전문 지식을 소유한 자가 강한 윤리의식을 함께 갖고 있지 못한다면 그는 사회에 대해 눈에 보이지 않는 악영향을 끼칠 수 있을 뿐 아니라 장기적으로 볼 때 사회를 파멸로 이끌 수 있다.

공학기술 전문직 종사자들의 윤리의식 가운데 가장 큰 문제점으로 지적할 수 있는 것은 공공의식의 결핍이라고 할 수 있다. 이러한 책임의 일부는 조직의 고도화에 따른 전문 직업의 대형화에 있다. 병원이나 법률사무소, 연구소 등이 대형화됨에 따라 이에 종사하는 많은 사람들이 모두 조직의 논리 속에서만 움직이게 됨으로써 공학기술 전문직의 윤리를 충분히 실천할 수 없는 것이다.

공학기술 전문직 윤리를 정립하기 위해서는 첫째, 타율적 규제가 최소한 필요하기는 하지만 기본적으로 자율적 규제가 우선되어야 한다. 여기에서 먼저 필요한 일이 공학기술 전문직 종사자들 스스로 높은 윤리의식과 사회적 책임의식을 내면화하는 것이라고 할 수 있다. 봉사 지향적 가치관을 자각하고 내면화하는 과정은 전문직 교육과정과 충원과정에서 모색되어야 할 것이다.

둘째, 공학기술 전문직 종사자들을 고용하고 있는 조직들의 지나친 영리추구 위주의 경영방식이 개선되어야 할 것이다. 회사나 기관들이 지나친 상업주의적 영리추구의 경영에만 집착하면 피고용 신분의 공학기술 전문직 종사자들은 조직의 요구에 따라 비윤리적 행위를 할 수 없게 되는 경향이 있기 때문이다.

셋째, 공학기술 전문직 종사자들은 전문직의 공신력을 높이기 위해서 자신들의 전문성을 높이려는 노력을 게을리 해서는 안 되는 것은 물론, 자율적으로 제정한 윤리헌장을 철저히 존중하고 준수하지 않으면 안 될 것이다.

넷째, 공학기술 전문직 종사자들과 전문직 조직들은 가능한 한 공익을 위한 봉사를 실천하지 않으면 안 된다. 이는 공학기술 전문직 종사자들에게 거는 사회적 기대가 다른 직업에 비해 그만큼 높다는 것을 의미한다는 것이다.

공학기술 전문직 윤리의식을 가꾸어 나가 전문직에 관련된 사람은 올바르게 국민에게 신뢰받을 수 있도록 전문 직종에 종사하여야 할 것이며, 전문직 주의를 바라보는 국민은 전문직에 관하여 한 단계 높은 시각에서 바라볼 수 있는 국민이 되어야 할 것이다.

5.4 전문직의 협회의 윤리헌장

5.5 직업윤리와 전문가 윤리

직업윤리라고 하는 사회 학문적, 윤리적 영역이 있다. 학문적 성격으로 보아 전체적인 설명은 할 수는 없어도 기술자 개인 직업 윤리관과 상관관계를 생각해 보아야 한다. 직업은 영어로 “Vocation” 즉 “소명 받은 일, 보수를 받고 생활을 영위하기 위하여 하는 일련의 행위”를 직업이라고 분류한다.

미국의 공학교육인증 기준에 나오는 “professional ethics”의 개념을 “직업윤리”라고 번역하고 있다. 일본의 기술자 인정기구의 윤리 문제는 “기술자 윤리”라고 명명하고 있다. 이는 공학, 기술 윤리를 포함하여 사회 전반의 모든 기술자들에게 요구되는 사항이라고 한다. 우리나라의 인증기준에는 “직업적 윤리”라고 표현한다. 그만큼 직업이라는 것은 전문가적인 요소를 가지고 있고, 공학기술의 전문가가 갖추어야 하는 윤리 의식이라고 볼 수 있을 것이다.

개인이 직업을 가지고 있다는 것은 사회를 구성하는 기초가 된다. 사회는 개개인의 직업으로 구성된 거대한 단체이다. 단체는 조직 구성상 질서라는 의미의 어떤 형태로든 법이나 윤리 규정을 가지고 있다.

직업의 윤리라는 문제와 사회의 윤리라는 문제로 상충되는 문제는 없는지 생각해 볼 때 기업과 같은 직업을 가지고 있는 기술자가 준수해야 하는 윤리의식은 다른 어떤 직업을 가진 사람보다도 중요하다고 볼 수 있다. 개인적 도덕성의 문제와 직업인으로의 윤리적 문제가 상충되는 사회가 되는 것은 바람직하지 않다.

미국의 하이얏트 리젠시 호텔의 붕괴 사고가 일어났을 때 전문직의 사회적 책임을 언급한 판사가 기술자는 ‘전문직으로서(professional)"의 직무에 언급한 것’을 주목해야 한다. 그 선고의 시사하는 점은 “기술자는 전문 일자리라는 것이고 그에 따른 특별한 윤리상의 책임을 지고 있다”라고 하는 것이다. 특별한 역할에는 특별한 책임이 수반되고 있음을 인식하고 있다. 대형 사고의 최초 시공자는 일반 기능직이 많고 이들 대부분은 전문직이라기보다는 전문직과 관계없는 일반 직업에 종사하는 사람일 수도 있다. 직업윤리의 중요성이 부각되는 경우가 바로 이런 경우이고 모든 직업인의 경우에 전문직을 상관관계를 떠나 직업인으로서의 직업윤리를 성실히 수행할 수 있는 사회적 인식의 함양에 더욱 힘을 쏟을 필요가 있다.

무엇 때문에 사람들이 전문직이라고 하는가 하는 것을 학문적으로 규명하기란 어렵다. 아마 사람들이 이러한 전문직이 되기 위한 필요-충분조건은 없지만 대부분 모든 전문직에게 공통적으로 요구되는 몇 가지 특징이 있다.

첫 째, 전문직에 종사하기 위해서는 보통 고등교육기관에서 상당한 훈련을 할 것을 필요로 하고 있다. 그런 훈련의 내용에는 현저한 지적요소를 수반하고 있다. 전문직은 필요한 양의 조건이 있어야 하고 그에 충분하는 서비스를 사회적으로 제공할 수 있어야 한다. 여기에서 불가분한 요소를 하나 더 추가하면 전문직의 특징상 사회적으로 막대한 책임을 져야한다는 이유에 대해 이해하는 것이 필요하다.

“전문직주의” 정확하게는 "전문직"으로서 시작되는 직업의 두 번째 특징은 전문직이 특별한 전문지식만을 가진 자가 이니라 그 지식과 기술을 실천하는 자로서의 윤리의식을 가진 자임을 의미한다. 이러한 특징은 사회가 이 전문지식의 책임 있는 실천에 의존하고 있고 동시에 다른 사람의 행복을 위해 그중 영향을 크게 받고 있다. 만약 그것이 부적격한 일에 쓰인다면 또는, 윤리에 반하여 쓰인다면 이 능력은 악용의 가능성도 내포되어 있다.

전문직에서 보이는 또 하나의 특징은 윤리헌장(code of ethics)과 관련된 전문직 행동 지침(policies for professional conduct)이 있다. 재판관 James B. Deutsch는 판결을 행할 때 전문가 협회의 윤리헌장인 미국 토목 기술자 협회 (American Society of Civil Engineers; ASCE) 의 지침에 의거 판결하였다. 이 지침은 구조공학의 기술자에게는 건축물의 설계에 있어 구조상의 안전성 모든 점에 관하여 책임이 있다고 한 것이었지만 기술자는 대중의 건강과 안전을 보호 하여야 한다고 하는 것이다. ASCE의 윤리헌장의 항목을 법적인 해석에 구체적 사례로 적용한 것이다. 하지만 언제나 전문가 협회의 윤리헌장이 이와 같이 법률적인 위치와 지지를 부여받은 것은 아니다.

전문직 기술자 협회는 전문직의 부정행위를 벌준다고 하는 한정된 힘밖에 없기 때문에 이 책임은 우선 국가 전문직 등록 위원회의 힘이 필요하게 된다. 어떠한 공학적 일에 종사하기 위해 기술자는 전문직 기술자Professional Engineer, P.E.) 자격을 가져야 한다고 하는 요건이 있으면 윤리헌장과 전문직 기준을 시행하는 행정상의 힘이 상당히 강화되어야 할 것이다. 일반적인 경우 의사, 변호사와 같은 이들은 상단한 권위로 인정되는 자격 면허 제도를 시행하고 유지한다. 그럼으로써 그들의 권익도 동시에 보장을 받는 것이다. 그것이 사회적 평판이 있든 없든 관계하지 않고 자발적인 관리 시스템에 의하여 관리된다. 전문직은 이와 같이 자신들이 스스로 관리하고 개선하지 않으면 안 되는 것이다. 다른 문제와 같이, 궁극적인 판단 기준은 대중의 건강, 안전, 및 복지인 것이다. 전문가는 그것들을 보호하고 지키는 사람들이어야 한다.

5.6 Case Study; 컬럼비아호 폭발사고

1. 사고 개요

미국의 우주선 컬럼비아호는 지난2003년 2월 16일간의 우주 탐사활동을 마치고 지구로 귀환하던 중 2월 1일 오전 미 텍사스 주 상공에서 공중 폭발해 승무원 7명이 모두 숨지는 참사가 발생했다. 컬럼비아호는 착륙 예정 시각 16분전인 오전 9시경 시속 2만 ㎞의 속도로 텍사스 주 상공을 지나다 갑자기 교신이 끊기며 폭발했다.

수평선과 40도 각도로 대기권에 진입한지 16분만이었다. 미 항공우주국(NASA)은 사고 직후 비상사태를 선포하고 긴급 수색작업에 나서 텍사스 주 동부의 도로변 등에서 기체 잔해와 승무원 유해 일부, 비행 헬멧 등을 발견했다. NASA는 방사능 피해 등을 우려해 주민들의 잔해 접근을 금지시켰다.

2. 공학적 오류

컬럼비아호 폭발사고 원인 중에서 가장 유력한 시나리오는 컬럼비아호가 이륙할 당시에 우주왕복선에서 나온 파편에 의한 왼쪽 날개의 충격이다. 컬럼비아호는 승무원이 타는 오비터, 외부연료탱크, 고체 연료 부스터로 구성되는데, 지난 1월 16일 이륙 당시에 외부연료탱크에서 떨어져 나온 단열 수지 덩어리가 오비터의 왼쪽 날개 가장자리를 때렸다. 당시 NASA 관계자들은 왼쪽 날개에 생긴 충격을 큰 문제로 받아들이지 않았다. 하지만 그 때 받은 왼쪽 날개의 충격은 지구로 귀환하기 위해 대기권에 진입할 때에 문제가 생긴 것으로 보인다.

그리고 장비의 노후화를 원인으로 볼 수도 있다. 컬럼비아호는 실제 우주궤도 비행에 투입된 우주왕복선 가운데 가장 오래된 것으로 지금까지 우주왕복선들이 수행한 총 87회의 궤도비행 중 가장 많은 28회를 수행했다. 이렇듯 컬럼비아호는 우주

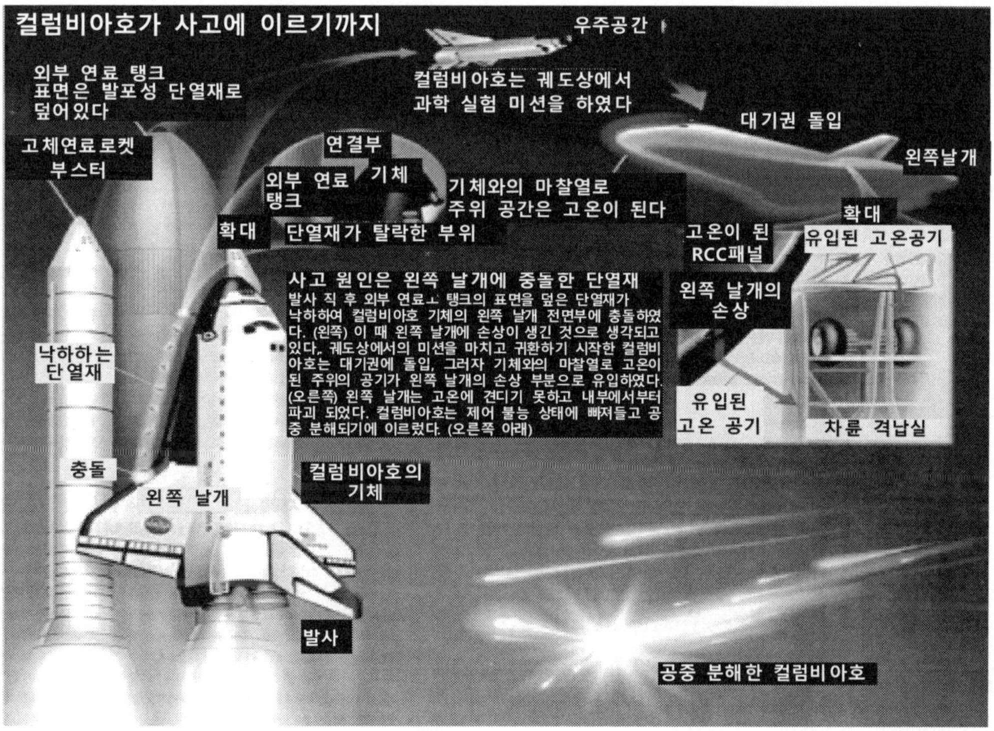

왕복선 중에서는 가장 오래 되었고, 연료 계통에 누출 생기고, 외장에 녹이 스는가 하면 심지어는 딱따구리가 뚫은 구멍까지 발견될 정도로 노후화 되었다고 한다.

따라서 미 항공우주국(NASA)은 2001년에 컬럼비아호를 ISS(국제 우주정거장)에 비상 탈출용으로 영구 배치 방안을 검토하는 등 많은 문제를 가지고 있었다. 하지만 NASA의 예산 삭감 등으로 인해 일단은 2020년까지 컬럼비아호를 사용하기로 결정하면서 우주왕복선 프로그램을 이끌었다. 또한 컬럼비아호의 엔진은 70년대 말에 시험을 거친 것을 써왔으며, 선실 내 컴퓨터는 80년대의 것으로 미국의 10대들이 비디오 게임에서조차 사용하지 않은 구형 8086칩을 써온 것으로 밝혀졌다.

3. 윤리적 오류

1). 관리적 측면의 원인에서

① 단열재의 파편을 포함하여 여러 가지 물체가 기체에 자그마한 손상을 입히는 경우는 드물지 않다. 사고 보고서에 의하면, 발사 때의 화상해석을 할 수 있었던 비행 가운데 약 80%에서 단열재 낙하가 확인되고 있다. 그리고 단열재의 기체 충돌위험성을 지적하는 목소리도 이전부터 있었다는 것이다.

② 발사 때의 영상을 점검하던 영상 해석조직이 단열재가 왼쪽 날개와 충돌한 것을 발견하고, 군사 위성 등에서 컬럼비아호 왼쪽날개의 고해상도 화상을 촬영하여 손상정도를 확인하사고 비행 관리자에게 타진하였다. 그러나 비행 관리자는 이것을 안전성과 관련된 문제라고는 보지 않아 화상촬영은 이루어지지 않았고, 안전담당 기술자 로버트 도허티가 재진입시의 위험성을 경고했으나 NASA 관리자들이 별다른 반응을 보이지 않았다는 사실 또한 밝혀졌다.

③ 사고 보고서에서는 NASA의 비행 관리자가 왕복선의 비행 스케줄 유지에 지나치게 집착했다는 것이다. 이는 번번이 일어나는 단열재 낙하가 안전성과 관련된 문제라고 판단되면 비행 스케줄이 지연되지 않을까 염려. 우주 왕복선은 국제 우주정거장으로 건설재료를 운반하고 우주 비행사를 수송하게 되어있다. 정거장 건설은 계획보다 대폭적으로 늦어져 있으므로, 관리자는 어떻게 하든지 왕복선의 운행을 예정대로 진행시키려 했던 것으로 보인다.

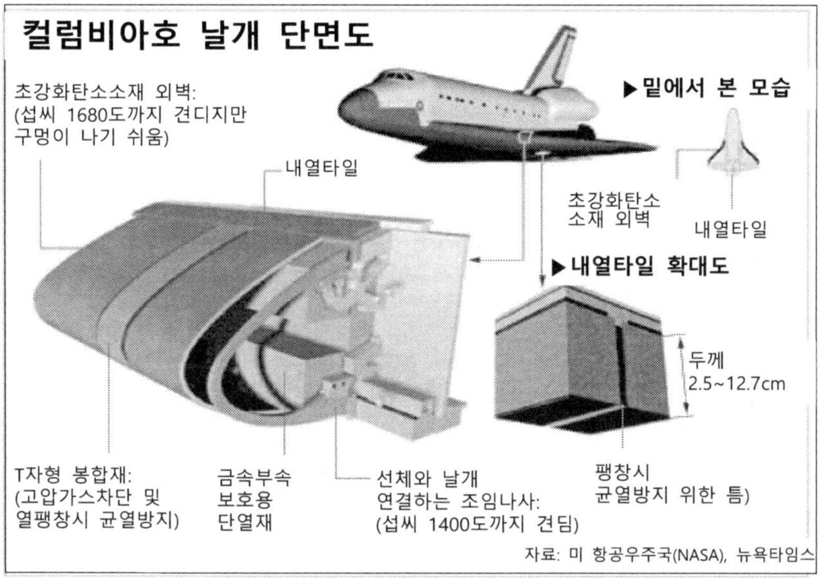

<그림 5.3> 컬럼비아호의 날개 단면도

2) 제도적 측면에서

1980년대 후반 이후 냉전이 종식되면서 미국과 소련은 우주개발에 대한 강력한 동기가 결여되었다. 그리하여 과거 10년간 미 항공우주국(NASA)은 40%의 예산을 삭감하고 1995년부터 1999년 사이에 3,000명의 운영인력을 1,800명으로 줄이는 등 운영의 어려움을 보이고 있었다.

예산의 긴축이 이루어짐에 따라 안전문제에 소홀해지게 되었고 또한 차세대 우주왕복선의 개발이 무기한 연기되는 결과를 빚어냈다. 그리고 9명의 위원과 2명의 자문으로 이루어진 항공자문위원회의 의회 회계 감사원에서 안전관리 소홀의 문제를 부각시키자, NASA 운영진 측에서는 젊고 유능한 위원을 뽑는다는 명목 하에 5명의 위원을 파면시켰다.

또한 NASA의 전 직원 돈 넬슨은 우주왕복선 운행을 잠정적으로 중단해달라는 탄원서를 대통령에게 건의하였지만 이를 무시하였고, 컬럼비아호 담당 기술자 로버터 도허티는 사고 2일전에 지구의 재진입시 위험에 대한 경고를 했음에도 불구하고

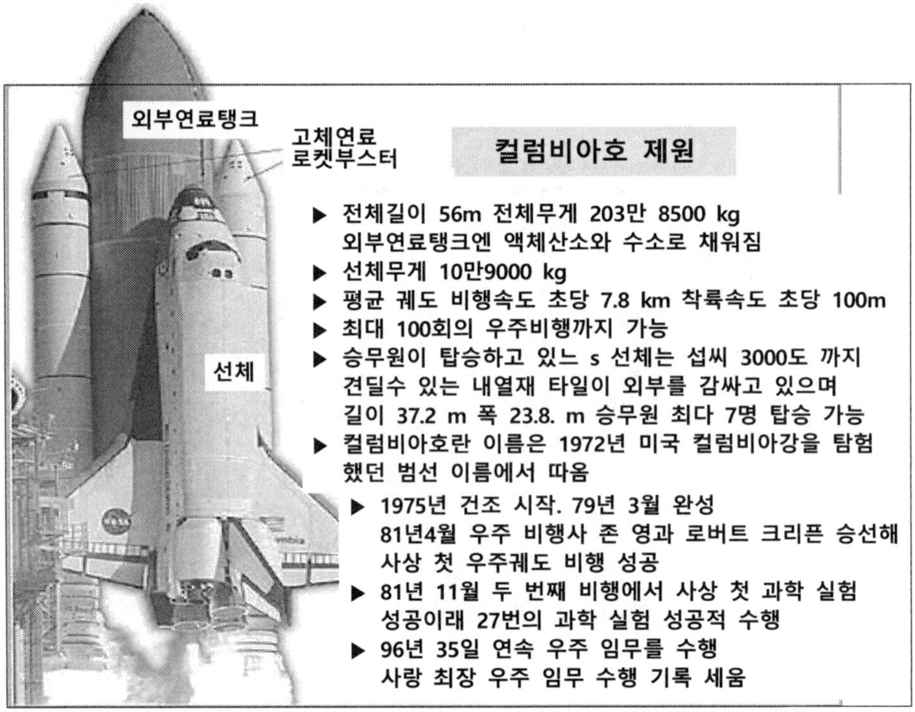

<그림 5.4> 컬럼비아호의 제원

NASA측은 이를 무시했다. 컬럼비아호의 폭발은 NASA의 조직상의 위기와 미진한 관리감독으로 인해 이 같은 기술적인 결함을 조기에 발견해내지 못했으며 안전 불감증에도 책임이 있다.

4. 문제 해결 및 향후대책

지난 2003년 2월 4일 NASA가 공표한 2004년 예산안은 NASA가 그동안의 소극적인 자세를 넘어 장기적인 우주 개발을 내다본 보다 더 '원대한' 계획을 제시했다는 점에서 비상한 관심을 끌었다. 이 계획은 앞으로 5년 동안 NASA의 연간 예산을 2003년의 150억 달러에서 2008년에는 178억 달러까지 끌어올리는 것을 목표로 하고 있는데, 증가된 액수 대부분은 새로운 추진 기술과 통신 기술, 그리고 장기간의 우주공간 체류에 대비한 건강 관련 연구 등에 배정되어 있다. 그러나 이 계획은 과

우주비행관련 주요 사고	
▪ 1960년 10월 소련카자흐스탄의 우주센터에서 R-16로켓이 폭발하면서 91명 사망	
▪ 1967년 01월 미국의 유인우주선 아폴로1호의 모의 이륙시험도중 화재로 미국인 비행사 3명 사망	
▪ 1967년 04월 소련 우주왕복선 귀환 도중 궤도 집입에 실패, 우주선이 추락하면서 비행사가 낙하산으로 탈출했으나 사망.	
▪ 1971년 06월 3명의 소련 우주인이 우주비행 임무 마친 후 귀환 도중 지입 실패로 사망	▪ 1986년 01월 미국 우주왕복선 챌린저 이륙후 72초 만에 폭발. 1명여고사 포함한 7명 우주인 사망
▪ 1980년 03월 러시아 우주센터에서 대형 추진 포켓 연료충전도중 폭발, 기술자 50명 사망(1989년에 발혀짐)	▪ 1997년 06월 러시아 미르 우주정거장, 화물선과 충돌했으나 타고있던 2명의 러시아 우주인과 1명의 미국 우주인은 무사

<그림 5.5> 우주비행 관련 주요 사고

연 인간의 우주 진출이 엄청난 돈을 들여 계속해서 추구할 만한 과제인가 하는 문제를 제쳐 두더라도 당장 논란거리가 될 만한 내용들을 여럿 포함하고 있다.

먼저 이 계획은 현재 형태의 우주왕복선을 약간 개선해 향후 15-20년 동안 계속 이용하는 한편으로, 그 기간 동안 우주왕복선을 대체할 수 있는 대안적 우주선과 발사 방법을 개발한다는 내용을 포함하고 있다.

5. 공학윤리 토론사항

1) 컬럼비아호에서 구형 칩셋인 8086칩셋을 사용하는 등 기술적 문제가 있다면 그 책임은 누가 져야 하는가?
2) 컬럼비아호가 비행하기 전에 비행의 무리를 지적하는 기술자에게 행해진 처우는 반윤리적 행위라고 볼 수 있는 것인가?

3) NASA측에서 밝힌 것으로 공학윤리상의 문제가 있다면 열거하여 보세요.

4) 이미 언급한 바와 같이 단열재가 왼쪽 날개에 충돌한 사실은 발사 이틀째에 판명되었다. 이를 NASA의 고위층이 이를 중대시 하였다면 우주비행사를 구출될 수 있었는가?

5) 단열재의 잦은 이탈, 기체의 노후, 관리 소홀에도 불구하고 그동안 아무 사고도 없었다는 생각에서 위험요소를 위험으로 인지하지 못해 비롯된 인재인가?

6

CHAPTER

연구자 윤리

(Researcher ethics)

6.1 연구자 윤리의 의미
6.2 연구자 윤리의 부정사례
6.3 연구와 설계의 의미
6.4 개인적 도덕성과 윤리
6.5 기밀 정보와 개인 정보의 오용

6.1 연구자 윤리의 의미

"연구 윤리(research ethics)"라고도 하는 이 연구자 윤리는 그간 우리나라 내에서는 별로 문제시 되지 않고 중요하게 생각하는 사람들 없이 방치되었던 분야였다. 그러다가 최근 사회 고위 지위 층들의 잇단 비리와 국제적인 윤리의식에 대한 제고 등의 현상이 나타나면서 연구 윤리적 문제점들이 사회적으로 이슈화 되어 조금씩 정립되는 단계에 있다.

연구자란 지속적인 실험과 관찰을 토대로 새로운 지식과 기술을 개발하고 만들어 내는 사람들이다. 이런 사람들의 윤리의식은 전문가들의 투철한 윤리의식에 위배가 될 경우 사회적으로 새로운 지식에 대한 신뢰가 사라지며 그것으로 인한 피해는 실로 엄청나기 때문에 큰 의미가 있다.

일반적으로 윤리적이지 못한 연구자들이 범하는 잘못은 여러 가지가 있다.

1. 데이터 위조 혹은 날조(fabrication); 보고서의 조사 데이터와 실험의 차이를 전부 꾸며내는 것이다. 한마디로 말해서 존재하지 않는 기록을 의도적으로 창조하는 것으로 근거가 없고 판단을 흐리게 하며 속이기 위한 것이 목적이다.
2. 데이터 변조(falsification); 이론에 일치한 결과만 이용하고 나머지는 버리는 것이다. 연구나 실험을 통해 얻은 데이터를 선택적으로 유리하게 변경하거나 연구 자료의 통계분석에서 불확실한 것을 그릇되게 설명하는 것을 변조라고 한다. 또한 과학적 혹은 통계학적 검증 없이 일치하지 않는 연구 자료를 선택적으로 변경하는 것을 의미한다.

변조의 유형에는 여러 가지가 있다.

- 연구 자료를 변경하여 자료의 상이함을 수정하는 것.
- 연구기록에서 연구날짜나 실험과정을 변조하는 것.
- 통계분석 결과를 그릇되게 설명하는 것.
- 실험에 사용한 세포주등 실험 방법을 그릇되게 설명하는 것.
- 논문에 대상 환자 수 같은 것을 틀리게 언급하는 것
- 계속연구과제 연구비를 신청할 때 연구 자료를 변조하는 것.
- 발표 논문에 연구 대상이나 방법을 그릇되게 설명하는 것.

- 논문 발표를 위해 제출된 초록에서, 또는 전문적인 과학자 모임에서 구두로 발표할 때 연구 범위에 대하여 그릇되게 언급하는 것 등이다.

3. 데이터 표절(plagiarism); 적절한 허가나 인증도 없고 타인의 지적 재산을 마치 자신의 것인 것처럼 취급하는 것이다. 표절은 비교적 사안이 경미하여 윤리적인 문제로만 취급되는 경우도 있지만 사안에 따라서는 연구 부정으로 간주되어 처벌을 받기도 한다. 표절 또한 타인의 아이디어나 다른 사람의 자료를 인용표기 없이 도용하는 것은 명백한 범죄행위이며 연구부정행위라고 할 수 있지만, 잘못된 인용이나 참고문헌의 오류 등은 범죄행위로 분류할 정도는 아니라고 할 수 있다.
4. 부정행위(misconduct) 혹은 기만행위(fraud); 과학적 연구나 공학적 설계와 실험에 있어서 성실함은 대단히 중요한 문제이다. 공학적 설계에서의 불성실함은 곧 바로 사고로 이어지는 엄청난 사회적 결과를 가져오기 때문에 가능한 모든 안전과 위험 요소를 최대한 반영한 설계를 해야 한다. 이것은 전문가인 엔지니어가 사회로부터 받은 존경과 신뢰에 대한 기만행위이다.

연구자는 개인에 앞서 전문가로서의 의식을 가질 필요가 있고 이것은 벌써 개인의 차원을 떠난 행위를 하고 있기 때문에 자명하다. 성실한 개인과 냉철한 전문가의 객관적 결과물만이 오늘날의 사회를 만드는 토대가 되었을 뿐만 아니라 그 결과물을 공유할 권리와 책임을 다한 전문가만이 사회적 보상 및 존경을 받을만한 위치이기 때문이다.

개인적 부정이 대단히 불행을 초래한 유명한 예의 하나는 John Darsee 의 사건이다. Darsee는 하버드 의과 대학의 졸업생으로 에모리 대학에서 상당히 존경받는 연구자가 되었지만 암 연구 출판물의 데이터를 위조했다. 그 결과로서 이 출판물은 회수됐지만 때는 이미 늦었고 다른 연구자는 그 연구를 신뢰하고 연구하고 있었다. 그 뒤 일어난 엄청난 결과는 말할 나위도 없다.

표 6.1과 같은 잘못들이 연구윤리에 어긋나는 주요한 특징으로 연구윤리 특성상 연구자 자신만이 알 수 있고, 따라서 연구의 과정과 연구 실적을 부풀리거나 만들어 내어 자신에게 유리한 상황을 만드는데 있다.

<표 6.1> 지난 30여년 미국 내 주요 과학사기극 사례

- 미 버몬트대학의 전 교수인 영양학자 에릭 포일먼은 지난해 연구 성과를 조작, 부정한 방법으로 54만2000달러의 연구 지원금을 받은 데 대한 혐의를 인정하고 프리길티(유죄를 인정하고 형량을 감형 받는 제도)를 신청했다. 당시 사법당국은 그가 1992~2000년 동안 여성 폐경기, 노화, 호르몬 보충에 관한 연구를 진행하는 과정에서 연구 결과를 조작, 연방정부로부터 수백 만 달러에 달하는 연구 지원금을 받아냈다고 밝혔다.
- 세계 최고의 낭창(루푸스) 권위자였던 미 웨이크 포리스트대학의 류머티즘학 교수 게리 카머 박사는 지난해 3월 연구 지원금 신청을 위해 연구 대상 가족의 의료 기록을 조작한 것이 드러났다. 그는 이 사건으로 교수직에서 물러났다.
- 2004년 미 하바드 대학 공중위생학 연구소의 말라리아 전문가 알리 술탄 박사는 연구 논문의 일부를 도용한 사실이 밝혀진 데 이어 일부 자료를 조작한 것이 드러남에 따라 교수직에서 물러났다.
- 미국 벨연구소의 연구원 얀 헨드릭 숀은 지난 1998~2001년 진행된 전자공학 실험 도중 16차례 이상 실험 결과를 조작하거나 허위로 작성한 것이 드러나 2002년 연구원직을 박탈당했다.
- 미국 최고(最古)의 국립연구소 로렌스 버클리연구소는 1999년 새로이 발견된 것으로 보고된 화학 원소 2개가 날조된 연구 결과에 의한 것이라고 2002년 발표했다. 이 연구 결과는 연구소의 발표 이전인 2001년 이미 철회됐다.
- 저명 심리학자인 스티븐 브로닝은 미 피츠버그대학에서 진행한 정신발달 지체아의 약물치료에 대한 연구 결과를 조작한 사실을 인정하고 1988년 플리길티를 신청했다.
- 외래 조직에 대한 항체 시스템의 반응을 연구하던 미 뉴욕 메모리얼 슬로안-케터링 암센터의 윌리엄 서머린 박사는 1974년 자신의 연구 결과가 날조된 것임을 인정하고 자리에서 물러났다. 서머린 박사는 흰쥐의 몸 일부에 펠트펜(유성 싸인펜)으로 검정 칠을 한 뒤 검은 쥐의 조직이 성공적으로 이식된 증거라고 주장했다.

*자료: 데일리메디 http://www.hs.or.kr/zboard/view.php?id=discuss&no=2905

일반적으로 연구윤리에는 두 가지 원칙이 있으며 이것은 한 마디로 1)정직성(integrity)과 2)책임성(responsibility)의 문제이다. 연구 수행의 전 과정에서 연구계획을 제안하는 단계에서의 진실성 문제(날조, 변조, 표절 문제)와 계획(proposal)수립 단계에서의 과학성 및 윤리성은 연구계획에 대한 공정한 재검토(평가)의 문제이기도 하다.

연구윤리에 있어서 연구 수행의 전 과정과 해결과정에서 파생되고 문제가 될 수 있는 사항을 분야별로 구분하여 분석하면 다음과 같다.

6.1 연구자 윤리의 의미

1. 연구 수행 과정에서의 문제

- 실험 데이터를 생성, 취득하는 문제
- 데이터의 날조, 변조, 표절하는 문제
- 실험 원 데이터를 일정 기간 이상 보관하고 관리하는 문제
- 데이터의 분석에서 통계기법의 오남용
- 데이터의 공유 및 소유권 문제

2. 논문 발표 및 저자에 관한 문제

- 발표과정에서 진실성 문제(날조, 변조, 표절 문제)
- 바람직한 논문 발표 실천의 문제
- 이중출판의 문제
- 저자의 전문성에 관한 이해
- '무임 승차자(Free - rider), 유령저자(ghost author), 명예 저자(honorary authorship)의 문제
- 연구의 대부분을 수행한 대학원생이나 post-Doc 등에게 저자 표시에서 우선권의 문제

3. 이해 갈등관계의 문제

- 자금지원(Funding source)에 따른 연구비 지출의 진실성 문제
- 연구비 지원에 맞도록 데이터를 가공하는 문제
- 부정적 연구 결과를 발표하지 않는 문제
- 연구자가 1인 2역을 할 경우 이차적 이해관계에 쏠리는 문제 (ex. 벤처기업 CEO 이면서 대학 교수인 연구자)
- 저작권과 지적 재산권 문제
- 연구 자료의 소유권 : 법적 문제로 연구 자료에 대한 개인과 단체의 재산권 관련문제
- 연구 자료에 대한 접근 : 연구자료 이용 권한자와 이용방법에 대한 문제

- 연구 자료의 공유 : 연구와 직접 관련이 없는 개인이나 연구자에 대한 자료 개방 문제

4. 연구 생활에서의 윤리

- 적절한 지도와 피지도자의 책임과 의무에 대한 내용
- 여성을 비롯한 소수집단의 연구 참여 차별의 문제
- 실험실내 괴롭힘 방지
- 연구부정행위에 대한 내부고발자를 보호하는 조치 강구
- 연구원의 채용 및 고용에 있어 형평성을 유지
- 자원(연구비 및 실험재료 등)의 배분 공평.

5. 인간 및 동물을 대상(생의학 분야: 인체실험, 동물실험, 생명공학)으로 하는 연구

- 바람직한 인간 대상 연구의 실천
- 피험자의 안전, 복지, 권리의 보호 문제
- 피험자에게 충분한 설명에 근거한 동의(informed consent)를 받고 연구를 수행하는 문제
- 연구윤리 심의위원회의 심의 및 윤리적 감독 활동의 문제
- 동물의 학대, 복지, 생명에 관련한 문제

6. 연구 결과물의 평가에 관련된 문제

- 동료 심의(peer review)의 윤리적 문제
- 이해 갈등관계의 배제
- 공정하고 투명한 심의 절차 문제
- 태만의 예방과 질적 심의를 위한 심의 평가자 교육
- 협동 연구에서의 윤리
- 자료의 공유와 소유권 문제

- 저작권 문제
- 공동연구 수행 전에 사전 협약의 필요성 문제
- 자료이전 협약(Material transfer agreement) 연구윤리의 범주

7. 연구윤리에서의 기술자의 사회적 책임문제

- 연구에 대한 기술자의 사회적 책임
- 공공자금 연구에서 연구비 활용 관련 문제
- 국가 산업연구나 군사연구에 종사하는 기술자의 비밀 유지 문제
- 중요한 문제에 관해 책임 있는 발언을 하고 외부에 독립적인 조언을 제공한 책임
- 과학 연구의 환경 생태계에의 영향에 대한 책임
- 과학에 대한 정확한 정보의 전달과 공개, 발표를 해야 할 사회적 책임
- 연구결과의 발표 등 언론과의 관계에 관한 윤리
- 첨단 과학과 관련된 문제를 사회 제 분야와 대화를 해 나갈 책임

이와 같이 연구 윤리와 관련된 많은 시행착오와 비행이 있을 수 있으며 아직까지 어디까지 허용이 가능하고 어떠한 경우에 책임의 무게를 두는 등의 적절한 연구 윤리의 한계에 대한 규명이 불분명한 것은 사실이다.

미국에서는 보건연구를 대상으로 1985년에 보건 연구 부속법(Health Research Extension Act)이 제정되었으며 1992년에 ORI(Office of Research Integrity)가 발족하였다. 1999년에는 백악관의 과학 기술정책국(OSTP)이 연방정부의 차원에서 연구 상의 부정행위에 대한 종합적인 지침을 마련되었고 지원기관들이 연방정부의 연구비를 받은 연구에 대해 최종적인 감독 권한을 지니지만, 부정행위를 방지하고 단속하는 것과 제보된 부정행위에 대한 예비조사, 본 조사, 판결의 절차를 진행시킬 일차적인 책임은 개별 연구기관에게 있다.

연구자 윤리의 필요성이 부각되면서 한국분자·세포생물학회에서 처음으로 10가지 조항으로 된 생명과학 연구자 윤리헌장을 2005년 10월에 발표 하였다. 그 내용은 표 6.2와 같다.

<표 6.2>생명과학 연구자 윤리헌장

〈생명과학 연구자 윤리헌장〉

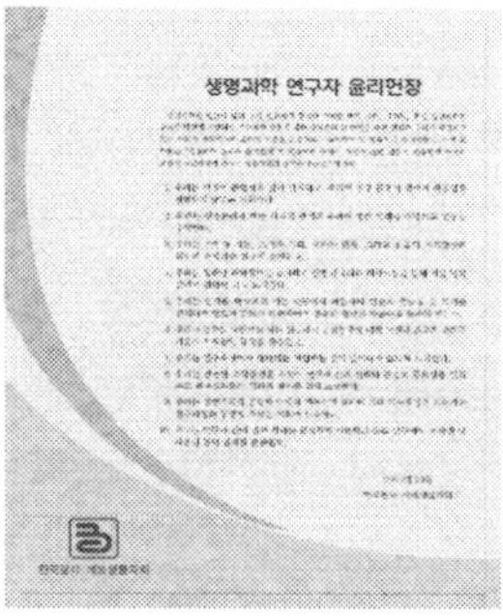
생명과학 연구자 윤리헌장

생명과학은 인간의 삶의 질과 인류복지 향상에 기여한 바가 크다. 그러나 최근 생명과학의 급속한 발전에 수반되는 부작용가 위험에 대해 생명윤리 및 안전에 대한 관심과 우려가 증가하고 있어 사회적 책임의식과 윤리적 기준을 준수하도록 노력해야 할 필요성이 제기되었다.
이에 본 학회는 “생명과학 연구자 윤리헌장”을 제정하여 국제적 지침과 관련 법률을 준수함과 아울러 보편적 윤리원칙에 준하는 생명과학의 발전을 추구하고자 한다.

<생명과학 연구자 윤리헌장>

1. 우리는 생명의 존엄성을 깊이 인식하고, 우리의 연구 활동이 생명의 존엄성을 침해하지 않도록 노력한다.
2. 우리는 생명윤리에 대한 사회적 관심과 우려에 대한 이해를 바탕으로 연구를 수행한다.
3. 우리는 개인과 집단, 조직과 사회, 국가와 민족, 그리고 인류의 복지향상을 위하여 과학기술 연구에 정진한다.
4. 우리는 정확한 과학정보를 공개하고 일반 대중과의 의사소통을 통해 이를 널리 알리기 위하여 적극 노력한다.
5. 우리는 인간을 대상으로 하는 연구에서 피험자의 인권과 존엄성 및 복지를 침해하지 않으며 반드시 피험자에게 충분한 정보를 제공하고 동의를 얻는다.
6. 우리는 동물을 대상으로 하는 연구에서 실험동물에 대해 적절한 존중과 주의를 기울이고 적합한 규정을 준수한다.
7. 우리는 연구과정에서 생태계를 위협하는 일이 일어나지 않도록 노력한다.
8. 우리는 건전한 과학발전을 위하여 연구자 간의 신회와 존경의 중요성을 인식하고 연구결과물의 객관적 평가를 위해 노력한다.
9. 우리는 생명과학자 공동체 안에서 민주적인 절차에 의한 의사결정과 과학 기술 연구과정의 투명성 확보를 위하여 노력한다.
10. 우리는 연구자 간에 연구 성과를 공정하게 배분하고 동료 연구자의 저작권 및 사용권 등의 권리를 존중한다.

*자료: 한국 분자·세포생물학회 웹 사이트 (http://www.ksmb.or.kr/)

6.2 연구자 윤리의 부정사례

1. 미국; 얀 헨드릭 사건

얀 헨드릭쇤은 독일 출신 물리학자이다. 쇤은 응집물질물리와 나노기술 분야에서 연구를 하였다.1997년 독일 콘스탄츠 대학교에서 박사학위를 받았고, 2000년 12월 벨연구소에 들어가서 세계적인 저명한 잡지인 네이처지에 분자규모의 트랜지스터를 만들었다는 논문을 발표하였다. 쇤의 연구는 전자공학, 나노공학, 재료공학, 응집물리학 등 기초과학 뿐 아니라 산업전반에 걸친 혁신을 예고하는 것이었다. 그러나 이 논문에 나온 데이터가 인위적 조작이 아니면 불가능할 정도로 정확한 결과를 가지고 있다는 지적이 제기되면서 조작 의혹이 불거졌다. 특히 데이터가 너무 정확하게 맞아 떨어지며 이것은 물리학적으로 모순이라는 것이었다.

얇은 유기 색 고분자 층을 이용하여 전자회로를 구성. 이 회로에 전류를 가하면 트랜지스터의 특성을 나타낸다고 설명하지만 출판된 직후 물리학계에서 쇤의 데이터를 의심하였고 2002년 5월 벨연구소는 스탠포드 대학의 말콤 비즐리 교수에게 이 사건의 조사를 맡겼다. 조사위원회는 논문의 공저자에게 질문지를 보냈으며, 주로 공동 작업을 하던 3명의 공저자를 직접 인터뷰하였다. 그리고 논란이 된 데이터 수치 분석이 들어있던 논문 초고를 조사하였다. 위원회는 원 데이터의 복사본을 요구했으나 그는 보관하고 있지 않았다. 그의 원본 데이터 파일도 그의 컴퓨터에서 지워진 상태였다. 조사과정에서 쇤은 하드디스크 용량부족 때문에 자료를 지웠으며 실험노트는 유실하고, 샘플은 복원 불가능한 상태로 훼손됐다고 진술하였다. 그러나 조사위원회는 그해 9월 쇤이 최소 16개 이상의 연구부정을 저질렀다는 내용의 보고서를 발표했고, 쇤은 연구소에서 해고되었다.

2002년 9월 25일 위원회는 16개의 부정이 있었다고 결론내리고 한 가지 데이터는 여러 실험의 결과로 재사용된 것을 발견하였다. 벨연구소는 보고서를 받은 그날 바로 쇤을 해고 하였다. 이 쇤 사건은 과학계에 논문의 공동저자와 과학 잡지의 평가자 책임이 어디까지인지에 대해 생각하게 한다. 네이처지를 비롯한 권위 있는 과학 잡지의 동료 평가 과정에서 쇤의 조작이 밝혀지지 않았다는 것에 대해 비판의 의견이 있었으나 한편에선 동료 평가가 의도된 사기를 밝혀내는 것이 아니라 논문 자체의 논리를 찾는 데에 초점이 맞춰져 있다고 변호하는 의견도 있었다.

2. 독일; 헤르만 - 브라흐(Hermann - Brach) 사건

2차 대전 이후 독일 과학계에서 일어난 최대 규모의 연구부정 행위로 유명한 사건이 된 이 사건은 유전자 치료와 암 연구에서 두각을 보인 두 명의 분자생물학자 프리드헬름 헤르만(Friedhelm Herrmann)과 마리온 브라흐(Marion Brach)가 원인이 된 연구 부정관련 사건으로 1990년대 초부터 20명의 과학자들과 연구팀을 조직, 국가의 지원을 받으며 분자 의학연구를 진행하였으나 공저한 수십 편의 논문의 데이터 조작 등 부정행위가 드러난 사건이었다.

1990년대 초부터 공동으로 연구를 진행했던 두 사람은 여러 차례 연구의 성과를 담은 논문을 발표했고, 이들의 연구 성과를 인정받아 유명 대학의 정교수 직과 거대한 연구비 지원을 얻게 된다. 하지만 연인관계로 11살 연상의 헤르만은 브라흐의 스승이자 공동 연구자였고 1997년 초 그들의 연구 데이터가 조작됐다는 의심을 받게 되었다. 그들의 연구 데이터가 조작됐다는 의심을 품은 박사후 연구원이 그 사실을 자신의 지도교수에게 상의했으며 지도교수는 막스 델브뤽 센터, 울름대학, 뤼벡대학에 알렸다. 이러한 세 기관은 각각 조사위원회를 설치했으며 관련 대표들이 모이는 국가 차원의 조사위원회도 구성되었다.

조사위원회가 구성되면서 헤르만과 브라흐의 실험실에는 연구비 지급이 중단되었고 이들 위원회는 두 사람이 공저한 37편의 논문들에서 데이터가 조작된 것이 확실하거나 "가능성이 매우 높다"는 결론을 내렸다.

결국 브라흐는 헤르만과 공저한 4편의 논문에서 서로 무관한 실험을 통해 나온 그림을 '뒤섞고 잘라 붙여서' 데이터를 조작했다고 실토하였다. 그러나 브라흐는 논문조작이 헤르만의 압력으로 이뤄졌으며 자신은 피해자라고 주장하였다. 반면 스승이었던 헤르만은 실제 연구를 행한 사람은 브라흐이고 그녀의 책임이라고 모든 의혹을 부정하고 브라흐에게 혐의를 뒤집어씌운다. 결국 독일의 대학은 조사 위원회를 결성, 이들에 대한 조사를 벌였고, 브라흐와 헤르만은 결국 별다른 관련이 없는 실험 결과의 이미지 파일들을 "뒤섞고 잘라 붙여" 새로운 실험성과를 낸 것처럼 위장한 것으로 밝혀졌다.

이 사실이 언론에 알려지자, 헤르만과 브라흐는 다시 대대적인 조사를 받았고 1997년 두 사람이 일했던 마르크스 델브뤽 분자의학 센터, 울름대학, 뤼벡대학이 공동조사를 벌인 결과, 이들이 공저한 37편의 논문이 조작되었다고 결론이 났다. 브라흐는 교수직에서 파면되었고 결백을 주장하던 헤르만은 결국 1998년 9월 사직하였다. 지금까지 공저한 37편의 논문은 서로 데이터를 조작한 증거가 발각되었고 결국 이들은 연구비 지원 취소는 물론 대학에서도 파면당하는 수모를 겪었다.

1998년 4월에 구성된 독일연구재단은 2000년 6월 헤르만이 저자로 들어간 347편의 논문을 조사한 결과 94편(브라흐와 공저한 53편포함)이 조작됐거나 조작가능성이 매우 높다는 결론을 발표하였다. 그리고 재미있는 것은, 당시 주위의 젊은 과학자들은 헤르만과 브라흐의 데이터가 조작됐다는 사실을 알고 있었으면서도 자신들의 장래에 악영향을 미칠까봐 아무 말도 못하고 있었다는 점이다.

결국 이 사건은 독일에서 기만행위와 연구윤리 문제를 다루는 제도적 장치가 정비되는 계기가 된다. 막스플랑크협회(MPG)는 1997년에 부정행위로 의심되는 사건을 다루는 방법에 대한 내부규정을 승인하였고 독일연구협회(DFG)는 올바른 과학실천을 위한 지침을 마련하여 강제적으로 적용하고 있다. 그 외에도 독일의 주요 대학에서도 연구윤리에 관한 규칙을 잇달아 도입했으며, 특히 조사의 신속한 종결을 보장하기 위해 노력을 기울이고 있다.

6.3 연구와 설계의 의미

일반적으로 연구라고 하면 기초연구와 응용연구로 구분된다. 연구라는 개념이 사회적으로 인식되기 시작한 것은 1950년대 무렵부터이다. 과학이라는 개념만큼이나 오랜 역사를 갖고 있지만 연구와 개발의 밀접한 관계는 불가분의 관계를 가지고 현대에 이르러서 급격하게 발전하고 있다.

기초연구는 목적의식적 내용 없이 과학 기술자들을 중심으로 이루어지는 작업으로 정의하며 응용연구는 기초연구의 성과가 특정 산업 내에서 실질적으로 쓰일 수 있도록 하는 데 목표를 두고 있으며 개발은 기존의 제품과는 다른 제품과 공정을 생산으로 이끄는 활동을 의미한다.

공학 설계에 있어서 연비가 좋은 자동차를 만들려고 한다면 중량을 가볍게 한 필요가 생기고 충돌 안전성이 손상된다. 그 때문에 경합금을 사용한다면 자동차의 값이 오르고, 피로 강도가 떨어질지도 모른다. 이와 같은 형태의 제조나 건설은 다양한 부품을 조합시켜 설계를 한다고 해서 피할 수 있는 것은 아니다. 오히려 여러 가지 요소를 조합시켰던 결과는 단순하게 예상할 수 없는 결과가 생기게 한다.

이와 같은 사례로부터 3개의 내용이 밝혀진다.

첫째, 제품을 생산 하는 경우에는 여러 가지 요소를 고려해야만 한다. 특히 공학이 가지고 있는 학문적 특성을 무조건적으로 현실이나 사회에 적용하려는 생각에는 다소 무리가 있다. 책상 앞에서 이루어진 생각과 발명을 현실에 옮기기 위해서는 시간적, 공간적 타당성의 충분한 검증이 이루어진 다음이어야 한다는 것이다.

둘째, 양적으로 측정된 속성만이 진리이고, 감각적인 현상은 신뢰할 가치가 없다고 하는 인식론이나 존재론은 과학이나 철학의 기초에 있는 생각으로서 받아들여지고 있을 지도 모른다. 그러나 만듦을 하는 공학에 있어서 감각을 무시할 수는 없다.

셋째, 공학적 설계와 관계가 있다. 설계는 요구 수단의 실현을 하려고 하고 있지만 이것을 실현하기 위한 방법은 다양하다. 이것은 자동차의 탄생으로부터 현재까지를 생각해보면 이해할 수 있다. 최초부터 모든 요인을 고려하는 것은 가능하지 않다.

하나의 목적의 실현을 목표로 하면 다른 하나의 목적은 소홀히 된다. 설계와 결부된 공학으로는 부품을 조합시킬 때에 생기는 상호 작용이 특별히 문제가 된다. 이 상호 작용을 해결을 보기 위해서는 실물 실험을 하거나, 시뮬레이션을 할 필요가 생긴다. 따라서 공학이라는 지식과 학문이 사회의 보편성과 일치되거나 적어도 인정받기 위해서는 여러 가지 요소를 감안하여 사회에 접근해야 하는 결론에 이른다. 사회가 필요로 하는 공학 지식만이 오늘 날에도 인정되고 추앙받는 다는 점에서 공학은 사회에 막대한 영향을 끼치고 있다고 증명되는 부분이다.

대체로 연구개발의 과정은 최초의 새로운 아이디어를 가지고 시제품의 제작으로 초기의 연구과정이 성립되며 이를 바탕으로 한 제품 제작과 생산 및 판매의 기술혁신 과정에서 연구개발은 필수적인 것으로 받아들여지고 있으며 이 과정에서 새로운 아이디어와 개발이 이루어지기도 한다. 과학 기술적 지식과 기술은 새로운 제품과 공정을 제시하거나 생산과정에서 해결할 수 없는 많은 문제점들을 해결하는 기능을

★성수대교 붕괴 (1994.10.21) ★삼풍 백화점 붕괴 (1995.6.29)

<그림 6.1> 안전 불감증에 의한 사고 사례-공학윤리 교육의 필요성

수행하고 있다. 또한 새로운 지식의 창출과 탐색, 제조 과정이 연구개발 활동의 중요한 구성부문이 되고 있다.

우리나라의 경우 1960년대 이후 실시된 경제개발계획과 함께 연구개발 활동은 주로 정부 주도로 이루어져왔다. 이러한 정부 주도의 연구개발 활동은 사회적으로 재벌이라는 독특한 기업구조를 가지는 형태로 발전하여 왔으며 재벌은 사회적 윤리의식과 더불어 기업윤리라는 새로운 문화를 낳는 형태로 발전해 오고 있다.

1980년대에는 정부의 적극적인 지원에 힘입어 기업연구소들의 설립이 급속하게 진행되었다. 이는 중화학 공업 입국을 통해 급속히 성장한 민간 부문이 자체적인 연구개발 활동을 수행하게 되었다. 이러한 과정을 통해 연구개발 활동의 주요수행 주체가 정부 부문에서 민간 부문으로 바뀌게 되었으며 1966년 정부 대 민간의 연구개발 활동 투자비율은 90 대 10이었는데, 1988년에는 18 대 82로 완전히 역전되었다.

한편 한국의 연구개발 활동은 새로운 기술지식을 창출하는 것보다는 도입된 기술을 소화·흡수·개량하는 역공학(re-engineering)의 형식을 갖추는데 초점을 두어왔다. 1980년대 말에 이르러서는 고급 제품의 일부 핵심부품과 핵심자본, 그리고 반도체와 같은 소수 첨단제품의 개발 및 생산능력까지 갖추게 되었다. 그러나 새로운

<표 6.3> 설계오류에 의한 사고 사례 비교

	Sam Poong 백화점 (Korea)	Challenger (USA)	Chernobyl Nuclear 발전소(소련)
발생년도	1990.7.27	1986.1.28	1986.4.26
누가알고 있었나?	엔지니어와 매니저	엔지니어	정부
기술적 오류	설계변경 옥상에어컨의 과대하중 등	연결결함(O-ring 고리)의 일부 등	설계 오류
윤리적 오류	엔지니어의 의견 무시	의사소통 단절문제	설계오류 알면서 실험지시
사망자 수	501명 이상	7명	5000명 이상

과학 기술지식을 창출·활용하는 데 있어서는 매우 취약하여 기초 기술은 선진국에 비해 크게 뒤져 있는 형편이다.

공학기술과 관련된 설계는 과학자들이 하는 연구업무와 깊은 관련이 있으며 기술자들에게 있어서의 연구는 결굴 설계를 의미한다고 해도 과언은 아닐 것이다. 설계도면을 작성하는 것은 구체적으로 그 내용을 명시하는 일을 말하는데 여기에서도 공학윤리적 사고가 반영되어야 마땅하다. 즉 공학윤리에서 말하고 있는 대중의 안전과 복지, 건강을 위한 설계이어야 타당한 사회적 당위성을 확보할 수 있고 이것이 곧 기술자들의 사회적 책임의식과 직결된다.

일반적으로 설계업무는 기본설계 ·실시설계 ·검증 및 감리(監理)의 세 단계로 나눌 수 있다. 설계의 순서 및 이론은 설계하는 것의 제품의 종류에 따라 크게 차이가 난다. 예를 들면 건축물의 설계에서는 전체의 형식 ·치수 ·설비 및 사용재료를 결정하고 전체의 안정성과 힘을 역학적인 계산으로 구하고 구조 ·유지 ·내구성(耐久性) 등과 같은 실제적인 사항을 종합하여 설계도를 만든다. 그러나 실제적으로는 근본적인 계획 수립의 확보가 우선되고 이 계획수립의 결정 단계가 이루어진 이후에 설계에 착수하며 그 다음에 설계에 따른 계산은 설계도를 제작하면서 행해지는 경우가 많으며 특히 실제적으로 발생할 수 있는 여러 가지면의 문제는 설계 제도에 의해 구체적으로 해결해 가는 경우가 많다. 이와 같은 면에서 공학은 사회적 실험이라는 의미를 갖는 경우가 많고 설계 오류나 제작 실수는 곧 바로 기술자의 공학적 오류로 이어지는 폐해가 이어지는 것이다.

<그림 6.2> 미국 포드 자동차의 소형 승용차인 핀토 승용차

<표 6.4> 공학설계 오류의 사례(포드자동차 회사의 핀토 사건)

공학적 설계오류의 대표적 사례가 있다. 설계상의 결함을 알고도 그 문제에 대해서 대책을 취하지 않고 그대로 제품을 출시하거나 건축을 단행하여 사건이 일어난 사례를 찾아보면 미국 포드자동차의 핀토 사건을 주목하게 된다.

20세기 중반 포드 자동차 회사는 미국인의 자존심이라 불릴 정도로 미국 내에서 확실한 입지를 굳히고 있었다. 그러던 1960년대 후반에 독일제 소형차 폭스바겐이 미국 내에서 인기를 끌게 되었고 오일쇼크 이후 일본제 경승용차들이 미국 자동차 시장을 크게 점유하게 되었다. 그 결과 포드사의 제품 중 소형차종이 수세에 몰리게 되었다. 포드가 중 대형 차종에서 여전히 높은 시장점유율을 유지하고 있었으나 당시 소형차시장이 급성장하고 있었기 때문에 포드 측에서는 서둘러 1500 cc급 핀토를 시장에 출시하였다.

핀토는 설계당시 소형차가 가질 수 있는 단점인 내부면적의 협소함을 해소하기 위하여 연료탱크를 차체 밑에 장착하다는 것이 안전하다는 것을 포드사는 알고 있었다. 하지만 포드사는 이를 무시하고 연료탱크를 차의 뒷부분에 장착한 것이다. 이것이 포드측이 자체적으로 정해놓고 있었던 연료탱크 검사기준에도 미달되었으나 충격시험에도 문제가 있었다. 하지만 그 때는 이미 핀토의 대량생산을 위한 생산설비와 조립라인이 다 준비된 후였다. 그리하여 포드의 경영진에서는 설계상의 의문을 그대로 간직한 채 그대로 생산하기로 결정하였고 이후 8년간 로비 활동을 하여 핀토의 설계변경을 위한 법이 재정되지 못하도록 하였다.

핀토의 이 문제점은 1978년 8월10일, 미국 인디애나 주 Goshen부근의 23호 고속도로에서 10대의 세 자매가 1973년형 포드 핀토 자동차를 타고 가다가 사고를 당했다. 뒤따라오던 차가 포드 핀토의 뒤를 추돌하여 핀토차의 뒤에 있는 연료탱크가 터지면서 폭발하여 세 자매가 죽는 사건이 발생하였다. 이 사건은 사회적 이슈로 부각되었고 결국 법원에 서게 되었다. 이후로 20주간 포드사는 관할 구역인 Elchart군 지방법원에서 살인죄로 재판을 받았는데 그 주된 초점은 자동차의 설계가 적절하지 못해서 위험이 있는데도 불구하고 고의적으로 이를 무시하고 적절한 조취를 취하지 않았다는 것이었다.

이 사건을 계기로 열린 재판에서 월간지(mother jones) 영업부장 도위씨는 "미국의 도로에 주행 중인 자동차의 24%가 포드차인데 연료탱크 폭발사고는 포드차가 42%를 차지하고 있고 그래서 연간 70명 이상이 핀토로 인해 타 죽는다."라고 미국 도로교통 안전관리공단의 통계를 인용하여 주장하였다. 이에 포드측은 관리공단의 '치명 사고 분석보고'를 인용하여 "1975년에 미국 건국에서 848건의 자동차 화재사고가 발생하였는데 그 중에 핀토는 13건 뿐 이었고, 1976년에는 943건 중에 22건만이 핀토로 인한 사고였다고 주장한다. 즉, 핀토로 인한 사고는 1.9%이고 따라서 핀토로 인하여 연간 70명이 죽는다는 것은 잘못된 설명이라며 핀토는 특별히 불안전한 차는 아니다."라고 반박하였다.

그보다도 더 큰 논쟁은 손익분석이었다. 포드회사의 자동차 안전부장 에콜드는 "충돌로 인한 연료탱크 화재와 연관된 치명상'이라는 보고서를 통하여 '현재 운행 중인 1,250만대의 포드차 연료탱크 교환 비는 1억 3천 7백만 달러가 소요되는데 그냥 두고 사망자에 대한 사고보상과 사회적 비용은 약 5천만 달러밖에 소요되지 않는다."라고 결론지으면서 손익계산면에서 그냥 두는 것이 유리하다는 것을 암시하였다.

여기서 사망자1인의 사회적 비용은 약 20만 달러라고 가정하였는데 이것은 미국 도로안전 관리공단에서 추정한 수치에 의한 것이었다. 포드사의 이 자료가 발각되자 배심원은 징벌적 배상금으로 1억 2,500만 달러를 지급하라는 평결을 내리게 되었던 것이다.

이 사례를 바탕으로 윤리적 경영, 징벌적 윤리의식, 안전사고 의식, 위험과 비용분석 등 각 종 윤리적 이슈를 통하여 기업 임직원들이 비윤리적인 의사결정을 내리게 되는 배경을 분석하고 각 유형에 따른 사례와 대책을 제시할 필요가 있다.

포드 핀토 자동차 사건은 쉽게 발각되지 않으리라는 자신감이 비윤리적 행위를 조장하는 경우로 나누어졌다. 위의 논쟁들을 종합해보면 포드자동차는 핀토 모델이 후면 추돌시 가솔린 누출로 화재를 유발할 수 있다는 결함을 알고 있었으면서도 편익보다 비용이 크다는 이유로 차량회수와 안전조치를 취하지 않은 것이다. 이를 통하여 포드자동차는 결국 천문학적인 배상을 해야 했다. 이는 비윤리적 행위를 합리화하는 변명이 기업 내에 광범위하게 통용되기 시작하는 순간 비윤리적 판단을 시정할 수 있는 기업의 면역체계가 급속히 약화되고 기업이 위기에 빠질 수 있음을 잘 보여준 단적인 사례가 될 것이다.

한편 이 사건에서 포드 자동차의 경영진은 심각한 윤리적 오류를 범하게 되는데 이것은 즉 위험과 비용분석이라는 측면에서 잘못 설계된 생산라인을 수정하는 것 보다 사고 후 배상의 비용이 적어서 기업에게 더 큰 이익이라는 측면에서 판단하고 소비자의 인명을 경시하게 되는 큰 윤리적 오류를 범하게 된다.

따라서 배심원들은 엄청난 배상 금액을 지불하라는 판결을 하게 되고 이것은 기업 역사상 가장 큰 징벌적 배상 금액이라는 기록을 가지게 되었다.

모든 설계는 가급적 가장 진보된 각종 이론과 지식을 응용하고 주로 설계계산에 필요한 공식을 사용해서 한다. 이 밖에 많은 실례(實例) ·경험 및 실험에서 자료를 구하고 이것들을 설계에 적용하여 목적물의 기능을 높이고 보다 경제적으로 만들 수 있도록 한다.

설계에 종사하는 사람의 인격을 존중하는 호칭에 “설계사”라는 호칭이 있는데 이들이 바로 전문직 기술자를 의미하며 특정한 자격이나 면허 제도를 통하여 일정한 수준의 지식과 기술을 획득한 자에 한정하고 있다. 또 설계에서의 기술이나 예술의 종합적인 창조행위를 존중하는 호칭에 전문가라는 호칭을 부여하고 이들의 윤리의식을 강조할 필요성이 있다.

6.4 개인적 도덕성과 윤리

공학윤리의 한 분야로 충분히 연구의 대상이 될 수 있는 연구자 윤리라고 하는 것이 있다. 실험을 하고 논문을 작성하고 지적 재산권으로 인정되는 것은 결국 자신의 신뢰성, 정직성, 진실성과도 관계가 있다. 연구자로서의 윤리 의식은 개인적인 윤리 의식으로 연결되고 연구자로서의 자신의 업적은 장래 세대에 대한 중요한 사회적 책임이다.

공학을 전공하는 모든 학생은 연구자의 자세를 항상 갖추어야 한다. 기술자는 자연을 대상으로 인간에게 유리한 상황을 만들어 가는 상황에 언제나 직면하고 있기 때문이다. 자연은 언제나 변화하고 있고 누구보다도 민감하게 인식하는 집단이 공학이나 기술학을 전공으로 하는 집단이다.

여기에서는 주로 연구자의 입장에서의 윤리에 대하여 설명하려고 한다. 누구나 연구자가 될 수 있고 연구자는 기본적으로 개인이다. 그러나 개인으로서의 연구자는 사회의 어는 부분이든지 소속되어 있으며 각 연구 실험실의 연구자일 수도 있으며, 개인 전문가적 위치에서 연구를 하는 입장에 있을 수도 있다.

기술자의 세계에서 연구를 하는 연구자는 기본적으로 갖추어야 할 윤리 의식과 태도가 있다. 이와 같이 실험, 실습을 중심으로 연구하는 연구자에 필요로 하는 윤리 의식이란 무엇인가 전문직 기술자의 실천 및 과학, 공학적인 연구·실험의 양자에 있어, 성실함이 중요한 이유를 이해하는 것은 어렵지 않다. 고의에 의한 불성실 때문에 또는, 이해 대립과 같은 요인으로부터 영향을 받고 만약, 그 지식 혹은 판단이 신뢰할 수 없다면 그 생산물의 가치는 줄어들던지 손상된다. 과학, 기술자적 지식은 누적적인 것으로 실험과 연구로부터 제공된 데이터의 신뢰성에 의존하고 있다. 만약, 이 데이터가 신뢰성이 결여 된 것이면 과학, 기술자의 업적은 불충분한 토대의 위에 지어진 건축물과 같다.

이러한 것을 염두에 둔다면 IEEE(Institute of Electrical and Electronics Engineers) 규정의 여러 가지 의의를 이해하는 것이 가능하다. IEEE 규정 〈조항 2〉는 회원에게 "이해, 충돌이 실제로 존재하는가. 그것을 인식하게 되면 가능하면 언제나 회피할 것. 그리고 이해, 충돌이 정말로 존재할 때 영향을 끼치게 되는 관계자에게 그것을 공개할 것."을 요청하고 있다. 이해관계의 분쟁이 전문직으로서의 판단을 흐리게 할 수 있고 신뢰할 수 없다는 것을 지적했다.

IEEE 규정 〈조항 3〉은 회원에게 권리의 주장이나 견적을 할 때에 성실할 것을 구하고 있다. 〈조항 4〉는 회원에게 뇌물수수를 거절할 것을 요구하고 있다. 그것이 전문직으로서의 판단을 비뚤어지게 하기 때문이다. 〈조항 6〉은 회원에게 기술적 역량의 범위권내의 임무만을 수행하지 않는다고 하는 성실함을 발휘할 것. 그리고 적절한 능력 범위를 명확하게 할 것을 구하고 있다. 〈조항 7〉은 회원에게 잘못이 있으면 인정하고, 정정하고, 또한, 타인의 업적을 적절하게 평가할 것을 구하고 있다. 〈조항 9〉는 회원에게 타인을 의심하는 잘못을 하거나, 신뢰성에 반대 의견을 내세우는 것을 피하도록 규정하고 있다.

이런 이유로 성실함과 신뢰성이 연구자에게 중요하다고 말할 수 있다. 때때로 신뢰성이 결여된 제품을 취급하는 회사의 채권을 가지고 있는 투자 신탁 회사의 주식을 소유하는 것과 심각한 이해충돌과의 사이에 어떻게 규명하는 것이 옳은 것인가 하는 윤리 문제는 언제나 소중한 공학윤리의 주제가 된다.

6.5 기밀 정보와 개인 정보의 오용

IEEE(Institute of Electrical and Electronics Engineers) 윤리헌장은 명확하게 이 문제에 별다른 언급을 하고 있지는 않지만 연구자는 경영자로부터 얻은 기밀 정보와 개인 정보를 존중할 의무를 가지고 있다. 미국 전문직 기술자 협회 (NSPE (National Society of Professional Engineers)) 규정은 이 문제를 논하고 있고, 동시에 다른 곳의 경우에도 이러한 제약을 부여할 것을 강조하고 있다.

“연구자는 동의 없이, 현재 근무하고 있는 공적인 업체, 경영자, 이전의 고객에 대한 기술적인 공정이나 사업 관계의 기밀 정보를 밝혀서는 안 된다.” [NSPE (National Society of Professional Engineers) 윤리헌장, 부문 III.4] ”(“III.4 Engineers shall not disclose, without consent, confidential information concerning the business affairs or technical processes of any present or former client or employer, or public body on which they serve.”)

연구자가 새로운 고객을 위해 일을 할 때 또는, 경영자를 대신하게 될 때 연구자는 기술과 지식을 획득하고 그것을 사용한다. 그렇지만, 고객이나 경영자의 사업이나 기술적 공정에 관한 특수 정보는 또 하나의 문제가 있다. 정보가 고객이나 경영자와의 명확한 협정에 의하고 보호받는 것은 지극히 당연하다. 이러한 경우에 “만약 정보가 사용될 것 같으면 동의를 얻어야 하는 것도 당연하다”라고 NSPE 규정은 강하게 주장한다.

연구자가 기업이나 단체에서 알게 된 기업비밀이 있다. 기밀이라고도 하고 기업정보 등으로 표현된다. 기업이나 조직은 나름대로의 이익 단체이며 존재하기 위해서라도 기밀이라고 부르는 정보가 있다. 이러한 정보나 조직을 개인적으로 유용하거나 판매 하는 행위는 윤리적 차원을 넘어 법적인 차원에 이르게 된다.여기서 말하는 개인적 비밀과 기업의 정보나 기밀과는 엄연히 다른 차원의 개념이고 기업의 정보는 조직의 생존과 관련된 만큼 소중하게 보호되어야 하는 것도 당연하다.

반대로 사회의 이익에 반하여 하는 기업의 조직적 행위는 공학윤리적 입장에서 매우 큰 주제가 된다. 단체나 조직이 대중의 안전과 사회 이익을 반하는 경우에 연구자를 비롯한 전문가들은 이에 반하는 윤리 규정을 행사할 권한을 부여받는 것이다. 때때로 연구자는 충분한 기술자적 지식을 필요로 할 것 같은 사고, 결함 상품, 구조적 결함, 특허권 침해, 그 밖의 영역에 관계되는 소송에서 전문가의 증인으로서 출석받고 정직하게 이야기할 것을 요구받는다. 그렇지만 변호사는 정직하게 말하는 동시에 질문에 대답하는 증인의 이야기를 통제하고 싶어 한다. 이것은 전문가인 증인에게 대단한 스트레스로 된 예가 있다.

이 스트레스를 최소화하기 위해 전문가로서 나서는 증인에게 몇 가지 관례에 따를 것을 추천하고 싶다.

- 안심하고 증언할 수 있는 소송에 참여하라.
- 만약 충분한 시간을 들여 철저한 조사가 이루어질 수 없다면 증인이 되는데도 동의하지 말 것.
- 변호사가 소송의 기술적 문제에 대하여 가능한 한 정통하고, 당신이 반대 신문에서 준비한 것을 변호사가 도와줄 수 있도록 폭넓은 변호사와 상담할 것.
- 증인대에서 객관적으로 공평한 태도를 유지하고, 특히 반대 신문의 경우에 나온 질문에 대하여 끈기 있게 잘 대답하고, 온화한 기분을 유지할 것.

적극적으로 증언에 참여하고, 불리한 환경 속에서 나온 판단이라 할지라도 기록이 되고, 검토, 분석될 수 있는 사회적 계기를 만들 것을 권장한다. 이러한 것이 기술자들의 사회적 의무의 범주에 속하는 것인지의 하는 의문의 여지는 아직도 논란이 있으나 그들이 행하는 행위는 분명 사회 속에서 일어나는 것이고, 사회적으로 기록되어야 하는 것이기 때문이다.

반대로 사회가 그들을 보호할 것인가 하는 문제는 고려해야 한다. 만약 양심의 문제로 사회 고발로 이어진 예가 많다. 이들의 사회적 보호가 제대로 실천되었는지의 여부는 정확하게 보고 된 사례가 드물다. 성숙한 사회일수록 보호 이상의 포상의 사회적 제도화를 생각해 볼 수 있다.

7
CHAPTER

공학적 오류와 윤리적 오류

7.1 공학적 설계오류

역사적으로 훌륭한 기술자인 인간은 문명의 발달과 함께 인공물을 성공적으로 설계해 왔다. 역사는 위대한 디자인과 발명으로 가득하며 최근에는 설계가 현실적인 요구를 충족시키고 위험과 불편함을 감소시키는 쪽으로 변하고 있다. 하지만 종종 재앙과 같은 사고와 실패를 야기하기도 했다. 지금은 공학윤리적인 면으로 잘 알려진 몇몇 재앙과 같은 사례는 공학과 관련된 기술자들에게 윤리의식의 인식과 함양, 훈련과 실천이 사고의 예방과 안전을 위하여 얼마나 중요한 지를 일깨워준다.

- 1978년 미국 포드 자동차의 핀토 폭발사고
- 1979년 DC-10기 설계결함에 의한 폭발 사고
- 1981년 캔자스시티의 Hyatt Regency 호텔의 고가다리 붕괴 사고
- 1986년 1월 28일 미국 우주왕복선 챌린저호 폭발 사고
- 1986년 4월 26일 구소련 체르노빌 원전 사고
- 1998년 보잉 747기 비행 도중 객실 천장 유실 사고

이와 같은 사건과 사고는 이미 예견된 것이었고, 어떠한 경로를 통해서든지 알고 있었으나 사전에 예방을 할 수 없는 사고이었다. 대부분의 사고는 이미 예견된 것이었고 설계과정의 잘못으로 인한 안전사고는 상상을 초월하는 사례가 많이 있다. 일반적으로 공학설계과정에서 실패의 원인을 다음과 같이 설명할 수 있을 것이다.

- 부정확하거나 과도한 가정으로 인한 설계
- 미흡한 문제의식
- 불완전한 제조공정과 부품
- 디자인 계산의 오류
- 불완전한 실험과 부적합한 데이터 수집
- 관행과 습관, 제도의 오류
- 부정직, 태만, 불성실 등의 윤리적 오류와의 결합
- 훌륭한 가정에 어긋난 불완전한 추론

좀 더 자세히 설명하면 공학적 오류에는 흔히 물리적으로 결함이 있음으로서 고장발생이 되고 사고로 이어지는 경우가 많다. 그리고 설계상의 오류나 혹은 제조과정 상의 오류는 심각한 공학적 오류가 된다. 그러나 개인이나 조직체(팀)의 사고방식이나 가치관, 태도 등의 오류에 인하여 일어난 사고는 공학적 설계오류 못지않게 큰 개인적, 집단적 윤리적 오류이다. 공학적 오류와 윤리적 오류는 늘 함께 따라 다니는 동전의 양면성과 같음으로서 동시에 고장의 원인과 사고의 근본 동기가 되기도 하고 오히려 이를 미연에 방지할 수 있는 공학윤리의 원천이 되기도 한다.

미흡한 문제의식은 잘못 판단할 수 있는 오류의 시작임을 알리는 단초이며 개인의 독단적 판단이나 인식은 전체적인 안목과 배치되는 결과를 낳을 수도 있다.제조공정 상의 불완전성은 바로 잘못된 제품으로 나타나며 작은 부품의 소홀함도 큰 재난을 낳을 수 있다는 사례를 흔히 볼 수 있다.

이러한 오류들을 이미 계획 단계에서 심사숙고한 결정을 통하여 수정되어 충분한 검증과 실험 절차를 거친 후에 공정작업으로 진행되어 가야 할 것이다. 표 7.1에 예시되고 있는 사건은 이와 같은 공학 윤리적 문제점이 복합적이고 총체적으로 작용하여 일어난 대표적 사고의 사례이다.

<표 7.1>공학윤리적 사고 발생의 근본 원인

물리적 결함	제조과정의 오류, 공정오류	개인적, 집단적 윤리 오류
▪ 재료의 피로균열 ▪ 재료의 마모, 부식, 강도결함원료의 성분결함 ▪ 과도한 소음, 분진, 진동 ▪ 전기관련 위험요인 ▪ 불충분한 원료…	▪ 문제 이해 불충분 ▪ 부정확, 잠재적 위험설계 ▪ 계산의 오류 ▪ 데이터 수집상의 오류 ▪ 잘못된 추론과 결론 ▪ 중요한 정보의 누락 ▪ 과다한 정보의 결합 ▪ 조립, 제조과정의 오류 ▪ 설계오류 ▪ 부적절한 운전, 운용 ▪ 예상치 못한 조건 ▪ 불충분한 인력 교육훈련 ▪ 판단 오류 ▪ 부주의, 보관, 유지 오류…	▪ 가치관 부재 ▪ 비윤리적 행위 ▪ 비전문가적 의식 ▪ 고립된 행동 ▪ 무관심과 태만, 냉담, 이기심 ▪ 개인적 윤리의식의 부재 ▪ 비협조적 조직 윤리오류 ▪ 과신, 맹신, 판단 오류 ▪ 충동적 행위 ▪ 의사결정에서의 오류 ▪ 지시적 풍토 ▪ 타당하지 않은 목표…

7.2 미국 포드 자동차의 핀토 폭발사건

1. 사고의 개요

1978년 2월에 캘리포니아 주 법원에서 나온 포드 자동차회사에게 1억2,800만 달러의 배상금지급을 명한 평결은 PL소송사상 최대의 평결로서 세간의 이목을 집중시켰다.

오일쇼크를 계기로 연료효율이 좋은 일본제의 자동차가 세계적으로 폭발적인 판매가 되고 있는 가운데 미국에서는 가솔린을 사용하는 대형차가 일반인들에게 비선호 되었기 때문에 자동차산업의 부진이 심각한 경제 문제로까지 발전하고 있었다. 그 가운데서 포드자동차사가 개발한 소형승용차 '핀토'는 출하 후 호조의 판매를 보여서 이른바 대중차로서의 지위를 확립하고 있었다. 그러나 불행하게도 캘리포니아 주에서 핀토가 추돌하여 가솔린 탱크가 폭발하여 화재가 발생하고 17세의 소년이 전신에 큰 화상을 입자 피해자 측은 안정성을 충분히 배려하지 않아 핀토는 결함 있는 차라고 주장하여 포드자동차사에 대하여 손해배상을 요구하는 PL소송을 제기하였다.

재판과정에서 원고 측은 포드사가 소형차라는 종전과 개념이 전혀 다른 차를 제조함에 있어서 가솔린탱크의 안전성에 충분한 배려를 하지 않고 종전부터 제조하고 있었던 대형차의 설계기준을 그대로 답습하였기 때문에 핀토는 추돌 할 때 가솔린이 누출되어 화재를 발생시킬 위험성이 내재되어 있다고 주장하였다. 특히 포드회장과 의견이 대립되었기 때문에 해직 당한 부사장이 “시장에 출하되어 결함이 있는 핀토를 모두 회수하여 안전대책을 취하기보다는 화재사고의 빈도를 감안할 경우 화상 등의 피해자에게 배상금을 지불하는 편이 경제적 견지에서 오히려 이득이 있는 정책이다”는 내부 자료의 일부까지 폭로되어 버렸다.

이 때문에 제1심 판결은 징벌적 배상금만을 인정하여 합계액 700만 달러의 지급을 명하는 판결을 내렸다.

PL소송 사건은 소비자 또는 제3자가 제조물의 결함으로 인해 생명·신체·재산에 피해를 입었을 경우 제조업자 또는 판매업자가 책임을 지고 손해를 배상하도록 하는 제도로, 영문 머리글자를 따서 'PL제도'라고도 한다. 2000년 1월 12일, 제조물의 결함에 따른 소비자 피해보호를 강화하고, 국민경제의 발전을 도모한다는 취지 아래 '제조물 책임법'을 제정하면서 도입되었다. 소비자의 피해배상 청구가 쉬워지고, 제조물의 안전성과 기업의 경쟁력이 강화되는 등 많은 장점을 가지고 있는 반면 제조업체 쪽에서는 제조원가 상승, 신제품 개발 지연, 기업이미지 실추, 고액의 손해배상 등 기업의 경영활동을 위축하는 요소 또한 적지 않다. 대비책으로 정부는 2001년 3월 종합계획을 수립해 정책자금 지원, 진단·지도, 안전성 시험 및 검사 지원, 전국 순회설명회 개최 등 지원책을 추진한다. EU가맹국들은 1980년대 후반부터, 중국·필리핀·오스트레일리아는 1992년 7월부터, 일본은 1995년 7월부터 시행되었다.

2. 공학적 오류

자동차의 충돌사고로 가솔린 탱크로 부터 가솔린이 차 밖으로 누출되어 공기에 접촉되는 경우는 위험하므로 자동차를 설계함에 있어서 제조업자로서는 어떻게든 가솔린이 누출되는 것을 방지할 것인가에 가장 고심을 하는데, 포드사가 소형차라는 종전과 개념이 전혀 다른 차를 제조함에 있어서 가솔린 탱크의 안정성에 충분한 배려를 하지 않고 종전부터 제조하고 있었던 대형차의 설계기준을 그대로 답습하였기 때문에 핀토는 추돌할 때 가솔린이 누출되어 화재를 발생 시킬 위험성이 내재되어 있었다.

3. 윤리적 오류

포드사가 적어도 판매의 초기단계에서 핀토의 가솔린 탱크의 잠재적 결함을 알고 있었음에도 불구하고 시장에 출하되고 있는 수백만 대의 핀토를 회수하여 적절한 안전대책을 강구할 것을 태만히 하였다. 해직당한 부사장이 원고 측의 증인으로서 등장하여 증언한 사내 비밀정보 즉 시장에 출하되어 결함이 있는 핀토를 모두 회수하여 안전대책을 취하기보다는 화재사고의 빈도를 감안할 경우 화상 등의 피해자에게 배상금을 지불하는 편이 경제적 견지에서 오히려 이득이 있는 정책이라고 판단하고 리콜 등의 조치를 하지 않았다.

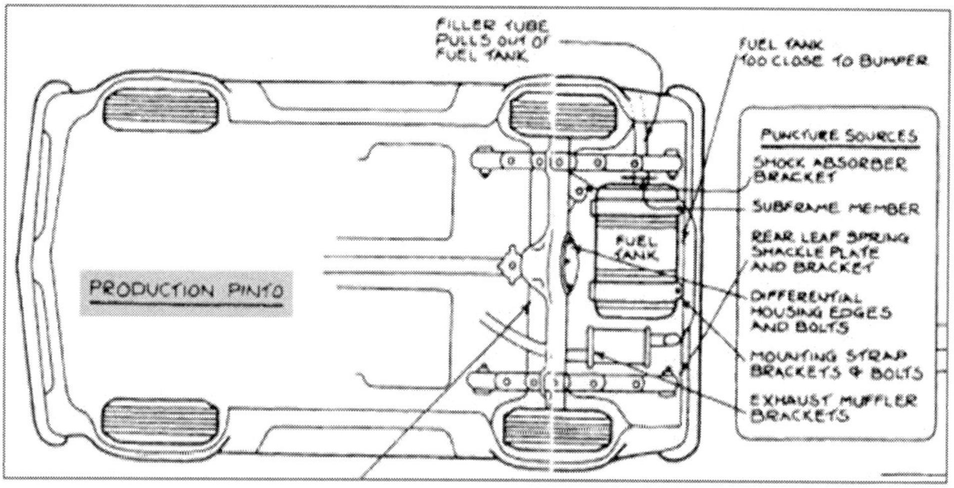

<그림 7.1> 핀토의 설계도: 충돌시 폭발의 위험성을 알면서도 연료탱크가 차의 후면에 설계됨

<그림 7.2>미국 포드 자동차의 핀토 모델: '핀토'는 출하 후 호조의 판매를 보이며 소형 자동차로서의 지위를 확립하고 있었음

7.2 미국 포드자동차의 핀토 폭발사건

4. 문제해결 및 향후대책

포드사에 대한 손해배상금 판결은 손해배상금에 더하여 일종의 제재금인 징벌적 배상금을 1억 2,500만 달러 지급을 명하는 평결이 나오게 되었다.

이 핀토 사건에서는 배심원이 핀토를 회수해서 안전대책을 강구하는데 드는 1대당의 비용에 결함을 가진 채 시장에 출하되어 달리고 있는 핀토 총 수를 곱하여 1억 2,500만 달러라는 거액의 징벌적 배상금을 포드 측에 부과한다는 결론을 도출한 것이다.

거대기업으로서 이것은 상당한 경제적 타격을 받은 금액이었다고 말할 수 있지만 실제의 제 1심 판결은 통상의 손해배상금과 같은 금액의 징벌적 배상금만을 인정하여 합계액 700만 달러의 지급을 명하는 판결을 내렸으나 포드는 시장에서 소비자로부터 큰 불신을 받게 되었다.

이 사건을 계기로 기업은 무조건적인 이익창출을 위한 경영이 회사의 제 1정책이 아님을 유념하여 보다 전문적이고 책임적인 운영이 필요함을 자각하게 되었다. 또한 소비자에게 보다 편리함을 제공하여 이익을 창출하는 회사에서는 자사에서 제작한 제조물의 결함으로부터 발생한 손해로 인한 소비자의 피해가 없도록 공학윤리적인 사고 체계를 갖도록 지속적인 교육을 실시해야 한다.

5. 공학윤리 토론사항

1) 이 사건에서 최종 의사결정자와 관련자의 행위가 공학윤리적 행위의 반하는 증거를 약술할 수 있는가?
2) 조직의 이익과 사회의 이익과의 사이에 기술자의 판단 행위의 근거에 대하여 논의하시오.
3) 제조물 책임법와 윤리적 행위의 사이에 나타날 수 있는 기술자의 행위의 준거는 어디에 있는가?

7.3 우주왕복선 챌린저호 폭발사건

1. 사고의 개요

1986년 1월 28일 화요일, 미국의 우주왕복선 챌린저호는 발사된 지 75초 만에 공중 폭발했다. 이사고로 승무원 7명 전원이 사망하고, 10억 2000만 달러를 들여 제작한 기체가 완전히 파괴 되었다. 또한 이 발사 장면이 전 세계에 생중계되고 있었으며 폭발사고를 지켜보고 있던 세계인들에게 큰 충격을 주었다. 우주왕복선은 한 마디로 거대한 우주선이 타이탄 로켓의 등에 올라탄 형식의 로켓이며 세 부분으로 되어 있다. 최종적으로 위성궤도에 도달하는 궤도선, 여기에 액체연료를 공급하는 거대한 연료탱크, 이 모두를 강력하게 지상에서 쏘아 올리는 고체 연료로켓이다.

이들 가운데서 가장 큰 것이 연료탱크로서 길이가 46.94 m, 지름이 8.41 m이며, 여기에 채워질 연료는 액체수소(연료)와 액체산소(산화제)이다. 연료탱크 양쪽에 달려 있는 부스터(booster)는 지름 3.71 m, 길이 45.4 m의 고체 연료로켓이다. 이것은 상승비행을 촉진하기 위한 것으로서 1만 1800 t의 추진력을 낼 수 있으며, 발사 후 2분이 지나면 본체에서 분리되어 발사지점에서부터 180 km 떨어진 바다 위에 낙하산으로 떨어진다. 이것은 회수하여 약 20번 반복하여 사용할 수 있다.

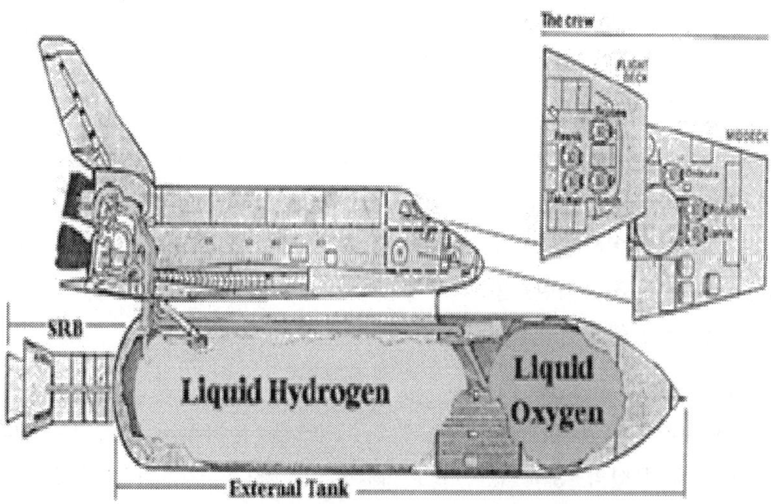

<그림 7.3> 챌린저호의 구조도

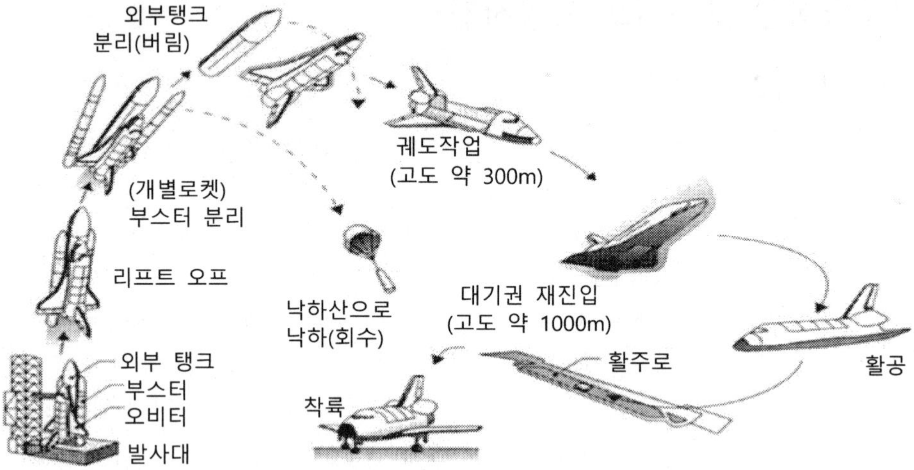

<그림 7.4> 우주왕복선 발사 및 이착륙 순서

궤도 선은 연료탱크의 등 쪽에 고정 설치되어 있는데, 이것은 중형 제트여객기인 DC-9형의 크기로서 길이는 37.28 m, 동체의 지름은 4.6 m 정도이다. 위성궤도까지 올라가는 데는 강력한 로켓 기관을 사용하지만 궤도에서 떠나 지구로 귀환할 때는 글라이더 같이 기관 없이 활공비행하면서 내려온다. 이 때문에 너비가 23.77 m나 되는 대형 삼각날개가 달려 있다. 이와 같이 세 부분을 모두 부착시킨 우주왕복선의 전체의 길이는 56.88 m이고, 연료탱크의 하부에서부터 궤도선의 꼬리날개 높이까지는 23.23 m나 된다.

이륙직전의 무게는 약 2,000 t이며, 이 중 85%가 연료의 무게이다. 궤도선 자체의 무게는 68 t이며, 여기에 적재능력화물의 무게 29.5 t를 합치면 100 t 정도이지만, 전체의 무게에 비하면 5%에 불과하다. 우주왕복선은 이륙할 때는 보통 우주로켓처럼 수직으로 올라가지만, 2분 후에 2개의 부스터를 떼어 버리고 난 뒤에는, 서서히 지구표면과 평행하게 수평비행을 한다.

궤도선이 320 km 고도에 이르는 데 필요로 하는 탈출속도인 초속 7.7 km에 도달하기 전에 로켓기관의 작용을 멈추고 연료탱크를 분리시켜 지상으로 떨어뜨린다. 우주왕복선은 약 100회 정도 반복하여 사용할 수 있다. 챌린저호 폭발의 공학적 설계오류로서 폭발의 원인이 된 기계적인 문제는 기포문제와 조인트로테이션,

<그림 7.5> 챌린저호의 폭발장면

O-ring의 탄력성 문제 등을 들 수 있으나 폭발의 직접적 원인이 된 윤리적 오류는 다른 곳에 있었다. 즉, 이 사실을 알고 있으면서도 발사를 지시한 미 우주항공국(NASA)의 책임은 윤리적 오류 책임을 회피할 수 없을 것이다.

2. 공학적 오류

① 기포가 완전히 제거되지 않았다: 뜨거운 배기가스로부터 O-ring을 보호하는 퍼티가 누출점검 중 퍼티가 갈라지는 사고가 일어났다. 하지만 O-ring이 완벽하게 퍼티와 가스누출 검사구멍을 막고 있었기에 사고대책은 갈라진 퍼티를 밀봉하는 것으로 마무리되었다. 퍼티를 밀봉하는 과정에서 약간의 기포가 남아있었는데 이것은 발사과정에서 작은 터널을 만들었고 그 터널을 통해 뜨거운 배기가스는 O-ring과 직접 접촉하게 되었다. 그로인해 O-ring은 심하게 부식되었다.

② 조인트 로테이션의 생성: 점화동안 제곱 inch(1 inch = 2.54 cm)당 454 Kg의 조인트 로테이션이 벽이 넓어지려는 방향으로 주어진다. 그로인해 O-ring과 이음매 사이의 격차를 증가시키는 방향으로 모멘트가 작용한다. 이 증가치

는 극단적으로 빠르기 때문에 O-ring이 그 역할을 하는 것을 어렵게 만든다.

③ O-ring 탄력: 챌린저호는 플루오르를 포함한 탄성 재료인 Fluoroelastomer의 한 종류인 V747을 O-ring의 재질로 사용했다. 이 재료는 높은 온도에서 잘 견디고 주위에 있는 재료와 같이 사용하기에 적합하기에 선택되었다. 챌린저호가 발사되던 날 주위온도는 섭씨 2도 정도로 이전까지 가장 낮은 온도에서 발사되었던 것보다 섭씨 10도 가까이 낮은 온도이다.

④ 결점들의 결합: 이전까지의 내용들은 서로 독립된 것이 아니다. 사고는 여러 가지 요인들이 복합적으로 작용하여 일어나게 되었다. 배기가스는 기포를 통해서 퍼티에 침투하였고 이내 퍼티를 통과하였다. 이것은 발사 직전 SRB로부터 흑색연기가 나게 하였다. 또 배기가스와의 접촉으로 인한 O-ring의 부식과 조인트 로테이션으로 넓어진 연결부위와의 격차는 낮은 온도로 탄성을 잃어버린 O-ring이 제 역할을 하지 못하도록 하였다.

3. 윤리적 오류

① O-ring의 부식을 알고 있었던 타이오콜과 NASA: O-ring의 부식문제는 이미 1984년 우주왕복선을 발사시키고 난 후 회수된 SRB에서 O-ring의 부식을 확인함으로 명백해졌다. 하지만 SRB의 제작업체인 타이오콜은 2차 O-ring이 있기 때문에 아무런 문제가 되지 않을 것이라고 주장했다. 확실한 사실은 이 조치는 O-ring의 탄성을 유지하지도 못했을 뿐더러 퍼티를 부식시키는 결과만을 초래하였다.

② 기술자들의 우려와 경영자들의 생각: 기술자들은 O-ring의 부식에 대해 매우 큰 우려를 나타냈고 그것을 경영자들에게 보고하려고 했다. 하지만 그 시도들은 경영자에게 도달되지도 못하거나 도달되었더라도 무시되었다. 그들은 O-ring의 부식이 발사과정에서 어쩔 수 없이 일어나는 현상이라고 생각했다. 타이오콜의 경영자인 Jerald Mason은 기술자들에게 "기술자의 모자를 벗고 경영자의 모자를 써 보라!(Take off your engineering hat and put on your management hat)"고 말하면서 NASA측에 발사를 지연시키려는 기술자들의 방해를 무시할 것을 제안하였다.

<그림 7.6> 챌린저호의 폭발 직전의 사진

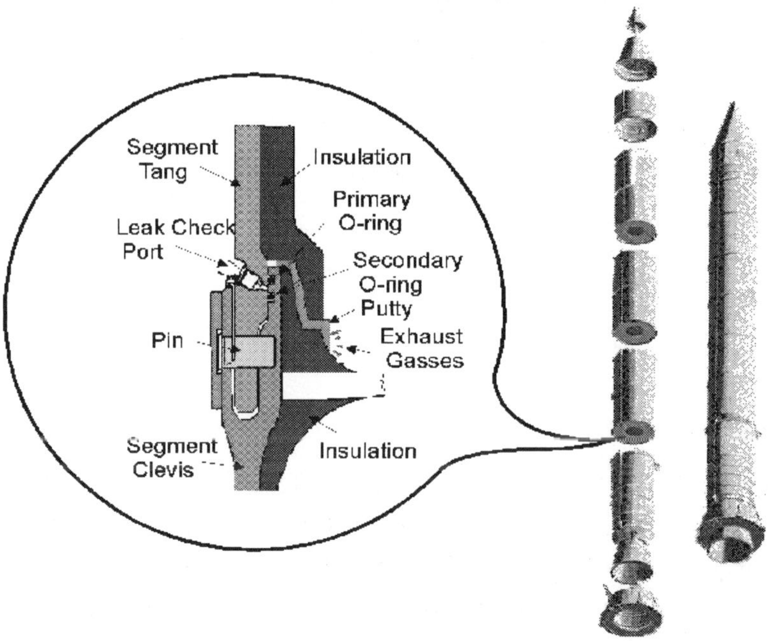

<그림 7.7> 우주 왕복선 챌린저호의 부품 O 링의 상세 단면도

③ 커뮤니케이션(communication)의 단절: NASA와 타이오콜에서 기술자는 오직 자신들이 속한 조직의 경영자에게만 문제점을 보고할 수 있었다. 직접 최고 경영자에게 말할 수 있는 기회는 차단되었으며 기술자들이 자신들이 속한 조직의 경영자에게 자신들이 발견한 문제점을 보고하여도 그것이 최고 경영자에게 도달하면서 점점 완곡한 표현으로 바뀌어갔다.

④ 발사 압력: NASA는 1986년까지 15개의 우주왕복선을 발사하고 1990년까지 24개의 우주 왕복선을 발사하겠다는 계획을 세웠고 O-ring에 대한 위험성을 경고하는 목소리가 무시되었던 것 뿐 아니라 안전보다는 예산 확보와 절약에 더 관심이 많았다.

4. 문제해결과 향후대책

NASA의 우주왕복선 발사가 2년 9개월가량 미루어졌다. 또 폭파장면이 실황으로 중계된 이유로 미국 사람들에게 가장 충격적인 사건으로 기록되었다. 사고 후 NASA는 관리시스템 문제와 챌린저호의 설계상의 문제들을 모두 개선하겠다고 하였지만 2003년 2월 1일에 발생한 우주왕복선 콜롬비아호 폭발사고로 밝혀진 바에 의하면 전에 발생한 문제들이 아직까지 개선되지 않았음을 보여주었다.

7.4 구소련의 체르노빌 원전 폭발 사건

1. 사고 개요

1986 년 4월 26일 오후 1시 23분, 구소련 우크라이나 공화국의 체르노빌이라는 인구 25,000명의 소도시로 1978년부터 1984년까지 100만 kw급 원자로 4기를 건설하였고, 현재 이 자리에 똑같은 형의 원자로 2기를 더 짓고 있었다. 그 중 1984년도에 준공된 제 4호기가 1986년 4월 26일 새벽 1시 23분에 사고를 일으켰다. 이번에 사고를 일으킨 원자로는 소련이 독자적으로 개발한 흑연감소 경수 냉각로형으로서 이것은 동구권에도 수출한 바 없는 독특한 형식의 것이고, 이 노형의 원자

<그림 7.8> 체르노빌 원자력 발전소의 폭발 후 체르노빌 원전 사고 현장 1986년 4월 26일 새벽 1시 23분, 구소련 우크라이나공화국, 체르노빌시

로는 운전 중인 것이 22기, 건설 및 계획 중인 것이 각각 8기와 7기나 되므로 소련에서나 우리나라의 주종기종과 동형인 가압 경수로형(PWR)과 더불어 쌍벽을 이루는 노형이다.

폭발과 함께 원자로는 산산조각이 났으며 방사능 가스와 물질은 4.5 km 높이의 공중으로 날아갔다. 발전소에서 일하던 직원이 현장에서 죽었으며, 그 후 29명은 방사능 물질에 오염돼 목숨을 잃었다. 그 후 10여 년 동안 방사능 오염으로 인한 질병으로 인한 사망자 숫자는 수 만 명에 달하는 것으로 알려져 있다.

폭발은 발전소의 4호 노에서 터빈 발전기의 관성 운전 시험이 실시되던 중 일어났다. 일반적으로 사용되고 있는 원자로는 완충재로 물을 사용하는 '중수로'형 원자로이니 당시 체르노빌에서는 흑연(연필심)을 완충재로 사용하는 흑연형 원자로를 사용하고 있었다. 이러한 원자로는 초기 형태의 원자로이고 설계상 대단히 위험하다는 공학자들의 지적이 있었다. 그러나 원자로 시험 중 관리원 기술자는 출력을 높이기 위해서 핵반응 속도를 제어하는 제어봉을 빼 버렸고 다중 안정장치 중 다른 하나였던 자동으로 물을 투입하는 밸브를 다른 기술자가 다시 잠가버리는 실수를 하게 된다.

엄청난 속도로 반응해버린 핵연료는 엄청난 열을 내면서 핵연료 자체와 주변부분을 녹여버리고 거의 원자로 바닥까지 녹여버릴 정도로 뜨거운 핵연료 더미에 대량의 물이 투입되었고 투입된 물은 열을 이기지 못하고 기화, 원자로가 폭발해 버렸다. 이 사고로 1986년 8월 국제원자력기구(International Atomic Energy Agency: IAEA)에 보고된 소련 대표의 이야기로는 그간의 사망자는 31명이고 입원환자는 200명에 이르며, 방사선 피폭으로 암에 걸려 오랜 시일 후 사망할 것으로 생각되는 사람은 약 5,000명으로 추정된다고 한다. 또한 유럽각지에서는 체르노빌 사고로 우유 등의 축산물과 채소를 비롯한 농작물의 피해가 280억 $에 이른다고 하였다.

2. 공학적 오류

사고 원인으로 꼽을 수 있는 설계상의 문제는 다음과 같다.

① 제 1 세대 RBMK 원전의 노심 냉각 안전 계통의 불완전성

② 사고시 방사능 격납 능력의 미비

③ 다수의 압력관 파열 영향에 대한 불충분한 고려

④ 화재나 침수에 대한 방호의 부족

⑤ 기기의 품질 관리 미흡 등과 같은 고유의 결함

⑥ 반응도 조작여유가 없을 정도로 그 수위가 저하되었는데도 원자로를 정지하지 않음.

<그림 7.9> 체르노빌 원자력 발전소의 위치

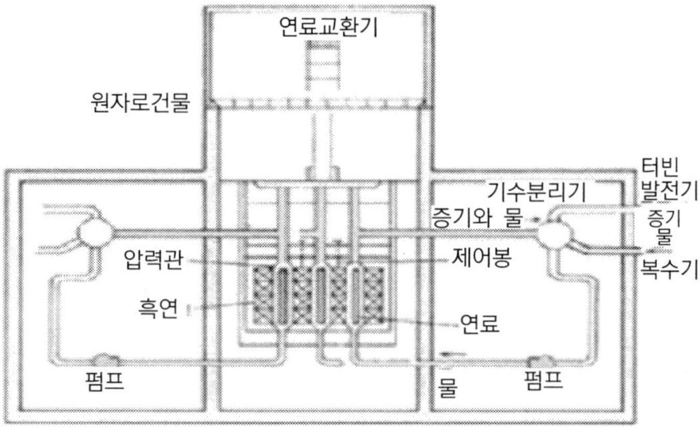

<그림 7.10> 체르노빌 원전의 구조도

⑦ 계획보다 낮은 출력상태에서 시험을 함.

⑧ 많은 유량을 내보냄으로서 노심의 과냉 상태를 조성.

⑨ 시험도중 중대한 안전시스템(ECCS)을 분리시킨 채 발전을 재개.

이를 자세히 설명하면

- 실험하기 위해 원자로 열출력을 20만 kw에 맞추려다가 7만 kw로 내려갔으면 20만 kw로 올릴 수 있을 때까지 기다리는 것이 원칙인데 조급하게 출력을 올리려 서둘렀다.
- 운전 편차에서는 20만 내지 70만 kw범위에서 실험하도록 되어 있으나 무리하게 운전절차를 무시하고 운전을 강행, 저출력에서의 실험을 실시했다.
- 필요한 때는 수동으로 작동할 수도 있으나, 이번 경우는 자동제어에 의존치 않고 수동 작동을 하게 되었다.
- 규정을 위배하면서까지 임의대로 제어봉을 뽑아 버림으로써 반응가의 여유(reactivity margin)를 허용치 이하로 내려 버렸다.
- 거의 원자로 바닥까지 녹여버릴 정도로 뜨거운 핵연료 더미에 대량의 물이 투입되었고, 투입된 물은 열을 이기지 못하고 기화, 원자로가 전체적으로 폭발하였다.

- 완전히 녹아있던 핵연료와 부산물은 폭발하는 수증기에 섞여 대기 중으로 흩어져 버렸고, 대기 중으로 흩어진 방사능 물질은 편서풍을 타고 동쪽으로 퍼지기 시작하였다.
- 일단 대기 중으로 흩어져 버린 방사능 물질은 막을 방법이 전혀 없었다.
- 대기 중으로 흩어진 방사능 물질들은 크기에 따라 작게는 몇 시간에서 길게는 수십 년 동안 공기 중을 떠돌며 바람을 타고 인근 지역으로 퍼져 내려앉았고, 평소의 몇 백배 수준으로 높아진 방사선량은 수많은 기형아와 방사선에 의해 발생하는 질병을 만들었다.
- 임의로 공학적 안전설비인 노심 냉각계통을 절단하였다.
- 임의로 터빈으로부터의 shutdown 신호를 함부로 끊은 것.
- 실험 요원과 운전 요원간의 이해상반과 협조 부족.
- 발전소의 특성과 운전조건을 고려치 않고 작성한 설계자의 운전절차와 실험 절차서 그리고 내용의 미비점을 들 수가 있다.

3. 윤리적 오류

누출된 방사능 물질이 45년 히로시마에 투하된 원폭의 350배였으며 사고지역 내의 많은 건물을 비롯해 자연생태계가 심하게 오염되어 발전소로부터 30킬로미터 이내에 거주하던 약 13만 5,000여명이 이주하였다.

1986년에서 1990년까지의 통계자료에 따르면 체르노빌 발전소의 방사능 영향지역에서 갑상선 질환, 암, 백혈병 등의 발생률이 50퍼센트 이상 증가하였으며 유산, 사산, 유전적 기형아 발생률도 크게 증가하였다. 1995년 발표된 유엔 보고서에 따르면 체르노빌 사태로 인해 러시아, 우크라이나, 벨로루시 등 3개국에서 900만 명의 주민들이 직간접으로 피해를 당했으며 최소한 80만 명이 피폭 우려자로 분류되었다.

체르노빌 사고로 입은 재산상의 피해는 150억 달러로 추산되는데 이 가운데 90퍼센트가 구소련 지역에서 발생하였고 나머지 10퍼센트는 인근 국가가 입은 피해인데 특히 독일 남부, 그리스, 스칸디나비아 국가와 영국이 가장 큰 피해를 입었다.

이 사건에서 가장 큰 윤리적 오류는 설계상의 결함이 있음을 알고 있으면서도 실험을 계획하고 전문기술자들이 부족한 야간에 실험을 강행함으로서 결과적으로 폭발에 이르게 되는 큰 윤리적 오류를 범하였다는 사실이다.

체르노빌사고로 인한 영향 중 특히 관심을 끄는 것은 윤리적 영향인데 이 영향은 직접적인 방사선의 생물학적 영향보다도 심각한 것으로 보인다. 방사선 위험에 대한 대중의 의구심은 전문가가 이해 가능한 방법으로 현안을 설명하지 못한 점뿐만 아니라 방사선과 그 영향 자체가 일반인이 이해하기 어렵게 만들었다.

알 수 없고 볼 수 없는 위험이 자신들의 의사에 반하여 당국에 의해 부과되었다는 사실이 대중의 분노를 자극했고 현 세대뿐만 아니라 자손들에게 까지 위험에 빠뜨린다는 우려에 의해 증폭되었다. 또 이와 같은 영향은 관료주의, 정치가 및 정부에 대한 국민의 불신과도 깊게 관련되는 것으로 보이는데 일어날 수 없다고 들어온 사고가 일어났다는 사실이 불신을 굳혔다.

불신은 다시 불안과 스트레스를 초래하는데 이는 오염지역 뿐 아니라 오염과는 직접 관계되지 않는 외부 세계에까지 불안과 스트레스를 유발했다. 불신은 중앙정부 과학자들을 배척하고 방사선과 영향에 대한 지식이 거의 없는 지방 "전문가"를 신뢰하는 풍조를 낳았으며 대중의 민감한 반응을 방사선 공포증(radiophobic)으로 몰아 일축하던 일부 중앙 과학자 및 정부 관리의 태도는 대민관계를 더욱 소원케 하였다.

4. 문제해결 및 향후 대책

1) 소련의 대책

① 제어봉의 추가, 핵연료 농축도의 증가(2.4%) 등을 통한 빈응도 기포계수 특성의 완화

② 제어봉 구동 장치의 개선 등을 통한 긴급 정지 시간의 단축 (2.5초)

③ 원자로 반응도 여유 계산 주기의 단축, 운전 절차 및 제한치의 개선 등 운영체계의 강화

원격 정지 제어실 설치 등의 조치와 장기적으로 이 사고를 계기로 과학적, 기술적 혁신을 기하는 한편 안전성확보, 규제와 조직상의 문제를 중요시한다. 원자

력의 평화이용을 진작시키기 위하여 국제협력의 증진을 촉구하며 핵무기와 관련 인류의 장래문제를 다루기 위해 미국과의 정보교환을 제안키로 하였다.

2) 우리나라의 조치사항

① 원전사고 조사위원회 구성

- 사고분석을 철저히 하여 안전성을 전반적으로 재평가
- TMI 후속조치 보완방안 수립

② 원전 안전성 제고를 위한 Operational Safety 강화

- 운전원의 자질향상과 훈련 및 재훈련 강화방안 수립
- 5조의 운전 팀을 6조로 늘려 재훈련과 교육 강화 권고
- 운전절차서와 비상운전절차서의 타당성 평가
- 화재방어 수립, 비상계획서 보완

③ 국제관계 강화

- 적시통보와 주기적 통보 및 지원으로 국제협력의 능동적 대처
- 체르노빌 원전사고 평가 작업에 적극참여
- IAEA등의 안정성 연구사업에 적극참여

5. 공학윤리 토론사항

1) 현재 세계 각국에서는 핵을 이용하여 무기와 에너지를 얻고 있다. 위험성과 안전 사용을 위한 실험 등의 조건 중 기술자의 윤리적 입장은 어느 방향에 서야 하는가?

2) 사고 이후 소련의 정확한 사고경위 설명과 빠른 대처, 주변국에게 보고를 하지 않았기 때문에 피해가 더 컸다. 이에 대한 윤리적 책임은 어떻게 해석하는 것이 옳은가?

3) 사고의 원인으로 원전 설계상 문제점이 있다고 한다. 정치, 경제적 요인에 의한 설계의 불완전성은 윤리성 망각과 그에 따른 사고 책임은 없는 것인가?

<그림 7.11> 원전 사고의 피해

4) 소련 내의 원전시설로 인해 주변국가 등 전 세계적으로 피해를 입었다. 원전시설 관리책임이 있는 소련정부는 윤리적인 측면에서 보상방법이 있는 것인가?

5) 현재 원전시설을 개발하고 보급하는 연구, 기술자들은 핵 위험물을 취급하는데 있어 그 중요도를 인식하여 직무 교육, 공학윤리교육 등의 그 의무를 다하고 있는가?

7.5 인도의 보팔 가스 누출사고

1. 사고의 개요

1984년 12월 2일 밤, 인도 프랄데슈 주의 중심도시 보팔 시에 있는 미국계 화학기업 유니언 카바이드사가 설립한 살충제 공장에서 세빈(DDT 대체물질) 제조공정에서 이소시안산 메틸(MIC)이라는 독가스가 유출,누출이 시작된 지 2시간 동안에 저장탱크로부터 유독가스 8만 파운드(36톤 상당)가 노출되었다. 주택을 중심으로

<그림 7.12> 인도 보팔시의 미국계 화학기업 유니언 카바이드사가 설립한 살충제 공장

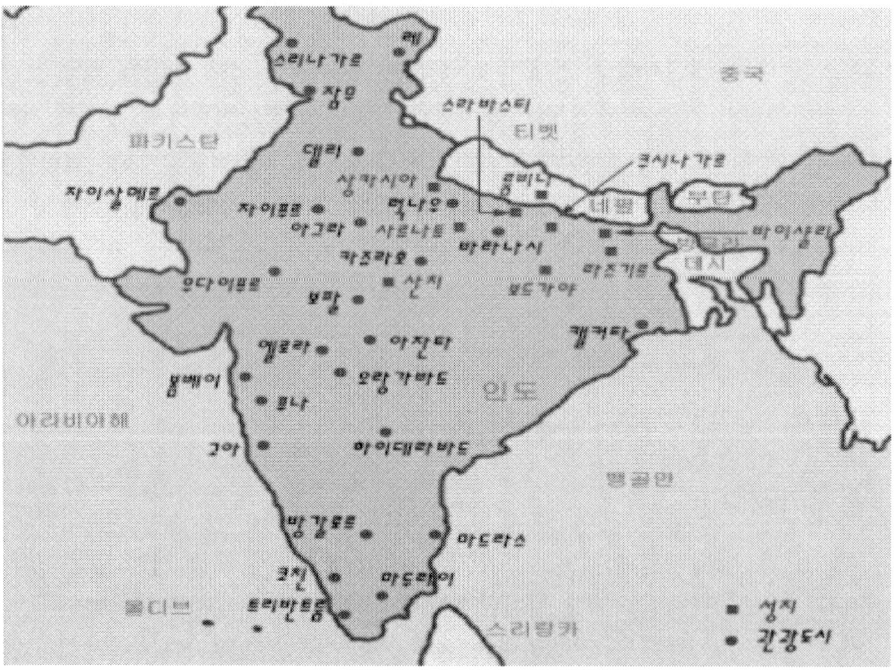

<그림 7.13> 인도 보팔가스 누출사고의 위치, 1984년 12월 2일 밤, 인도 보팔시

3500여명의 사망자와 20여만 명이 실명 등 부상을 당하는 등 피해자만 60만 명인 대형 참사 발생하였다.

2. 공학적 오류

1) 설계상 문제점

- 탱크 주위계장 시스템 설계가 잘못됐다.

MIC 탱크 압력지시계(PI)를 설치하지 않았고, 온도조절기능도 없었다. 또한 액면계(LI) 및 온도계(TI)가 부족하고 온도표시계기 선정도 잘못되었다.

- Scrubber 시스템 설계가 잘못되었다.

MIC 가스 처리용량이 부족하고 설계압력을 잘못 적용하였으며 가성소다용액 펌프도 수동으로 운전하게 되었다.

- Flare Stack 설계가 잘못됐다.

Flare Stack은 MIC가스가 Scrubber에서 완벽하게 흡수될 수 없으므로 Scrubber를 통과한 다음 MIC 가스를 연소시킴으로서 MIC가스 방출을 완벽하게 막을 수 있도록 하는 마지막 단계의 안전설비이다. 그러나 이 중요한 Flare Stack이 잘못 설계되어 있다. 최악의 경우 MIC 가스를 시간당 20톤을 처리할 수 있어야 하는데 실제 설계치는 0.5톤 미만의 MIC 가스를 처리하도록 돼 있어서 처리용량이 절대적으로 부족한 실정이었다.

2) 점검보수(Maintenance)상의 문제점

점검보수에 관련된 기술자의 증언에 의하면 밸브나 배관연결부위(Flange)등에 가스누출이 발생하였을 경우에도 가스누출설비를 보수해야 할 재료 즉 배관자재, 밸브, 가스켓트류 심지어는 볼트, 너트 등의 재고(Spare Part)가 없어서 보수할 수 없었다고 한다.

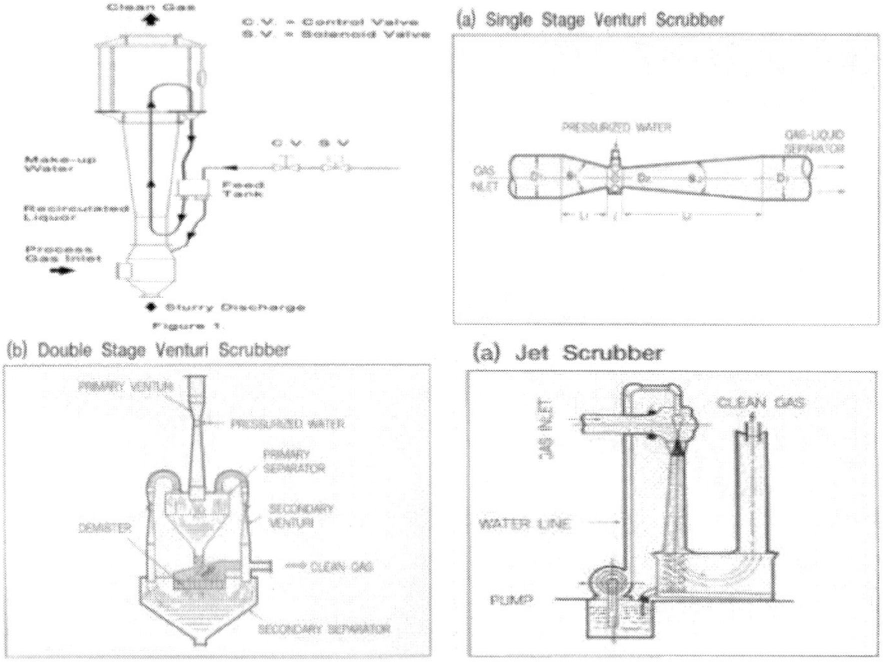

<그림 7.14> 가스누출 사고 부품 상세도 I.

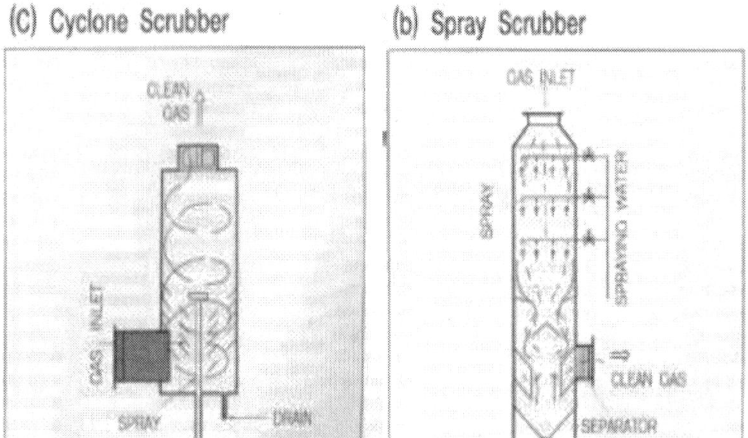

<그림 7.15> 가스누출 사고 부품 상세도 II.

3. 윤리적 오류

이 사건의 윤리적 오류에는 관리, 운전상의 큰 문제점이 지적 되었다.

① 냉매를 MIC 저장탱크에 순환토록 함으로써 온도상승을 최소화했어야 했다.

② Scrubber에 가성소다용액을 공급하도록 펌프에 가동시켰어야 했다.

③ MIC 저장탱크내의 MIC를 후속공정으로 가능한 수송함으로써 탱크내의 MIC 양을 최소화하도록 조치했어야 했다.

④ 공장 인근 주민들에게 다른 지역으로 대피토록 요청했어야 했다.

공장의 운전을 책임 맡고 있는 기술자가 상기와 같은 최소한의 후속조치를 취하지 못하여 사고는 대형화되었다고 볼 수 있다. 이러한 유독가스를 저장하는 탱크가 인구밀집지역에 위치하고 있었으며 안전관리는 물론 경보장치 조차 작동되지 않았다고 한다.

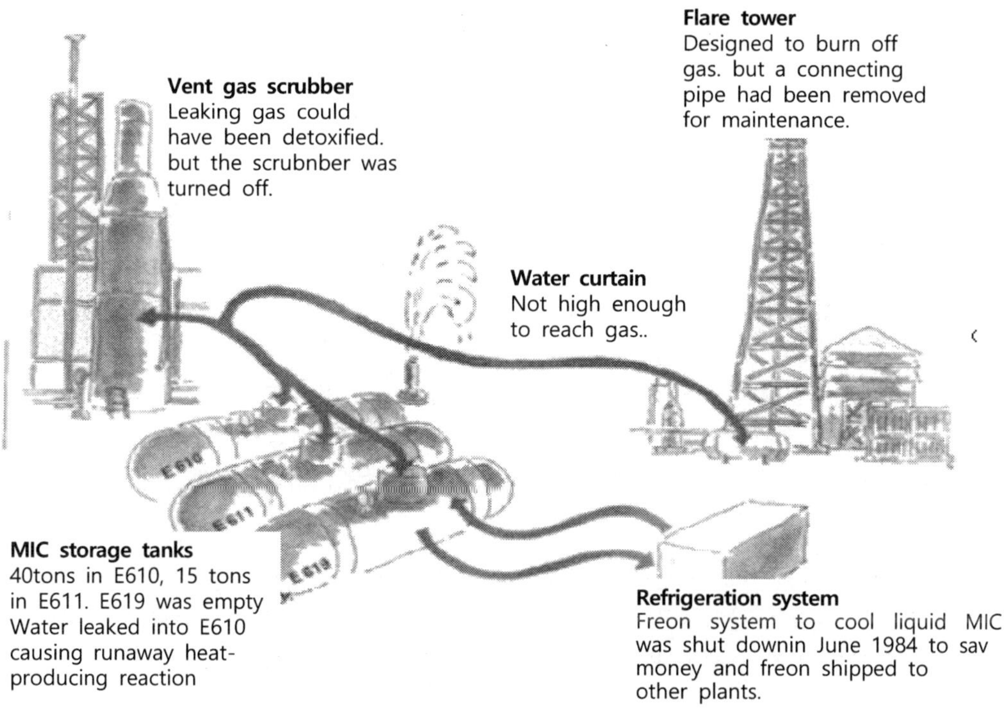

<그림 7.16> 인도 보팔 가스 누출 사고 원인 설명도

4. 문제해결 및 향후 대책

보팔참사 외에도 화학물질로 인한 크고 작은 사고들이 전 세계적으로 많이 발생하고 있다. 개발도상국들은 이러한 사고의 위험에 항상 노출되어 있다. 유해물질을 생산하는 선진국 다국적 기업들의 개도국 진출로 위험산업이 이들 국가에 집중되어 있으며, 선진국보다 안전시설이 부족하고 법적 규제가 제대로 이루어지지 않아 사고의 위험성이 항상 도사리고 있는 것이다.

또한 선진국 기업들이 자국 내에서는 유통이 금지된 독성물질을 개도국에 수출하여 이를 사용한 개도국 국민들이 피해를 입는 경우도 많이 있다. 이러한 개도국의 입장을 특히 고려하여 유해 화학물질과 살충제의 유통을 규제하는 협약이 체결되었다.

보팔참사가 일어난 때로부터 14년 후인 1998년 9월 11일에 체결된 유해물질과 살충제에 관한 로테르담 협약(Rotterdam Convention on Harmful Chemicals & Pesticides)이 그것이다.

이 협약은 특히 개발도상국에서 독성물질의 오용과 사고에 의한 누출로부터 사용자들의 건강과 환경을 보호하기 위해 체결된 협약이다. 이 협약은 우선 국내적인 차원에서 화학물질의 안전한 이용을 증진시키고 유해 화학물질과 살충제의 수입을 규제하도록 규정하고 있다.

적어도 2개 국가 내에서 판매 금지 또는 제한되는 유해 화학물질과 살충제는 수입국가의 명시적인 승인이 없는 한 수출할 수 없도록 되어 있으며, 국내 생산도 중지된다. 이 협약은 50개국 이상이 비준하여야 발효되며 발효될 때까지는 각 국가가 자발적으로 이행하도록 되어 있지만, FAO와 UNEP의 잠정적인 연합하에 PIC(Prior Informed Consent) 리스트에 오른 모두 22개 종목의 화학물질과 7개의 살충제를 수출금지 또는 제한 물질로 규제하고 있다.

우리나라에서는 1990년에 제정된 유해화학물질 관리법(1996년 개정)에 따라서 유해 화학물질을 관리하고 있다. 우리나라에서 제조, 수입, 사용, 판매되는 화학물질은 이 법에 따라 규제를 받고 있으며, 유해물질의 취급이 제한되고 있다.

5. 공학윤리 토론사항

1) 선진국들이 유해 화학 물질을 개발도상국 등 자국이 아닌 곳에서 생산하며 안전 대책 등을 제대로 세우지 않고 있는 것에 대해 공학윤리상의 문제점은 없는 것인가?
2) 결국 사고의 원인은 설계와 관리, 취급 부주의 등의 문제에서 온다. 이에 대한 합당한 윤리적 해석은 어떤 것인가?
3) 재발방지 시스템이 있다면 다시 사고가 재발 않는다는 보장을 부여할 수가 있는가?
4) 대형 사고의 책임과 소형사고의 책임은 법적, 윤리적인 차이가 있는 것인가?
5) 안전 공학적 사고의 반윤리적 행위에 대한 대책은 있는 것인가?

8

CHAPTER

기업가 윤리

(business ethics)

8.1 기업윤리와 윤리경영

기업가 윤리는 궁극적으로 기업의 경영을 책임지고 있는 사람들이 갖추어야 하는 윤리의식을 의미한다. 일반적으로 가장 널리 쓰이는 용어는 기업 윤리이고 기업 윤리에서 빠질 수 없는 항목은 윤리 경영의 측면일 것이다.

기업의 제일 목적은 최소 투자를 투입하여 최대의 이익을 내는 것이기 때문에 더욱 윤리적 경영과는 거리가 멀다고 생각하는 사람들이 있지만 이것은 잘못된 생각이다. 현재 많은 기업에서 윤리적 경영을 지향하고 있고 윤리경영을 하고 있는 기업이 더 많은 효과를 낸다는 조사 결과가 뒷받침하고 있다.

기업윤리는 일반적인 윤리개념을 기업의 활동에 반영한 것으로 '어떤 것이 옳고 그른 의사결정인지' 또는 '선하고 악한 행동이 무엇인지'를 기업 활동 수준에서 규정하는 것이다. 그러므로 "기업윤리"란 기업경영이라는 상황에서 나타나는 "행동이나 태도의 옳고 그름을 구분해 주는 도덕적 판단 기준이나 가치체계"를 나타내며 "기업행동과 의사결정의 기준"이 된다.

기업윤리는 크게 규범적 접근과 실용적 접근으로 나뉘는데 규범적 접근은 경영자의 행동이나 태도의 윤리적 판단기준 자체에 초점을 두는데 반해 실용적 접근은 경영자와 기업경영의 윤리적 의사결정에 도움을 주는데 그 의미를 갖는다.

기업윤리는 기업들의 사회적 신뢰를 저버리는 다양한 비리와 불법적이고도 비윤리적인 행태, 사건들에 대한 부정적인 인식과 각성에서 출발한 것이 사실이다. 그러나 이제 기업윤리는 기업의 사회적 책임을 강조하는 여러 사회운동과 더불어 사회적 상황의 변화의 논리와 정부와 국제기구에 의한 다양한 제도적, 협약적인 인식들로 말미암아 기업의 중요한 "생존전략"일 뿐만 아니라 "경쟁우위의 원천"으로서 현실적 기업에서 널리 수용되고 있다.

기업윤리(Business Ethics)의 의미는 기업과 관련된 여러 가지 의사결정이나 행위에 영향을 받는 이해관계자들(stake-holders) 예들 들어 고객, 고용주, 투자자, 종업원, 경쟁자, 공급자, 정부, 지역사회 등의 사람들이 추구하는 가치와 이념에 대해서 진정한 기업이 어떤 의사결정과 어떤 행위를 할 것인가를 체계적으로 판단하는 윤리적 기준이나 원리를 의미한다. 요약하여 말하면 "기업의 정책, 조직, 행위에 적용되어야 할 도덕적, 윤리적 원리나 기준"을 의미한다.

따라서 기업이 윤리적이고 준법적인 경영활동으로 투명한 경영과 공정한 경쟁을 함으로서 기업의 자체 경쟁력을 높이고 기업이 추구하는 목표를 달성하고, 사회와 관련된 모든 의사결정과 업무 시스템, 조직원의 행동양식을 포함하여 건전한 경영 구조를 이룰 수 있도록 노력하여야 한다.

기업윤리는 응용윤리학(applied ethics)의 한 분야에 속한다. 원리적으로 인간의 모든 행동은 규범적인(normative) 도덕적 기준과 원칙에 의해서 그 시비선악이 평가되고 판정될 수 있으므로 기업적 상황에서의 인간의 행동도 예외는 아닐 것이다. 따라서 철학적 윤리학에서 기업윤리는 "연역적인 모델"(deductive model)을 지향한다. 즉 이러한 모델의 대전제인 규범적 도덕 이론들로서는 공리주의, 결과주의, 권리-의무주의, 덕의 윤리, 자아실현 윤리, 책임윤리 등 윤리적 원리와 그 궤를 같이 하고 있을 뿐만 아니라 윤리학적 상대주의, 윤리학적 이기주의, 여성주의, 다원주의와 다문화주의, 공동체주의, 그리고 사회계약론적 정의론을 위시한 여러 사회윤리에 기반을 두고 있다.

정치·사회철학에 기반을 둔 기업 윤리학설에는 정의, 덕, 자유, 평등, 권리, 자존심, 인간번영, 역할, 해악, 배려, 연대, 공동체 등 윤리학적 개념에 근거한 다양한 논의들도 제시되었다. 기업조직과 관련된 개인들의 문제에서 철학적 기업윤리는 내부고발자 문제와 적극적 차별시정 조치와 역차별 문제로부터 출발하여 기업조직에서 개인이 당면하는 다양한 윤리적 갈등 상황에 주목하여 왔다(Richard T. De George, 1987).

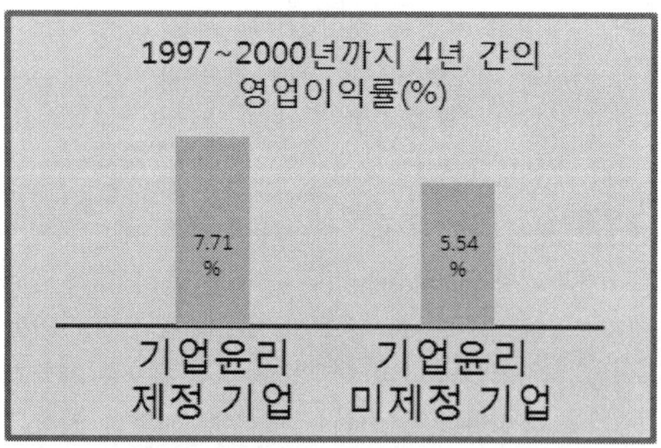

<그림 8.1>전국 경제인 연합회에서 2001년 실시한 조사 결과

이러한 연역적 모델은 윤리학의 규범 이론적 관점에서는 기업윤리를 의미 있는 것으로 만들겠지만 기업의 관점에서는 필연적으로 그렇게 되지는 않는다는 비판이 기업에서 제기되고 있다. 이러한 측면에서 볼 때 기업윤리를 연구하는 철학, 윤리학, 사회학적인 측면과 기업에서 나오는 경제, 경영학, 공학기술학 등에서 서로 상충되는 문제가 발생하는 것도 사실이다. 결과론적으로는 기업의 이익 측면에서 유리하고 개인인 기술자 자신들에게도 도덕적 윤리의식을 실천함으로서 자아만족과 기업에 대한 충성의 효과를 거둘 수 있다고 설명한다(William H. Shaw,1996).

철학적 기업윤리에 대한 사회과학 진영과 기업 현장으로부터의 이러한 비판들은 충실히 재고되어야 할 것이다. 기업윤리가 기업의 관점, 즉 기업 조직의 내외부적인 기능적 측면에서 의미가 있고, 또 소용이 되려면 "기업윤리가 좋은 것은 무엇인가?"(What good is business ethics?)하는 질문이 선행적으로 답변되지 않으면 안 될 것이다(Ronald Jeurissen,2000). 결국 "왜 기업이 도덕적이어야만 하는가?"(Why should business be moral?)하는 문제를 답변하는 것이며 그 답변은 기업과 윤리의 관련 방식에 대한 고찰을 통해서 제시될 수 있을 것이다.

기업윤리란 두 가지 단어의 합성어인데 "기업윤리"를 정의 하려면 크게 나누어서 네 가지 측면을 생각할 수 있다.

<표 8.1> 기업윤리의 정의

도덕적 측면	기업 활동에서 직면하는 도덕적 문제에 대해 선과 악을 구분하는 원칙을 정하고 그 원칙을 적용.
기업적 측면	윤리에 관계되는 기업문제를 사회적 가치관과 법규의 기본 취지를 지키면서 기업에 가장 유리한 방향으로 처리.
개인 윤리적 측면	기업 활동에 관련된 의사결정을 할 때에 개인의 가치관을 기준으로 의사결정을 하는 방법.
종합적 측면	기업은 그 자체만으로 존재할 수 없으며 사회와 더불어 성장하기 때문에 윤리와 관계되는 기업 활동에 관한 의사결정으로 하려면 기업의 이익과 사회의 이익을 동시에 고려.

<표 8.2> 기업윤리의식의 단계적 발전과정

① 제 1단계
- 기업주와 경영자들만이 중요한 이해관계자라고 생각
- 대가를 치르더라도 기업의 이익만 극대화시키면 된다고 생각

② 제 2단계
- 위법하지만 않으면 비윤리적이 아니라고 인식
- 법규만 지키지 그 이상의 윤리는 고려하지 않음

③ 제 3단계
- 기업의 사회적 책임을 다하는 것이 기업에 이익이 된다는 것을 인식
- 지역사회에 봉사하고, 대외적으로 홍보하는 행위의 병행

④ 제 4단계
- 윤리와 이익의 균형
- 기업신조, 윤리헌장 혹은 규정 발표, 윤리위원회 등 조직화

⑤ 제 5단계
- 윤리원칙에 의한 기업이익의 추구 및 행동, 윤리 우선

첫째 도덕적 측면에서 보면 기업윤리란 기업 활동에서 직면하는 복잡한 도덕적 문제에 당면하였을 때에 이것을 해결하기 위하여 '선'(옳은 일)과 '악'(옳지 못한 일)을 구분 하는 원칙을 정하고 그 원칙을 적용하는 기법 을 말하는 것이다.

둘째 기업적 측면에 볼 때 기업은 최소 투자를 통한 최대 이윤의 확보라고 하는 이익추구의 목적에서 기업윤리란 윤리에 관계 되는 기업문제를 사회적 가치관과 법규의 기본취지를 지키면서 기업에 가장 유리한 방향으로 처리되도록 하는 기업의 의사결정방법 이라고 할 수 있다.

셋째 개인 윤리적 측면에서 바라보는 기업 윤리는 개인의 가치관을 중심으로 기업이라는 조직체를 구성하고 따라서 기업윤리는 기업 활동에 관련된 의사결정을 할 때에 개인의 가치관을 기준으로 의사결정을 하는 방법이라고 말할 수 있다.

한편, 이 세 가지를 모두 종합한 측면에서 보면 기업이란 그 자체만 존재하여 번영할 수는 없고 기업의 고객인 사회와 더불어 성장 하여야 한다. 이러한 관점에서 기업윤리는 개인의 도덕적 가치관을 사회윤리에 관련된 기업 활동과 목표에 적용시키는 원리 또는 기술이라고 할 수 있다. 한편 기업윤리의 발전과정은 표 8.2와 같다.

일반적으로 기업과 윤리의 관련 방식에는 통상적으로 다음 4가지 입장이 거론되고 있다.

1. 기업과 윤리는 아무런 관련이 없다는 주장이다.

이것은 기업윤리가 모순어법이라는 입장으로서 기업 활동이 인간의 본성적 측면에서 자기이익을 합리적으로 극대화하는 호모 에코노미쿠스(homo economics)에 근거하고 있다는 주장이다(Richard T. De George,1986). 또한 기업 활동이 혹독한 경쟁이 전개되는 시장적 상황에서 전개되므로 도덕적 고려가 자리 잡을 수 없다고 주장한다. 그러나 이러한 입장은 기업 활동이 완전경쟁시장에서 이루어지는 것이 아니고 또한 환경오염 등 외부적인 책임론을 일으키므로 기업은 도덕적 관점에서 자유로울 수 없다는 입장이 지배적이다.

기업과 윤리가 무관하다는 입장은 또한 마르크스주의적 입장에서 자본주의 체제 아래서의 기업 활동은 본질적으로 무도덕하거나 부도덕한 것으로 인식하는 경향으로 전개되기도 하였다. 그러나 오늘날 자본주의와 그 아래서의 기업 활동에 대한 전반적이고 본질적인 무도덕성과 부도덕성을 강변하는 것은 시대착오적인 것이라고 말할 수 있을 것이다.

2. 기업의 최대 역할은 많은 수익을 많이 내는 것이다.

기업은 원래 태생적으로 많은 이익을 창출하는 것이 기업의 최대 목표이고 목적이다. 많은 이익을 내는 기업이 좋은 기업이며 윤리적인 기업이라는 것이다. 또한 기업의 역할에 충실함으로서 그것이 바로 기업의 사회적 책임 혹은 윤리적 의무라고 본다.

이러한 입장은 “수익이 높은 기업이 윤리적이다”(good business is good ethics)라는 문구로 통하며 “기업의 임무는 장사이다”(The business of business is business)는 명제에 동조한다. 첫 번째의 주장과도 연계되지만 기업의 이윤추구를 기업의 사회적 책임이라는 도덕적 관점에서 주장하는 점이 다르다. 이러한 입장은 소위 기업의 "주주(이익 봉사) 이론"(the stock/shareholder theory)에 근거하고 있지만 이 이론은 기업의 대내외적 이해관련 당사자들의 이익을 광범위하게 고려하는 "이해관계자 이론"(the stakeholder theory)에 의해서 극복된 것이 사실이다. 따라서 기업의 임무는 오직 기업의 이윤추구에만 달려 있는 것이 아니라 사회와 이해관계자들 혹은 집단들의 다양한 요구나 기대도 함께 고려해야만 하는 것이다.

3. 윤리적 기업이 수익이 높은 기업이다.

"윤리적 기업이 수익이 높은 기업이다"(good ethics is good business)이라는 입장은 "윤리는 수지타산이 맞는다."(ethics pays)는 신념을 따른다. 따라서 윤리를 외부적인 제약 사항으로 받아들이는 것이 아니라 기업 경영의 조직적 연관성을 통해서 윤리의 필요성을 강력하게 옹호한다는 점에서 많은 호응을 얻고 있는 것이 사실이다. 즉 기업윤리는 기업의 대외적 이미지를 제고시켜서 기업에 대한 우호적인 사회적 분위기, 신뢰성을 향상하고, 기업 내에서의 인간적 유대관계를 우호적으로 증진시킴으로써 결국 기업에 이익이 된다는 것이다.

그러나 이러한 입장은 비록 윤리를 기업의 내부적 연관성 속에서 고려하기는 하지만 윤리를 전략적인 입장에서만 취급함으로써 기업의 윤리적 기반을 확고하게 제공하지 못한다는 비판을 받고 있다. 그것은 이 입장이 기업이 이윤을 추구하는 전략적인 경영과 윤리적 원리가 상충될 때 윤리적 고려사항을 언제나 무시할 수 있는 가능성을 배제할 수 없기 때문이다. 그리고 환경윤리에 따른 기업의 비용 지출 증가는 기업의 재무 상태를 악화시킨다는 경험적 분석도 반증사례로 제시되고 있다.

4. 가장 효율적이고 수익이 높은 기업 활동이 언제나 기업이 추구해야 할 목표가 아니다.

가장 수익이 높은 기업 활동이 기업이 언제나 추구해야 할 목표가 아니라고 하는 주장은 세 번 째 입장에 반대한다. 때때로 기업에서의 윤리적 고려 사항이 이윤추구적인 관점과 높은 수익률과 상충한다는 것을 인정해야만 한다는 것이다. 이러한 관점에서 기업윤리는 기업으로 하여금 수단과 방법을 가리지 않고 무절제한 이윤추구 행위에 대한 규범적 제약으로서 존재하게 되었다.

윤리적 기업이 즉 수익이 높은 기업이 되지 않을 경우에도 유의하여야 한다. 그러한 경우에 이 입장은 윤리경영이 수익이 높기 때문이 아니라 기업의 대내외적 경영의 관점에서 종업원들을 가치 있고 자율적인 독립적 인간으로 인정하고 기업의 제품과 서비스에 관련하여 양심과 정직성을 지키고 고객의 안전과 복지를 고려하고 기업 내에서 종업원들 간의 인간적인 유대 관계를 창출하기 위한 하나의 "윤리적 관점"(a ethical point of view)을 수용해야 한다고 주장한다(Lisa H. Newton,1986).

기업윤리에 대한 이러한 윤리적 관점에서의 입장은 기업의 사회적 책임론, 사회적 반응론, 사회정책 관여론, 전략적 경쟁론 보다 진일보한 관점이라고 주장되고 있다. 이러한 입장은 3번째 입장과도 연관을 가질 수 있는 "기업문화"(corporate culture)의 창달, 혹은 기업에서의 "탁월성의 추구"(the search for excellence)가 도덕적 탁월성을 기반으로 해서 전개되어야 한다고 주장하고 있다.

이러한 입장의 한 유형에는 윤리가 경제적 성공과는 무관한 것으로 보는 강한 입장도 있다. 즉 기업의 윤리화에서 도덕적 덕목은 그 자체로 하나의 보답(its own reward)이 된다는 것이다. 그러나 이러한 입장의 문제는 윤리적 기업도 수익률이 낮다면 결국 시장에서 퇴출되면서 사라지게 된다는 점이다. 따라서 이러한 입장도 기업윤리는 장기적이고 포괄적인 관점에서 모든 이해관계자들에게 진정한 이익이 된다는 완화된 입장을 보이기도 한다.

현재 구체적으로 보면 많은 입장 차이가 있지만 미국의 기업윤리 학계나 우리나라 학계의 대체적인 경향을 보면 경영학이나 경제학, 공학 분야에서는 세 번 째 입장이 지지되고 있고 철학적 윤리학의 분야에서는 네 번 째 입장이 지지되고 있다고 볼 수 있다.

만약 윤리경영과 재무성과가 밀접한 연관성이 있다는 실증적인 연구들이 충분히 제시된다면 외부압력에 대한 타율적 반응이 아니라 명확한 사회적 책임의식을 가진 기업들의 자발적인 윤리경영이 유도될 수 있을 것이며 궁극적으로 기업의 윤리적 경쟁력에 대한 관심도 증가할 것이다. 또 그러한 경영방식은 사회적 책임론에 근거한 기업윤리의 실천이라는 의미를 갖게 된다.

8.2 기업의 윤리경영

윤리적 경영이라는 용어는 기업의 경영이라는 상황에서 나타나는 "행동과 태도의 옳고 그름이나 선과 악을 체계적으로 구분하는 판단기준" 또는 이를 연구하는 것을 의미한다. 일반적으로 윤리라 함은 행위의 옳고 그름이나 선과 악 또는 도덕적인 것과 비도덕적인 것에 대한 판단기준의 체계 또는 이를 대상으로 연구하는 학문분야이다.

특히 윤리경영이란 기업을 경영하는 구성원들이 근본적으로 부딪힐 수밖에 없는 선과 악의 윤리문제를 기업경영이라는 특수한 조직적 상황에 적용한 것이다. 따라서 윤리경영은 투명경영이라고 하는데 투명경영은 Good Company(사회적 책임·사회공헌도), Green Company(환경공헌도), Clean Company(청렴도, 윤리적), Right Company(신뢰도, 열린 경영, 노사관계 안정도) 등의 내용이 있다.

기업윤리가 논의되어야 할 필요성을 구체적으로 살펴보면 다음과 같다.

첫째, 기업규모가 거대화해지고 이에 따라 사회적 영향력이 증대하였다.

둘째, 전문경영자 시대의 도래이다.

셋째, 사회적 욕구가 다양해지고 고급화되었다.

넷째, 사회적 정당성 확보의 필요성이 증대되었다.

기업 내의 윤리경영 방식이 성공하려면 첫째, 최고경영자는 윤리경영에 대한 긍정적인 인식 전환을 바탕으로 윤리경영 도입 및 추진 과정에 있어 적극적인 지원을 하여야 할 것이다. 아직도 많은 기업의 경영자들은 윤리경영을 잘하면 절약할 수도

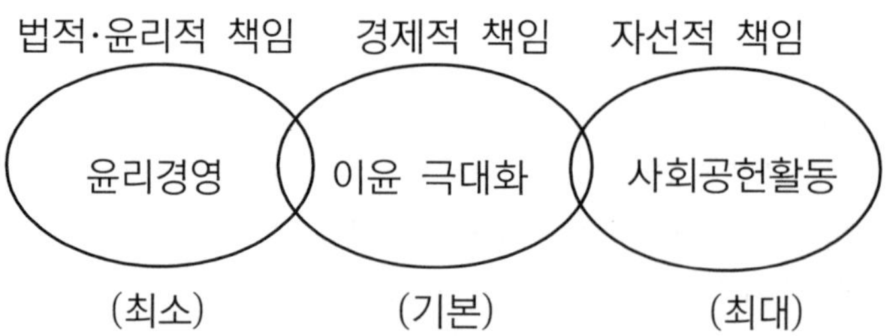

<그림 8.2> 기업의 사회적 책임

<표 8.3> 비윤리적 경영 7가지 실천 사례

1. 중대한 사회적 문제를 묵살한다. 포드자동차는 핀토차의 불량 휘발유탱크를 교체하지 않고 대당 11달러를 절약했으나, 결과적으로 많은 사고사망자를 내고 수백만 달러의 보상금을 지급했다.
2. 비난을 남에게 전가 한다. 기관총 등 폭력무기를 어린이를 대상으로 광고하는 TV방송국이 어린이들에게 그 TV 프로를 보도록 허락하는 부모들에게 책임을 전가한다. 그 결과 어린이를 대상으로 하는 광고가 규제받게 된다.
3. 외부의 비판자를 비난 한다. 시민단체, 소비자보호단체의 비판을 반박하거나 비난하면 오히려 영웅을 만들어주게 되고, 결과적으로 기업에게 불리하게 된다.
4. 문제를 일으킨 임직원을 해고 한다. 회사 내에서 자주 윤리문제를 제기하는 임직원을 문제아로 취급해 해고하면, 회사 내에서 해결할 수 있었던 일을 더 크게 확대시키게 된다.
5. 윤리에 관한 정보를 덮어 둔다. 부정 영수증을 발행해 많은 자금이 유용되고 있다는 정보를 접하고도 사회적으로 공개될 것을 염려해 덮어두면 더 큰 화를 초래하게 된다.
6. 홍보전을 이용해 반박 한다. 공해물질을 유출시킨 기업이 그 화학물질의 해독이 크지 않다는 것을 대대적으로 홍보했다가 조사결과 유해성이 판명돼 더 큰 타격을 입는다.
7. 비난을 부인 한다. 파이어스톤 타이어회사는 신제품 '500'의 결함을 부인하고 반값으로 대량판매 했는데, 사고가 빈발해 소송을 당하게 되고 큰 손실을 보았다.

*자료: 한국 기업 윤리 학회 (http://www.kaobe.or.kr)

있는 비용이라고 인식하고 있다. 그러나 장기적인 관점에서 이익이나 매출 확대를 위한 투자로서 윤리경영을 인식하고 추진해 나가는 자세가 필요하다. 최고경영자 자신이 윤리적이지 못하고 윤리적으로 존경받지 못하는 등 윤리적 리더십을 가지지 못할 때 기업의 윤리 생명은 끝난다고 해도 과언이 아니기 때문이다.

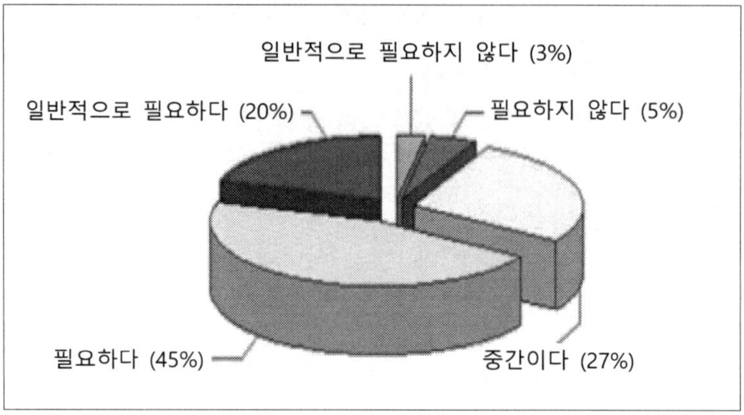

<그림 8.3> 윤리경영에 대한 IT중소벤처기업의 인식:
기업의 지속적 성장을 위한 윤리경영의 필요성

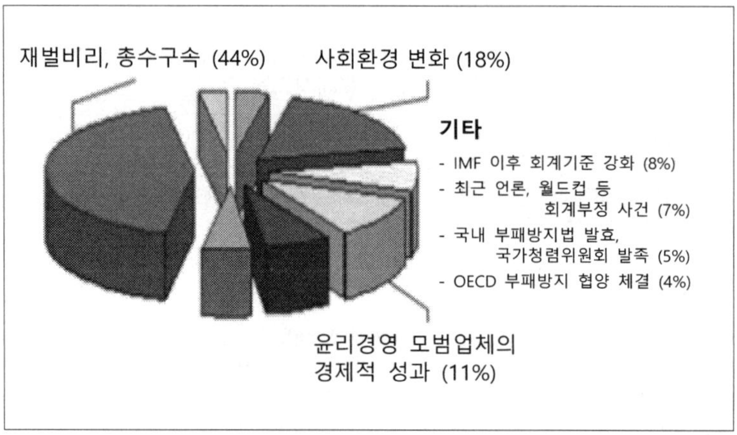

<그림 8.4> 윤리경영에 대한 IT중소벤처기업의 인식:
윤리경영의 중요성을 잘 부각시킨 대표적 사건

둘째, 제도 측면에서는 구체적이고 실질적인 윤리경영 시스템을 도입해야 한다. 기업 내 윤리경영 시스템을 도입하여 윤리경영 활동을 인력 관리나 동기 부여의 수단으로 활용하는 등 경영 활동에 반영하게 되면 실천력을 한층 높일 수 있게 된다. 윤리경영 시스템의 구축은 윤리헌장 제작·선포, 임직원에 대한 윤리 교육, 비윤리적 행위 감독 체계, 실천에 대한 평가 등으로 이루어지게 된다.

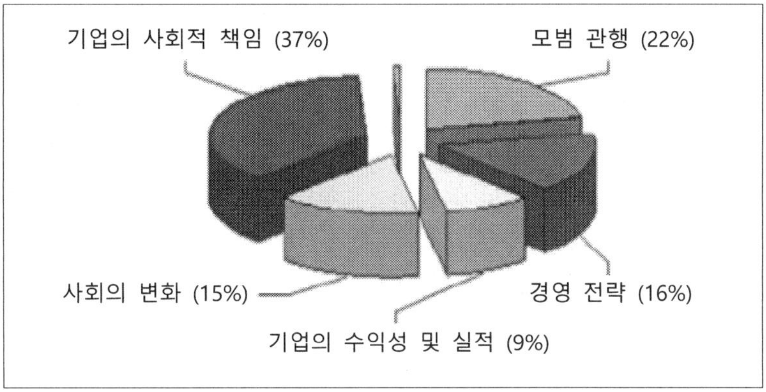

<그림 8.5> 윤리경영에 대한 IT중소벤처기업의 인식:
윤리경영이 필요한 가장 주된 이유

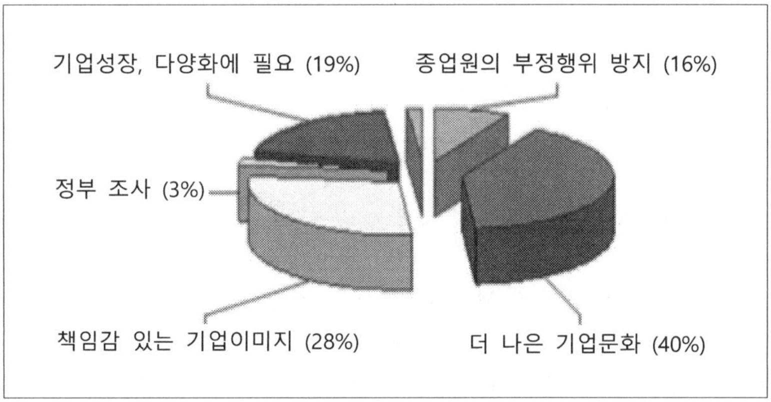

<그림 8.6> 윤리경영에 대한 IT중소벤처기업의 인식:
윤리경영 도입의 필요성

*자료: IT벤처기업연합회: (http://www.sangseng.or .kr/)

셋째, 윤리 담당 임원을 선임하고 전담 부서를 설치해야 한다. 윤리경영을 기업 내에서 보다 체계적이고 실질적으로 추진하기 위해서는 강력한 권한을 갖는 전담 조직의 신설이 필수적인데 이를 위해서는 고위급 임원을 윤리경영 책임자로 선정해야 한다.

넷째, 정부 차원에서는 기업의 윤리경영 정도를 평가하는 제도를 만들어 우수 기업에게 인센티브를 제공해야 한다. 미국의 경우 '우수 윤리경영 운영 기업에 대한 형벌 경감 지침'을 제정하여 평소 윤리적인 기업 운영을 위해 노력하고 있는 기업이 잘못을 해 처벌을 받게 될 경우 그렇지 않은 기업보다 처벌을 경감해 주고 있다.

다섯째, 학계에서도 기업윤리 교육에 대한 지속적인 투자와 관심이 필요하다. 국내에서는 기업윤리가 일부 대학에서 과목으로만 개설되어 있는 수준이지만, 미국을 비롯한 윤리경영 선진국의 경우 대부분의 경영대학원에서 기업윤리를 필수 강좌로 만들어 학생들과 기업인들에게 기업윤리를 교육함으로써 기업들의 윤리경영 노력을 뒷받침해 주고 있다.

여섯째, 사회적 윤리 요구 수준 제고, 윤리적 기업 발굴 등 사회적 윤리 인프라를 구축해야 한다. 윤리적 기업은 사회가 만드는 것이다. 미국에는 비영리단체인 '경제최우선협의회(CEP)'가 매년 선정하는 '양심기업상', 포천과 월스트리트저널이 매년 발표하는 '가장 존경 받는 기업' 등을 통해 사회적으로 윤리적 기업을 칭찬하는 시스템이 활성화되어 있다.

8.3 기업과 경영자의 책임

경영자와 기술자의 사회적 책임이란 경영자가 그들의 의사결정과정에서 모든 이해자 집단에 미치게 될 의사결정의 영향력을 고려하고 그 이해자 집단들에게 최선의 결과가 주어질 수가 있는 의사결정을 내릴 수 있도록 하기 위한 노력이라 할 수 있다. 기업의 사회적 책임에 관한 찬반론은 기업 속에 기술자와 경영자들의 집합으로 구성되어 있는 사회 조직체임으로 이들이 하는 행위의 정당성, 윤리성은 사회적으로 큰 영향을 미친다.

오늘날의 기업은 지배주주의 사적 소유물이라고 하기보다는 오히려 전체사회를 구성하는 하나의 구성원으로서 존재하고 있다. 기업은 어느 한 개인의 것이 아니고 사회의 것이라고 할 수 있다. 따라서 사회적이고 공익적인 차원에서 유지되고 성장되어야 할 필요성이 있다. 만약 이와 같은 공공성을 갖는 기업이 파산될 때 국민경제 전체에 대해서 갖게 되는 손실은 말할 것도 없이 크다. 기업유지를 위한 적정한 수익의 취득과 배분이 계속적으로 수행되지 않으면 안 되는데, 여기에서 기업의 유지를 위하여 필요한 수익은 제 3자의 부당한 손실에서가 아니라 경영자의 합리적인 경영관리와 창조적 기능에 의해서 얻어지는 것이라야 할 것이다.

따라서 기업의 사회적 책임(social responsibility)이란 즉, 기업이 사회의 목적이나 가치에 비추어 바람직한 정책을 세우고 결정을 하며 행동을 하는 것이라고 정의할 수가 있으며 어떠한 정책·결정·행동이 사회적 책임을 수행하는 것인가에 대해서는 여전히 통일적 견해가 부족하다. 이에 대한 상반되는 두 견해를 살펴보면 아래와 같다.

1. 사회적 책임에 대한 반대론

최대 이윤의 추구가 바로 기업으로서의 사회적 책임을 수행하는 것이라고 하는 주장이 있다. 이 주장에 의하면, 기업의 본질적 사회적 책임이라는 것은 사회가 필요로 하는 용역이나 재화를 생산하고 분배한다고 하는 경제적 역할을 될 수 있는 대로 능률적으로 이 역할을 수행한 증거라는 것이다. 따라서 기업은 새삼스럽게 그 사회적인 책임을 의식하지 않아도 되고 다만 최대 이윤을 추구하고 있으면 자연히 사회적 책임을 수행한 것으로 된다. 이윤추구 이외의 사회관계에 관심을 기울이는 것은 오히려 본래의 사회적 책임을 소홀히 하는 것이 된다. 예컨대, 이윤추구의 과정에서 사회적인 문제가 일어나도 그것을 처리하는 것은 국가의 책임이고 기업이 알 바가 아니라는 것이다.

현대에 있어서도 기업의 사회적 책임을 부정하는 견해가 완전히 사라진 것은 아니며, 기업윤리의 존립을 인정하려 하지 않는 자유주의적 경영관도 없지 않다, 하이에크(F. Hayek)는 이런 사회적 책임부정론의 대표자일 것이다. 자유기업의 옹호자 하이에크는 기업에 대해 사회적 책임이 강요됨으로써 국가에 의한 기업통제의 증대는 결국 자유기업체제의 붕괴를 가져오고야 말 것이라고 지적했는데 이는 이유 있는 경고이기도 하다. 하이에크에 의하면 기업이 추구해야 할 유일한 목적은 기업자본 출자자의 수탁자로서 장기 최대의 이윤을 달성하기 위해 힘쓸 따름이다. 바꾸어 말하면 경영자가 주주의 이익 이외의 것에 봉사하게 된다면 이는 단기적으로 경영자의 무책임한 권력을 증대시키게 되고 장기적으로는 정부에 의한 기업통제를 초래하게 된다는 것이다.

프리드만(M. Friedman)도 자유사회의 존립을 위해서는 기업의 사회적 책임은 부정되어야 한다는 주장을 한다. 자유경제에서는 기업의 유일한 책임이 그 경기규칙(rules of game) 속에서의 이윤추구이며 다만 사기나 부정수단이 아니라 공개적으로 자유로운 경쟁에 참가하는 공정한 경쟁(fair play)만이 윤리적으로 요구될 따름이고 그 밖의 사회적 책임은 짊어질 필요가 없다는 것이다. 프리드만에 있어서 기업윤리는 자유경쟁에 있어서의 경쟁방법의 공정성과 동정한 경쟁으로서, 엄격한 경기규칙의 준수에 국한된다. 사회에 의한 자선적 기대행위는 바로 주주의 권리를 침해하는 것이 되고 주주에 의한 자금처분의 결정을 방해한다는 점에서 주주에 대한 경영자의 책임을 이해하지 않은 반도덕적 처분이 되는 것이다. 프리드만은 역설적이지만 자유시장체제 아래서 기업이 그 이윤을 증대시킴으로써 오히려 사회적 책임을 수행하는 것이라고 말한다.

2. 사회적 책임에 대한 찬성론

이와 같은 주장에 대한 반대의견으로서 기업의 사회적 책임을 적극적으로 강조하는 입장으로 우세한 주장이 되고 있다. 소수의 대기업이 시장을 지배하고 있는 경우, 시장에서 경쟁을 배제해 버림으로써 초과이윤을 얻을 수가 있다. 따라서 경쟁조건을 유지하고 이윤과 능률의 연결을 확실하게 하기 위해서 공정거래의 원칙을 지키도록 기업양심(corporate conscience)에 호소하게 된다. 기업의 규모가 확대되면 한 기업의 정책결정과 행동이 사회생활 전반에 큰 영향을 미치게 된다.

기업의 경영자가 기업의 사회적 책임을 중요시하여야나 하는 이론적 근거로서는 다음의 것들을 들 수 있다.

첫째로, 시장의 불완전성으로 독점이나 과점 또는 동업자들끼리의 기업집중 등으로 시장의 자동조절기능이 악화되고 따라서 소비자에게 불이익한 결과가 나타난다는 것이다.

둘째로, 외부불경제는 국민복지수준을 낮추는 작용을 한다. 시장경제 속에서 가기업이 이유의 극대화를 목표를 행동함으로써 시장내부에서 경제성이 달성된다 하더라도, 기업의 이 같은 행동결과는 시장경제의 외부에 해를 끼치는 경우도 있는데, 이것을 외부불경제(external diseconomics)라고 한다. 예를 들면, 기업의 행위가 지역사회 등 다른 경제체제에 대해서 불이익을 초래케 하는 현상들이다. 이러한 외부불경제를 기업의 사회적 비용을 기업의 비용에 포함시키도록 하는 것이 오늘날의 기업에게 부여된 주요 사회적 책임이 된다.

셋째로 국민적 최저권(national minimum)의 보장문제로서 모든 사람이 하나의 시민으로서 최저임금과 여가, 의료, 녹지, 교육, 주택, 도로, 교통 등의 생활환경에 있어서 그 최저의 복지수준이 보장되어야 한다는 것을 가리키는 것으로 최저시민권(civil minimum)이라고도 할 수 있다. 기업의 경제활동은 모든 사람에게 이와 같은 최저생활을 확보하도록 운영되어야 한다는 데에 기업의 사회적 책임의 또 다른 근거가 있게 된다.

1) 기업유지 존속 발전의 책임.

기업의 사회적 책임에는 주로 기업을 잘 유지하고 존속할 책임이 있음이 전제되어 있다. 기업은 태생적으로 개인과 사회 조직 구성원으로 구성되어 있을 뿐만 아니라 이들이 구성하고 있는 사회라는 거대 조직으로부터 생성된 또 다른 사회 조직의 일원이기 때문이다. 따라서 기업은 그 구성원을 보호하고, 그들의 생계를 책임지는 일차적인 사회적 책임을 지지 않을 수 없다.

<표 8.4> 사회적 책임에 대한 찬반론의 요약

찬성	반대
1. 사회에 대한 배려와 조처는 유익한 것이다. 2. 지역사회와의 관계개선을 위하여 필요하다. 3. 기업의 이미지를 개선한다. 4. 사회·문화적 규범은 이것을 필요로 한다. 5. 질서정연한 법률사회를 유지키 위하여 그것은 필요하다. 6. 기업은 사회문제를 해결키 위한 주요 기구이다.	1. 사회적 책임에 관한 규정은 불법이다. 2. 사회적 활동은 측정할 수가 없다. 3. 그것은 이윤극대화를 파괴한다. 4. 사회적 책임수행에 따르는 비용의 증대는 제품의 가격을 상승시킨다. 5. 기업은 사회적 책임문제를 해결할 사회적 기술이 없다. 6. 그것은 기업의 기본적 목적을 약화시킨다. 7. 사회적 책임을 다해도 대중으로부터의 지지를 얻지 못한다.

2) 이해자 집단에 대한 이해 조정 책임

이해자 집단이란 기업에 영향을 미치는 직접적인 주요환경요인을 말한다. 예를 들면, 경영자는 주주에 대한 배당지급, 채권자에 대한 확실한 원금과 이자의 지급, 노동자에 대한 좋은 노동조건의 제공, 소비자에 대한 제품과 서비스의 제공, 지역사회에 대한 협력 등을 통하여 이들의 요구에 대응해나가는 것을 사회적 책임의 수행이라고 할 수 있다. 그러나 이들 이해자집단의 이해는 서로 상반되는 것이 많으며, 이들의 이해가 충돌될 때는 매우 복잡하고 곤란한 문제가 생기게 된다. 그러므로 이들 이해자집단의 이해조정문제가 경영자의 사회적 책임의 중요과제가 된다.

3) 정부에 대한 책임

현대경영은 국가의 제 법규나 규제의 영역에서 벗어나는 경영활동은 생각할 수 없다. 정부를 의식한다는 것은 곧 국민을 의식한다는 것이며 이것은 기업 활동의 대전제이기도 하다. 거래와 관계되는 일체의 법규, 즉 민법이나 상법 등을 보다 잘 준수하고 정부가 행하는 일에 보다 적극적으로 협력할 수 있을 때 기업의 사회적 책임도 다하는 셈이 된다.

4) 사회적 책임의 법제화

이상과 같은 경영자의 사회적 책임의 행은 기업윤리(business ethics)의 실천이라고 할 수 있다. 기업윤리는 경영자가 기업을 경영함에 있어서 따라야 하는 일종의 규범이다. 그것은 양심 및 도덕과 관련되는 것이며, 법률 이상의 내용을 가지게 된다. 경영자가 이러한 기업윤리 따라 자율적으로 반성하고 규제한다면 정부에 의한 법률적 규제는 필요하지 않았을 것이다. 그러나 그 동안 경영자들의 여러 가지 바람직하지 못한 사회적 행동 때문에 그들의 행위를 규제하기 위한 여러 가지 법률이 꾸준히 제정되어 오고 있다. 우리나라의 공정거래법은 경영자의 사회적 책임을 규정한 일례라고 할 수 있다. 다음은 미국의 기업 법제화의 예를 연대순으로 살펴보면 다음과 같다.

① 국가노동관계법(National Labor Act, 1935) 노동자의 노동조합결성권의 보호
② 사회안정법(Social Security Act, 1936) 기업의 종업원에 대한 퇴직수당, 의료혜택 및 실업수당지급을 강요
③ 공정노동기준법(Fair Labor Standards Act, 1938) 최저임금과 초과 시간에 대한 보상을 규정
④ 균등임금법(Equal Pay Act, 1963) 동일한 작업에 대해서는 남녀에게 균등한 임금을 지급할 것을 규정
⑤ 시민권법(Civil Rights Act, 1964) 고용·훈련·승진 및 임금지급에 있어서 인종·종교·국적 혹은 성별에 따라 차별대우의 금지
⑥ 행정명령 11246(Executive Order 11246) 미성년자와 여자의 고용 증진을 위한 프로그램
⑦ 연령차별법(Age Discrimination, 1967) 고령종업원에 대한 차별금지
⑧ 직업안정과 건강법(Occupational Safety and Health Act, 1970) 안정 과 건강기준의 설정
⑨ 갱생법(Rehabilitation Act, 1973) 신체장애자의 고용증진
⑩ 종업원퇴직금보호법(Employee Retirement Income Security Act) 연금계획에 있어서 종업원의 권리보호

기업윤리의 윤리경영에 대해서는 아무리 강조해도 지나침이 없다. 귀감이 될 만한 윤리적인 경영의 일화가 늘 부족하다는 사실은 새삼 놀라운 일이 아니다. 그러나 한편으로는 윤리적 경영의 사례를 찾는 과정에서 너무 전형적인 것을 찾으려 하기 때문에 더 찾기 어려울 수도 있다. 아마도 전형적인 귀감이 될 일화 가운데 가장 잘 알려진 사례가 존슨앤드존슨의 경우일지 모른다. 기업의 윤리적 경영 사례와 관련하여 최선의 윤리적 경영의 영웅이라고 할 수 있는 존슨앤드존슨사례는 좋은 기업윤리와 경영자의 책임의 사례가 되었다.

8.4 최선의 기업 윤리경영의 실천

1 존슨 앤드 존슨(Johnson & Johnson)사의 사례

미국 뉴욕에서 자동차로 1시간 반 남짓 걸리는 조용한 소도시 뉴-브런즈윅이라는 곳에는 세계적 의약품과 생활용품을 생산하는 존슨앤드존슨사가 자리 잡고 있다. 1880년 이곳에 뿌리 내린 존슨앤드존슨사의 본관에 들어서면 사람 키보다 조금 큰 석판에 새겨진 '우리의 신조(Our Credo)'라는 글귀를 만나게 된다.

미국식 기업 윤리 표상으로 알려진 '우리의 신조'에는 네 가지 책임과 그 우선순위를 명시하고 있다.

첫째, 소비자에 대한 책임(품질),

둘째, 직원에 대한 책임(개인의 가치),

셋째, 지역사회와 세계 공동체에 대한 책임,

넷째, 회사 주주에 대한 책임이다.

존슨앤드존슨사의 모든 구성원들은 '우리의 신조'를 행동의 기준과 판단의 준거로 삼고 있다. "존슨앤드존슨" 사는 1930년대부터 자발적으로 기업윤리를 강조해 온 윤리경영의 대표적 기업이다. 1935년에 고객·종업원·주주에 대한 기업의 사회적 책임을 공표하여 당시 사회적 책임을 강조하는 '새로운 기업 철학'으로 주목 받았다.

이 회사의 짐 버크(Jim Burke) 회장은 회사 이념을 강화하는 프로그램을 만들었고, 1980년대 시대적 상황에 맞춰 개선했다. 이러한 기업 윤리가 이름뿐인 신조가 아닌 가장 효과적인 '경영의 도구'며 '위기 대처 능력'의 결정적인 요소로 부각된 사건이 발생했다. 이른바 타이레놀 사건이다.

두통약으로 잘 알려진 타이레놀 브랜드는 1982년과 1986년에 기업의 사회적 책임에 대한 전형을 보여 주었다. 1982년 누군가가 캡슐 형태로 판매되던 타이레놀 제품에 치사량의 청산가리를 넣었는데 제조 과정에서 발생한 문제는 아니었지만 자발적으로 같은 형태의 모든 제품을 회수하고 전부 새로 생산된 제품으로 교환해 주는 비용을 부담했으며, 제품의 개봉 여부를 알 수 있는 포장 형태를 개발해 출시했다.

1986년에 두 번째로 비슷한 사건이 발생했고 이 때 회사는 캡슐 형태의 타이레놀 제품 생산을 완전히 중단하는 결정을 내렸으며 지금의 정제 형태로 제품을 바꿨다. 37%에 달하던 시장 점유율이 사건 발생 1주일 만에 6.5%로 급락했고, 전 세계적인 타이레놀 불매운동이 벌어졌다. 수사를 통해 타이레놀 제품의 제조과정에는 아무런 문제가 없으며 소매상 유통과정에서 발생한 범죄라는 사실이 밝혀졌다. 사건이 발생사자 그는 TV 프로그램에 출연하여 "원인이 규명될 때까지 타이레놀을 복용하지 말라."고 하는 1억 달러의 광고비를 들인 소비자 경보를 발령했다. 그 결과 1주일 만에 미국 국민의 90%가 사건의 전말을 알게 됐고 시장 점유율은 5분의 1이하로 떨어졌다. 제조사인 존슨앤드존슨에 대해 미국식품의약국(FDA)이 내린 권고는 시카고 지역에 유통된 타이레놀을 폐기하라는 것이었다. 그러나 존슨앤드존슨은 2억 5,000만 달러를 들여 미국에 유통된 모든 타이레놀을 수거하여 폐기했다.

타이레놀의 재앙에도 불구하고 존슨앤드존슨에게 돌아간 것은 비난보다는 호의적인 반응이었다. 회사는 존폐를 걱정할 정도로 막대한 경제적 타격을 받았지만 타이레놀은 그 대가로 책임감 있는 회사로서의 이미지를 확고하게 심었다. 이러한 소비자들의 신뢰 덕분에 타이레놀은 6개월 만에 시장 점유율을 회복했고 3년 만에 회사 전체 수익의 20%를 차지하는 효자 상품이 되었다.

직원은 물론 소비자들이 본 것은 원칙 있는 진정한 리더십이었다. 이제 윤리 경영, 신뢰 경영은 지속 가능한 성장을 위한 하나의 축으로서, 기업의 장기적 수익을 보장해 주는 핵심 역량이 된 것이다.

오랜 윤리경영 실천의 역사를 바탕으로 최고경영자부터 직원에 이르기까지 모두가 윤리담당자라는 전제하에 인사담당 임원이 관련 업무를 총괄하고 있다.

2. 제너럴 일렉트릭(General Electric Company)사

제너럴 일렉트릭(GE)은 발명왕 에디슨이 창업한 미국 기업이다. 전 세계적으로 문제가 되고 있는 온실 가스는 지구 온난화를 유발하는 주범으로 알려져 있다. 이 온실가스의 감축을 명문화한 역사적인 교토 의정서가 비준되어 선진 38개국은 앞으로 2008년부터 2012년까지 1990년을 기준으로 평균 5.2%의 온실가스를 줄여야 한다. 그러나 세계 1위의 온실가스 배출국인 미국은 산업 피해를 이유로 비준을 거부했다.

그러나 세계 최대기업인 미국의 GE(제너럴일렉트릭)사는 대대적인 친환경 경영을 선포했다. 제프리 이벤트 GE회장은 청정기술 연구개발비를 2배로 올리고 친환경 제품 매출 목표를 늘리며 온실가스 절대 배출량 1% 감소 등을 선언하였다.

당시 GE의 발표는 미국 정부에 대한 '압박'으로도 해석됐다. 발명왕 에디슨이 설립한 GE사의 이벤트 당시 회장은 나이 45세로 최고경영자가 된 뒤 회사의 슬로건을 '상상을 현실로(Imagination at Work)'로 바꾼 뒤 GE 전 직원들의 창조력과 도전정신을 강조하는 혁신의 행보를 시작했다.

이 회사의 "환경과 상상력"을 기초한 신제품들은 획기적인 환경 친화적인 제품들로 생산되기 시작하였다. '실리콘 슈퍼 스프레드'는 농약에 첨가해 뿌리는 도포제로, 농약을 살포하는데 필요한 물의 70%를 줄여준다. 렉산 에스엘 엑스(SLX)는 내구성이 뛰어난 금속성 색상의 합성수지로, 오염을 야기하는 자동차 도장 자체를 불필요하게 만들 수 있는데 곧 상용화될 예정이다.

이러한 경영 방식을 환경과 상상력을 결합한 단어 "에코매지네이션 경영이라 하고 수익성과를 기업의 사회적 책임과 연계하는 두 마리 토끼를 한꺼번에 잡을 수 있는 일로 윤리경의 모범적인 사례로 칭송받고 있다.

엄격한 윤리헌장의 적용으로도 유명한 GE의 윤리헌장(Code of Conduct)은 고객, 공급자, 정부, 경쟁사, 공동체 등 5개 분야에 걸쳐 13개 규정으로 되어 있으며 각 규정은 지침의 개요, 핵심요구 조건, 경계대상 등으로 구분되어 세밀하고 자세히 설명되어 있다.

GE는 CEO의 윤리경영 대한 강력한 추진 의지를 구현하는 실천시스템으로 "3T System(Training, Testing, Tracking)"이 확립되어 있다. 3T System(Training, Testing, Tracking)은 교육과 평가, 검토의 3 부분으로 나누어지며 이와 같은 시스템이 제대로 작동하기 위해서 전 직원들의 적극적인 참여를 독려하고 있다. GE는 이러한 직원들의 자발적인 참여를 이끌어 내고 궁극적으로 조직전체에 윤리경영 문화가 조성될 수 있도록 관련 인프라를 구축 운영하고 있으며 사업부문 CEO가 정기적으로 윤리경영에 대한 강력한 메시지를 월간, 분기별로 보내며 분위기를 조성하고 있고, 옴부즈인/매니저/사무원/사내변호사/인사부 등에서 쉽고 다양한 내부고발 시스템을 갖추고 있다.

따라서 문제제가와 의사소통이 자유롭게 진행 처리 될 수 있는 시스템이 구축되어 있으며 일단 문제가 접수되면 조사를 마친 다음, 사후조치 결과를 반드시 문제제기자에게 알려주고, 문제 제기자에게 어떠한 불이익도 받지 않도록 비보복 장치를 마련하고 있다. 내부고발자의 신분의 익명성을 철저히 보장하도록 하고 있는 것이다.

3. 3M(Minnesota Mining & Manufacturing Company)사

미국의 의료기기 및 문구 제조업체로 설립 100년이 넘은 초국적, 초우량기업인 3M사는 '쓰리 엠(3M; Minnesota Mining & Manufacturing Company)'의 약자이며 실용적인 아이디어를 제품화하여 대중적으로 사랑받는 제품을 생산하는 기업이다. '3M'은 또한 환경 보호와 관련하여 다른 회사의 모범이 되는 기업이기도 하다. 이 기업에서 행하는 환경 보호 노력의 두드러진 특징은 생성된 환경 오염물을 제거하는 것이 아니라 오염 발생을 원천적으로 예방하는 데 주력한다는 것이다.

'3M'은 오염 발생의 예방이 환경 보호에 보다 실질적인 의미가 있을 뿐만 아니라, 그것이 기업의 생산성 향상과 원가 절감 및 품질 향상에 도움이 된다는 입장을 견지하였다. 이러한 입장은 1975년 '3P(Pollution Prevention Pays) 프로그램'을 도입하여 실천하였고 현재는 전 세계 60여 개의 국가에 있는 자회사가 뜻을 같이 하고 있다. 특히 '3M'의 '3P 프로그램'은 1999년 미국 클린턴 대통령 집권 당시에 '지속 가능성 개발위원회(Council on Sustainable Development)'로부터 '대통령상'을 수상하였다.

'3M'은 여기에서 멈추지 않고 1997년부터 '생애 주기 관리 시스템(Life Cycle Management System)'을 도입하여 공해 발생을 원천적으로 예방, 환경에 최소 영향을 미치는 제품을 개발, 재활용 등을 통해 천연자원을 보전, 정부의 규정을 준수하고 지지, 가능한 한도에서 정부 기관들의 환경 관련 사업들을 지원한다는 가이드라인을 세웠다. 현재 '3M'은 환경 보호 공학윤리를 실천하고 있는 기업의 선두를 지키고 있다.

3M의 윤리기준은 미국 내에서 가장 정교하기로 유명하다. 회사 윤리헌장 매뉴얼

중 '선물증여'항목에서 "사업과 관련해 대방에게 연간 50달러 이상의 금품이나 향응을 제공할 수 없다. 여기에 커피나 도넛을 제외된다." 는 식으로 실천방법을 상세히 규정하고 "법률이 요구하는 것 이상을 원함"이라는 윤리헌장을 실천한다. 이것은 체계적이고 구체적인 윤리헌장의 제정을 통해 내외부적으로 법에 저촉되거나 분쟁에 휘말릴 가능성을 미연에 방지하기 위한 것이다.

8.5 경영자의 책임과 기업 윤리

기업의 조직 속에서 기술자가 사회에 어떻게 관계되는가 하는 대외적 문제와 기업 내에서 일을 하고 있는 기술자에게 관계된 내부적 문제로 나누고 먼저 사고가 났을 때의 경영자 책임을 생각하기 위해 기업이라고 하는 조직을 개관해 본다.

흔히 기업은 그 자산을 소유한 경영자와 동일시되고 있다. 이 경영자는 스스로 소유한 재산을 사업에 투자하고 자율적으로 운용하며 새로운 가치를 창출하려고 한다. 그 경우, 사실상의 지휘 감독 관계의 기준이 유효하게 기능하기 위해서는, 다음의 두 가지 조건을 만족해야 한다.

첫째 조건으로는 경영자 쪽이 일을 한 기술자보다도 지식, 기술, 경제적 능력 등에 있어 우위에 있다는 것이다. 이 경우, 경영자는 바로 자기의 권위에 근거하여 타인을 움식이는 것이 가능한 환경에 있다. 때문에 경영자는 기술자를 소유하고 있다고 생각한다.

둘째 조건은 첫째 조건이 비교적 소규모의 사업 활동인 경우에 한정된다는 것이다. 왜냐하면 사업 규모가 커지고 많은 사람을 고용하면 경영자 스스로 직접 타인의 노력을 지배하기 어려워지기 때문이다. 기술자는 기업의 소속원이라기 보다는 사회 소속이라는 것과 따라서 기업은 경영자의 소유물이 아니라 사회의 소속 조직이라는 개념이 나온다.

이 두개의 조건을 충족시키는 영역은 전통적인 도제 관계, 가족 동거인을 포함한 가사 사용 관계, 중소기업 특히 법인을 성취한 하나의 개인 기업에 있어서의 사용관계일 것이다. 그 밖에 유사한 가족관계의 집단이 그 범위에 포함될 수 있다.

기업 내 전문가로서의 기술자의 자리매김은 큰 문제가 되고 있다. 기업은 개인보다 많은 정보를 획득하는 것이 가능하다. 무엇보다도 기업은 각각의 조직 구성원에게 결과가 달랐던 실험을 여러 번 할 수 있기 때문이다. 이리하여 개인 능력의 한계는 극복된다. 그들은 또 언제나 팀을 이루어서 행동을 한다. 오늘날의 기업이 과거의 기업과 다른 점이다. 그러나 언제나 거기에는 어떤 관련성이 수반된다.

예를 들면, 정보가 기업에 있어 어떠한 형태로든 도움이 되기 위해서는 서로 조정되고, 관련시키지 않으면 안 된다. 보다 쉽게 표현하면 의사소통의 채널이 기업 사이에 만들어 지지 않으면 안 된다는 것이다. 그러므로 복잡성을 함께 공유하는 관계가 되고 대외적 책임 관계이든 대내적 책임관계이든 책임 소재의 여부를 판정한다는 것이 어렵게 된다.

"기업의 조직원들 즉 기술자에게 다른 실험, 실습을 시킨다"고 하는 것은 전문화시킨다는 것이다. 그 때문에 경영자와 기술자 사이의 의사소통은 더욱 곤란해진다. 그렇기 때문에 기업 내의 정보 전달과 책임 소재의 여부도 불투명하게 되고 언제나 책임은 약자인 기술자에게 돌아오거나 경영자의 책임은 흐지부지 되는 경우가 된다. 그것이 일반 조직과 다른 기업 조직의 특성일 것이다.

이때 기업의 조직 가운데에서 기술자가 설계, 제조, 실험, 실습을 하다가 일어난 사고에 대하여 사회적인 문제가 되는 대외적 책임과 개인적인 문제가 되는 대내적 책임 사이에서 그 책임을 윤리적으로 누구에게 돌려보내는 것이 당연한가하는 문제는 단순하게 결정될 문제가 아니다.

개인의 의사 결정의 정도에 따라 윤리적 귀책을 한다고 하면 전문가로서의 기술자 혹은 실제로 조작하고 사고를 냈던 기술자의 역할이 커진다. 그런데 현행의 법 운용의 면에서는 경영자 책임이나 기업의 책임을 막연하게 인정하는 것으로 되어 있기 때문이다. 결국, 손해를 보는 것은 사용자 즉, 사회 일반 시민이 될 가능성이 있다. 그러한 피해는 자연 환경 파괴로 돌아가며 인간은 귀책사유가 종료됨과 동시에 책임은 사라지게 되는 것이다.

8.6 기술자의 행위와 안전성

미국 전문 기술자 협회(NSPE:National Society of Professional Engineers)의 윤리헌장은 먼저 첫째로 "대중의 안전, 건강 및 복지를 최우선 한다"고 하는 규정을 들고 있다. 이 점을 고려하여 좀 더 구체적으로 전문가로서의 기술자의 행위에 대하여 생각해 보아야 할 것이다.

공학에서는 안전성을 확보하기 위해 설계에 있어서 모형을 만들거나 실물의 충돌 실험을 하고 있다. 또한 산업재해 방지라고 하는 측면에서 제일의 목표는 산업 안전성의 확보에 두고 있다. 공장에서도 최종적으로는 품질의 질적 측면과 동시에 안전을 위한 제품 검사를 하고 있다. 즉, 여러 가지 방법으로 안전에 관련되어 있으며 어딘가에 나타날 실수에 대한 고려를 하고 있다.

공학으로는 절대 안전을 보장하는 것은 가능하지 않다. 그것은 우리가 미래를 예측할 수 없는 것과 같다. 그런데 이 때 기술자가 미래를 예측할 수 없는 것과 같이 어떤 책임을 기술자에 부과하려는가 하는 것은 어려운 문제이다. 안전성을 확보하기 위하여 기존에 있던 전통적 방법을 지키지 않고 새로운 공법을 적용한 것이 경영자와 기술자가 선택할 수 있는 윤리적 행동 지침과 어떤 관련이 있는 것인가 생각해 볼 일이다. 이와 같은 개관은 윤리헌장의 기계적(일률적, 보편적) 적용이 그렇게 용이하지 않은 것을 나타내고 있다.

둘째 확인해야 할 것은 기술자는 그러한 것을 만드는데 있어 혼자서 전부를 설계하는 것은 가능하지 않다는 것이다. 자동차라도 엔진, 발판, 차체 등은 설계자가 다른 것이 보통이다. 또, 설계를 넓은 의미에서 생각하는 설계와 제품 책임으로 보아 여러 가지 제약까지를 고려해야 한다. 혼자서 많은 실험도 할 수 없다. 그러니까, 기술자 팀이 만들어지게 된다. 이에 대한 최종 선택은 경영자에게 있다. 이 때 각자의 일이 명확하게 구분되고, 권한도 명시된다면 기술자의 책임은 분명할지도 모른다. 그러나 부분을 완성한 때라도 각 부분을 벗어나거나 부작용이 생기거나 하기 때문에 조절이 필요해진다.

많은 기술자는 경영자가 되는 것을 바란다. 그렇다면 기술자에게 필요한 기술자의 전문 교육보다도 일반 교육이 중요하게 된다. 기술자의 교육을 위하여 전문 기술자적 지식과 함께 사회 윤리적 입장을 동시에 갖추어야 할 경영자적인 요건도 함께 교육할 필요가 있다. 이때 설계가 가능한 지식을 갖는 기술자와 상식이 있는 기술자가 교육의 목표가 된다. 상식이 있는 기술자의 의미는 지식만을 갖춘 기술자보다 인간이 된 기술자가 되는 것이다. 공학윤리의 교육은 이 두 가지의 목표의 달성하기 위해 존재한다.

미국의 기업과 일본의 기업에 있어서 기업 조직과 의사 결정에는 부분적으로 큰 차이가 있다. 미국의 기업은 대부분 분업과 전문화, 계층적 조직이라고 하는 관리법이 발전되어 왔다. 그 결과 개인의 책임과 권한 그 상호 관계는 확실히 정의 되고 의사 결정은 직속의 상관으로부터 직선적인 관계를 갖는 의사결정 관계를 갖는다.

이와 같은 경영 기법이 완성된 원인으로서 가장 중시된 것은 미국 기업에 있어서 종업원의 높은 이동 비율에 있다. 이와 같은 회사에서는 어떤 신입 사원이 들어와도 극히 짧은 훈련 기간에 직무가 실행되고 조직이 원활히 움직이도록 일의 내용을 세분화, 조직화하고 명령 계통을 확실하게 정하여 두는 것이 필요했다. 대규모화 되고 다각화 된 산업 사회에서 대기업의 경영에 있어서 다양한 지식과 기능을 갖는 종업원이 필요하게 되었다. 위 시스템은 다민족 사회인 미국에서 각자의 전문 분야에 숙달된 사람을 조직하고 그 능력을 경영상도입하는 것을 가능하게 했다.

물론 기술자가 곧 전문가이고 전문가가 책임을 지고 설계를 하고 피드백이 이루어지고 작업이 완성되는 최종 단계에 이르기까지 모든 권한이 경영자에 반하여 완전히 독립적인 시스템이라면 시민을 지킬 것인지 회사를 지킬 것인지를 주저해야 하는 기술자의 입장에서는 내부고발이나 공익제보와 같은 윤리적 행동 보장이 이루어지지 않고는 기업 속에서 기술자 개인의 시민 윤리 의식에 기업과 사회의 안전성을 담보해 두어야 한다.

8.6 기술자의 행위와 안전성

8.7 Case Study; 청색 발광 다이오드 특허권 분쟁

특허란 특허법이 정하는 바에 따라 발명의 독점적 이용에 관하여 특허청이 발명자 또는 그 승계인에게 특허권을 설정하는 행위. 넓은 뜻으로는 특정인의 능력·자격·권리·법률관계 등을 설정하는 행정행위를 말한다.

특허의 역사 르네상스 이후 북부이탈리아 에서 발달한 상업도시가 각종 상업상의 특권을 부여한 것에서부터 시작되었다고 하며, 그 뒤에 유럽 각지의 제후나 왕이 전매적인 특허장을 부여함으로써 왕실의 재정을 조달하였다. 1624년 영국의 전매조례가 근대 특허법의 선구로 여겨지며, 프랑스혁명과 산업혁명을 거쳐 근대국가를 완성한 유럽의 각국은 1883년 파리에서 열린 제 1 회 세계 박람회 개최를 계기로 공업소유권보호에 관한 파리동맹조약을 체결하였다.

특허제도의 목적으로 특허제도는 "발명을 보호, 장려하고 그 이용을 도모함으로써 기술의 발전을 촉진하여 산업발전에 이바지함을 목적"으로 한다고 되어 있다. 즉, 특허제도는, 발명자에게는 발명을 공개하는 대가로 특허권이라는 독점배타적인 재산권을 부여하여 보호, 장려하고, 그 발명의 공개를 통해 일반 제3자가 그 발명을 이용하거나 개량토록 함으로써 궁극적으로 국가 산업발전에 기여하도록 하기 위하여 마련된 것이다.

1. 발광다이오드(luminescent diode)의 뜻

LED로 잘 알려져 있고 전기를 통해주면 전자가 에너지 레벨이 높은 곳에서 낮은 곳으로 이동하면서 특정한 파장의 빛을 내는 화합물 반도체에 의해 만들어진 기본 소자이다. 적색 및 녹색 발광다이오드는 수십 년 전에 개발되어 디스플레이 및 광원용 장치 등에 폭넓게 쓰이고 있었으나 청색과 순녹색의 빛을 내는 LED의 개발이 어려워 오랫동안 총천연색을 구연하지 못하였다.

하지만 1990년대에 이르러 일본의 S. Nakamura가 이끄는 니치아 화학의 연구팀을 필두로 HP,CREE,TOYOTA 등 세계최고의 기술을 가진 몇몇 반도체 회사의해 질화갈륨(GaN)을 이용한 청색 발광다이오드가 개발되었고 이에 총천연색의 구현과 짧고 안정된 파장을 요구하는 광메모리 장치 등 여러 LED 응용 사업 분야로부터 청색 및 순녹색 LED의 수요는 폭발적으로 증가하게 되었다.정보통신, 컴퓨터의 발달과 더불어 엄청난 양의 LED시장이 형성되어 그 시장 우위를 점하기 위해 일본 업체와 한국 업체 간에 경쟁이 치열하다. 국내에서만 세계시장(연간 5,400억 원)의 43%에 해당하는 연간 2,300억 원 규모의 시장을 형성하고 있다. 하지만 현재까지 LED 설계 및 제조에 관한 특허 문제로 니치아 등 일본 업체들이 LED 시장을 독점 해왔다.

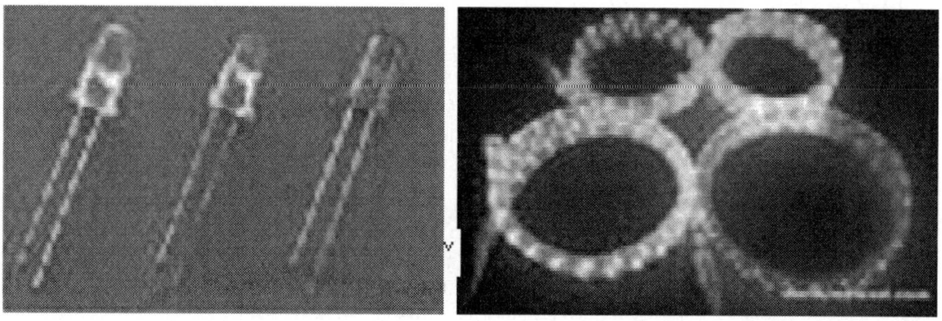

<그림 8.5> 발광다이오드의 모양

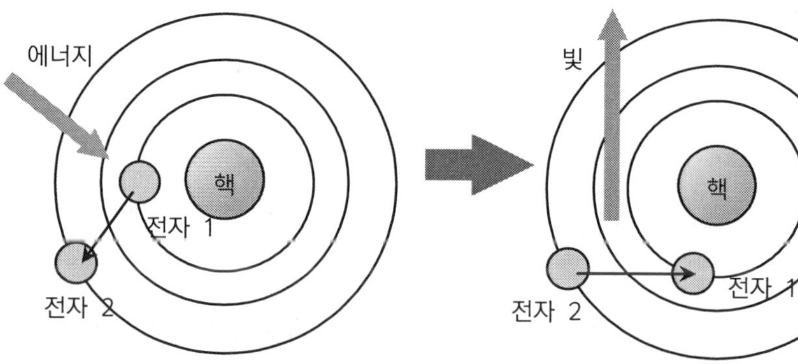

낮은 궤도에서 돌고 있는 전자1이 외부 에너지를 받으면 높은 궤도로 뛰어올라 전자2 위치에 높이게 되며 높은 궤도에서 불안하게 머물러 있는 전자2가 낮은 궤도로 내려갈 때 에너지를 내 놓는다. 이때 발산되는 에너지를 빛의 형태로 조절하는 것이 LED 다.

<그림 8.6> LED 발광 다이오드의 원리

8.7 Case Study: 청색 발광 다이오드 특허권 분쟁

니치아 화학은 청색LED라는 디스플레이 관련 특허를 독점적으로 보유하고 있는 회사다. 여기에 일본 전자부품업계가 휴대폰이나 신호기용으로 수요가 급증하자 LED증산에 적극적으로 나서고 있다. 스탠리 전기가 내년3월 말까지 약40% 늘리며 세이와 전기도 연내 생산량을 3배 이상 늘릴 계획이다. 이들 일본 업체들은 대형 투자를 통해 해외 경쟁업체들과의 격차를 넓힌다는 전략이다.

2. 기업과 기업 간에 이해충돌

일본 기업들의 지적재산권 전략이 미국식의 적극 공격으로 바뀌고 있다. 후지쓰가 삼성SDI를 상대로 PDP 특허 침해 소송을 제기하고, 소니와 미국 코닥의 디지털 카메라 맞소송, 일본 르네상스 테크놀로지의 대만 남아과기 상대DRAM소송 소니의 중국BYD상대 리튬이온전지 소송 등 일본기업이 제소에 나선 국제 특허 소송이 최근 부쩍 늘었다. 1980~90년대 특허의 중요성을 등한시 했다가 PC소프트, 반도체 분야에서 미국 기업들의 봇물 제소에 시달리고 시장과 로열티를 빼앗겼던 일본기업들이 그 동안 쌓은 특허를 무기로 대대적 반격에 나서고 있다.

니치아는 그동안 LED관련 특허기술의 독점적 사용만을 고집해왔으나 일본 내 및 미국에서의 연이은 특허소송 패소로 지난해 도요다 고세, 미국 크리, 오슬람, 루미LED등 시장 주도업체들과 잇따라 상호 특허권 교차 인정(Cross License)을 맺는 방향으로 특허정책을 선회했다. 여기엔 당초 기대에 비해 시장 확산 속도가 늦춰지면서 일단 기술견제보다는 시장 확대 정책이 급선무라는 판단도 크게 작용한 것으로 보인다.

그러던 이 회사가 또다시 특허공세를 개시하려는 움직임을 보이고 있는 것은 대만 한국기업등 후발 경쟁국들의 추격 속도에 적잖은 위기감을 느꼈기 때문으로 보인다. 특히 대만이 첫 번째 공격 대상으로 지목된 데는 대만 현지 및 중국 본토를 주 무대로 에스피타, 테코아, 사우스에피포모사 등 메이저 업체를 비롯하여 15개의 현지 LED 소자업체가 경쟁을 벌리면서 단기간에 자사를 위협할만한 시장 지배력을 갖춘 것으로 평가하고 있기 때문이란 분석이다.

대만 한국 중국 등 후발국을 겨냥한 특허분쟁 조짐은 비록 시기적으로 너무 앞서 시작된 감이 없지 않지만 국내업체들도 언젠가 한번쯤 넘고 가야 될 가장 큰 장애물이었다. 여기에 국내업체들도 컨소시엄 구성을 논의 중이며 삼성전기는 LED사업을 진행하면서 분석해온 단행본 60권 분량의 해외업체의 특허 정보 400여 건을 산자부측에 제공해 특허 컨소시엄 구성에 힘을 실었다.

니치아사의 특허공세가 가시화되면서 국내 업계 공동의 대응책 마련이 시급하다는 지적이 강도 높게 제기되고 있고 니치아사의 백색 LED 특허가 워낙 빠져나가기 어려운 기술이다 보니 개별기업 차원에서 이에 일일이 대응하기엔 시기적으로 한계에 봉착하게 될 것이라 예측된다.

업계에서는 국내에서도 괄목할 만한 특허 우회기술들이 개발되고 있으나 실제 양산라인에 적용하기엔 적어도 몇 년이 소요될 것 이라며 개별적인 대응 수준을 넘어 업계가 공동으로 원천 특허 대응기술 공동개발 및 상호 정보교류에 적극 나서야 할 것이라고 지적했다.

3. 기업과 개인 간의 이해충돌

청색발광다이오드는 1993년 말 일본 니치아라는 화학공업 연구원으로 근무하던 나카무라 슈지에 의해 최초로 만들어 졌으며 그 당시 회사는 개발의 성과급으로 2만 엔의 포상금을 나카무라 교수에게 지불하였다. 그러나 나카무라 교수는 2000년 초 미국 캘리포니아 산타바바라 대학으로 이적하여 일본 사회에 이공계 기술자에 대한 푸대접으로 인한 두뇌 유출 이라는 엄청난 충격을 안겨준 바가 있다.

나카무라 교수는 자신이 청색 발광다이오드를 개발했음에도 불구하고 회사 측이 특허를 독점 사용해 부당이득을 얻었다면서 일본 도쿄지방재판소에 200억 엔의 개발 대가를 요구하는 소송을 제기, 재판부는 이를 전액 인정하였다. 이에 비해 한국의 삼성 휴대폰의 자판인 천지인에 대한 보상은 21만원이었다.

국내에서는 현행 특허법에 따라 특허청에서 대통령령의 입법을 추진하였고 그 입법안으로 수익의 15%를 보상금으로 지급한다는 안을 마련하였으나 재계의 반대로 이 법안은 추진되지 못하고 있다. 한편 일본의 경우도 제계에서 사원의 특허에 과다 보상이라는 입장을 표명하고 기업에 지나친 부담을 준다고 문제를 제기 하였다.

이제 기업의 성패는 세계 기술경쟁에서의 승리이고 이러한 승리는 R&D성과에 달려있다. 기본적으로 R&D는 우수한 인력의 확보가 가장 중요하다. 어떻게 우수한 인력을 확보할 수 있는가 하는 것은 기업의 기본요건이 되고 있다. 직무발명보상은 그러한 노력 중 일부일 것이다. 그 보다는 연구 환경을 잘 만들어 주는 것이 더 중요하며 그것은 산업분야 및 기업 환경에 따라 다를 것이므로 직무발명보상과 같은 발명 인센티브는 강행 법률이 아니라 자유 시장 경제원칙에 맡기는 것이 바람직하지 않을까 생각한다.

결론적으로 우리나라 현실에서 지금까지는 직무발명에 대한 인식과 보상체계의 미흡했던 것은 사실이나 더 이상은 기업이 종업원을 혹사하면서 기업이윤을 챙길 수 없다는 것을 기업의 경영자 스스로가 알고 있기에 단순히 특허법에 따른 직무발명보상 차원에서가 아니라 보다 합리적이고 효율적인 발명 인센티브 제도를 마련하는 것이 가장 중요한 점이다. 각 개별기업의 경영환경에 맞추어 기업과 발명자가 모두 윈-윈(win and win) 할 수 있는 최선의 제도를 자율적으로 마련하게 두는 것이 성숙된 직무발명 보상제도가 될 것이다.

4. 공학윤리 토론사항

1) 개인이 만든 특허를 기업이 도용하거나, 상품화 한다면 이는 윤리적인 행위인가?
2) 기업에 소속할 당시 개인이 만든 특허를 변용하여 사용한다면 이 행위는 윤리적인 것인가?
3) 특허 분쟁에 있어서 공학윤리적으로 문제가 될 만한 사항은 무엇인가?
4) 발광 다이오드 특허 분쟁에서 윤리적 행의 판단 기준은 무엇인가?
5) 정보의 윤리적 사용이란 있을 수 있는 행위인가?

9

CHAPTER

기술자의 사회적 책임과 윤리문제의 해결책

© Carl Mitcham and R. Shannon Duval (2000), Engineering Ethics, (New Jersey, Prentice-Hall)

<그림 9.1> 기술자의 사회적 책임.

9.1 기술자의 사회적 책임

현대의 과학과 기술이 인간과의 관계에서 특별히 문제가 된 것은 윤리적 관점으로 인간의 행동을 예측할 수 없다거나 종래의 법이나 윤리에 근거한 통제가 불가능하게 된 것에서 기인한다. 기초 과학과 응용과학을 담당하는 기술자는 즉, 공학과 기술 지식에 관하여 분명히 이해해야 하는 것은 물론 공학기술이 사회에 미치는 영향과 공학이 사회제도와 어떤 관련성에 대해서도 심각하게 생각할 필요가 있다. 기술자는 사회 구성원이기 보다는 사회를 구성하는 전문적 집단이기 때문이다.

공학은 자연과학이나 그 외 다른 학문분야에 비해 안전성을 제일의 문제로 하고 있다. 따라서 과학과 공학적 기술을 현실에 적용할 때 부작용의 정도를 신중하게 검토해야 한다.

첫째, 제품을 생산하는 경우에는 여러 가지 요소를 고려해야만 한다. 시간적, 공간적 타당성을 충분히 검증한 후에 수행해야 할 것이다.

둘째, 자연과학적인 면에서 그리고 철학적인 면에서 물적, 양적으로 측정된 속성만이 참된 것이고 감각적인 현상은 신뢰할 수 없다는 인식론이나 존재론을 진리라고 규정하고 있으나 생산이나 제조를 하는 공학에서는 감각 능력이 중요한 것이다.

셋째, 공학적 설계와도 관계가 있다. 인간공학적인 면을 적극 고려하여야 하고 특히 공학윤리적 사고를 통한 인간에게 위해를 끼칠 수 있는 설계는 연구를 중단하는 것이 올바른 기술자의 태도로 권장되고 있다.

공학이라는 지식과 학문이 사회의 보편성과 일치되거나 적어도 인정받기 위해서는 여러 가지 요소를 감안하여 사회에 접근해야만 한다. 공학이 있기 전에 먼저 사회가 있어 왔고, 사회가 필요로 하는 공학 지식만이 오늘 날에도 인정받는 것이지 사회에 역효과나 악을 끼쳤던 공학 지식은 계속 존재하지 않는다. 이러한 점에서 공학은 사회에 막대한 영향을 끼치고 있다.

인간이 제조한 설계와 제품들은 공학의 발달로 인한 현대 사회 발달의 한 증거이다. 첫째, 생산과 결부된 설계 물도 있고, 둘째 높은 수준의 기술을 이용한 대규모적이며 기술집약적인 설계 제품들이 있다. 두 개다 인간이 고도의 창의적 정신력과 노동력을 투입하여 만든 작품이다. 이 두 경우 모두 인간이 고도의 창의적 정신력과 노동력을 투입하여 만든 작품들이다.

문제가 발생하는 경우 사회는 전자의 경우 안전 공학적으로 대처할 수 있고 후자는 제품 책임에 관한 법률로 대처할 수 있다. 대량으로 생산된 설계와 제품에는 대부분 안전문제가 발생한다. 제품들의 오류는 대부분 인간의 실수이며, 연쇄적인 사고로 이어지는 경우가 많다. 이럴 땐 사회가 그것과 관련된 처리를 수행할 경우 대부분 안전 공학, 위험 방지 등의 면에서 대응하게 된다. 그러나 현대 공학윤리적 입장에서 설계와 제품에 관한 책임의 문제가 중요한 부분이다.

설계와 제품이란 제조 또는 가공된 동산을 말하고 기본적으로는 공업적인 대량생산, 대량 소비될 수 있는 물건이다. 따라서 미가공의 농, 축, 수산물, 토지와 건물 등의 부동산, 눈에 보이지 않는 서비스 등은 대상이 아니다. 정보인 소프트웨어도 물건이지만 이 논의의 대상 밖이다. 단, 예를 들면, 마이크로 칩과 같이 소프트웨어 제품은 대상이 된다. 소프트웨어는 CD-ROM이나 FD등에 기록되었다고 하여도 단지 소프트웨어를 넣고 운반하기 위한 용기에 지나지 않기 때문에 그것만으로는 설계와 제품에 해당되지 않는다고 해석되고 있다.

설계와 제품 책임법이라고 하는 것은 설계와 제품을 사용하는 사람에 대한 안전망이고 제품 안전성은 최종적으로 제조업체가 해주는 보상에 의해 확보되어야 한다. 그러나 정보에 관해서는 사회에서 명확히 규정하지 못하고 있다. 기술자에게 있어서 하나의 특징은 사용한 사람과 만드는 사람이 섞여 있다는 점에 있다.

전문가는 복잡한 시스템을 취급한다. 그리고 사람에게 위해를 가하지 않는 것이 기본적인 윤리이다. 안전한 것을 만든다고 하는 것이 설계와 제품과 정보와는 다른 의미이다. 인간에 대한 직접적인 위해가 있는지의 여부를 판단할 때 설계나 정보가 물리적 피해를 입히는 것으로 보기는 어렵다. 따라서 설계자나 정보를 제공하는 자에게 윤리적 책임을 부과하는 것의 부당성에 대해서 생각해 보아야 한다.

정보, 데이터 등 직접적인 위해를 가하지 않는 것과 제품 생산을 취급하는 기술자 사이에 차이가 있는 것일까? 그렇다면 정보에 관해서는 설계자로서의 통제를 강화할 필요가 없다. 하지만 컴퓨터를 만든다는 것은 프로그램을 설계한다고 하는 것이고 결국은 기계를 제어하는 것이다.

더욱이 컴퓨터는 '조작 가능; 만능'으로 되어 있기 때문에 사용하는 사람의 뜻에 따라 설계자로서 독립적인 행위를 할 수가 있게 된다. 또한, 컴퓨터는 사용하기 어려운 것이기 때문에 보통의 경영자가 컴퓨터를 완전히 통제한다는 것에는 어려운 점이 있다. 즉, 대규모적 프로그램은 반드시 오류를 포함한다. 따라서 정보도 설계품이나 생산품 즉, 제품과 같이 공학윤리적 통제 하에 두는 것이 마땅하다.

정보는 보통 사람에게도 문제가 될 수 있지만 전문가에게도 있어서도 중요하고 어려운 문제를 포함하고 있다. 의사결정을 하는 경영자의 존재의 중요성에 대하여 생각해 보자. 경영자가 판매를 예상하고 제조하는 문제에 있어서 소비자를 무시한다는 것은 불가능하다.

현재 기술자의 일부에서 휴먼 인터페이스의 문제에 관심을 가지고 있다. 아직은 인간공학이나 휴먼 인터페이스 공학 분야에서 인간이 장시간 앉아 있어도 지치지 않는 의자의 형태를 연구하거나 혹은 보다 안전하고 오래가는 제품에 대한 연구를 하는 수준이다. 그러나 이 분야는 의자의 구조 설계나 가볍고 강한 재료의 연구, 즉 기술자의 기본이 되는 분야가 되어야 한다. 이러한 경우 프로그램에 있어서는 휴먼 인터페이스가 큰 부분을 차지하고 있다. 실제, 오늘날 프로그램 코드의 75%가 인터페이스에 소비된다고 말하는 이들도 있다. 이러한 의미에서 정보의 기본 적인 특징은 경영자의 고려를 포함하고 있다.

전문가로서 고도의 능력은 동일한 전문직에 종사한 사람이 통상 보유한 정도의 지식이나 기술로 간주되고, 그 기술을 잘못 사용하거나 실수한 경우에 사용자와 의뢰인과의 관계에서 계약위반이 되거나 의무 위반이 된다.

소위 사회적 책임의 문제가 발생한다. 다만, 변호사는 소송을 할 때, 소송에서 반드시 이길 것이라고 의뢰자에게 약속하지는 않는다. 이는 전문가의 업무가 전문가 스스로의 통제를 벗어나는 요소를 포함하기 때문이다. 이러한 점이 개인이면서 전문가의 지식의 한계이다.

문제는 제3자에 대한 책임이다. 전문가가 정보를 제공하는데 있어서 전문가의 과오에 따른 책임은 가해자와 피해자간의 계약 관계가 없다면 전문가의 책임으로 인정하지 않는 것이 일반적이다. 그러나 전문가의 책임의 한계는 공정하지 않은 결과를 초래할 수 도 있고, 전문가의 과실이 명백히 드러나지 않을 수도 있고, 전문가는 피해자보다 과실을 회피하는 능력이 뛰어나다. 그러한 이유로 각 전문가들의 책임이 사회 보험 제도의 발전에 영향을 끼치고, 전문가 책임의 인정 범위가 확대되고 있다.

설계와 제품을 설계하는 설계자와 제품을 만드는 기술자나 기술자 또한 전문가이다. 즉 기술자가 선풍기를 제조한다. 이 선풍기가 고장 나면 선풍기를 판매한 소매점에서 교화해 준다. 이것을 소비가가 소매점과 매매 계약을 하고 있기 때문에 하자 보수 책임이라 한다. 그러나 때로는 잘못 설계된 기계로 인해 화재가 발생하고 타인이 부상당하는 사고가 생기게 되면 누가 책임을 져야 하는가의 문제에서 보통 설계를 한 기술자는 책임을 지지 않는다. 이것은 법률적인 해석으로 과실주의 원칙에 의한 것으로 설계자는 그 설계 물에 하자가 있을 경우에만 책임이 있다.

설계와 제품 제조업체와 구매자 사이에는 계약관계가 없고, 대량 생산이 이루어지기 때문에 구매자와 제조업체 사이에는 계약관계가 없다고 해석한다. 이와 같이 설계와 제품 책임에 관한 법률은 전문가의 책임과 소비자 보호의 문제가 결부되어 있다. 현대의 법은 인간의 자율성을 기초로 하고 있기 때문에 의도적인 과실이 아니라면 그에게 책임을 지게 할 수 없다. 이것을 자기 책임의 원칙이라 한다.

과실은 결과에 대해 예상할 수 있는 정도와 회피할 수 있는 가능성과 관련된다. 따라서 요즈음은 교통사고, 공해, 설계와 제품에 관한 책임에 관한 법에서도 전문직 종사자의 의무를 강화하고 있다. 과실은 단순히 주의를 소홀히 하는 것이 아니라 객관적인 것으로 간주되어 책임에 대하여 강화하고 이는 실제로는 과실이 없으면서 책임을 져야하는 무과실 책임론까지 제기되고 있다. 이를 사회적 책임론이라 한다.

설계와 제품에 관해서는 제조업체와 구매자 뿐 아니라 제3자에게도 영향을 미치는 경우가 많으므로 불법 행위 책임이 더 중요하다. 어떤 경우에는 자연 재해처럼 국가나 기업이 손해 보상을 하는 경우도 있다. 이것이 어떤 의미에서는 다음 세대를 책임지는 것이라고도 할 수 있다. 법적이나 학문적 사건에서 오류에 대한 책임에 있어 설계와 제품 제조업체가 져야 한다. 또한 비행기와 같은 대규모 시스템을 만드는 업체는 개인에 대한 책임 외에 사고조사를 통하여 장래의 승객에 대하여도 안전에 대한 책임을 져야 한다. 새로운 법률은 대중적 합의에 의해 선택한 제도이나. 과학과 기술자의 발전에 따라 일반인 그리고 전문가라 하더라도 자신의 전문분야 이외에서는 확실하게 의사결정을 하기 위해 성숙한 태도로 가져야 한다.

9.2 사회적 책임의 장애

공학이라는 지식과 학문이 사회의 보편성과 일치되거나 적어도 인정받기 위해서는 여러 가지 요소를 감안하여 사회에 접근 해야만 한다. 설계와 제품 그리고 인간관계는 매우 밀접한 관계로 정립되고 있으며 현대 공학적, 윤리적 입장에서 설계와 제품에 관한 책임의 문제가 중요한 부분이다. 설계와 제품 책임법이라고 하는 것은 설계와 제품을 사용하는 사람에 대한 안전망이고 제품의 안전성은 최종적으로 제조업체가 져야 한다는 것이다.

공학·기술자에게 있어서 하나의 특징은 사용한 사람과 만드는 사람이 뒤섞여 있다는 점에 있다. 만드는 사람이 설계와 제품(기계, 구조물)의 안전성을 학보하고 신뢰성을 보장한다. 설계와 제품의 책임에 관한 법률에는 전형적으로 사용한 사람의 안전성을 배려하는 것이 전문가의 책임으로 되어 있다.

전문가는 복잡한 시스템을 취급한다. 그리고 사람에게 위해를 가하지 않는 것이 기본적인 윤리이다. 안전한 것을 만든다고 하는 것이 설계와 제품과 정보와는 다른 의미이다. 설계자나 정보를 제공하는 자에게 윤리적 책임을 부과하는 것의 부당성에 대해서 생각해 보아야 한다. 정보도 설계품이나 생산품, 제품과 같이 공학기술의 윤리적 통제 하에 두는 것이 마땅하다. 설계나 제품, 정보는 모두 공학·기술적 산물로서 인간을 위한 것이다. 인간의 복지와 건강, 미래를 위해서만 존재하는 것이 공학윤리 교육의 목표이며 공학·기술자의 목적이기도 하다. 생산물들이 인간에게 피해를 주거나, 줄 수 있거나, 주려고 하는 행위를 통제하는 것은 궁극적으로 법에 있는 것이 아니라 전문가인 기술자들의 자율적, 윤리적 책임에 있다.

책임성 있는 기술자가 윤리적 행위를 결정할 때 나타날 수 있는 다양한 방해적인 요인이 있는데 이를 방해하는 심각한 장애 요소를 사회나 조직, 기업 등 책임 있는 단체가 그런 분위기의 완화를 목적으로 개인 즉 기술자들의 직무 상황을 개선해 줄 필요가 있다. 이것은 책임성 있는 전문가가 윤리적 행위를 하면서 직무 상황에서 공학적 결단을 내리는데 방해가 되는 요인이다. 이는 사회나 조직, 기업이나 국가가 이와 같은 책임에의 장애를 감안하여 기술자의 공학적 결정을 판단하여야 한다.

현장에 있는 기술자들이 책임 있는 행위를 하는데 방해하는 요소를 찰스 해리스(Charles Harris, Jr.)등은 아래와 같이 정리하고 있다.

- 맹목적 복종(Blind obedience); 권위 있는 사람이 이야기한 것은 무엇이든지, 무비판적으로 행하는 것.
- 의지박약(Weakness of will): 무엇이 올바르지 않은 줄 알면서 그것을 할 용기, 결의, 또는 책임감이 결여되는 것.
- 이기심(Self-interest); 자신에게 이익이 되는 것을 생각하고 스스로의 판단에 치우치는 것.
- 공포심(Fear); 전문가로서 책임을 다한 결과에 대한 공포심, 예를 들어 잘못되었다고 인정될 경우 직장을 잃을 가능성, 인간관계의 악화 가능성 등에 대한 공포심.
- 무지(Ignorance); 적정한 의사결정을 하기 위해 꼭 필요한 정보나 지식의 부재
- 자기기만(Self-deception); 사실이나 진정한 동기에 관하여 또는 도덕적 책임에 관하여 자신을 속이는 것
- 자기중심주의(Egocentricity); 자신의 견해와 상당히 다를지도 모를 다른 사람들의 견해를 무시하는 것.

- 현미경적 시야(Microscopic vision); 기술자적 문제와 같은 관련 있는 다른 관점을 무시하고 상황의 한 단면에만 관심을 가지는 것
- 집단사고(Group think); 충분한 비판과 토론도 없이 집단적으로 결론에 도달했다고 판단하는 행위나 경향

위의 내용은 기술자라면 누구라도 쉽게 직면하게 될 장애들이다. 그러나 기술자는 팀의 의사결정의 가운데 위치하고 있다. 성공하기 위해서는 팀워크가 필요하다.

진취적인 조직은 이미 이러한 장애 즉 책임성 있게 문제를 대처하는데 필요한 비판적 사고를 방해하는 장애에 직면했을지도 모른다. 사회 심리학자 어빙 제니스((Irving Janis)는 이것을 '집단 사고 (group think)'라 부르고, 이들의 특징을 8개의 징후로 보고 있다.

- 도덕성의 환상(Illusion of morality); 그것은 본래적으로 도덕적이고, 그 때문에 하고 있는 것이 매우 도덕적 이라는 집단의식.
- 마음의 보호(Mind guarding); 의견 충돌자의 회의 출석을 저지하고, 다른 견해로부터 조직을 지키는 것.
- 만장일치의 환상(Illusion of unanimity); 완전히 의견이 일치해야 한다고 가정하는 것.
- 무류의 환상(Illusion of invulnerability); 전혀 심각한 잘못은 범했을 리가 없다고 하는 집단의식.
- 일반화된 고정 관념(Shared stereotypes); 부외자를 반대자나 적이라고 간주하는 우리 의식(we-feeling)
- 자기 검열(Self-censorship); '풍파를 일으키는' 것을 무서워하고 자신의 의견 표명하는 것을 싫어하는 것.
- 직접적 압력(Direct pressure); 불일치의 징후를 나타내는 자기 그 관심사를 추구하는 것을 그만두게 하기 위해 조직 구성원, 특히 리더(leader)가 가하는 압력.
- 합리화(Rationalizations); 변화하기 보다는 정당화하고, 책임을 타인에게 전가하는 것.

집단 사고의 장애는 비록 비판적 고찰을 거쳐 만약 윤리적으로 이의의 여지가 없다고 결론을 맺더라도 의사 결정과 행위의 실천에는 여러 가지 어려움이 뒤따를지

도 모른다. 집단 사고에 대한 구제책으로 조직의 리더가 조직의 각 구성원에게 비판적으로 생각하도록 요구하고 숙고와 논의를 위해 충분한 시간과 기회를 주는 것 그리고 조직이 화합하기 위해 다른 전문가를 참석시키는 것 등이 있다.

오늘날 공학기술이 인간 생활에 제공해 주는 긍정적 영향은 무수히 많다. 인간의 욕구를 충족시켜 주는 새로운 제품을 출현시켰고, 의학의 발달을 가져와 질병 치료는 물론이고 수명의 연장에도 기여했으며, 교통 통신 수단의 발전과 대중 매체의 확산 등 인간 생활에 많은 새로운 가능성을 열어 주었다. 그러나 공학기술이 가져온 부정적 영향도 적지 않다 유독성 폐기물, 방사성에 의한 환경 파괴, 에너지와 자원의 고갈, 핵무기로 인한 전쟁 위협 등 헤아릴 수 없이 많은 문제들을 가져왔다.

그렇다면 공학기술의 양면성 가운데 부정적 측면의 입장을 대변하고 있는 경우 공학기술이 갖는 양면성은 자연을 물리적 대상이자 인간의 욕구 충족을 위한 대상으로 보는 시각이다. 그에 비해 공학기술의 양면성 가운데 긍정적 측면을 살리고 부정적 측면을 회피할 수 있다고 보는 견해는 다양한 형태를 취하고 있는데, 그 중 널리 알려진 공학의 가치중립성을 주장하는 견해가 있다.

공학기술의 가치중립성은 오늘날 여전히 많은 공학자들이 수용하고 있는 주장이다. 이 주장에 따르면 공학 지식과 발명은 객관적이고 합리적인 지식의 체계들로서 공학자의 국적이나 정치적 성향, 계급적 지위와 관계없이 타당하다. 때문에 모든 공학 지식과 발견은 양날의 칼과 같아서 누가 그것을 쥐고 휘두르는가에 따라 좋게도 나쁘게도 사용될 수 있는 것이다. 따라서 공학기술의 양면성이란 엄밀히 말해 공학기술 자체의 양면성이 아니라 동일한 공학 지식을 어떻게 이용하느냐는 이용의 양면성이다. 우리가 보통 이야기하는 공학기술의 부정적 측면은 공학기술 자체의 책임이 아니라 그것을 소유하고 악용하는 인간 집단이나 사회에 연유하는 것이다.

공학기술의 중립성을 신봉하는 사람은 오늘날 첨단 공학기술의 활용이 가져다 줄 영향력 특히 그 가공할 만한 파괴력을 더 이상 외면하는 것은 어려울 것이다. 기술자가 공학기술의 사회적 정치적 활용 가능성과 그것이 제기하는 윤리적 문제에 관심을 가지고 필요한 지식과 안목을 지녀야 할 필요성이 오늘날 점점 증대하고 있다.

공학기술 문명 시대의 주역인 공학자와 기술자들에게 적극적인 윤리적 책임이 더욱 요망되고 있다. 적극적 윤리란 공학의 가치중립성에 안주할 것이 아니라 인간의 존엄과 평화, 자연과의 공존을 위해서 공학자들이 적극적으로 노력해야 한다는 윤리를 말한다. 공학이라는 지식과 학문이 사회의 보편성과 일치되거나 적어도 인정받기 위해서는 여러 가지 요소를 감안하여 사회에 접근할 필요가 있다. 공학이 있기 전에 먼저 사회가 있어 왔고 사회가 필요로 하는 공학 지식만으로 오늘날에도 인정받는 것이고 사회에 역효과나 악을 끼쳤던 공학 지식은 계속 존재하지 않는다. 이러한 점에서 공학과 관련된 기술자의 사회적 책임은 막중하다.

9.3 공학적 결정과 경영상의 결정

기술자가 자기 발전, 승진도 아닌 이유로, 양심의 문제가 아닌 기술자적인 판단으로 불복종하는 경우가 있다면 어떻게 되는가. IEEE(Institute of Electrical and Electronics Engineers) 규정의 최초의 규범(canon)은 "대중의 안전, 건강 및 복지와 일치……."라고 하는 "공학적 결정"을 할 수 있는 책임과 의무를 기술자에게 부과하고 있다. 이것은 기술자적 결정이 이러한 기준과 일치한다고 하는 의사 결정의 자유를 기술자가 갖는 것이 당연하다.

기술자는 실제 이러한 의사 결정의 자유를 직장에서 어느 정도 인정받을 것인지에 대한 조사에서 경영자 대부분이 특별히 안전과 품질의 문제에 대하여 기술자를 전문가로서 인정하였다. 그럼에도 불구하고 경영학의 연구자들은 여전히 경영자 조직에 전문직 기술자를 포함시킬 것인지에 대해서는 망설이고 있다. 이 점에 있어서 기술자와 경영자의 사이에는 사고방식의 독특한 차이가 있다.

첫째, 기술자는 대개 경영자가 가지고 있지 않는 “조직에 대한 충성심”을 가지고 있다. 경영자에 대한 충성심은 조직의 건전성으로 향해진 것이다. 기술자는 경영자에 대한 충성심과 마찬가지로 대중에 대하여 그리고 직업과 그 가치에 대하여 책임과 의무를 가지고 있다. 또한, 직업에 대한 가치는 기술자적 행위를 하고 있다는 자부심만이 아니라 윤리 기준(ethical standards)을 준수하며 자기 인생을 살고 있다는 자긍심도 포함하고 있다.

둘째, 기술자적 결정을 행하는 것에 있어서 경영자는 기술자보다도 넓은 범위의 요인을 고려하여야 한다. 기술자는 주로 대중의 건강, 안전성, 비용 및 품질에 영향을 주는 문제에 관계되고 있다. 경영자는 이러한 요인을 더욱 더 조직의 재정, 스케줄, 대중에 대한 이미지, 종업원의 사기, 조직을 원활하게 혹은 비교적 대립이 없도록 운영하는 것, 고객의 만족도, 마케팅 전략 등을 고려하여야 한다.

셋째, 경영자는 기술자보다도 거래 조건에 관하여 생각한다. 기술자는 대체적으로 다른 것은 고려하지 않고 품질과 안전성의 최소 기준이 만족되어야 한다고 믿는다. 그러나 경영자는 안전성이나 품질을 비용이나 시장성등과 같은 다른 요인과 비교 검토할 가능성이 보다 높다.

따라서 이와 같은 경영자와 기술자의 시각과 입장 차이에서 일어나고 있는 윤리적 문제는 고스란히 사회가 떠안고 있다는 점을 간과해서는 안 된다.

기술자는 다음과 같은 결정을 하는 것이 일반적이다.

- 대중의 건강과 안전에 관한 기술자적 특징에 관계된 결정, 또는 전문직의 윤리헌장에 관계된 결정.

반대로 경영자는 다음과 같은 결정을 하는 것이 당연하다.

- 비용이나 시장성과 같은 조직의 건전성에 영향을 주는 결정 및 기술자의 전문적 규정 혹은 윤리헌장에 저촉되지 않는 결정.

기술자가 자신의 양심과 자존심에 상처를 입지 않고 직속 상사를 설득하거나 취할 수 있는 여러 가지 예가 있다. 기술자가 속하고 있는 기업 조직에 있어 어떤 상황 혹은 일반적 정책에 항의하지 않으면 안 될 때 이것을 어떻게 하면 자기 자신과 조직에 대하여 최소 피해를 주면서 최대 이익이 되도록 할 수 있는 예이다.

- 기술자의 항의가 정당하다는 것을 자기 자신과 다른 사람들에게 증명해 보이기 위해 모든 노력을 기울여라!
- 당신의 의견이 근거가 확실하고 대중의 항의를 정당화하는데도 충분하며 외부 혹은 중립의 의견 진술인에게도 확신을 주는 적절한 증거 서류를 확보하라!
- 대결이 아닌 방법을 사용하라!
- 처음에 당신의 직속 상사에게 문제에 관하여 알려라! 그들에게 그들 자신의 이미지에 심하게 손상을 주지 않는 방법으로 문제점을 고치는 기회를 제공하라!
- 윤리적으로 또는 전문직으로서 대중에 폭로되는 것은 누구도 좋아하지 않는

다는 것을 염두에 두어라!

- "내부고발"이나 "항의"같은 대결적인 용어를 피하라! 그 대신 "전문가로서의 다른 의견"을 가지고 있다든지 또는 "간과하지 않기를 바람"등의 용어로 경영자의 주의를 환기시킬 필요가 있다고 말하는 것은 좋다.
- 회사 조직의 이익을 위하는 동기에서 출발한 것이라고 설득하라! 만약 공학윤리적인 면에 주의를 게을리 하고 문제가 계속되면 조직 그 자체가 장기적인 손해를 입을 것 같은 사실을 강조하라. 예를 들어 소송, 제품 리콜, 손해배상, 또는 평판 악화라고 하는 사태가 될지 모른다고 강조하라!
- 전문직 동료에게 당신의 견해의 장점을 이해하도록 하고 그리고 당신을 지지하도록 하며 설득을 시도해 보라! 조직은 매우 힘 있게 정신적으로 지지하여 준다. 만약 다른 사람이 당신과 의견이 동일하다면 경영자와 조직외의 사람들은 당신이 하는 것에 귀를 기울일 가능성이 높다.
- 윤리적인 분쟁을 해결하기 위해 이용 가능한 기업 내의 기능(facility, 구조)을 이용하라! 대부분의 거대 조직은 옴부즈맨(윤리문제 처리 담당자), 윤리핫라인(직통 전화; hot line), 윤리 담당 간부 또는 그 밖의 내부 구조를 가지고 있다. 반드시 그런 연결 조직을 이용하라 !

기업 내에서 경영자와 기술자가 적대 관계에 있는 것은 전혀 이익이 되지 않는다. 경영자는 경영자/종업원의 대립의 가능성을 줄이기 위해 다음과 같은 경영상의 결정을 할 수 있다. 최고 경영진은 적절한 모범을 나타내지 않으면 안 된다! 대부분의 연구에서 최고 경영진이 기업 조직의 분위기 혹은 문화를 확립하는 것으로 나타나 있다. 윤리적으로 책임 있는 행위가 기대된다고 하는 기업문화를 촉진하는 것은 최고 경영자의 길이다.

기업의 활동에서 의사 결정의 모든 것이 경영자의 독단으로 이루어지지는 않는다. 최고 경영자의 의견에 따라 기업의 방향이 정해지기는 하겠지만 일정 이상 규모의 기업들에서는 그 구성원들의 판단과 의견이 경영자의 판단을 돕거나 대리하게 된다. 이러한 것은 고도화된 산업사회에서 기업의 의사결정에 더욱 두드러지게 나타난다.

9.3 공학적 결정과 경영상의 결정

고도화된 기술력, 공학적인 지식을 갖춘 사람은 주로 고용인으로 일하는 기술자이고 기업을 경영하는 경영자의 경우에는 전반적인 공학 지식을 갖추었을 뿐 전문적이지 못하는 경우가 대부분이기 때문에 공학적 문제와 경영상의 문제가 부딪치는 이해충돌의 사례가 발생할 수 있다. 과거에는 이러한 의사결정 문제에 있어서 기업의 이익이 가장 우선시 되었다. 하지만 고도화된 기술력을 바탕으로 하는 현대의 기업 활동에서 문제가 되는 의사결정을 과거와 같이 한다면 작게는 기업의 손해 크게는 대형 참사로 까지 잘못된 의사결정에 의한 피해가 생길 수 있다. 때문에 공학적인 어떤 면과 경영상의 어떤 면을 주된 기준으로 의사결정을 해야 하는지에 대해 관심을 가져야 할 필요가 있다.

경영자와 기술자는 교육배경, 사회성(의사소통), 관심사 등에 의해서 관점에서부터 차이가 생기는데 이러한 관점의 차이가 의사결정과정에서의 충돌이 발생하는 가장 큰 이유라고 할 수 있다. 관점의 차이에 따른 경영자와 기술자의 특징을 간단하게 나타내면 다음과 같다.

표 9.1과 같이 경영자와 기술자 사이에서는 특징적인 차이가 있으며 이로 인해서 의사결정과정에서 공학적인 판단과 경영상의 판단에 차이가 생기는 경우가 있다.

각각의 판단들은 절대적으로 옳고 그름이 있을 수 없고 보다 나은 결정을 위한 적절한 판단만이 있을 수 있다. 이를 요약하면 다음과 같다.

<표 9.1> 경영자와 기술자의 특징

경영자의 특징	기술자의 특징
▪ 도덕적 관심보다는 이윤추구에 더욱 관심을 가진다. ▪ 기능적 합리성(trade-off)을 선호한다. ▪ 결정에서 순수한 도덕적 요소를 허용하지 않는다. ▪ 조직(동료와 상사)에 대한 충성을 강조한다. ▪ 조직을 보호하기 위해 책임 한계를 모호하게 하거나 문서 서류화를 회피하는 경향이 있다.	▪ 조직에 대한 충성보다는 전문직에 대한 책임 이행에 더욱 관심을 가진다. ▪ 대중의 안전, 건강, 복지 등을 우선시 한다. ▪ 제품의 품질과 안전을 강조한다.(시야가 좁아진다.) ▪ 기업과 소비자보다 물건, 제품에 더욱 초점을 맞춘다.

<표 9.2> 기술자와 기업이 준수해야 하는 사회적 책임

기술자	기업
▪ 일반적 업무, 직무	▪ 기업의 사회적 책임
▪ 대중의 안전, 건강, 복지의 추구	▪ 대중의 안전과 건강, 복지의 확보
▪ 거래처에 대한 책임과 의무; 공정성, 공평성, 공정 거래	▪ 뇌물의 금지 ▪ 관계 관청·거래처 등에 접대에 관한 규칙준수 ▪ 거래처 등에서의 불성실 접대, 대접에 관한 제한 ▪ 거래처 납입 업자에 대한 공평한 취급 ▪ 자사 주식 내부거래의 금지
▪ 법률, 공적 규정의 준수	▪ 공정 거래법의 준수, 제조물 책임법, 특허법 등
▪ 윤리헌장 준수	▪ 기업 내부규칙, 윤리강령, 윤리헌장 제정준수
▪ 환경의 보호, 생명보호	▪ 지구환경의 보호, 지속가능한 개발, clean technology(클린 기술) ▪ 지역의 환경, 생명 보호
▪ 기업에 대한 종업원의 의무	▪ 종업원의 회사 자산 사적사용의 금지 ▪ 기업비밀, 자사개발 기술정보에 관한 기밀유지
▪ 종업원에 대한 기업의 책임	▪ 인종, 성, 국적, 장애, 종교 등의 차별 금지 ▪ 성희롱(sexual harassment)의 금지 ▪ 종업원의 프라이버시 보호
▪ 고객, 대중에 대한 책임	▪ 고객 만족도 향상에 공헌 ▪ 고객의 개인정보의 보호
▪ 지역사회에 대한 책임	▪ 지역사회에의 배려, 공헌 ▪ 지역 주민의 안전·건강의 배려
▪ 국제적 업무에 대한 책임	▪ 해외 영업지점의 현지 법령 준수

➢ 적절한 공학적 결정(PED: Paradigmatic Engineering Decision)

- 공학적 전문지식을 요구하는 기술적 문제를 포함한 내용 (안전과 품질에 관한 것)
- 대중의 건강과 안전을 도모하기 위해서 공학헌장에 제시된 윤리기준에 포함된 내용
- 공학적 고려에 의하여 지배되거나 기술자에 의해 내려져야 하는 결정

적절한 경영적 결정(PMD: Paradigmatic Management Decision)

- 비용, 작업일정, 마케팅과 고용인의 복지와 같은 조직의 안녕과 관계된 내용
- 기술자의 고유한 기술적인 실행이나 윤리적 기준들과 충돌하지 않는 내용
- 경영적인 고려에 의하여 지배를 받거나 경영자에 의해 내려지는 결정

보다 나은 의사결정을 하기 위해서는 위와 같은 기준에 따라서 공학적인 부분과 경영상의 부분 중에 보다 중요한 것에 초점을 맞춰서 결정을 하여야 한다.

9.4 설계와 제품에 대한 책임

1960년대 이후 기업의 대량생산 체제와 유통구조의 복잡화 및 매일 출하되는 신상품의 홍수 속에서 소비자의 피해발생이 속출하여 소비자 개개인을 보호해야 할 필요성이 증대되자 소비자와 생산자간의 관계에서 새로운 개념으로 제조물 책임법(PL : product liability)이 출현하게 되었다.

이것은 구체적으로 생산자와 소비자 간에 불만 및 안전문제 등 법적인 소송형태로 발전하게 되었으며, 이를 통해 생산자의 제품에 대한 책임과 의무를 강화하게 되었고 그 시대에 따른 소비자 보호의 정책적인 의지 내지 사상이 실체화된 것으로 볼 수 있다. 이러한 제품책임에 있어서의 소비자 안전문제는 제품안전(안전한 재료, 부품의 선정, 제품의 안전성 제고 대책 및 사용 설명서에 명시 등)과 인간의 존엄성 등 기업의 사회적 책임차원에서 PL문제에 중요성을 두고 추진되어야 한다.

미국의 경우 제조물 책임법에 따른 소비자 불만사항은 1950년대에는 불과 5만 건이던 소송건수가 1963년에 25만 건, 1970년대에 50만 건, 1975년에는 100만 건 이상으로 증가되었으며, 배상금 수준도 1965년에는 건당 평균 1만 1000달러의 배상금이 1975년에는 8만 5000달러에 달했으며, 최근 100만 달러를 상회하고 있음을 볼 때 가히 'PL위기'로 불리어지는 사회문제로까지 발전하게 되었다. 근대 이후 산업혁명으로 공학기술이 고도화되고 제품이 대량생산됨에 따라 제품의 소비에 있어서 다음과 같은 문제점들이 제기되었다.

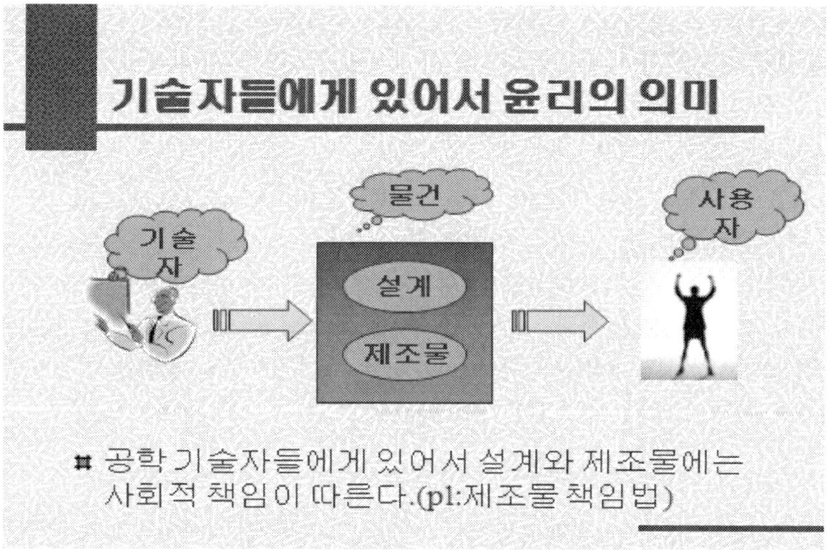

<그림 9.1> 기술자 윤리의 의미

첫째, 오늘날의 제품은 복잡한 설계와 고도의 공학기술로 제조되었으며 제조업자는 제품에 관한 전문 지식이 있으므로 충분한 주의를 기울이면 제품의 결함을 비교적 용이하게 발견할 수 있는 능력이 있지만 소비자는 아무리 충분한 주의를 기울여도 근본적으로 그 제품의 결함을 발견하기에는 능력에 한계가 있다.

둘째, 근대 이전은 자급자족 사회로서 단순한 수공예품을 주문 생산했으므로 시장에 유통되는 제품이 소량이었고, 동일한 결함을 지닌 동일제품이 대량생산될 가능성도 희박하여 다수의 피해자가 발생할 수 있는 위험성도 적었다. 그러나 오늘날의 제품은 동일한 설계와 공정에 따라 자동화, 규격화된 동일제품이 대량생산되고 있으므로 결함 있는 제품으로 인해 1년에 약 2천만 명이 피해를 입고 있으며, 이중 11만 명은 중상이며, 3만 명 정도는 사망한다.

이러한 사회 경제적 환경의 변화는 기업의 경영환경과 전략에 변화를 초래하였으며, 소비자주의에 따라 기업의 사회적 책임에 대한 요구도 주요관심의 대상이 되었다. 따라서 이러한 변화들은 기업 내부에 관한 의사결정 뿐만 아니라 정부나 관계기관의 법적 규제 및 제품의 안전에 관한 표준 설정을 요구하게 되었고, 이에 따라 전통적인 법률적 기준도 제품의 책임에 관한 제조업자의 의무조항을 다시 고려하게 되어서 과거에는 별로 그 책임을 묻지 않았던 결함 있는 제품에 의한 소비자의 신체적, 재산적 피해에 대한 문제가 오늘날은 매우 심각하게 고려되고 있다. 그러므로 사회적, 경제적, 법률적 환경의 변화로 인한 제조업자의 결함 있는 제품에 대한 책임이 더욱 중대한 문제로 부각되고 있다.

제조업자의 결함 있는 제품에 대한 책임문제는 바로 제품의 품질과 안전에 가장 관심이 집중되고 있다. 제품의 안전문제는 우선 소비자의 신체 및 재산상의 피해로 인해서 기업에 경제적 손실뿐만 아니라 기업의 이미지에도 많은 영향을 미친다는 의미에서 매우 중요한 현실적인 연구과제로 대두되고 있다. 따라서 기업들은 제조물 책임으로 인한 경제적 손실과 이미지 실추 등의 부정적 영향을 최소화하기 위한 적극적인 대책 모색이 시급하다.

기계는 만들어 지는 것만으로는 의미가 없다. 그것을 움직이지 않으면 안 된다. 이때 운전자, 조종자, 사용자라고 하는 인간이 개입하고 있다. 다른 인물이 개입되면 거기에서 인과 관계가 법률적으로 제품과 제조자와의 관계는 상실되는 것이다. 자동차 사고에 대하여 설계, 제조자가 책임이 있다는 것은 아니다. 그러나 자동차로 인한 사고의 원인이 설계와 제품 그 자체에 있다면 문제는 달라진다.

그 책임 소재의 한계를 명확하게 그을 수 있는 것이 있다면 그것은 사용 설명서이다. 그런데 설계라고 하는 것은 사용 조건을 어느 정도 설정한 다음 사용할 수밖에 없다. 가령, 산속이나 바다 속이나 모두 달릴 수 있는 자동차는 사용 설명서에 반드시 하늘을 날 수 있다고 까지 명기할 필요는 없다. 또한 그 사용 방법에 대하여 전부 설명한다는 것은 가능하지 않기 때문이다. 사용설명서에 아무리 상세하게 설명한다고 하여도 그것을 벗어나는 경우가 있다.

또, 소비자는 사고 가능성을 알고 있으면서 그 기계를 사용하고 있다. 이것이 자기 의사결정일지도 모른다. 제품은 제조자의 목적과는 달리 사용 방법이 결정될 지도 모른다. 이와 같은 제품에 대한 기술자의 책임은 법의 경제학에서 사회적 비용이라고 한다. 즉, 생각지도 않았던 제품에 대한 부작용에 대한 비용은 사회적 비용으로서 무과실 책임으로 해 두고, 직접적인 배상 책임은 제조업자에게 지게 한다. 그 후 제조업자는 증가한 비용을 제품의 가격에 가하고 제품을 파는 것이다.

제품의 설계가 일으킨 사고의 책임은 설계자에게 원인이 있으며 제품의 사용자가 일으킨 사고의 책임은 결과는 사용자에게 있다. 여기에서 말하는 인간의 실수는 제품 사용자의 실수를 의미한다. 아무리 안전성이 확보된 제품이라고 할지라도 사용자가 사용할 때의 사고는 미리 예측하기가 힘든 것이다. 그러나 사용자의 실수로 인한 사고라고 할 때 그 책임을 전적으로 사용자 개인의 책임으로만 돌릴 것인가 하는 문제를 생각해 볼 필요가 있다. 앞서 말했지만 오늘 날 사회의 복잡한 산업사회에서 제품 선택권을 소비자, 사용자가 확보하고 있는 것은 과거와 변함이 없으나 그 제품에 대한 완전한 안전성의 확보를 예상하고 그 제품을 선택할 수 있는 권리는 소비자, 사용자가 가지고 있지 못하기 때문이다.

9.5 이해충돌(conflict of interest)과 윤리적 의사결정법(7단계법)

미국의 텍사스 인스트루먼트는 기술자 개개인이 들고 다니는 수첩이 있는데 이 수첩에는 "윤리 카드(ethics card)"라고 하는 윤리 헌장과 관련된 규정집이 기록되어 있어 기술자 개인이 업무를 수행하다가 윤리와 관련된 이해 충돌의 문제가 발생될 경우 그 문제 해결책을 적어 놓고 기술자의 딜레마를 해결하는데 도움을 주고 있다. 이 윤리카드에는 기술자가 윤리적 문제를 인식하였을 때 연락을 할 수 있는 윤리 담당 부서(옴부주 맨)의 연락처가 쓰여 있다. 게다가 복수의 부서의 연락처가 쓰여 있으므로 회사의 은폐 기도로 인하여 기술자 개인이 피해를 받을 걱정은 없도록 제도적 장치를 마련해 놓고 있다. 또한 개인 기술자가 윤리적 문제의 해결의 딜레마에 빠질 때 점검해 볼 수 있는 단계별 해결 수칙을 정해 놓고 있다. 예를 들어

1) 「그것」은 법률에 저촉되는 것은 아닌가?
2) 「그것」은 회사의 윤리적 가치 기준에 맞는 것인가?
3) 「그것」을 하면 누구든지 좋지 않다고 느끼지 않을까?
4) 「그것」이 방송이나 신문에 날 일이라면 어떻게 될 것인가?
5) 「그것」이 올바르지 않다고 알고 있는데 해야만 하는 것인가?

등의 사실이 발견되거나 문제인식을 하게 될 경우 불분명하거나, 판단이 부족하거나 납득이 되지 않을 때 관계자에게 상의를 하도록 하고 있다. 일반적으로 기술자 자신의 생각과 판단, 습관으로 행동하지만 그 행위가 항상 윤리적으로 올바른

행위인지는 알 수가 없다. 만약 비윤리적이라고 밝혀졌을 경우의 상황에서는 이미 매우 수습하기가 곤란한 경우가 발생할 수도 있다. 한편 일리노이 공과대학의 마이클 데이비스는 7단계 문제해결법을 권유하고 있다.

윤리적 의사결정을 위한 7 단계법(Seven-step Guide to Ethical Decision Making) 이외에도 다양한 방법으로 의사결정을 수행할 수 있는 여러 가지 방법이 개발될 수 있다. 하지만 일반적으로 사회 윤리에서는 투명성과 이해관련 문제, 그리고 공평한 태도는 기본적인 기술자들의 의사결정 태도이다.

<표 9.3> 마이클 데이비스의 윤리적 문제해결의 7 단계법(Seven-step Guide)

Seven-step Guide to Ethical Decision Making
(윤리적 의사결정을 위한 7 단계법)

1. State problem. (윤리적 문제를 명확하게 진술하라.)
2. Check facts. (사실 관계를 검토하라.)
3. Identify relevant factors. (관련하는 요인, 조건 등을 구별하라.)
4. Develop list of options. (취할 수 있는 행동 방안을 생각해 보라.)
5. Test options. (대체 안을 다음과 같은 관점으로부터 검토해라.)
    - 피해 시험(harm test): 이러한 행위는 남에게 피해를 주는 것이 아닌가?
    - 공공성 시험(publicity test): 내가 한 행동이 신문이나 방송에서 보도된다면 어떻게 될 것인가?
    - 자기 방위 시험(defensibility test): 자신의 의사결정을, 공청회나 공적 위원회에서 변명할 수 있을까?
    - 가역성 시험(reversibility test): 자신이 그 행위에 대하여 악영향을 받는 쪽에 있더라도 그 결정을 지지할 것인가?
    - 동료 평가시험(colleague test): 그런 행위가 해결책이라고 하여 동료에게 설명했을 경우 동료는 어떻게 생각할 것인가?
    - 전문가 집단시험(professional test): 자신이 소속된 전문가 협회나 윤리위원회에서는 그러한 행위를 어떻게 생각할 것인가?
    - 기업조직체 시험(organization test): 회사의 윤리담당 부서나 자문 변호사는 그러한 행위를 알고 있을까?
6. Make a choice based on steps 1 - 5. (1에서 5의 검토 결과를 기본으로 취해야 할 행위를 결정하라.)
7. Review steps 1·6. (그러한 윤리적 문제에 다시 빠지지 않기 위해 어떠한 방책을 채택해야할 것인가 혹은 문제점의 개선방법을 생각하면서 1에서 6의 단계를 재검토하라)

<표 9.4> 기술자들의 윤리적 판단을 돕기 위한 요인

격려 요인	저해 요인
▪ 이타주의(공익우선)	▪ 이기주의(사리사욕)
▪ 희망·용기	▪ 공포, 걱정,
▪ 정직·성실	▪ 자기기만
▪ 지식·전문 능력	▪ 무지
▪ 공공성	▪ 자기중심적 지향
▪ 거시적 시야	▪ 미시적 시야
▪ 권위에 대한 비판 정신	▪ 권위의 무비판인 수용
▪ 자율적 사고	▪ 집단 사고

예를 들어 윤리적인 의사결정을 행하기 위한 단계를 잘 알고 있다고 하여도 전문가인 기술자가 실제 행하는 현장에서는 상황은 전혀 그런 판단을 할 수 없도록 하는 상황이 놓여있을 수도 있다. 그 단계를 명확하게 인식하고 있다고 하여도 그런 단계를 생각할 수 없는 시간적 여유가 없는 경우도 나타날 수 있다. 전문가로서 도덕적 자율성을 유지하기 위하여 보다 좋은 해결책을 찾아내기 위해서는 불가피한 결정을 함과 동시에 비윤리적인 행동을 취할 수밖에 없다고 하는 상황 논리를 이해해야만 할 것이다.

윤리적 의사결정을 방해하는 요인에 대하고 이해가 깊은 사람은 그러한 함정에 빠지기 쉽다고 하는 현실을 자각해야 한다. 기술자들이 윤리적 판단을 내리기 위하여 격려해 주어야 하는 요인이 있다.

이해관계의 분쟁(Conflict of interest)에서 오는 뇌물 수수에 관한 행위는 전문직 판단의 신뢰성에 대한 중대한 결과를 가져온다. 이해관계의 분쟁은 경영자 또는 고객에 대한 의무 위반, 경쟁 상대에 대한 불공정, 그리고 일반 대중에 대한 피해나 손해라고 하는 중대한 결과를 가져오는 것이다. 무엇이 이해관계의 분쟁인지 분명히 정의를 필요가 있다.

- 경영자 혹은 고객의 어느 특정의 합법적인 이해관계로 인한 뇌물 수수
- 그들의 이해관계를 위해 성실하게 근무하고, 그들의 이해관계를 성실하게 지킴이라고 하는 경영자에게의 도전.
- 경영자가 성실하게 그러한 책임과 의무를 다하는데도 나쁜 영향을 끼칠 우려가 있는 경쟁 기업 간의 이해관계.

자기기만을 할지도 모르기 때문에 우리들은 특별히 이해관계의 분쟁에는 신중해해야 한다. 그것은 단지 객관적이라는 것을 방해할 뿐만 아니라 실제로 우리들이 이해관계의 분쟁에 관계되고 있는 것을 알아차리기 어렵게 한다. 또한, 어느 정도에서 선을 그어야 할지 어렵게 한다. 이러한 사례에서 으레 잘 나타나고 있는 반윤리적인 행위가 뇌물 수수이다. 뇌물 수수만큼 반윤리적으로 크게 취급되는 주제는 없을 것이다.

일반적으로 뇌물과 선물에는 차이가 있다. 공통점은 물건이거나 금전이거나 이해를 받고자하는 자의 의도에 따라 다양한 형태로 나타날 수 있는 것이 뇌물과 선물이다. 선물과 뇌물의 차이는 공학지식의 중요성이 뚜렷해짐에 따라 공학자도 직업활동에서 제3자의 보답이 선물인지 뇌물인지 심각하게 판단해야 하는 상황에 처할 수 있다. 어떤 경우에는 본의 아니게 선물이 뇌물로 둔갑할 수 있다. 공평한 대우는 공학기술 사회뿐만 아니라 일반사회에서도 대단히 중요한 문제로 의사 결정에 신중해야 할 것이다.

9.6 윤리적 문제해결과 선긋기 판별법 (line drawing method)

윤리학의 세계에서는 아리스토텔레스의 창조적 중도해결책이나 중세에 탄생한 결의법, 혹은 선긋기 판별법(line drawing method)등이 제창되고 있다. 결의법은 말 그대로 각기 나온 의견이나 해결책들 가운데에서 만장일치나 다수결의 원칙에 따라 해결책을 선택하는 것이다. 이 방법은 비교적 쉬운 의사결정의 선택과 비창의성을 요구하는 문제에서 주로 이용될 수 있다.

창조적 중도해결책(creative middle way solutions)은 가능한 모든 관계있는 의무를 만족 시키는데 가장 접근하는 상반되는 가치들을 절충해서 해결책을 찾는 방법으로 오랜 옛날부터 사용해 오던 기법이라고 할 수 있다. 2가지의 선택 중에서 중간의 방법을 선택하거나 제 3의 아이디어를 선택하는 것으로서 예를 들어 최악의 선택과 최선의 선택 중에서 양보할 수 없는 가치나 이해의 충돌이 있을 경우 중간의 방법을 선택하는 것이다. 고용주에 대한 충성과 기술자의 사회에 대한 책임 중에서 어느 것도 양보할 수 없는 딜레마에 빠지게 되는 경우 엔지니어는 두 가지의 가치 중에서 가장 적절한 양보와 선택을 거쳐서 중간의 다른 방법을 선택하거나 혹은 전혀 다른 방법을 선택하는 경우이다.

예를 들어 뇌물과 선물의 차이를 구분하기 어려운 딜레마에 빠져 있을 경우 택할 수 있는 최선의 제3의 중도해결책은 고아원이나 양로원에 기여함으로서 효과적인 지혜를 발휘할 수도 있는 문제이다.

K씨는 소형 가전제품을 설계하고 있다. 그는 제품을 좀 더 싸게 설계하는 것이 가능하지만 제품의 신뢰성, 안전성 전반적인 품질이 떨어지게 된다. 이 경우 제품은 "싼 것이 비지떡"이라는 식으로 설계하는 것이 아니라는 그의 기술자적 판단이 우선하는 설계를 하는 것이 당연하다. 경영자도 경영적 관점에서 그의 공학적 판단에 찬성할 지도 모른다. 왜냐하면 값이 싼 제품은 많은 소송을 일으키고 고급 제품을 지향하는 기업의 평판에 손해를 끼칠지도 모르기 때문이다. 이와 같은 예가 바로 기술자와 경영자의 사이에 공학적 결정이 의사 결정상 합의 일치를 본 경우가 될 것이다.

반대로 다음의 예를 보면 경영자의 고려가 우선되는 경우이다.

C씨는 그의 기업이 오랜 기간에 걸쳐 판매해 왔던 제품에 대한 신형 제품을 설계하고 있다. 마케팅 부문에서 표면적인 특징을 갖는 디자인 중 남녀의 선호가 다른 상황이 있다고 보자. 이들 표면적 특징은 제품의 비용에 영향을 줄 것 같지만 제품의 품질 혹은 안전성에는 영향을 주지 않을 것이다. 이 경우 시장성이나 비용과 같은 경영상의 고려가 최종의 판단이 되는 것이 당연하다.

다음과 같은 경우는 기술자적 의사결정이 더욱 어려워진다.

L씨는 화학 플랜트용 전동 개폐 장치를 설계하고 있다. 부품 A는 작동 결과 신뢰성과 내구성에 관하여 조금 좋은 점수를 받았지만 부품 B의 쪽이 10% 싸다. 또한 부품 B는 L씨의 기업에게 좋은 고객이 될 만한 사람들에게 판매하고 있다. 이 경우 비용 및 미래의 고객을 키우는 가치와 같은 경영상의 고려 사항은 신뢰성이나 내구성과 같은 기술자적 고려 사항과 비교 검토될 수 있다. 그러한 곤란한 문제는 어떻게 해결할 수 있을 것인가?

9.6 윤리적 문제해결과 선긋기 판별법

물론, 문제를 이처럼 짧게 설명하는 것만으로 상황을 정확하게 판단한다는 것은 불충분하다. 부품 A의 "조금 좋은" 점수라는 것이 어느 정도를 의미하는 것인지 그것이 심각한 피해나 인명 손실 차원에서 문제가 되는 것은 아닌가. 조금 품질이 떨어진다는 정보를 고객에게 제공하고 고객이 자유롭게 이해하도록 한 다음에 구입을 결정하도록 하는 것이 가능한가.

부품 A의 제조업자는 그 부품을 살만한 잠재적 고객에 대하여 무엇인가 좋은 방안이 없는가. 부품 B의 제조업자와의 거래는 정말로 기업에 어느 정도의 가치가 있는 것인가. 그렇지만 대립된 고려 사항이 평형을 이루는 것처럼 보일 때 종종 문제해결을 위해 창조적인 중간의 길을 발견하는 것이 가능할 수 있다.

예를 들면, 제품의 품질을 향상시키도록 부품 B의 제조업자를 설득하는 것이 가능하고 그 결과 부품 A와 동등하게 된다면 그 때는 가격이 10% 오른다고 하여도 L의 기업은 떳떳이 부품 B를 구입하도록 고객들을 설득할 수 있다. 또한 그 기업은 고객을 여전히 만족시킬 수 있다. 그래서 또 다른 창조적 중간 해결 방법을 찾을 수 있는 것이다.

선긋기 판별법(line drawing method)의 예를 들어보면 다음과 같다.

00시에는 10년간에 걸쳐 인구가 30%나 증가하였고 교통량도 매우 증가하였다. 상공업 중심지로서 도시의 외곽도로는 여전히 2차선이었고 주요 도로중의 하나였다. 2차선의 교통 통행량이 늘다 보니 점점 심각한 교통사고가 자주 빈발하였다. 그 대안으로 00시의 도시계획 책임자인 엔지니어 XX씨는 가로수에 있는 나무를 잘라 버려야 하는 도로확장 계획을 세우게 되었다. 그러나 그 계획에 반대하는 주민들의 환경단체가 반대서명을 하고 문제해결책으로 도로 가로수에 있는 건강한 나무를 없애서는 안 되고 이 도로를 이용하는 운전자들의 부주의한 습관만 해결하면 될 것이라고 주장하였다.

교통사고를 없애기 위한 도로 확장 계획을 수행해야 하는 XX씨는 나무를 없애면 안 된다는 주민들을 두고 어떻게 해야 하는지 고민에 빠지게 되었다. 과연 교통 문제 해결을 위한 도로 확장 계획은 환경훼손의 문제인지 도로 교통의 환경개선책인지 판단하는데 심각한 의사결정의 이해 충돌현상이 벌어지고 있다. 이때에 환경개발선인가 환경훼손인가 하는 문제는 선긋기 판별법으로 판단해 볼 수 있는 방법이 있다. 이것은 문제해결의 최선책인가 아닌가하는 것을 떠나서 어느 정도 의견의 일치, 불합치를 판단할 수 있는 하나의 방법이 된다.

예를 들어 환경훼손의 문제라면 야생 동식물의 남획 및 그 서식지의 파괴, 생태계 질서의 교란, 자연환경의 훼손, 표토의 유실 등으로 인하여 자연환경의 본래적 기능에 중대한 손상을 주는 상태를 말한다. 그리고 환경개발의 문제는 현재의 요구와 열망을 맞추기 위한 경제적이고 기술적인 행위를 말하고 대부분의 엔지니어들의 학회 윤리헌장에는 "엔지니어들이 안전, 건강과 공공의 복지를 최우선으로 고려해야 하며 전문적인 의무들의 이행에 있어 환경 보전개발의 원칙을 따르도록 노력해야 한다."는 원칙이 있다.

이런 상황에서 긍정적 패러다임(positive paradigm)은 교통량 해결(할 수 있음)과 사고와 운전자 부주위의 연관성(적음), 나무훼손과 주민환경의 피해정도(낮음), 사고와 가로수와의 연관성(적음), 도로안전(보장됨) 등이 될 수 있을 것이고 부정적 패러다임(negative paradigm)은 교통량 해결(할 수 없음), 사고와 운전자 부주의 연관성(높음), 나무훼손과 주민환경의 피해정도(높음), 사고와 가로수와의 연관성(높음), 도로안전(보장 안 됨)등의 평가 항목이 될 수 있을 것이다.

<표 9.5> 선긋기 판별법(line drawing method)에 의한 도로 확장 계획의 윤리적 분석

부정적 패러다임 (NP) (명백히 잘못)	평 가										긍정적 패러다임 (PP) (명백히 합당)
	1	2	3	4	5	6	7	8	9	10	
▪ 교통량 해결(할 수 없음)								V			▪ 교통량 해결(할 수 있음)
▪ 사고와 운전자 부주의 연관성(높음)						V					▪ 사고와 운전자 부주위의 관성(적음)
▪ 나부훼손과 주민환경의 피해정도(높음)			V								▪ 나무훼손과 주민환경의 피해정도(낮음)
▪ 사고와 가로수와의 연관성(높음)						V					▪ 사고와 가로수와의 연관성(적음)
▪ 도로안전(보장 안 됨)					V						▪ 도로안전(보장됨)

*PP:긍정적 패러다임(positive paradigm), NP:부정적 패러다임(negative paradigm)

9.6 윤리적 문제해결과 선긋기 판별법

<표 9.6>선긋기 판별법(line drawing method)에 의한 평가분석표

평가항목	가중치	점수	가중치*점수= 평가점수
교통량 해결	2	8	16
사고와 운전자 부주의 연관성	3	6	18
나무훼손과 주민환경의 피해정도	1	3	3
사고와 가로수와의 연관성	2	6	12
도로안전	2	5	10
…….	…….	…….	…….
합계	10	-	59/100

선긋기 판별법(line drawing method)에 의한 윤리적 쟁점의 분석은 아래와 같은 순서로 한다.

1) 우선 부정적인 패러다임(NP)과 긍정적인 패러다임(PP)을 결정한다. 이것은 개인이나 집단의 공통적 윤리적 기준을 모색하여 결정하는 것으로 숫적인 제한이 없다.
2) 부정적, 긍정적 패러다임은 윤리적 판단 기준의 평가항목이 된다. 따라서 여러 가지가 나올 수 있고 가장 윤리적으로 쟁점이 될 만한 요소를 평가항목으로 나열한다.
3) 부정적, 긍정적 패러다임 속에서 중요도와 심각성에 따라 평가점수를 부여한다. 이것 또한 개인이나 집단의 의사결정을 고려하여 결정한다.
4) 따라서 완전한 긍정적 패러다임은 10점이 되도록 하고 완전한 부정적 패러다임은 0점이 나오도록 결정한다. 경우에 따라서는 5 ~ 0점 사이로 책정하여도 무방하다.
5) 평가점수는 그 중요도와 심각성을 고려하여 적절한 가중치를 둔다. 가중치도 주관적 판단에 근거함으로 신중하게 결정하여야 한다.
6) 가중치와 평가점수를 곱하여 총 평가점수를 결정한다.
7) 총 평가 점수를 합산한다.
8) 이렇게 하여 평가된 총 평가점수는 59/100점이 된다.

윤리적 문제의 해결에 있어서 엄격한 수적인 기준은 있을 수 없음으로 편의상 가중된 총 평가점수에서 임의의 결정된 점수를 기준으로 판단하여 100점에 가까운 점수가 나올수록 긍정적 패러다임을 지지하고 0점에 가까울수록 부정적 패러다임을 지지하는 윤리적 선긋기 판별법이다.

위의 합계를 보면 100만점에 50점으로 기준으로 혹은 적절한 기준 점수(75점 이상일 경우 긍정 쪽으로, 25점 이하일 경우 부정적 패러다임 쪽으로)를 중심으로 판단한다. 위의 경우에는 총 평가 점수가 59점이 나왔다. 그러므로 여러 상황을 잘 살펴서 창조적 중도해결책을 모색해야 한다. 총 평가점수는 긍정적 패러다임 쪽으로 약간 기울긴 했으나 논란의 여지가 보이며 주민들에게 설득이 필요하고 더 좋은 방안을 모색하는 것이 좋다고 보아야 할 것이다.

9.7 비용/이득분석과 위험/이득 분석

1960년대 후반에 설계된 미국 자동차 회사인 포드사의 핀토 모델은 연료통이 자동차의 후미에 설계되어 있었기 때문에 추돌되는 사고가 발생될 때 쉽게 폭발할 수 있다는 가능성이 있음에도 불구하고 회사 경영진에서는 설계를 변경하여 생산할 경우와 추돌 사고 후의 배상과 비용/이득 분석을 통하여 사고 후 배상비용이 설계 변경비용 보다 더 크게 이익이 된다는 결론을 내렸다.

가솔린 탱크가 항상 폭발할 가능성이 높다고 하는 구조상의 결함이 있어 기술자도 이러한 사실을 알고 있었으나 포드사는 설계를 변경해 개선했을 경우보다 사고 후 배상 쪽을 선택한 것이다. 물론 사고 후에 사고의 피해자에 대한 고액의 배상금의 지불이나 기업 이미지 저하 등의 문제도 고려하지 않은 것은 아니지만 이러한 경영적 판단의 심각한 문제는 비용/이익 분석을 통하여 계산을 잘못했다고 하는 것이 아니라 윤리적으로 심각한 문제점을 노출시킨 사례가 되었다. 핀토 자동차의 설계를 개선하는 데 드는 약 1억 3천만 달러의 비용보다 자동차 사고로 인한 보상비가 4천 9백만 달러로서 훨씬 적게 들어간다는 것이다. 즉, 자동차의 설계를 하기위하여 모든 공정 라인을 수정하는 비용보다는 사고를 보상함으로서 회사는 더 적은 비용을 지불하게 됨으로 회사로서는 이익이라는 분석이다.

<표 9.6> 포드자동차 회사의 핀토 모델의 비용/이익 분석

<table>
<tr><td colspan="3">사고 보상을 하여 얻을 수 있는 이익
(2차 비용)</td><td colspan="3">설계 개선하는 데 드는 비용
(1차 비용)</td></tr>
<tr><td rowspan="3">발생 건수</td><td>화재사망자</td><td>180명</td><td rowspan="3">판매 대수</td><td>승용차</td><td>11,000,000대</td></tr>
<tr><td>화재부상자</td><td>180명</td><td rowspan="2">경트럭</td><td rowspan="2">1,500,000대</td></tr>
<tr><td>차량화재</td><td>2,100건</td></tr>
<tr><td rowspan="3">단위 비용</td><td>사망사고</td><td>200,000 달러/건</td><td rowspan="3">단위 비용</td><td>승용차</td><td>11 달러/대</td></tr>
<tr><td>부상사고</td><td>67,000 달러/건</td><td rowspan="2">경트럭</td><td rowspan="2">11 달러/대</td></tr>
<tr><td>차량화재</td><td>700 달러/건</td></tr>
<tr><td colspan="2">이익 합계:</td><td>49,530,000 달러</td><td colspan="2">비용 합계:</td><td>137,500,000 달러</td></tr>
</table>

이 결과를 수용한 회사 측은 소송을 당하게 되었고 배심원들의 분노를 얻게 됨으로서 엄청난 징벌적 보상을 하게 된 경우가 있다. 이와 같이 비용/이익 분석은 기업의 경우 매우 중요한 분석 기법이라고 할 수 있지만 반드시 필요한 경우에 사용되어야 하고 공익과 공공의 안전을 담보로 하는 경제적 이득 분석으로 이용되어서는 안 될 것이다.

한편 위험/이득분석은 위험요소를 분석할 필요성이 있다. 위험요소에는 일반적으로 다음과 같은 사항을 생각해 볼 수 있을 것이다.

- 얼마나 자주 고장(위험요소)이 발생할 것인가?
- 얼마나 크게 위험요소가 발생할 것인가?
- 위험요소를 제거하기 위한 방법은 무엇인가?
- 위험요소를 감소하기 위한 대책은 무엇인가?
- 위험요소를 유지하면서도 피해가 어느 정도 나타나는가?
- 물적 피해인가 ? 인적 피해의 가능성이 있는가?
- 물적 피해의 액수와 인명 피해의 액수는 어느 정도인가?
- 다음 단계의 위험으로 이어질 요소는 어느 정도인가?

제조상의 비용에는 일반적으로 1차적인 비용과 2차적 비용으로 구분하여 생각해 볼 수 있다. 1차적인 비용으로서 제품에 들어가는 원가, 생산비, 개발비 등이 이에 속할 것이고 2차비용에는 제조과정상의 시간, 리콜과 관련된 비용, 소비자 소송과 관련된 비용 등이 있을 수 있다. 3차비용은 광고비, 서비스와 관련된 제 3자에게 지불하는 비용 등이 있을 것이다. 일반적으로 1차 비용은 안전 수준을 증가하게 하면 비용은 낮아질 것이지만 안전 수준을 증가하게 되면 2차 비용은 점점 늘어나게 될 것이기 때문에 기업 경영상의 어려움에 봉착하게 된다. 따라서 기업의 경우에 위험이 일어날 수 있는 확률을 계산하여야 하고 위험으로 인한 사고의 중대성을 분석하여야 하며 이와 같은 위험을 예방하기 위한 비용도 함께 분석하여야 하는 것이다.

이와 같이 비용/이득 분석과 위험/이득 분석은 기업에 있어서 필수적인 분석요소이지만 공학윤리학적 측면에서 공학기술은 대중의 안전과 건강, 행복을 가져다주는 것이 공리주의적 입장에서 최선의 원리인 만큼 인간에게 해악을 끼치지 않는 범위 내에서 행위 하여야 하는 것이 기본 원칙으로 되어 있다.

9.8 Case Study; 자동차 리콜 사고

1. 자동차 리콜(recall) 사고의 개요

흔히 자동차는 첨단기술이 집약된 문명의 이기(利器) 중 하나라고 말한다. 종전의 자동차는 시간과 이동거리를 단축시켜 주는 단순한 도구에 지나지 않았으나 오늘날에는 움직이는 생활공간으로 활용되어 안락한 휴식과 이동식 사무정보화 기능까지 갖추고 있다.

하지만 때로는 불의의 사고로 인해 우리에게 불행과 상처를 안겨주는 기계로 둔갑하기도 한다. 적지 않은 돈을 들여 구입한 차가 고속도로를 날리다가 갑자기 범춘다면 명백한 책임이 제조회사의 책임에 있는 경우 제조자는 제조물에 대한 책임법과 사회적 책임을 동시에 인식하지 않으면 안 된다. 그러나 동일한 현상이 동종의 차에서 확인되지 않는다며 그 책임을 회피하거나 은폐하는 일이 비일비재하였다. 다행히 자동차 제조회사가 취할 수 있는 적절한 조처로 안전성과 사고의 사전 예방 차원에서 "자동차 리콜" 이란 개념이 등장하고 있다.

자동차 리콜(recall) 제도는 제작자의 자발적인 리콜(Voluntary recall)과 강제적인 리콜(Mandatory recall)로 나눌 수 있으며, 정부에 의한 강제적인 리콜보다는 제작자 스스로가 시행하는 자발적 리콜이 대부분을 차지하고 있다. 리콜제도가 활발하게 이루어지고 있는 미국의 경우를 보더라도 리콜 중 95%가 자발적인 리콜로이루어지고 5%정도가 강제리콜을 당할 정도로 자발적 리콜이 보편화 되어있다.

1) 자발적 리콜

자발적 리콜은 업체가 자동차에 제작 결함이 있음을 안 날부터 30일 이내에 자동차 소유자에게 서면으로 시정 계획을 통보하거나 이 내용을 전국에 배포되는 3개 이상의 일간 신문에 공고하는 것을 말한다. 리콜 대상 차량에 해당되는 차를 가진 사람은 시정 내용을 통보받게 되는데 여기에는

- 제작 결함의 내용
- 결함을 고치지 않았을 때 자동차에 미치는 영향과 주의사항
- 제작 결함의 시정 기간(법적으로는 1년 이상으로 정해져 있다)
- 수리 장소 및 담당 부서

업체에서 수리비용을 부담하는 내용과 업체의 귀책사유로 인해 결함을 시정하지 못했을 경우의 보상계획 및 내용 등이 나와 있다.

자발적 리콜과 비슷한 형식이 바로 '무상 수리 서비스'다. 얼마 전까지만 해도 리콜이 소비자나 업체 모두에게 부정적으로 인식됐기 때문에 공개 리콜을 하지 않고 소비자에게 무상 수리를 통보해서 결함을 수리하곤 했었다.

2) 강제적 리콜

강제적 리콜은 자발적 리콜을 하지 않는 업체에 대해 정부가 시정 명령을 내리는 것으로 시정 명령을 받은 업체는 명령을 받은 날부터 30일 이내에 자동차의 결함 관련 내용을 건설교통부 장관에게 보고한 후 소비자에게 통지 또는 신문에 공고를 하고 시정 조치를 해야 한다.

우리나라의 리콜(Recall)제도는 지난 1991년 2월 자동차의 매연으로부터 대기환경을 보전하기 위하여 자동차 배출가스가 허용기준을 초과하였을 경우 이를

<표 9.7> 자동차 리콜 제도의 규정

구분	자동차 리콜 제도의 법적 규정	
	자동차	배기가스
근거법규	자동차 관리법	대기환경보전법
주관기관	건설교통부	환경부
리콜요건	▪ 안전기준에 적합하지 아니하거나 안전운행에 지장을 주는 결함이 계속적으로 발생하는 경우	▪ 대기가스 허용기준을 위반하는 경우
시행시기	1992년 9월	1991년 2월

시정할 수 있도록 한 것이 우리나라에 처음으로 도입된 리콜제도라고 한다.

자동차의 제작과 관련하여서는 자동차가 안전기준에 적합하지 아니거나 안전운행에 지장을 주는 결함이 계속적, 반복적으로 다수의 자동차에 발생할 경우 등 결함의 시정을 위한 자동차 리콜제도가 1992년 9월부터 실시되고 있다.

2. 연도별 자동차 리콜 현황

법적으로 자동차 리콜제도가 입법화된 것은 1992년 자동차관리법이 개정되면서부터이며, 도입 초창기에는 리콜실시를 위한 제반 여건이 성숙되지 않아 당시 제작사는 공개적으로 리콜을 하면 판매 실적이 급격히 떨어지고 사회적 비난이 만만치 않았기에 마음 놓고 리콜을 하지 못하고 비공개적으로 사후점검(A/S) 차원에서 시행해 왔다.

근래에는 제조물 책임법 및 자기인증제 등 선진 자동차관리제도의 도입을 앞두고 자동차 제작사는 품질향상과 고객 보호를 위해 한층 강화된 서비스를 실시하고 있으며, 한편으로는 자사가 제조·판매한 자동차에 결함이 발생하거나 발생할 우려가 있을 경우 자발적인 리콜을 시행하고 있다.

이런 추세로 볼 때 점점 자동차 리콜은 상당수 증가할 것으로 예상된다. 다양한 국산 모델 중 리콜이나 품질개선을 하지 않은 차는 거의 없는 셈이다. 또한 수입차

<표 9.8> 연도 별 자동차 리콜 현황(국내)

* 출처 : 건설교통부 - 자동차 제작결함 정보전산망

년도	국산자동차		수입자동차		계	
	차종	대수	차종	대수	차종	대수
2003	47	1,087,291	27	3,326	74	1,090,617
2002	39	1,290,690	36	3,838	75	1,294,528
2001	28	565,107	11	1,225	39	566,332
2000	18	550,118	29	2,136	47	552,254
1999	12	107,840	28	3,490	40	111,330
1998	6	726	26	5,207	32	77,573
1997	5	30,619	8	1,891	13	32,510
1996	0	0	2	45	2	45
1995	3	151,114	7	893	10	152,007
1994	0	0	0	0	0	0
1993	1	8,254	0	0	1	8,254
1992	1	1,100	0	0	1	1,100
계	160	3,854,499	174	224	334	3,885,550

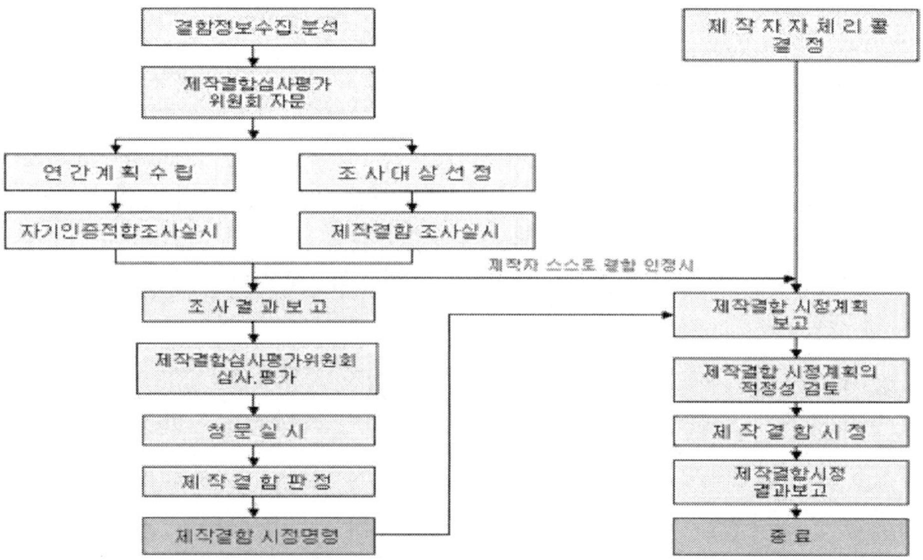

<그림 9.2> 자동차 리콜제도의 운영 체계도

의 판매증가에 따라 수입차 리콜도 늘어나고 있다. 국내 자동차회사의 소극적인 대응에 비해 수입차 업체들은 조그마한 고장 가능성에 대해서도 자발적으로 리콜을 실시하는 관행이 정착되고 있는 추세다. 특히 소비자의 불만제기나 피해사례가 발견되지 않아도 적극적으로 문제해결에 나서는 것이 특징이라고 할 수 있다.

이렇게 자동차의 리콜이 증가하는 이유는 과거보다 소비자들의 권리의식이 크게 달라졌다는데 원인이 있다. 그리고 제조물에 관한 책임법의 입법화로 자동차 회사들의 인식이 변화되었으며 품질향상 그리고 사회적 책임에 대한 인식이 확산되었기 때문이다.

3. 공학윤리 토론 사항

1) 윤리적 의사결정의 어려움에 대하여 설명할 수 있는가?
2) 윤리적 의사결정을 위한 절대적 윤리적 원리가 있다면 열거하고 토론하여 보자
3) 공학윤리적으로 정당성을 부여 받을만한 문제해결책을 고안하고 가능성을 토론하여 보자
4) 개인과 조직체의 의사결정 방법과 쟁점이 다를 경우 해결할 수 있는 대책을 열거하여 보자
5) 사회의 조직과 기업조직의 의사결정 논리가 다른 점을 어떻게 설명할 수 있는가?
6) 가족주의와 전문가주의에 대해 간단한 예를 들고 차이점을 설명할 수 있는가?
7) 윤리적 의사결정 사례를 조사하고 문제 인식, 분석, 판단하여 결론을 평가하여 보자

10
CHAPTER

내부고발(Whistle blowing)과 공익 제보

10.1 내부고발의 정의
10.2 내부고발의 성격과 윤리적 고찰
10.3 내부고발의 문제점과 윤리
10.4 내부고발의 조건 및 보호
10.5 내부고발의 개념과 집단의 책임
10.6 Case Study; 내부고발에 의한 해고 무효 소송 사건

10.1 내부고발의 정의

내부고발(whistle blowing)에 대한 용어는 '휘슬 블로어', 즉 호루라기를 부는 사람이라는 데에서 유래되어 있다. 중세 영국의 경찰이 도둑을 경계하기 위하여 호루라기를 부는 관행에서 채택되었다. 호루라기를 불면 많은 사람들의 시선과 관심을 끌게 되어 호루라기를 불게 된 사연이 만천하에 공개된다는 것이다.

내부고발의 발생은 다양한 이론들에 의해 설명된다.

우선 자질이론은 내부 고발의 발생을 개인의 특별한 기질에서 찾는다. 이 이론은 내부 고발자의 자질 구조를 일반인과는 다른 극도의 원칙주의자, 비타협적, 결벽적 인간으로 설명한다. 역할이론은 내부고발을 역할 갈등의 산물로 해석한다. 내부고발이 조직 구성원들의 다양한 역할 기대, 예컨대 조직 구성원으로서의 충성, 전문 직업 분야로서의 책임과 윤리, 사회일원으로서의 개인의 양심, 가족에 대한 의무, 개인의 종교적 신념 등이 충돌하는 가운데 나타난다는 것이다.

내부고발은 1960년대 이후부터 하나의 조직문제로 인지되어 왔고(Bowman, 1972 ; Peters & Branch), 연구대상은 1970년대부터이며 대부분의 체계적인 연구는 1980년대 이후부터이다.(Parmerlee et al., 1982 ; Near & Jensen, 1983).

가장 일반적인 의미로는 기업에서 종업원 또는 전직의 종업원이 일정한 조치를 취할 수 있는 권한을 가진 자에게 부정이나 비리 사실을 보고하는 것을 의미한다. 내부고발은 내부고발행위로 불이익을 당하게 된 사람들에게는 부정적인 의미로 나타나게 되며, 내부고발행위로 보호된 다수의 대중이 혜택을 받은 것으로 평가하는 사람들에게는 긍정적인 의미를 지니게 될 것이다. 이것을 소위 공익통보 혹은 공익제보행위라고 일반적으로 정의하고 있다. 내부고발자의 구체적인 개념의 견해는 세 가지의 중요한 개념특징을 통해 확정된다.

첫째, 내부고발은 공익적 행위이다. 내부고발은 조직이 사회에 유해한 비도덕적인 활동에 관여함으로써 대중의 불이익을 받는다고 믿는 사람이, 공개적으로 이를 밝히는 이타적 행위라는 것이다(Stewart, 1980; Nader et al.,1972; Mathews, 1988). 그러나 일부 연구자들(Lampert, 1985; Ewing, 1977)은 비교적 사적인 문제에 관한 개인의 반항과 그 결과 빚어진 부당한 피해도 여기에 포함시킨다. 예컨대 경쟁시장의 거래에서 일어나는 장부조작의 지시와 거부, 그리고 보복 등이 그것이다.

둘째, 내부고발은 도덕적 행위이다.(Stewart, 1980:90; Bowie, 1982). 내부고발은 개인의 양심적 판단, 전문직업적 윤리, 사회 일반에 대한 책임 등에 토대를 둔 윤리적 행위이다. 많은 사람들은 내부고발이 그 이면에 개인의 이득이나 주위로부터의 각광을 받기 위한 시도 또는 복수의 목적을 가지고 행하여진다는 데 동의한다(Ewing, 1977:83). 따라서 일부 연구자들에게 내부고발자의 도덕적 양심의 문제는 단지 그 행위가 어느 정도 보호받을 가치가 있는가를 결정할 뿐이다(Lindauer, 1975).

셋째, 내부고발은 외부적 행위이다(Stewart, 1980:90; Nader et al. 1972). 내부고발은 조직 내부 비리의 대외적인 폭로이다. 그러나 많은 연구자들(예, Miceli & Mear, 1984; Elliston, 1982 ; Parmerlee et al., 1982)은 내부의 동료나 다른 상급자 또는 일정한 조직체계를 우회하여 직접 고위 관리 층이나 인사부처 등의 조직 내부의 제도적인 경로를 통한 비리 사실의 고지 또는 보고행위도 내부고발로 본다.

내부고발자와 구별되는 개념으로 '밀고자'라는 개념이 있다. 밀고자의 경우에는 법적 보호를 받지 못한다. 따라서 법적 보호의 대상인 내부고발자와 법적 보호를 받지 못하는 밀고자간의 구별의 기준을 밝혀내는 작업이 필요하다.

내부고발자의 범위는 보호주체와 관련하여 법이 어느 정도까지 고발자 적격을 인정하고 있는가를 검토하여야 한다. 현행 부패방지법은 내부고발자와 밀고자를 구분하지 않고 있다. 부패 방지법에는 제 2조 제 3항에서 '부패행위'의 개념을 명시하고 있는데, 이에 따르면 공직자가 직무와 관련하여 그 지위 또는 권한을 남용하거나 법령을 위반하여 자기 또는 제 3자의 이익을 도모하는 행위, 공공기관의 예산사용, 공공기관의 취득·관리·처분 또는 공공기관을 당사자로 하는 계약의 체결 및 그 이행에 있어서 법령에 위반하여 공공기관에 대하여 재산상 손해를 가하는 행위를 부패행위로 규정하고 있다.

부패방지법 제 25조에서는 "누구든지 부패행위를 알게 된 때에는 이를 위원회에 신고할 수 있다."로 규정하고 있을 뿐, 부패행위의 신고에 어떠한 주관적인 요건을 요구하고 있는 것도 아니다. 그러므로 문제되는 사안이 직원남용 또는 법령위반에 해당하는 한, 사안의 경중을 불문하고 이를 신고하는 자는 부패방지법상 규정된 일정한 보호조치의 대상이 될 수 있다.

내부고발에 대한 정당성은 첫째로 긍정적인 시각이다. 내부고발에 대한 법학자나 이론가들은 주로 법적 구제에 대한 긍정적 관점을 고수한다. 이들은 대체로 내부고발의 범위를 넓게 규정하고, 고용인 개인의 권리 침해에 관한 구제를 강조한다(예 : Malin, 1983 ; Vaughn, 1982). 따라서 이들은 호루라기를 부는 사람에 대한 고용인의 권리와 책임을 바탕으로, 논의의 초점을 내부자의 공개적 비판, 항의, 거부 등으로 인한 부당한 해고로부터의 복직 등에 둔다(Ewing, 1977). 한편 부정적인 견해도 있는데 이러한 입장은 소수이나 고용인으로부터 보수를 받고 일하는 종업원은 고용관계에서 연유하는 특별한 의무를 부담하고 있다고 주장한다.

내부고발의 보호는 고발자의 지위 여부를 떠나서 공익을 위한 제보행위라는 관점에서 보호해야 하고 이를 보호의 개념을 떠나 포상의 개념으로 이어져야 한다는 주장이 많다. 따라서 하위직의 내부고빌은 보다 더 정당화된다고 주장한다.

10.2 내부고발의 성격과 윤리적 고찰

내부고발은 몇 가지 독특한 성격을 가지고 있다.

첫째, 내부인(insider)에 의한 행위(Perrucci et al.,1980 ; Near & Miceli, 1985)이다. 조직의 비리를 폭로하는 개인은 현재 해당조직의 구성원이거나 또는 과거 어느 시점에 조직의 일원이었던 사람이다. 내부고발의 행위는 상대적으로 이렇다 할 권력을 가지고 있지 않은 조직의 내부자가 공익적 목적으로 하는 계층적 권위에 대한 비판적 도전의 의미를 갖는다(Parmerlee et al. 1982). 따라서 내부고발은 언론이나 대중매체가 하는 조직 비리의 폭로나 일반사회의 제3자 또는 당사자에 의한 개인적인 문제에 관한 고소 및 고발행위와는 구별된다.

둘째, 행위의 파격성이다. 대체로 내부고발은 파격적인 성격을 띠며 그 때문에 특히 폭로의 경우 조직과 사회에 미치는 영향이 크다. 미국 닉슨 대통령의 워터게이트 사건의 경우 비리를 폭로한 제보자의 신분은 여전히 보호되고 있지만 뉴욕타임즈 기자들의 보도로 현직 대통령이 사임하는 초유의 일이 사회에 큰 파문을 던져주었던 바 있다.

셋째, 공동체 보호적 의미를 갖는다. 내부고발은 조직의 내부에서는 항명, 불복으

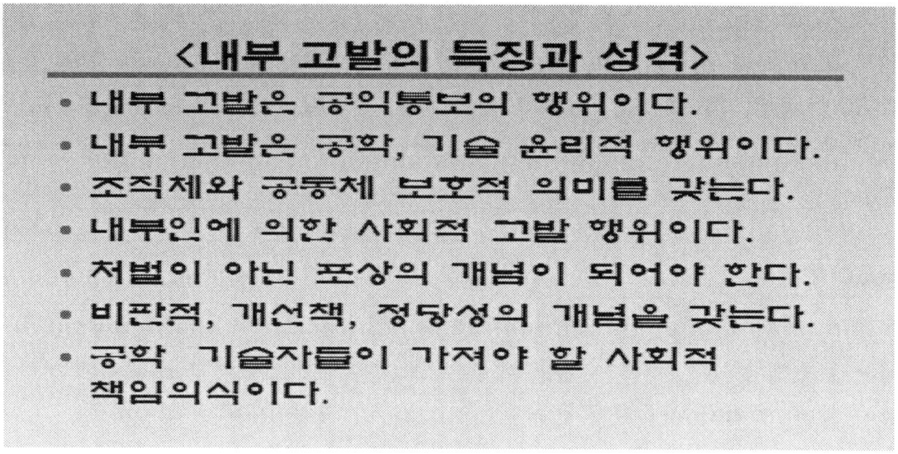

<그림 10.1> 내부고발의 특징과 성격

로 간주되는 조직 규범의 일탈행위이지만, 사회 전체적인 입장에서 보면 조직의 부패, 불법, 사기, 또는 유해한 활동에 항거함으로써 일반 시민의 안위를 도모하는 '옳은' 또는 '의로운'행위이다(Walters, 1975).

내부고발을 윤리적으로 고찰해 보면 우선 먼저 '정의성'을 들 수 있다. 만약 정의성이 충족되지 않는다면, 내부 고발은 처음 의도조차 의심을 받게 돼 그 의미가 퇴색될 수밖에 없다. 많은 내부고발사건들이 정의성을 확보하지 못했기 때문에 엄청난 대가와 희생이 뒤따랐고 그 가치를 인정받지 못한 경우가 빈번하였다.

두 번째는 진실성을 가져야 한다는 것이다. 내부고발을 하려는 결정을 하였다면 고발하는 내용은 반드시 진실 되어야 한다. 개인적 생각과 판단으로 진실을 왜곡할 경우 아무리 사소한 부분이라도 그것이 진실이 아님이 밝혀졌을 경우 모든 이들에게 신뢰성에 대한 심각한 타격을 주게 된다. 실제로 사소한 문제를 제공해 사건의 초점이 흐려지고 본론이 전도되는 사례도 종종 일어나고 있다.

세 번째는 내부고발의 절차가 적법성을 갖고 있어야 한다는 점이다. 내부고발은 먼저 해당 사실을 해결할 수 있는 권한을 가진 사람에게 문제제기를 하고, 그것이 여의치 않으면 직속 상급자에게 문제제기를 해야 한다. 이러한 내부 조직계통에 따른 해결노력이 원만하게 처리되지 않는다면 윤리 핫라인(hot-line)을 이용하는 방법도 있다. 윤리 핫라인은 조직 비리나 개선하고자 하는 자가 직접적인 방법을 통하여 그 문제를 해결할 수 있는 책임자에게 통보하여 개선을 꾀하는 방법을 말한다. 이러한 행위의 정당성은 적법한 절차에 의해 해결을 하려고 최선을 다한 경우에 한해서 절차에 대한 적법성을 인정받게 된다.

10.3 내부고발의 문제점과 윤리

온정(溫情)과 의리(義理)를 중요시하는 유교적 전통과 조직체를 우선시하는 우리 사회의 조직문화 등이 내부고발을 저해하는 요인이 된다. 부정부패를 시정하고 정화하려는 고발자가 오히려 개인적 불이익을 받는 현실 때문에 내부고발을 현실적으로 기대하기 어려운 것이 사실이다. 그럼에도 불구하고 1990년대 초 양심선언이라는 이름으로 있어왔던 공직사회의 내부고발들을 통해 부정부패가 적발되어 제도의 개선 등 의미 있는 진전을 가져왔다. 그러나 역시 이 경우에도 반윤리적 행위자들과 내부고발자들이 모두 처벌을 받은 것이 현실이었다.

공학, 기술 조직체내에서도 예외는 아니다. 기업이라는 거대한 사회 조직이 저지르는 범죄 행위는 일부가 아닌 대중이 피해를 입는다. 내부고발의 의미는 공익제보의 의미로 전환되어야 하며 내부고발자는 공익을 위한 선구자적 결단의 윤리 행위자임으로 사회적으로 보호되는 것은 물론 공적에 따른 포상의 대상이 되어야 한다.

내부고발은 개인, 조직, 그리고 사회와 관련하여 다음과 같은 세 가지의 근본적인 문제를 제기한다.

첫째, 폭로(blowing)할 것인가, 침묵(swallowing)할 것인가 하는 문제이다. 내부고발은 개인의 양심과 인간실존의 문제이다. 이것은 정의와 선악의 분별에 대한 침묵의 포기이나 폭로자 개인들은 제리 코월(Jerry Cowle)이 적절히 표현대로 '지붕이 무너져 내린 날'(the day the roof fell in)의 경험을 피할 수가 없다(Bowman, 1983). 둘째, 조직규범이 개인의 가치에 우선하는가 하는 문제이다. 먼저 조직은 개인의 양심에 의한 것이든 사회적 정의를 위한 것이었던 간에, 내부고발은 '함께 타고 있는 배를 흔드는' 배신행위로 간주한다(Burnett, 1980). 따라서 비리사실을 알고 있는 조직의 구성원은 조직의 요구와 내심의 양심 사이에서 고민한다. 셋째, 무엇이 사회의 정당한 역할인가 하는 문제이다. 내부고발은 사회적 규범을 추구하는 개인의 양심적인 저항이나, 그 대가는 가혹하다. 내부고발의 보호는 사회의 당위적 책임이나 불특정 다수의 사회는 흔히 제도적 보호력을 갖지 못한 불완전 실체일수도 있다.

내부비리 폭로의 의도나 효과를 무력화시키고자 하는 조직의 보복적 노력은 잔여 구성원들에 대하여 일종의 본보기적·경고적 성격을 갖는다(Parmelee et al. 1982). 특히, '먼지' 묻은 잠재적인 폭로자에 대하여 조직의 보복적 반응이 갖는 예방적 효과는 절대적이다. 평소 업무와 사생활 등에서의 하자는 보복과정에서 치명적인 약점으로 작용하기 때문이다. 구조적인 부패문화에서의 내부고발이 드문 이유 중의 하나가 이것이다.

공공부문에서 내부고발은 자주 이익집단의 집요한 욕구투입 활동의 결과였다. 그러나 어떤 경우에서나 내부고발의 발생에 대한 경제적·사회 심리적 역할은 중요하다. 다른 사람들의 심정적인 동조나 정의로운 또는 용기 있는 행위로의 인정하고 직업 상실에 대한 대안 등은 내부고발자들이 조직의 위협과 보복으로부터의 공포를 극복 또는 감내할 수 있는 용기를 준다.

공학윤리에 있어서 문제의 전체 범위에 대한 연구보다는 양질의 연구를 할 필요성이 있다고 생각된다. 즉, 공학윤리와 관계된 대부분의 주제에 대하여 깊이 있게 분석하고, 문헌을 늘리는 것은 환영할만한 일이지만 학생과 교사가 가능한 빨리 고품질의 자료를 많이 이용할 수 있도록 하기 위해서는 특별히 가치가 있고 또, 우선순위가 주어지는 등 이러한 가운데 기초적 인 연구를 해야 한다.

- 공학윤리가 기존 문헌에서 다루어지고 있지만 매우 불충분할 수밖에 없어 논의되고 있지 않는 주제.
- 공학윤리의 문헌으로 오늘날까지 다루어지고 있지는 않지만 다른 전문직 문헌으로는 가치가 있는 방법으로서 논의 되고 있는 주제.
- 공학윤리의 문헌뿐만 아니라 다른 전문직의 모든 문헌에도 본질적으로 무시되어 왔던 주제.

내부고발(Whistle blowing)이 그러하다. 즉, 기술자가 어떤 조직사회(기업)의 일원이라고 본다면, "내부고발과 공익 제보"라고 하는 중요한 문제에 대한 갈등에 부딪히게 되는 경우가 생긴다. 어감상 혹은 정서상 내부고발은 나쁜 행위이며, 공익제보는 좋은 행위인 것처럼 들리게 된다. 행위 자체만을 두고 판단할 때는 둘 다 동일한 성격의 어휘라고 할 수 있다.

<표 10.1> 내부고발의 보호조치에 대한 각국의 사례

주요국의 내부고발자 보호제도			
국 가	미국	영국	한국
법률명	내부고발자 보호법	공익 보호법	부패 방지법
제정 년도	1989년	1998년	2001년
도입 경위	▪ 워터게이트 사건 후에 제정의 공무 서비스법(1978년)을 개정 강화 ▪ 내부고발자의 보호 구제차원이 아니라 내부고발 자체를 장려	▪ 사전 위험성이 있다는 것을 알면서 일어난 열차 충돌 사건 ▪ BCCI은행 붕괴 사건 등의 대형 사건 때문에	▪ 정치가나 관료의 부정부패에 대한 여론의 비판이 높아졌기 때문에
고발 내용	▪ 연방정부 직원의 부정행위	▪ 범죄, 위법행위, 인간의 건강 안전의 위험, 환경파괴 등 대중의 이익에 반하는 행위	▪ 공직자가 지위, 직권을 남용하여 제 3의 이익을 얻는 행위 등 공적 예산을 사용하여 재정상의 손해를 입히는 행위
보호 대상	연방 정부 직원 (군, 관계 등은 배제)	민, 관의 노동자	국민
보호 내용	▪ 보복 인사라고 고발한 고발자의 입장에서 사원이 승인을 얻은 총리가 임명한 특별 법률자문위가 조사한 뒤 지위와 급여를 회복시킴. ▪ 구제됨으로 인한 고발자의 책임 경감	▪ 고발을 이유로 해고된 경우 철회 및 보상 등을 규정. ▪ 조직 내부의 통보, 규제 관청의 고발 등, 합리적으로 방송사, 경찰 등에의 통보 행위를 보호	▪ ·대통령이 정하는 부패방지위원회에 고발에 관하여 신분상의 불이익, 직장 내의 차별 금지. ▪ 협박이 있을 경우 경찰의 신분 보호
기타	▪ 주의 정비가 계속되어 민간 부문의 고발도 보호되고 있는 주가 증가함.		

단순히 "기술자는 시민의 입장에 서서 내부고발을 하는 것이야말로 윤리적이다"

10.3 내부고발의 문제점과 윤리

라고 말하는 것은 옳지 않다. 또한, 내부고발이라고 하는 것은 개인이 자신의 의견을 피력할 수 있는지 없는지가 문제되는 것이 아니고, 대중에 대한 피해를 줄이는 방법론적인 문제이다.

내부고발이 조직의 기밀 누설과 기밀 유지의 의무와 완전히 상반되는 경우에 발생하는 빈도가 높아서 개인보다 강한 조직은 기밀 유지 의무를 들어 그와 같은 행위를 하는 것이다. 반대로 개인이 속한 조직의 기밀을 개인적으로 이용하는 것은 옳지 않다. 이런 경우에는 법률의 적용을 받는 경우이다. 개인으로서 기술자로서 사회의 행복과 안전성, 대중의 이익을 위한 내부고발은 법으로도 보호 받아야 당연하다. 이런 경우에 우리는 공익 제보라는 용어를 사용한다. 내부고발은 조직사회에 대한 개인적 책임을 저버리는 행위가 아니라 보다 큰 조직 사회의 이익과 행복에 도움을 주는 행위이고 공익을 위한 행위이기 때문에 이는 법적으로 당연히 보호되는 것이다.

10.4 내부고발의 조건 및 보호

내부고발자의 법적·윤리적 요건으로는 첫째 정상적인 조직적 해결수단을 동원한 후, 최후의 선택이 되어야 한다는 생각이 지배적이다. 내부고발을 하는 최종 목적이 조직의 발전을 도모하는데 윤리적 정당성을 가지고 있어야 한다. 또한, 내부 신고 행동이 여러 단계를 거쳐 조직을 위한 충성스럽고 의로운 투쟁으로 인식 되도록 하고, 이를 조직도 인정하는 분위기가 조성되어져야 한다.

둘째 합법적 범위 내에서 내용을 제보하거나 행동해야 한다. 내부고발 내용 이 조직의 비밀에 해당하거나 공표했을 경우 내부고발로 얻어지는 이익보다 손실이 크다고 판단할 경우에는 내용을 구체적으로 제시하지 않아야 한다. 스스로 위법행위를 할 경우 공익적 차원에서 내부고발을 했다고 할지라도 행위의 정당성을 인정받을수 없다.

셋째, 사후고발이 아니라 사전 예방차원에서 접근해야 한다. 대부분의 내부 고발

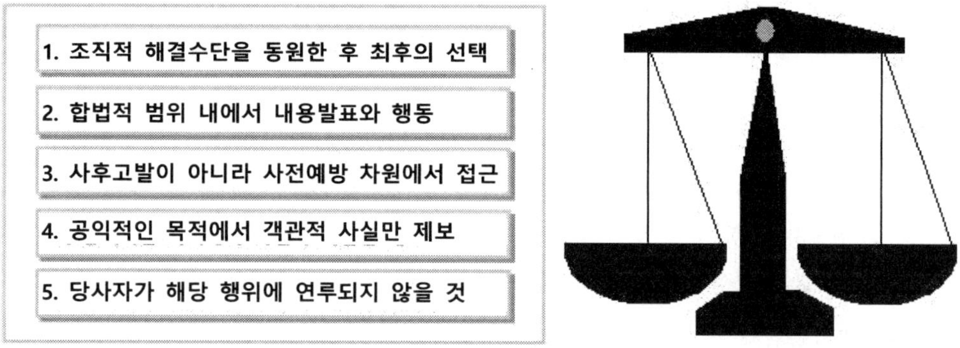

<그림 10.2> 내부고발자의 법적·윤리적 요건

은 사후 고발에 그치는 경우가 많다. 내부고발이 특정인이나 조직을 매도하거나 제거하기 위한 것이 아니라 공익적인 차원에서 접근하는 것이라면 문제가 터지기 전에 사전에 인지해 조직내부 통제 시스템을 통해서 해결되도록 노력해야 한다.

넷째, 공익적인 목적에서 객관적 사실만을 제보해야 한다. 많은 내부고발자들이 개인적인 이익이나 감정에 얽매여서 객관적 사실 보다는 주관적인 정황이나 감정을 토로하는 경우가 많은데, 이렇게 하면 내부 고발의 정의성이 의심을 받게 된다. 정의성이 확보되지 못하면 내부고발자가 의도한 것과는 전혀 다른 방향으로 문제의 초점이 흘러가기도 한다.

마지막으로 당사자가 문제된 해당 행위에 연루되지 않아야 한다. 상급자나 조직에서 부당하거나 규정에 어긋나는 지시를 하거나 부당한 행위를 할 경우, 내부고발자는 자신이 연관되지 않도록 주의해야 한다. 본인이 해당행위에 연루되어 있거나 지시를 받아 일을 저지르고 난 후에 심경의 변화를 일으켜 고발을 하게 되면 본인도 비난을 받을 소지가 있다.

- 우선 내부고발 행위의 보호조건은 공익의 목적이 있어야 한다. 내부고발행위가 조직 내의 불법행위를 시정하기 위한 공익적인 목적에서 출발한 것이 아니고 개인적인 이득을 취하기 위한 목적에서 행해지거나 또는 개인이나 조직을 중상하기 위한 행위라면 보호받지 못하는 것이 당연하다.
- 둘째 내부고발의 진실성 여부를 내부고발행위가 조직내부의 불법행위를 시정하기 위한 공익적인 목적에서 행해진 것이라 하더라도 그 정보의 내용이 허위인 경우 그러한 내부고발자를 보호할 수 없다는 것은 당연하다.

10.4 내부고발의 조건 및 보호

- 셋째 조직내부기관에 대한 우선적인 신고가 필요하다. 내부고발이 조직내부에서 이루어지는 경우 그 조직이 합리적인 문제해결절차를 갖추고 있다면 문제의 재발을 방지하는 조치가 취해짐으로써 해결될 수 있을 것이다. 그러나 조직 내에 그러한 해결장치가 마련되어 있지 않거나 내부고발자가 직접 외부기관에 대해서 1차적인 접촉을 한 경우에는 조직은 그 조직의 명예와 신용에 대해서 손상을 입을 수 있으며 경우에 따라서 조직의 기능에 치유할 수 없는 손상을 입게 되기도 한다.

내부고발행위자 보호범위의 확대는 내부고발의 대상이 될 수 있는 불법행위의 내용에는 특별한 제한이 있을 수는 없을 것이다. 다만 그러한 내부고발행위로 조직이나 개인적인 이익이 침해되는 것보다 더 우월한 대중의 이익이 존재하여야 한다는 점이 요구될 수도 있을 것이다. 내부고발자에 대해서 행사책임이 부과되어야 하는가 하는 점은 이후에 판단될 문제라고 본다면 내부고발자가 보호받을 수 있는 내부고발의 내용은 그것이 뇌물수수와 같은 공무원의 부정부패행위이든 또는 대중의 생명과 안전에 대한 잠재적인 위험이든 제한은 없다고 볼 것이다.

현재로는 공무원이나 공직자의 부정부패와 관련하여서만 내부고발자를 보호하기 위한 규정만이 마련되어 있는 상태이다. 대중의 건강과 안전에 대한 위험발생 및 환경침해에 대한 내부고발행위를 보호하는 포괄적인 공익정보제공행위자에 대한 보호 법안이 필요할 것으로 생각된다.

내부고발자는 조직내부에서 행해지는 불법행위를 시정하기 위해서 상급자나 또는 외부기관에 신고함으로써 그와 같은 불법행위를 시정하려는 사람이다. 그러나 진술한 바와 같이 형법적으로 내부고발자는 명예훼손이나 비밀침해 등의 행위에 대해서 형사책임을 부담할 수 있는 가능성을 안고 있다.

내부고발자와 관련된 형사법적 문제에 관한 해석론들은 구체적으로 내부고발자가 관련된 실제로 사건을 담당하고 법률을 해석·적용하는 법원의 권한에 달린 문제이므로 내부고발자에 대한 보호가 보다 확실히 보장되기 위해서는 내부고발자와 관련된 형사법적 문제들은 입법적으로 해결하는 것이 가장 타당한 방법이라고 하겠다.

내부고발자의 법적 보호방안에서 내부고발제도의 일차적 목적은 조직 내부의 위법행위를 고발한 내부자의 보호에 있지만 이러한 내부고발자의 보호는 궁극적으로 공익적 가치의 보호에 있다고 할 수 있다. 따라서 내부고발의 촉진은 내부고발자의 강화와 불가분의 관계에 있다.

내부고발을 촉진하거나 내부고발자를 보호하기 위한 내부고발제도의 법리적 방안은 행정법적 방안, 형사법적 방안, 민사법적 방안 등으로 나누어 검토되어야 한다. 행정법적 방안으로 내부고발자가 법에 의한 보호를 받기 위해서는 법이 지정한 고발방법이나 절차를 이용할 것인지 신고 접수기관의 조사 의무를 인정할 것인지를 결정해야 한다. 고발자의 주관적 의도와 관련 하여는 선의 및 고발사실에 대한 확인을 요구할 것인지를 결정해야한다.

내부고발자가 결함정보나 위법행위정보를 행정기관 등에 신고 또는 제보하였는데 고발자에 관한 인적 사학이 공개되어 인격권이 침해되거나 보복행위가 있을 수 있다. 이에 법적으로 신고나 제보를 받은 기관의 정보공개 및 비밀누설의무를 부과할 필요가 있다. 신고자에 관한 인적 사항의 공개를 금지시킴으로써 당사자의 인격원을 보호함으로 동시에 만약에 있을지도 모르는 보복행위를 사전적으로 차단하는 것이 목적이다.

직무상 통보 또는 신고의무와 비밀유지의무 법률상 내부담당자가 중대한 결함이나 위법행위 등의 정보를 통보 또는 신고가 있는가에 문제가 있다. 법률상 내부고발자가 직무상의 비밀을 준수할 의무가 있는 경우 내부고발과 상호갈등관계에 빠지게 된다. 일부 정보의 경우 고발자가 형법이나 개별 법률상 비밀누설죄에 해당할 수 있다. 이때 직무상의 비밀에 속하는 경우라도 그 고발행위를 정당화하는 규정이 필요하다.

아울러 내부고발자 보호와 관련된 민사법적 특히 노동법적 문제점은 내부고발자가 속한 기업, 기관, 단체 등으로부터 인사상의 불이익조치를 받는 경우 이를 해소하는 방안을 강구하여야 한다. 대표적으로 내부고발을 이유로 내부고발근로자를 해고하거나, 내부고발파견근로자의 파견근로계약을 해제 또는 해지하는 경우가 있다. 이외에도 인사상, 근무조건상 일체의 불이익을 포함한다. 부패방지법의 경우 국민은 부패신고나 이와 관련한 진술 그 밖에 자료제출 등을 이유로 소속기관·단체·기업 등으로부터 징계조치 등 어떠한 신분상 불이익이나 근무조건상의 차별을 받지 아니한다고 규정하고 있다.

10.5 내부고발의 개념과 집단의 책임

기술자기술 윤리의 주제 분야로 논의되고 있지만 전혀 불충분한 주제의 한 예가 내부고발의 문제이다. 그 주제에 관하여 지금까지 출판된 대부분의 문헌과 자료들은 내부고발이란 잠재적 위험으로부터 기업과 조직을 지키기 위하여 일반 대중의 지지를 받는 주제에 관하여 비켜가거나 아예 다른 방향에서 해결책을 찾기 위한 연구를 지속해 왔다. 그러나 윤리학에서 핵심을 벗어나 다른 방향으로 해결책을 찾는 것은 위험하고 더구나 현실과 학문의 괴리감을 줄이기 위해서라도 이 부분은 우리 사회에서 양성화 할 필요성이 있다.

조직 내에 집단의 책임을 구분하기 위하여 내부고발이 발생하고 있는 상황과 내부고발에 적용할 수 있는 보편타당한 개념에 아직 합의를 이루지 못하고 있다. 내부고발에 대한 여러 가지 성격을 규명하여 보면 다음과 같이 나눌 수 있다.

- 내부고발은 공익제보의 행위이다.
- 내부고발은 공학, 기술 윤리적 행위이다
- 조직체와 공동체 보호적 의미를 갖는다.
- 내부인에 의한 사회적 고발 행위이다
- 처벌이 아닌 포상의 개념이 되어야 한다.
- 비판적, 개선책, 정당성의 개념을 갖는다.
- 기술자들이 가져야 할 사회적 책임의식이다.

이와 같이 과거 조직의 구성원이었거나 또는 현재 조직 속에 있는 기술자들이 자신이 몸담고 있는 기업과 조직체가 사회적 이익에 반하여 조직의 이익에만 편승하거나, 불법, 부정한 방법으로 대중 속이는 활동을 하고 있다는 사실을 발견하였을 경우 이에 대한 조직체 내부에서의 시정노력이 거부당하거나 좌절되었을 때 양심에 따라 외부에 그러한 문제를 호소하여 조직체와 대중의 안정과 권익을 보호하는 윤리적인 행위라고 정의하기로 하자.

위험과 맞붙어 싸움을 하지 않고서는 더 큰 위험을 부르는 예를 많이 보아 왔다. 그 위험이라는 것이 가공할 만한 파괴력을 가지고 있거나 적어도 역사성을 가지는 중대한 문제와 부딪혔을 경우는 이미 때는 늦은 것이다. 다가올지도 모르는 위험을 감추고, 지키는 것이라고 생각하기 때문에 정규의 경로로부터 벗어나 경력 사항에 위기를 맞고 있는 기술자를 지키기 위한 새로운 구조와 절차를 만들고 발전시키는 것이 필요하다.

내부고발에 관한 일반적 주제 중 보다 중요하고 흥미 깊은 국면은 연구의 방향성을 시사하기 때문에 필요할 것이다.

첫째, 내부고발의 문제 중에 가장 관심 깊은 주제의 하나는 집단 책임의 문제이다. 내부고발은 정의에 근거하여 조직 외의 사람에게 알리기 위해 정규의 조직 경로로부터 벗어나서 행해지는 한 조직 구조를 갖는 것에 있어서만 일어날 수 있는 것이다. 내부고발의 일반적이고 특수한 사례의 양자에 관하여 논의함에 있어 대답하지 않으면 안 될 중심적 인 문제의 하나는 개인이 조직이나 다른 조직의 어느 쪽인가에 책임을 다할 때 즉, 조직 자체의 판단을 무시하는 것을 정당화시키는 문제이다. 집단 책임이나 팀의 책임에 관한 현재의 철학 문헌을 기술자의 조직에 있어서 내부고발의 문제에 관련시키는 노력은 공학윤리의 분야에 크게 공헌할 뿐만 아니라 집단 책임에 관한 현재가 철학적 이론을 더욱 세련시키고 그리고 아마 정식화에 조차 이르게 할 것 같은 새로운 통찰을 가져올 수 있다는 것을 지적하고 싶다.

현재의 철학 문헌의 고찰로부터 상당히 이익을 얻는 두 번째 문제는 기술· 공학의 장면에 있어서 대립한 신념 혹은 진리 주장의 문제의 고찰이다. 기술· 공학의 내부고발의 대부분 모든 기록 사례의 본질은 기술적 판단에 관한 사람의 개인 견해의 불일치이다. 스스로의 신념을 공표하고 최종적으로 내부고발에 이른 것을 납득시키는 정도로 개인이 충분히 확신하고 있는 경우나 개인의 신념이 충분히 정당한 경우에 관계될 것 같은 내부고발의 논의 일 수밖에 없어 지금은 극히 불충분하기 때문에 상당한 철학적 강화를 필요로 하고 있다. 적어도 과학 철학에 있어서 연구와 개연성에 관한 이론의 영역에 있어서 연구는 상당히 내부고발 문제의 논의 전체를 풍부하게 할 것 같다.

내부고발의 일반적 문제를 조직책임과 인식론에 관한 논의에 관하여 보다 광범위한 철학적 견지로부터 고찰하면 공학윤리의 면이나 일반적인 철학 문헌에 있어서도 거의 논의된 것이 없는 세 번째 논점에 이른다. 문서 기록이 있는 내부고발의 사례를 음미하면 결국 주어진 것의 사례로 내부 고발한 인물은 내부고발이 대부분 피할 수 있지 않는 일련의 사건에 극히 초기의 단계에서 묶여있다고 하는 생각이 뒷받침

된다. 사례에 있어서 내부고발자와 관계된 관리자의 쌍방은 개인책임과 조직책임의 관계의 본질에 관하여 신념과 지식의 문제에 대해 대립하는 견해를 가지고 있다. 경영진이 스스로가 틀렸다는 것을 인정하는 것을 싫어하지 않는 사례에 있어 조차 종업원 기술자가 스스로의 견해는 확실하다고 강하게 주장하면 의사소통을 도모하고 대립을 합리적으로 해결하는 것이 대부분 불가능하게 된다.

문제의 해결의 모든 방법은 불일치를 일치에 이르게 하기 위해 기술자 개인과 경영진의 쌍방이 받아들이고 가능한 외부의 상담역에 실질적인 문제를 위임하는 것일 것이다. 이와 같은 방법의 가능성이나 유용성은 다시 상당한 연구를 필요로 하는 사항이다. 그것은 적절한 기술자 전문직 협회가 아마 제공할 수 있는 사업 활동이 된다. 경영자가 기술적 문제를 평가할 능력이 없다면 또는, 단지 단기적 이익에만 관심이 있다고 한다면 내부고발자의 성향으로부터 다른 사람에게 피해를 가하는 결과가 될지 모른다는 문제를 발견했다고 믿는 기술자 개인은, 경영자보다 일부 공격하기 쉬운 위치에 있다는 것은 부정하기 어려운 사실이다. 대부분의 종업원 기술자가 인정하고 있는 것이지만 경영자는 거의 1년이나 2년 전에 한 결정의 부정적 영향에 대해 책임을 지게 되는 경우는 드물다.

또 하나의 잠재적으로 중요한 연구 영역은 경영자의 전략에 따른다고 할 때 생길지도 모르는 피해의 가능성을 종업원 기술자가 보고하는 경우, 종업원 기술자의 권고를 무시하든지 경영자에게 전폭적인 신뢰를 준다면 영향이나 결말은 어떨까하는 것을 연구하게 될 것이다. 그러한 전폭적인 신뢰를 갖는다면 경영진은 종업원 기술자의 권고를 무시하는 것에 훨씬 신중해지고 또 종업원 기술자는 관리자의 최종 판단을 기꺼이 신뢰하는 것이 되지만, 그것은 상당히 이치에 들어맞고 있는 것처럼 보인다. 이것은 기술자의 조직 내부에 더욱 협력적인 분위기를 조성할지도 모르다.

한편 문제는 좀 더 추상적이지만 여타 중요하지 않는 입장으로부터 합리적인 동시에 공정한 방법으로 책임을 할당하는 것도 가능하다. 확실히 최종적으로 사람에게 피해를 미치는 판단을 경영자가 내린다면 그리고 이 피해를 전문적으로 유능한 기술자가 예견하고 있다면 그러한 행위를 고의가 아니라고 하여도 적어도 태만하게 하는 불법 행위를 포함하는 것이라고 이해하지 않는 이유밖에 없을 것 같다. 이와 같은 지침을 정당화한 윤리학과 사회 철학과 정치 철학의 견지로부터 좀 더 주의 깊게 고찰할 필요가 있다.

현재의 법률제도 상 내부고발의 행위가 법적 보호를 받지 않는 범위에 속해 있는 한 사업주는 얼마든지 종업원을 해고할 수 있게 된다. 그 때문에 고용 보증의 권리라고 말하는 노동 기본 문제는 사업주의 무제한의 해고 권에 대립된 것으로 해고 윤리와 법의 쌍방의 견지로부터 주의 깊게 재검토해야 할 것이다.

내부고발의 문제에 관계되고 연구해도 좋은 최후의 영역은 기술자 협회의 윤리헌장의 분석과 재평가에 관한 것이다. 일반적인 복지를 최고로 자리매김하는 것 또는 위험한 제품에 관하여 대중에 알리는 것에 관하여 약간 일반적인 상투어 이외에는 이 문제에 관한 규정은 애매하다. 공학윤리의 교육에도 유용한 방법으로는 협회에서 확립되고 있는 새로운 절차가 금후 몇 해 규정에 합쳐서 이바지하게 되기를 기대한다.

10.6 Case Study; 내부고발에 의한 해고 무효 소송 사건

1. 사건 개요

2002년 7월 일본의 미야자키 신용금고 회사의 "내부 고발에 의한 해고는 무효이다"라는 판결이 나와서 주목을 끌게 되었다. 이 무효의 판결은 후쿠오카 고등 법원 미야자키 지부에서 내부고발로 인한 해고조치는 원칙적으로 "무죄"라고 하는 판결로 선고 되었다. 이 사건은 자신이 근무하는 회사의 부정의혹을 알게 된 2명의 직원이 사회적 책임과 해명을 위해 내부 문서를 취득하여 외부에 알림으로서 본격적으로 시작되었다.

회사는 회사의 기밀정보를 유출한 것을 징계하여 해고처분을 내렸으며 해고 처분을 받은 2명은 법원에 탄원함으로서 결국 공소심 판결에서 무죄를 인정받았다.

미야자키 신용금고 회사의 2명의 직원은 1996년 8월부터 1997년 7월까지 약 1년간 이 회사 임원들이 컴퓨터로 부터 고객의 신용 정보를 입수한 뒤 활용하고 이 정보를 국회의원 비서실 등에 건네주었다. 컴퓨터 단말기를 사용하여 고객의 정보를 입수한 뒤 제 3자에게도 의도적으로 정보를 흘린 셈이다. 검찰은 이 직원을 소환 조사하여 추궁하자 스스로가 근무하는 미야자키 신용금고의 편법적인 융자 의혹과 신용정보 유출을 시인하였다. 그러나 이것은 결국 내부 고발로 인정되었고 회사로부터 해고 되었고, 이 해고는 징계권의 남용에 해당한다고 하여 해고 무효를 호소하고 있었다.

마부치 쓰토무 재판장은 "내부의 부정을 바로잡는다고 하는 관점에서는 신용금고 회사의 이익에 합치한다. 실제로는 의혹의 해명과 해결로 이어진 사례도 있으므로 두 명의 행위의 위법성은 크게 감쇄 된다"고 판결함으로서 1심 판결을 파기하고 해고 무효를 명하였다.

2. 공학윤리적 오류

회사의 기밀을 알고 있으면서 자신의 이익과는 관계없음에도 불구하고 이 직원은 회사의 명예를 실추시키기 위한 목적으로 내부고발을 하였다는 의혹을 낳게 되었다. 그러나 공적인 회사의 비리와 공익에 반하는 사실을 알고 공익을 위해서 내부고발을 한 사람들이 부당한 취급을 하시지 않게 보호하는 법률의 필요성이 제기되고 있다.

최근 몇 년 간 미츠비시 자동차공장의 리콜 은폐나 유키지루시 식품의 쇠고기 위장 사건 등 이루 다 셀 수 없을 만큼의 기업에 의한 부정사건이 터져 나오게 되었다.

일본 외무성이나 방위청의 여러 가지 의혹이 표면화되는 계기로서 "내부 고발"이 세간의 주목을 받아 왔으며 민주당은 공무원을 대상으로 한 "공익 보호법= 내부 고발자 보호법"을 참의원에 제출하고 있다.

"내부 고발"은 항상 밀고나 배신, 배반이라고 하는 이미지가 항상 따라 다닌다. 그리고 이것은 개인에게 일생일대의 중대한 결정으로 그 무게감이 엄청나며 사회적 파장 또한 역사적으로 엄청나다. 그러나 그대로 방치하면 더욱 더 부정부패가 쌓이는 것은 당연한 결과이다.

내부 고발에 의해서 사회에 부정을 분명히 경고하는 것은 매우 중요한 행위이기 때문에 내부 고발이 없으면 부정은 어둠에 숨겨져 버리게 된다. 공익을 위해서 용기를 가질 필요가 있고 내부 고발을 하는 것은 사회적으로도 중요한 일이다. 그러나 무엇보다도 중요한 것은 그러한 행위를 정당한 행위로 인정하고 보호할 수 있는 사회적 인정과 성숙도에 따라 상황이 달라질 것이다.

아사히신문에서는 부정 의혹 해명을 위해 내부 자료를 누설하여 징계 해고되는 것은 위법으로서 미야자키 신용금고(미야자키시)회사의 직원 2명이 동 신용금고를 상대로 하여 해고 무효를 요구한 소송의 공소심 판결이 "부정 의혹을 해명하는 목적으로 행동하고 있었다"등으로 해서 해고를 타당으로 한 1심의 지방 법원 판결을 취소하고 해고 무효를 인정하는 역전 판결을 하였다고 보도하였다.

3.공학윤리 토론 사항

1) 내부고발자를 인정하는 사회적 성숙도를 높이기 위한 방안과 내책은 무엇인가?
2) 내부고발자의 행위를 인정할 수 없는 경우를 상상하고 토론하여 보자
3) 내부고발 행위가 사회적 인식 변환을 가져온 사례를 조사하여 보자
4) 윤리 핫라인이나 옴부즈맨이 없는 회사의 경우 이를 위한 대책은 무엇인가?
5) 자신이 내부고발자의 경우와 그렇지 않은 경우를 가정하여 토론하여 보자.
6) 내부고발과 공익제보를 차이를 비교 설명할 수 있는가?
7) 내부고발이 법적인 보호를 받아야 하는 논리적 근거를 열거할 수 있는가?
8) 성차별, 인종, 종교, 장애, 연령, 또는 출신 국적 차별의 철폐조치와 공학윤리의 관계성에 대하여 설명할 수 있는가?

11
CHAPTER

공학관련 법률과 종류

11.1 소프트웨어 소유와 프라이버시권

컴퓨터는 아마 20 세기에 있어서 가장 중요한 공학 혁신(innovation)일 것이다. 대개의 공학 혁신과 같이 컴퓨터도 여러 가지 도덕적, 윤리적인 문제를 야기하였으며 이는 새로운 선택의 가능성을 만들어 내었다. 이러한 문제는 컴퓨터 장치 협회 (Association for Computer Machinery, ACM) 의 "윤리·전문직 행동 규정 (Code of Ethics and Professional Conduct) "의 '일반적 도덕적 의무 (General Moral Imperatives) '로 제시되고 있다.

그림 11.1에서 보는 바와 같이 의무 1.1로부터 1.4와 1.8은 대부분의 기술자 협회의 규정이 부과하는 것과 유사한 일반적인 전문직 책임과 의무를 부과하고 있다. 다른 의무는 컴퓨터 활용에 있어 특별히 중요한 두 개의 문제를 제기하고 있다.

정보 소유권 특히 소프트웨어 소유권의 침해(1.5와 1.6) 및 컴퓨터 사용에 의한 프라이버시의 침해 (1.7이다. ACM 규정의 의무 1.5의 설명은 다음과 같이 해석될 수 있다. 지적 재산권 (저작권, 특허권 등), 기업 비밀 및 라이센스 계약의 조항에 위반하는 것은 대부분의 상황에서 법률에 의하여 금지되고 있다.

소프트웨어가 그와 같이 보호 받고 있지 않는 경우에도 그러한 위반은 전문직의 윤리적 행동으로서는 적합하지 않다. 소프트웨어의 복사는 적절한 승낙을 받았을

<그림 11.1> 정보의 소유권과 프라이버시

kerru Berman과 Janlori Coldman은 다음의 원칙에 따라 1974년프라이버시법(Privacy Act)을 개정하도록 제안하고 있다.
1. 목적을 위해 수집된 정보는 개인의 동의를 얻고 다른 목적에 사용할 수 없다. 2. 정보 공학과 원거리 통신에 있어서 새로운 발전에 주목하면서 정책을 전개하는 것이 당연하다. 3. 기밀성이 높은 정보의 수집과 사용에 관하여 법적 제한을 마련해야 하고 정보의 기밀성이 높으면 높은 정도로 공개 기준을 더욱 엄격히 한다. 4. 개인에 대하여 기록된 정보를 복사, 정정 또는 완성시키는 목적으로 컴퓨터화된 기록에의 접근을 포함하여 자신의 기록에 용이하게 접근한 서비스를 제공해야 한다. 5. 비공개의 면제(자유롭게 공개하는 것)는 요구의 필요에 맞도록, 명료하게 적법성을 설명하고 주의 깊게 조정하는 것이 당연하다. 6. 입법 조치는 금지에 의한 구제, 시민의 손해 배상, 범죄의 벌칙 그리고 변호사의 보수·경비의 상환과 같은 시행 메커니즘을 포함해야 한다.

<표 11.2> 컴퓨터 장치 협회의"윤리.전문직 행동 규정 (Code of Ethics and Professional Conduct) "의 '일반적 도덕적 의무 (General Moral Imperatives)

나는 ACM 회원으로서 아래내용에 동의한다.

1.1 사회와 인류의 복지에 공헌한다.
1.2 다른 사람에게 해를 가하지 않도록 한다.
1.3 성실하게, 신뢰되도록 행동한다.
1.4 공평하면서 차별하지 않도록 행동한다.
1.5 저작권과 특허를 포함한 재산권을 존중한다.
1.6 지적 재산을 적절하게 평가한다.
1.7 다른 사람의 프라이버시를 존중한다.
1.8 비밀을 존중한다.

때 당연히 사용가능한 것이다. 저작권은 누가 출판물을 복사해도 좋은지에 대한 권리를 저자에게 부여하는 것이고 명문화 되어 보호하고 있다.

미국에서는 1980년 연방 의회가 저작권을 컴퓨터와 프로그램까지 확대하기 위해 1976년의 저작권법을 개정하고 컴퓨터 프로그램을 저작권을 위한 저작물(literary works)이라고 생각하고 있다. 여기서 저작권, 특허권, 기업 비밀의 차이를 알아 볼 필요가 있다. 일반적으로 지적 재산권이라 하면 문화적 창작에 관한 저작권과 특허권, 실용신안권, 의장권, 상표권을 포함하는 공업 소유권으로 구분할 수 있다.

문예 창작뿐만 아닌 저작물의 보호는 저작물의 기본적 아이디어를 보호하는 것이 아니기 때문에 컴퓨터 프로그램의 기본적 아이디어를 보호하지는 않는다. 오히려 그러한kiexpression) 만을 보호한다. 특허권은 특히 '컴퓨터 처리 (processes) '를 보호하는 것으로 발명자에게 누가 컴퓨터 처리를 해도 좋은지 하는 권한을 주는 것이다.

프로그램은 특허를 위한 컴퓨터 처리라고 생각되어 왔다. 그래서 1980년대부터 특허는 소프트웨어 발명자에게 인가되어 왔다. 특허는 통상 권리를 강하게 보호하는 것이라고 생각되지만 그것은 알고리즘 그 자체를 보호하기 위한 것이었다.

저작권이나 특허로 지켜질 수 있던 것과는 다르게 기업 비밀은 완전히 공유 재산으로 속해 있지는 않다. 그러나 그 이름이 의미하는 바대로 기업 비밀은 엄수되어야 한다. 고객의 필요를 충족시키기 위해 소프트웨어를 수정할 수 없도록 기업은 고객에 대하여 비밀 유지를 하지 않는다면 고객과 기업 자신을 위해서도 기업은 살아남지 못할 것이다.

자신의 사무실의 컴퓨터와 집의 컴퓨터를 동시에 사용할 경우 소유권이 있는 회사의 소프트웨어를 복사하는 것은 위법이 되는지 혹은 자신의 소프트웨어를 반환하기 전에 복사해 두는 것은 기업 비밀을 지킬 의무가 있는 컴퓨터 전문가가 이를 위반하게 되는 경우가 되는지 명확하게 구분할 수 있는 방법은 아직 없다. 그러나 그것으로 인한 사회적 문제가 발생하는 경우 문제가 되는 것이다.

컴퓨터 윤리에 있어서 또 한 가지 중요한 것은 프라이버시에 관한 문제가 있다. 특히 프라이버시에 관한 충돌이라는 것은 공리주의와 인권 존중의 사이에서 일어나고 있다. 많은 업무의 처리를 위한 효율성이나 정확성 면에서 개인적 정보가 사용된다면 공중을 위해서도 도움이 된다. 그러나 동일한 데이터베이스를 이용하면서 개인의 프라이버시 침해를 일으키는 것이 가능하기 때문에 인간 존중의 생각을 짓밟게 되는 것이다. ACM 규정도 의무 1.6에 명기한 바와 같이 이러한 의무에 대한 지침을 가지고 있다.

- 개인의 프라이버시 침해의 가능성이 증가하고 있는 것을 인식할 것.
- 데이터의 정확성을 보증하기 위해 또한, 그것을 무허가의 접근으로부터 보호하기 위해 결사적으로 노력할 것.
- 개인의 자신에 관한 정보의 열람에 대해 일정한 절차를 요구할 것.
- 필요량의 개인 정보이상의 것을 모으지 않을 것.
- 정보의 보유기간과 폐기시기를 정하고 실시할 것.
- 데이터 가운데에 위탁받았던 개인이 허가한 것 이외의 목적을 위해 개인 정보를 이용하는 것을 조심할 것.

Jerry Berman 와 Janlori Goldman 은 다음의 원칙에 따라 1974년의 프라이버시법 (Privacy Act) 을 개정하도록 제안하고 있다.

① 목적을 위해 수집된 정보는 개인의 동의를 얻고 다른 목적에 사용할 수 없다.
② 정보 공학과 원거리 통신에 있어서 새로운 발전에 주목하면서 정책을 전개하는 것이 당연하다.
③ 기밀성이 높은 정보의 수집과 사용에 관하여 법적 제한을 마련해야 하고 정

보의 기밀성이 높으면 높은 정도로 공개 기준을 더욱 엄격히 한다.

④ 개인에 대하여 기록된 정보를 복사, 정정 또는 완성시키는 목적으로 컴퓨터화 된 기록에 접근을 포함하여 자신의 기록에 용이하게 접근한 서비스를 제공해야 한다.

⑤ 비공개의 면제(자유롭게 공개하는 것)는 요구의 필요에 맞도록, 명료하게 적법성을 설명하고 주의 깊게 조정하는 것이 당연하다.

⑥ 입법 조치는 금지에 의한 구제, 시민의 손해 배상, 범죄의 벌칙, 그리고 변호사의 보수·경비의 상환과 같은 시행 메커니즘을 포함해야 한다.

11.2 정보의 특징과 지적 재산권

정보 윤리 문제에 있어서는 일반적인 제조업과 정보 산업이 매우 다르다. 왜냐하면 정보라고 하는 재산의 성질과 관련되고 있기 때문이다. 정보의 개념은 물질을 문제로 하지 않는 개념이고 질량의 법칙에 얽매이지도 않다. 그러한 의미에서는 정보를 취급하는 수학은 보통의 수학과 다르고, 1+1=2 이 성립하지 않는다.

원고에 저술되고 있는 정보를 1만부 인쇄해도 정보 내용의 낱낱은 나누어 지지 않는다. 정보의 본질이란 완전하게 복제(duplication) 가 가능한 것이고, '인쇄하다' 라는 것은 복제의 수단에 지나지 않는 것이다.

정보는 상대적인 개념이다. 즉, '정보가 거기에 있다'고 하는 것은 '컵이 거기에 있다'고 하는 것과 같은 객관성을 가지지는 않는다. 예를 들면, 훌륭한 책이 있어도 그것을 읽을 수 있는 사람이 있지 않으면 그것은 더 이상 정보가 아니다. 정보에는 항상 그 발생 원인과 수취하는 사람과의 사이에 뭔가의 결정체가 있어야 한다.

정보는 코드가 있어야 한다. '말의 번역'이라는 것과 같이 해석자가 있어야 성립된다. 고대 인도의 문장어를 모르는 사람은 기묘한 기록을 보는 것뿐이고 그것이 무엇을 의미하는지는 모른다. 그에 비해, 보통의 설계와 제품은 인간의 해석이 어느 정도 독립한 물리적 기능을 다하고 있다.

그러한 의미에서 정보에는 정보를 생산, 관리, 취급하는 사람의 역할을 강조된다.

또한 네트워크는 생각을 가지고 있는 사람 간에 커뮤니케이션을 하고 있다. 더욱이 홈 페이지나 메일 등에서는 불특정 다수에 대한 커뮤니케이션이 되고 상대에 대한 영향을 예상할 수 없다. 복잡하게 뒤얽혀 전혀 알 수 없는 부작용도 생길 수 있다.

네트워크에 있어서 프라이버시나 거래의 윤리 문제도 반드시 생각해 보아야 한다. 인쇄술의 발전과 함께 정보의 전달 속도는 점점 빨라지고 있다. 한 장의 신문을 많이 돌려 읽기 하는 것으로는 상당히 시간이 걸리지만 그것을 만 부나 인쇄하고 배포하면 만 명이 동시에 읽을 수 있고 즉시 정보가 나눠진다. 정보는 에너지나 물질에 녹아 있지만 그 본질은 물질이나 에너지와 완전히 다른 개념이다.

책을 샀던 개인이 그 정보를 사용하는 것은 당연하다. 그것에 대해 복제권을 인정하지 않는다고 하는 것은, '만드는 행위'를 제한하는 것이다. 그러므로 복사한 기계가 누구에게도 사용할 수 있게 한다는 것이다. 그렇게 되면 정보의 소유가 아니라 정보의 공유가 된다. 정보는 공유의 개념이다. 하나의 정보는 누구나가 자신의 바로 옆에 복사를 남기면서 새로운 복사를 타인에게 건네주는 것이 가능하다. 그 복사는 대부분 거의 영의 비용으로 가능하고 버려진다. 제2의 정보는 한번 유통 채널로 되어 버리면 누구나가 그것을 공유할 수 있게 된다. 정보의 생산자가 소비자를 찾아내고 사용료를 징수하는 것은 불가능하게 되어 버린다. 이 양면성의 특징을 갖는 재산을 보통 학자들은 공적 재산이라고 부른다.

공적 재산적인 성질을 갖는 정보를 상품으로서 거래하기 위해서는 그 정보로부터 공적 재산적인 특징을 박탈하고 사유 재산으로서 상품화해야 한다. 이것은 물리적으로는 불가능하며 인위적인 법률로서 사람들에게 강제해야 한다. 이 강제를 위한 시스템이 지적 재산권 즉, 저작권 제도이다.

전형적인 '제조'에 관한 지적 재산권은 특허권이다. 이는 공업소유권 중의 하나이다. 그런데 '정보 제조'에 관한 지적 재산권을 저작권이라고 부르고 있다. 예를 들면 지적 재산권에 관해서는 다음과 같이 말해지고 있다.

'지적 창작물에 관한 재산권' '무체재산권(無體財産權)' 이라고도 한다.

법률이 정하는 바에 따라 등록함으로써 배타적 지배권이 발생하며 물권에 준한 보호를 받는다. 문화적 창작에 관한 저작권과 특허권·실용신안권·의장권·상표권을 포함하는 공업소유권으로 나누어지며 권리의 존속기간은 한정되어 있고 상속인이 없을 경우 소멸된다.

<표 11.3> 지적 재산권의 구분

구분	분류	권리
지적 재산권	저작권 (컴퓨터 프로그램)	저작인격권
		저작재산권
	공업 소유권	특허권
		실용신안권
		의장권
		상표권

저작권법은 문학·학술·예술의 저작물에 속하는 창작물에 대하여 저작자에게 배타적이고 독점적으로 인정되는 인격적·재산적 권리인 무체재산권의 하나로서 저작물에는 소설·시·논문·강연·연술(演述)·각본·음악·연극·무용·회화·서예·도안·조각·공예·건축물·사진·영상·도형·컴퓨터 프로그램 등이 있다. 또한 원저작물을 번역·편곡·변형·각색·영상제작 등의 방법으로 만든 2차적 저작물과, 편집물로서 소재의 선택 또는 배열에 창작성이 있는 것도 이에 속한다.

“저작자의 권리에는 공표건·성명표시권·동일성유지권 등의 저작인격권과, 저작물의 복제·공연·방송·전시·배포와 2차적 저작물의 작성권 등의 저작재산권이 있다. “고 명시하고 있다. 공업 소유권이라고 하는 특허에 대해서 생각해 보자. 특허권으로 속이 꽉 채워진 텔레비전도 그것을 샀던 개인이 사용하는 것이나 연구하는 것은 허용되고 있다. 다만 그것에 대해 특허를 사용하는 제품을 마음대로 만들고 파는 것은 허용되지 않았다.

‘만든다’는 것을 ‘사용하다’로 분류하게 되면 문제는 생기지 않을 수 있다. 그러나 보통의 사람이 용이하게 복사할 수 있다고 하는 상황은 큰 윤리적 문제를 포함하게 되었다. 특허권이나 저작권 등의 지적 재산권은 넓게 말하여 ‘모방 금지법’이다. 그러니까 모방에 약한 산업이 강해지면 지적 재산권법이 약해지고 자기 자신을 강화할 수밖에 없다.

종래의 하드(hard)의 공학은 흉내 내는데도 시간이 걸렸지만 아이디어에 가까운 소프트(soft)의 공학은 용이하게 흉내 낼 수 있다. 제조업에 비교하여 정보화 산업이라고 하는 모방에 약한 산업이 주류를 차지하는 것에 따라 지적 재산권의 중요성을 강조하는 것은 필연적인 흐름이라고 할 수 있다.

<그림 11.2> 산업재산권의 종류

특허권에 있어서는 아이디어의 독점이 가능한 상황이 있다. 이 점이 저작권과의 차이이다. 저작권의 경우는 타인의 프로그램을 유용하는 등의 행위 없이 자신이 프로그래밍한 것이면 최종적으로 완성한 프로그램이 우연히 타인의 프로그램과 유사하더라도 저작권 침해는 아니라는 것이 일반적인 해석이다. 그렇지만 특허의 경우는 기본적으로 먼저 특허를 취득하고 있던 자가 그 기술을 독점하는 것이 가능하고 따라서 의식하고 사용하는 것이 아니어도 책임성이 거론 될 가능성이 있다. 저작권과 특허권으로는 이 점에서 전혀 다르다.

사전에 특허권의 존재에 관하여 조사하지 않고 소프트웨어를 작성하고 배포하는 행위에는 바로 지뢰밭을 걷는 위험이 있다고 할 수 있다. 특허권은 공학을 독점 한다. 그것에 대해 저작권은 복사를 거부한다. 그것은 결국 만듦에 있어서는 복사하는 것이 어렵다는 것과 차이가 없다.

11.3 기업비밀과 산업스파이

산업스파이는 이해가 상반하는 국내외 경쟁기업의 최신 산업정보를 입수하거 교란시키는 공작 등을 전문으로 하는 사람을 말한다. 모든 기업은 시장정보·상품정보 등 통상적인 정보의 수집활동을 수행하고 있는데 그 중에서도 가장 흥미를 끄는 것이 경쟁회사에 관한 정보이다. 특히 기술개발은 두뇌·자금·시간이 많이 소요되는 부문이다. 산업스파이의 세계는 수단방법을 가리지 않는 약육강식(弱肉强食)의 법칙, 즉 정글의 법칙에 의하여 지배되며, 다음의 3가지 방법이 동원된다.

첫째는 경쟁회사의 간행물, 공공기관의 조사보고서, 상대회사의 제품분석, 상대회사의 직원이 발설한 내용 등을 통하여 정보를 수집·정리하는 방법인데 이는 합법적인 것으로 간주된다. 둘째는 상대회사의 퇴직 사원 포섭, 특정정보의 입수를 위한 상대회사 사원의 스카우트, 상대회사의 최근 동향에 관한 정보수집 등인데 이는 도의적인 문제를 야기할 소지가 있다. 셋째는 상대회사에 잠입하여 매수·협박, 또는 본인이 직접 기밀서류를 복사·절취·강탈하는 것인데 이는 불법적인 행위에 속한다고 할 수 있다.

기업의 기업 비밀을 침해하는 산업스파이 행위는 국가적으로도 큰 손실을 입힐 수 있고 경쟁 기업의 도산으로 이어지는 등 그 피해가 엄청나기 때문에 처벌도 강화될 전망이다.

기업 비밀을 부당하게 절취하거나 복사하는 등의 행위는 지극히 비윤리적인 행위이며 고용계약 위임계약, 도급계약 등에 의해 회사 비밀을 지킬 의무가 있는 사람이 기업 비밀을 침해할 때는 가중 처벌하는 등의 엄격한 법률적용이 필요할 것으로 보인다. 기업비밀 범위는 형태와 보존방법에 관계없이 재무, 사업, 과학, 기술, 공학 등에 관계된 정보로 기업에 경제적 가치가 있고 비밀로 관리되는 정보는 모두 포함하고 있다.

미국에서는 종래 불법행위법재록(Restatement of the law of torts, 1939년) 제757조에 의해 기업 비밀을 침해하는 행위에 대해서는 손해배상이 인정되어 있었다. 그러나 이후 기업 비밀을 침해하는 행위에 대한 내용을 불공정거래재록으로 옮겼다. 종래 미국의 각 주는 통일기업밀법(Uniform Trade Secrets Act, UTSA)에 기초한 주법에 의하여 기업비밀을 민사적으로 보호하였다. 동법과 동일하거나 유사한 내용의 기업비밀보호법은 2000년 6월 현재 미국 41개 주에서 채택하고 있다.

경제 스파이법이 제정되기 이전에도 형사 법적으로 연방차원에서 기업비밀침해 행위에 대해 몇 개의 법률이 적용되었다. 그러나 주(州)차원에서는 민사적 구제와 연방차원에서 분산된 형사적 처벌로 인하여 미국에서 기업비밀은 충분히 보도되지 않는다는 인식이 확산되었고, 그 결과 1996년 기업비밀 침해를 처벌하는 단일한 연방법률, 즉 경제 스파이법(EEA)을 제정하기에 이르렀다.

1996년의 경제 스파이 법은 기업비밀을 침해하는 행위를 처벌하고 있으며, 두 개의 처벌조항과 기타의 조항으로 구성되어 있다. 우선 제1831조(18 U.S.C.831)는 외국정부나 기타 외국의 기관을 이롭게 할 목적으로 기업비밀을 침해한 경우 처벌하는 규정이다.

독일에서는 기업비밀보호제도의 효시국인 영미의 영향을 받아 1909년 제정되어 1932년 개정된 부정경쟁방지법과 민법에 의해 기업비밀이 보호되어 왔다. 그러나 이에 근거한 기업비밀 보호조항은 근로계약을 맺고 있는 자의 누설행위만을 처벌하도록 하고 있었고, 제3자, 특히 산업스파이의 기업비밀 탐지행위 자체는 처벌되지 않았다.

따라서 기업 비밀을 보다 강하게 보호할 필요성이 대두되었고, 급기야 법 개정이 주장되었다. 이러한 문제점을 해결하고자 1986년 독일연방회의는 종래 독일부정경쟁방지법(UWG, Gesetz gegen den unlautern Wettbewerb)상의 기업비밀 보호조항을 개정, 강화하는 개정법을 컴퓨터범죄, 경제 범죄의 일환으로 통과시켰다. 그 결과 오늘날 독일에서의 기업비밀보호는 보다 강화된 형태로 이루어지고 있다.

독일에서 기업비밀의 침해행위는 기본적으로 공정한 경쟁을 해치는 행위로서, 선량한 풍속에 반하는 범죄행위로 보고 있다. 즉, 부정경쟁방지법의 기업비밀 침해조항에서 보호하고자 하는 법익은 개별적 피해기업의 이익과 동시에 공정한 경쟁상태의 유지라는 일반적 법익이다.

독일부정경쟁방지법 제17조, 제18조, 제20조는 기업비밀의 침해행위에 대한 형사처분을 규정하고 있으며, 제19조는 민사적 손해배상청구권을 규정하고 있다. UEC 제17조 제1항은 "사업체의 피용자, 근로자 또는 견습생으로서, 고용관계에 기하여 위탁받거나 접근하게 된 기업상 또는 경영상의 비밀을, 고용관계의 지속 중에 권한

없이 경제적인 목적으로, 자신의 이익이나 제3자를 위하여, 또는 사업주에게 손해를 가할 목적으로 타인에게 누설한 자는 3년 이하의 자유형 또는 벌금형에 처한다"고 규정하고 있다.

행위자가 누설 시에 당해 비밀이 외국에서 이용된다는 사실을 알고 있거나, 행위자 스스로 외국에서 이용한 경우에는 5년 이하의 자유형 또는 벌금형에 처할 수 있다고 규정하고 있다.

일본에서는 1911년 독일의 부정경쟁방지법을 모델로 기업비밀보호에 관한 법을 마련했으나, 시기 상조론이 강력히 대두되어 연구와 논의만을 계속하였다. 당시 기업비밀의 보호는 침해의 유형에 따라 절도, 횡령, 배임 등 형법을 적용하거나 손해배상청구를 통하여 가능했었다.

1986년 지적재산권 문제가 대두되면서 1990년 6월 29일 부정경쟁방지법을 개정함에 따라 기업비밀의 보호가 요구됨과 동시에 일본의 산업기술이 발달하여 이에 대한 보호가 필요했기 때문이었다. 그러나 우리나라와 달리 부정경쟁방지법에 기업비밀침해에 대한 형사 처벌규정은 신설되지 않았으며, 1993년 개정에서도 포함되지 않았다. 이는 형법으로도 기업비밀침해를 충분히 처벌할 수 있다는 판단에 의한 것임을 의미한다.

11.4 지적재산권의 종류

물물교환은 인류가 진보를 거듭한 이래 가장 기초적이면서도 가장 획기적이고 가장 오랫동안 사용되고 있는 아이디어이다. 이러한 인간관계의 기초적 합의 아래 분업화와 산업화가 되면서 현재의 발전된 현대 사회를 이룩할 수 있었다. 산업화가 진행되면서 물품을 제조하고 판매하는 생산자와 이것을 구입하고 사용하는 소비자가 나타나게 되고 이들의 관계는 과거 간단한 생산, 소비 관계와 기술에서 벗어나 더욱 복잡한 상업구조와 기술의 혁신이 대두되면서 생산자와 소비자의 이득의 균형을 맞추기 위해 새로운 제도적 장치가 필요했다.

산업화는 생산성의 증대를 가져왔고 보다 쉽게 물품을 제조할 수 있게 되었다. 단순히 제품뿐만 아니라 상표 같은 것에도 그 가치를 부여함으로서 생산자의 이익을 제도적으로 보호해주면서도 공공에 대해 피해를 주는 것은 그 가치를 인정해 주지 않음으로써 올바른 생산이 가능하도록 유도하고 있다. 생산자는 특허권으로 자신의 가치를 보호받고 소비자는 제조물책임법을 통해 생산자에게 잘못된 거래에 대한 책임을 물을 수 있도록 자신의 가치를 보호받고 이것이 서로 상호작용을 일으키면서 보다 나은 상업구조를 만들어 주는 것이다.

그러나 이러한 제도적 장치는 산업화 이후 고도로 진보해가는 사회에서 문화라는 것이 하나의 새로운 산업으로 부각되면서 단순히 제품을 제조, 판매하는 회사뿐 아니라, 문화적인 창작을 하는 개인 혹은 기업까지 보호하기 위한 제도적 장치가 필요하게 되었고, 보다 발전된 형태의 생산자를 보호하기 위한 지적재산권이 필요로 하게 되었다.

지적재산권은 지적창작물에 부여된 재산권에 준하는 권리를 말하는 것으로 지적재산권은 보통 산업분야의 창작물과 관련된 산업재산권(특허권, 실용신안권, 상표권, 디자인권)과 문화예술분야의 창작물과 관련된 저작권으로 나눈다. 이 밖에도 반도체 배치설계나 온라인디지털콘텐츠와 같이 전통 지적재산권의 범주에 속하지 않는 것을 따로 분류하여 '신 지적재산권'이라고 한다.

공학에 관련된 법률은 특히 산업에 관련된 법률에서 지적 재산권은 크게 공업 소유권과 저작권으로 구분된다. 공업소유권 즉 산업재산권이라고 하는 이 권한에는 의장법, 상표법, 실용신안법, 특허법 등이 있고 저작권법에는 저작 재산권과 저작 인격권 등으로 나누어 볼 수 있다. 각 종 법률의 종류는 매우 많지만 우선 가장 공학윤리적인 접근을 할 수 있는 법률을 예로 설명할 수 있다. 산업재산권은 특허청의 심사를 거쳐 등록을 하여야만 보호되고, 저작권은 출판과 동시에 보호되며 그 보호기간은 산업재산권이 10~20년 정도이고, 저작권은 저작자의 사후 30~50년까지이다.

지적재산권(Intellectual Property Right)은 인간적 정신적 지적 소산에 대한 무형의 재산에 대한 보호권으로서 인간의 정신적 지적 활동의 성과로 얻어진 재화에 대한 소유 권리의 유사한 재산권을 지칭하는 것으로 크게 저작권과 공업소유권(工業所有權) 혹은 산업재산권 등 두 가지 유형으로 구별한다.

11.4 지적재산권의 종류

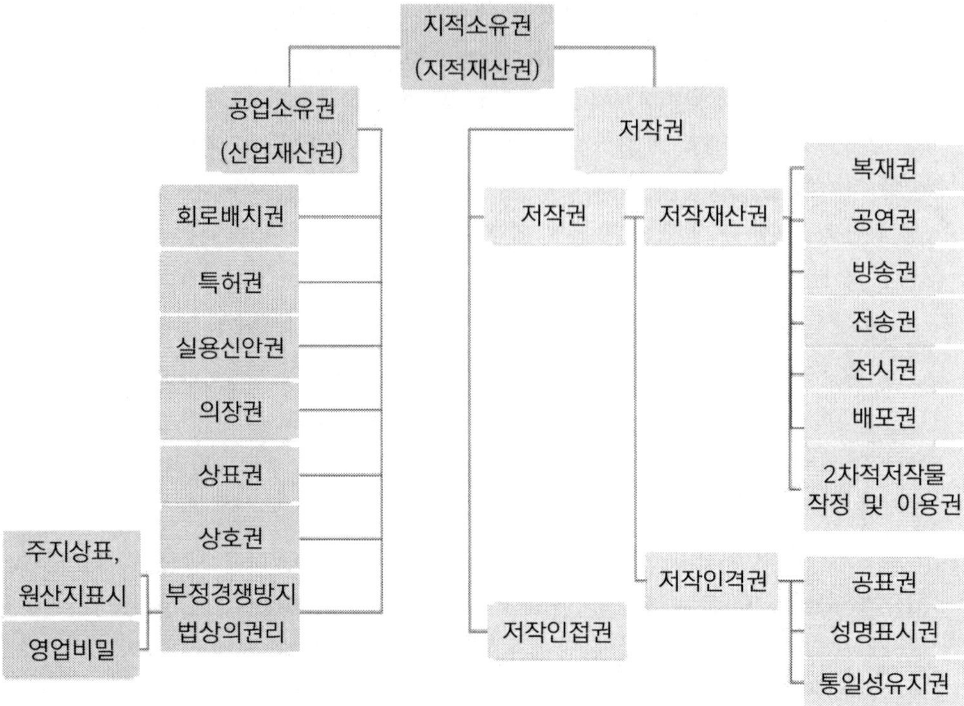

<그림 11.3> 지적재산권의 분류

저작권은 산업적인 측면보다 학문이나 문학이나 예술에 관한 정신적 창작물을 대상으로 하는 권리로서 그 보호객체인 저작물은 창작자의 정신노동의 산물이다. 공업소유권에는 발명이나 실용적인 고안, 심미적인 의장과 같은 산업상 유용한 창작에 대한 권리와 상호, 상표 등 기업상 유용한 표지에 대한 권리로 나뉜다. 기술 자체를 보호하는 장치를 말하며 등록될 경우 독점적인 권리를 인정받는다.

지적재산권은 저작물 보호를 위한 저작재산권, 저작인격권 등의 보호를 위한 저작인접권, 과학적 소유권, 특허권, 실용신안권, 의장권, 상표권 등 기업비밀에 관한 권리, 부정경쟁으로부터 보호를 받을 권리 등을 포함한다.

요즘에는 산업 재산권과 저작권의 구분이 모호한 신지식 재산권이 급부상하고 있다. 컴퓨터 소프트웨어, 생명공학 기술, 기업 비밀 등이 그것으로 최근 들어 지식재산권 분쟁의 주요 이슈로 등장하고 있다.

정신적 창작의 결과인 지적재산의 대표적인 예로서는 발명, 고안, 의장, 상표, 저작물, 컴퓨터 프로그램, 기업비밀, 반도체 칩의 배치설계, 데이터베이스 등을 들 수 있다. 현재 우리나라에서 지적재산권을 규율하는 법으로는 특허법, 실용신안법, 의장법, 상표법·저작권법·부정경쟁방지법·컴퓨터 프로그램 보호법·반도체 집적회로의 배치설계에 관한 법률 등을 들 수 있다.

일반적으로 지적재산은 일반 물건과는 달리 제 3자에 의해 쉽게 도용(盜用)되는 사례가 자주 일어나고 있다. 따라서 오늘날 국제사회에서는 지적재산권의 보호문제를 어느 한 국가만의 문제가 아니라 국제법적 차원에서 공동으로 대처하여야 할 과제로 인식하게 되었다. 특허제도는 발명자에게는 특허권이라는 독점적인 재산권을 부여하여 보호하는 한편 그 발명을 공개하게 함으로써 그 발명의 이용을 통하여 산업발전에 기여하고자 한다. 이런 점에서 특허제도를 신기술보호제도, 발명 장려제도, 또는 사적독점보장제도이라고 부르기도 한다.

지적재산권은 이런 의미에서 국가 간 협력을 확보하기 위해 1970년 4월 26일 설립된 UN전문기구인 세계 지적재산권 기구(World Intellectual Property Organization; WIPO)를 중심으로 파리협약이나 베른협약 등 국제조약에 의하여 국제적으로 보호되고 있다. 한편, 우루과이라운드(UR)의 주요 성과 중의 하나로 평가되는 무역관련 지적재산권협정(TRIPs)이 세계무역기구(WTO)협정의 부속서로 편입되어 기존의 국제조약에서 보호되던 특허, 상표, 저작권 등외에도 컴퓨터 프로그램 및 기업비밀 등과 같은 새로운 분야까지도 보호 대상으로 규정하고 있으며 그 보호정도를 강화시키고 국제적 차원의 효과적인 집행수단을 제공하고 있다(정진섭·황희경;1995).

1. 특허(Patent)권

특허는 산업재산권의 대표적인 것으로 특허법에 의하여 발명을 독점적으로 이용할 수 있는 권리, 혹은 크게는 특허법·실용신안법·의장법 및 상표법에 의하여 발명·실용신안 ·의장 및 상표를 독점적으로 이용할 수 있는 권리를 의미한다. 발명에 대한 특허는 특허출원 후 심사와 출원공개를 거쳐 등록을 해야만 비로소 권리가 생기며 그 권리의 존속기간은 설정등록일로부터 출원일후 20년이다. 또한 새로운 물건이나 장치는 물론 새로운 물질이나 방법에 대한 발명도 특허권으로 보호받을 수 있다. 넓은 의미에서의 특허권은 공업소유권이라고도 한다. 국제공업소유권 보호동맹조약은 광의의 특허권 외에 농업 ·공업에 관한 것도 공업소유권으로 보고 있다.

연구 또는 시험을 하기 위한 특허발명의 실시, 특허출원 당시부터 국내에 있었던 물건 등에 대하여는 특허권의 효력이 미치지 못한다(96조). 특허출원 당시 그 특허출원된 발명의 내용을 알지 못하고 국내에서 그 발명의 실시사업을 하고 있던 자 등은, 계속하여 그 사업을 할 수 있다(103조). 특허권자는 그 권리를 양도할 수 있으며(99조), 타인에게 전용 실시권 또는 통상 실시권을 허락할 수 있다(100 ·102조). 특허권자는 위와 같은 권리를 가지는 반면에, 국내에서 성실하게 발명을 실시할 의무를 진다. 특허발명을 실시하고자 하는 자는 특허권자가 특허권 설정 후 3년 이상 국내에서 발명을 실시하지 아니하는 경우에는 특허권자 또는 전용 실시권자에 대하여 통상 실시권의 허락에 관한 협의를 청구할 수 있으며, 협의가 성립되지 않거나 협의를 할 수 없는 때에는 특허청장에게 재정(裁定)을 청구할 수 있다(107조) 등이 특허 관련법의 요약이다. 한편 문제가 될 수 있는 특허권의 침해 유형으로는 다음과 같다.

1) 우회방법

특허발명과 기본적으로 동일한 기술사상에 근거하면서, 특허 청구범위에 기재된 구성요소 중 최초의 요소와 최종의 요소를 동일하게 하고 그 중간에 객관적으로 보아 무용 하거나 용이한 요소를 덧붙인 것을 말한다.

2) 이용 저촉 침해

선행발명의 구성요소에 새로운 기술적 요소를 부가한 것으로서, 선행발명의 특허요지를 전부 포함하고 이를 그대로 이용한 것이다.

3) 불완전 모방

청구 항에 기재된 구성요소의 일부를 생략하여 특허발명이 목적하는 작용, 효과를 충분하게 발휘할 수 없는 실시형태(불량품, 모조품 등)를 말한다.

그리고 특허를 받을 수 있는 발명의 범위는 산업상 이용할 수 있는 자연법칙을 이용한 기술적 사상의 고도한 창작으로서, 특허출원 전에 국내에 공지되었거나 공연히 실시된 것이 아니고, 국내외에 반포된 간행물에 기재된 것이 아니어야 한다. 그러나 인간관계에 위해를 주기 위한 목적으로 특허를 받을 수는 없다. 예를 들어 물질의 발명은 인간에게 도움을 줄 수 있는 선량함을 원칙으로 하여야 하고 공공의 질서 및 선량한 풍속에 위반되거나 공중의 위생을 해할 우려가 있는 발병은 특허를 받을 수 없다.

특허를 받고자 하는 자는 특허 출원서를 특허청장에게 제출하여야 하며 동일한 발명에 대하여는 먼저 출원한 자만이 특허를 받을 수 있다. 같은 날에 2 이상의 출원이 있을 경우에는 출원인의 협의에 의하여 그 중 1인 만의 특허출원을 특허하며 협의가 이루어지지 아니하거나 이루어질 수 없으면 어느 출원도 특허를 받을 수 없다. 그리고 특허권의 존속기간은 출원공고가 없는 경우는 설정등록이 있는 날부터 존속하고 출원공고가 있는 경우는 공고일 부터 15년간 존속하며 특허 출원일부터 20년을 초과할 수 없도록 되어 있다.

2. 실용신안(Utility Model)

산업상 이용할 수 있는 것으로 물품의 형상, 구조 또는 조합에 관한 고안에 대하여 부여한 는 것으로 특허보다는 낮은 단계의 발명에 대하여 부여하는 것이다. 실용신안은 반드시 높은 수준의 새로운 기술일 필요는 없으며 물품의 형상이나 구조 또는 이들의 조합에 의해 종전보다는 새로운 기술효과가 인정되는 경우에 실용신안권이 부여되는 것이다. 실용신안은 소발명으로서 중소기업 등의 존립과 성장발전에 크게 기여하고 있다. 실용신안은 선 등록 제도이며 실체 심사 없이 출원 시에 최초 1년분의 등록료를 납부하고, 형식적 요건에 하자가 없으면 통상 출원일로부터 3개월 정도 만에 등록이 가능하다. 특히 실용신안권의 존속기간은 설정등록이 된 날로부터 출원일후 10년 정도이다.

3. 의장(Design Patent)

의장이라 함은 물품의 형상, 모양이나 색채 또는 이들이 결합한 것으로 시각을 통하여 미감을 일으키게 하는 것으로 물품 그 자체의 외관상의 미적 고안에 대하여 부여하는 권리이다. 의장은 기술적인 것을 요하지 않는 대신 그 외관으로부터 심미감을 느낄 수 있는 것이어야 하고 실용신안과 마찬가지로 물품에 관한 고안이며 어떤 경우에는 하나의 물품이 실용신안과 의장이 중복해서 보호될 수 있는 데 물품의 형상 및 구조에 의한 기술 적 내용을 실용신안으로 그리고 물품의 형상, 모양이나 색채는 의장으로 보호되기도 한다.

의장은 물품의 외관에 관한 고안이므로 타인에게 쉽게 모방될 수 있기 때문에 출원공고 없이 등록해 주는 것이 특허 및 실용신안과 다른 점이라고 할 수 있고 다만 의장은 물품에 대한 "도면"을 제출해야 고 의장권의 존속기간은 등록일로부터 15년간 정도 이다.

4. 상표(Trademark)

상표란 상품을 업으로서 생산, 가공, 발명 또는 판매하는 자가 자기의 상품을 타업자의 상품 과 식별시키기 위하여 사용하는 기호, 문자, 도형 또는 이들의 결합으로서 특별히 현저한 것을 말한다. 즉 상표는 자기의 상품을 타인의 상품과 구별하기 위하여 사용되는 것으로서 출처표시 기능, 품질보증 기능, 광고 선전 기능, 재산적 기능 등의 의미를 가진다.

상표권은 출원 이후 심사와 출원공고를 거쳐 설정, 등록되며 그 존속기간은 등록일로부터 10년간이나 매 10년마다 갱신 등록하여 그 유효기간을 연장할 수 있는 반영구적인 권리이다. 상표 출원 시에는 상품견본을 제출하고 사용할 상품을 반드시 지정해서 출원해야 권리 주장이 가능하게 된다.

5. 저작권(Copy Right)

저작권은 문학, 학술 또는 예술의 범위에 속하는 저작물에 대해 저작자가 갖는 권리이며 법률이 인정하는 일정한 범위 내에서 권리를 배타적으로 행사 할 수 있다. 저작권은 문학이나 미술 등 예술적 창작물의 권리인 협의의 저작권과 실제 연기, 혹은 연주가, 음반제작가, 방송사업자 등이 갖는 권리인 저작인접권 등이 있다.

저작권은 저작인격권과 저작재산권으로 나뉘는데, 저작인격권은 저작자의 일신에 전속하므로, 사망과 동시에 소멸하며, 저작재산권은 저작자의 생존하는 동안과 사망 후 50년간 존속이 가능하다.

6. 비즈니스 모델(Business Model)

BM이라 하며, 특허의 한 종류이다. BM 특허는 컴퓨터 및 네트워크 등의 통신기술과 사업 아이디어가 결합된 영업 방법 발명에 대해 허여된 특허를 말한다. BM이란 용어는 최근까지 Business Method, Business Model이 혼용되어서 사용되고 있으나 미국 특허법상 용어로 Method가 통용되고 있고 국내 특허법에서도 발명의 카테고리를 물건과 방법으로 구분하고 있으므로, Business Model 보다는 Business Method라는 용어가 보다 적절한 것으로 판단된다.

단순한 비즈니스 모델의 사업 아이디어만 가지고는 특허를 받을 수 없다. 사업 아이디어와 컴퓨터, 네트워크 등의 기술적 구성요소가 결합된 기술 내용이어야 하며, 일반 특허 요건과 명세서 작성 요건 등을 충족하여야 특허를 받을 수 있다.

11.5 전문직의 지적재산권

지적 재산권은 그 자체로서도 의의가 있지만 우선 기업 간 독점적 경쟁에서 우위를 확보하게 하여 준다. 지적재산권 중에서도 독점배타적인 권리가 인정되는 특허 등의 산업재산권을 획득하면 경쟁사의 시장진입을 막아 독점적인 경쟁우위를 확보할 수 있다.

또한 기업의 가치를 증대시키는 효과를 발휘한다. 예를 들어 산업재산권은 독점배타적인 권리로서 타인의 실시 또는 사용을 배제할 수 있는 권리일 뿐만 아니라, 기업 가치를 증대시키는 중요 자산이다. 때문에 산업재산권은 그 자체로 거래대상이 되고, 타인에게 자격증을 허락한 대가로서 로열티를 받을 수도 있으며, 또한 이를 담보로 제공하여 금융기관에서 융자를 받을 수도 있다.

지적 재산권은 기업 간 분쟁의 사전예방책이 될 수 있다. 산업재산권을 적시에 권리화할 경우 관련 분야에서의 산업재산권을 둘러싼 국가 간, 기업 간, 개인 간의 분쟁을 사전에 예방할 수 있다. 기술 개발 촉진 및 투자비용을 회수하는데도 유리하다. 기술개발의 결과에 대해 독점적 권리가 보장됨으로써 기술 개발 촉진 및 투자비용의 회수가 가능해 진다.

이처럼 지적재산권은 광고 선전 효과를 가지고 있기 때문에 출원 및 등록하는 것은 차별화된 독창적인 기술력을 가지고 있는 유망한 회사임을 대외적으로 알리는 효과적인 광고수단으로 활용될 수 있다. 그리고 경쟁사와 상호 특허 사용 계약 체결 가능하여 경쟁사가 특허권을 내세워 기술을 사용을 금지하거나 로열티를 과다하게 요구할 경우, 자사의 특허권과 교환하여 상호간에 특허를 사용할 수 있도록 하는 상호 특허 사용 계약을 체결할 수 있다.

이와 같은 가치를 보호하기 위하여 여러 가지 지적재산권에 대한 보호 장치가 생겼는데 지적재산권의 문제는 특히 국가와 국가 간에 그 보호 장치가 되어 있느냐의 여부와 국가 간의 제도상의 차이 때문에 분쟁의 대상이 되고 있다.

오늘날과 같이 정보의 유통이 급속하게 이루어지고 있는 시대에는 어떤 국가가 상당한 시간과 인력 및 비용을 투입하여 얻은 각종 정보와 기술문화가 쉽게 타국으로 흘러들어가기 마련이어서 선진국들은 이를 보호하기 위한 조치를 강화하고 있다. 최근에는 새로운 기술의 산물인 컴퓨터 소프트웨어와 유전공학기술 등의 보호방법과 보호범위가 지적 소유권보호제도의 한 과제가 되고 있는데, 컴퓨터 소프트웨어는 대부분의 선진국들이 저작권으로 보호하는 추세에 있어서 한국도 1986년 12월 '컴퓨터프로그램보호법'을 제정하여 1987년 7월부터 시행하고 있으며, 유전공학기술은 그 제조방법을 한국 등 대다수의 국가가 특허로 인정하고 있다.

1973년 이래 세계지적재산권기구에 정회원이 아닌 옵서버 자격으로 참여하여 온 한국은 1979년 정식으로 가입하여 정회원국이 되었고, 물질특허권(공업소유권)제도도 도입하여 운영하고 있다. 또 국제저작권조약에는 법규해석에 있어, 비교적 융통성이 많고 소급 효과를 인정하지 않는 국제저작권협약(UCC)에 1987년 10월 정식으로 가입하였다.

지식재산권과 관련된 한국의 법률로는 특허법·저작권법·실용신안법·의장법·상표법·발명보호법·컴퓨터프로그램보호법 등이 있으며, 이들에 관한 권리를 보호하기 위하여 국제적으로 협약한 조약으로는 '공업소유권의 보호를 위한 파리협약' '한·일 상표권 상호보호에 관한 협정' 등이 있다.

오늘날 지적재산권 분야는 경영자산으로써의 가치가 증대되고 중요한 국제통상 이슈로 부각되는 등 그 중요성이 점차 커지고 있다. 특히 최근에는 국내에서 발생하는 지적재산권 침해의 범위와 규모가 확대되어 가면서 개인과 기업의 지적재산권 보호를 강화하기 위한 제도개혁이 절실하다. 따라서 이러한 지적재산권의 보호를 위한 방안이 필요한 시점이다.

첫째, 지적재산권 보호를 위한 교육 및 홍보를 강화해야 한다. 비용과 시간과 공을 들여 어렵게 창조해 가꿔온 지적재산을 우리는 너무 쉽게 공유하고 사용하려 한다. 이는 지적재산권의 중요성과 가치에 대한 국민들의 인식이 부족하기 때문이다. 또한 나아가서 이러한 국민들의 인식이 변화하지 않는 한 지적재산권 침해의 문제는 근본적으로 해결될 수 없다. 따라서 정부는 지적재산권 보호를 위한 관련 교육 및 대국민 홍보를 통한 국민의식을 재고시킴으로써 지적재산권에 대한 국민들의 인식을 개선해야 할 것이다.

둘째, 지적재산권을 보호하기 위한 법적장치 개선 및 침해제재를 강화해야 한다. 지적재산의 다양화에 따라 침해의 범위와 정도는 증가하고 있다. 일반적으로 국내 지적재산권 침해사범에 대한 처벌은 침해수위에 비해 처벌수위가 너무 관대한 것이 대부분이다. 따라서 보다 강력한 법적장치 및 제재방안을 마련해 침해방지와 피해구제에 전폭적인 지원이 이루어져야 할 것이다.

셋째, 국가적인 차원에서 지적재산정책을 추진해야 한다. 세계 각국은 자국의 과학 기술력 강화와 문화산업의 개발 등 경제 활성화라는 관점에서 각종 지적재산전략을 모색해 나가고 있다. 이를 위해서는 지적재산의 보호뿐만 아니라 창조와 활용, 그리고 인적 인프라 보강 등 지적재산 개발을 위한 전략적 정책이 절실히 필요하다. 정부와 기업이 보다 적극적이고 구체적인 지적재산 정책을 시행한다면 그에 병행해 지적재산권 보호도 강화될 수 있다.

지적재산권의 보호는 개발자나 창작자의 권리를 보호하고 새로운 아이디어 창출의 원동력이 된다. 하지만 지나친 지적재산권의 보호는 이러한 아이디어가 국민들에게 수용되는 것을 방해하고, 경쟁자로 하여금 보다 자유로운 경쟁을 통한 개선을 불가능하게 한다. 가장 중요한 것은 공공의 선(善)을 위하여 개인의 권리가 무조건

침해되어서는 안 된다 것이다. 또한 지적재산권의 공유는 국가산업 및 문화발전에의 기여도에 의거하는 지적재산권법에 준하여 행해져야 할 것임을 기억해야 한다.

전문직과 관련된 지적 재산권의 침해에 대한 사례는 점점 증가하는 추세에 있고 그 중에서 식물, 컴퓨터프로그래밍, 생명공학, 인공지능에 관련된 것들은 첨단 기술의 명예와 더불어 더욱 치열한 지적 재산권에 대한 논란을 가중시켜 주고 있다.

식물 관련 기술은 '새로운 식물을 육종하는 방법' 및 '육종된 식물신품종'으로 나눌 수 있는데 전자는 대부분의 국가들이 이견 없이 특허법으로 보호하고 있으나, 후자의 경우는 보호방법이 통일되어 있지 아니한 실정이다.

원예 분야의 육종가들이 지재권 보호에 있어서 다른 산업분야와의 형평성을 주장하면서 과수, 화훼 등 새로운 식물들을 보호해 달라고 요구함에 따라 미국이 1930년 '식물특허법'을 제정하여 무성번식 식물을 보호하기 시작하였고, 독일은 1953년, 프랑스는 1957년에 특별법인 '식물신품종보호법'을 제정하여 농무성에서 식물신품종을 보호하기 시작하였다. 그 후 1961년 파리에서 유럽 국가들을 중심으로 '국제식물신품종보호조약(UPOV 조약)'이 체결되어 1968년에 발효됨으로써 식물신품종 보호제도가 국제화의 길을 걷기 시작하였으며, 동 조약은 1978년에 개정되었고 1991년에 재개정되었으며, 현재 프랑스('68), 영국('68), 독일('68), 미국('81), 일본('82), 중국('99) 등 39개국이 가입하여 활동하고 있다.

새로운 식물을 보호함에 있어서 특허법과 특별법은 보호요건이 상이하고 보호대상이 구별되므로 상호 대립관계가 아니라 보충관계로 공존할 수 있는 제도이다. 종래의 국제 조약은 같은 종류의 식물에 대한 특허법과 특별법으로의 이중 보호를 금지하고 있었으나 1991년 미국을 포함한 일부 국가들의 주장이 관철되어 이중 보호 금지 조항이 삭제된 것도 이와 같은 이유에서 비롯된 것이라 하겠다.

컴퓨터 프로그래밍을 보면 우리나라의 경우는 소프트웨어의 불법복제 등 저작권 침해사례가 이미 일반화되고 있을 뿐만 아니라 저작권 보유자가 침해 사실에 대해 이의를 제기 해야만 보호되기 때문에 권리보호에 소극적이다.

산업 기술 발전에 따른 컴퓨터프로그램의 개발 및 보호가 점차 중요해지는 시점에서 프로그램개발자의 개발의욕을 고취시키는 것은 중요한 일이며, 저작권을 통한 보호의 한계가 분명히 노정된 상태에서 컴퓨터프로그램에 대한 특허권 부여는 불가피한 상황으로 판단된다.

단기적으로는 컴퓨터프로그램에 대한 특허부여가 기술수지(技術收支)에 부정적 영향을 줄 수 있지만 장기적으로는 기술개발 유인을 제공함으로써 국내 컴퓨터프로그램 산업을 활성화시키고 산업발전에 이바지할 것으로 기대한다.

생명공학의 경우 공학기술의 발전으로 새로운 동식물, 미생물 종을 만들어내고 이를 특허와 하고 있다. 생명공학 특허에 있어서 인체의 일부나 동식물종, 미생물종의 사용 권리를 독점화 할 수 있는가라는 강한 윤리적 문제와 다른 한 측면에서는 제3세계 원주민들이 오랜 역사를 통해 축적한 생물종의 다양성과 유전자 자원, 삶의 지혜를 선진국의 기업이 간단한 기술적 수단을 통해 사유화 할 수 있느냐는 지적재산권의 정당성 문제가 제기된다. 후자의 경우에는 생명공학 분야의 특허 심사 과정에서 특허가능성 판단의 현실적 어려움과도 연결되어 있다.

인공지능과 관련된 공학기술의 지적재산권의 경우에도 "인간이 가지고 있는 가장 기본적인 능력, 또는 아직 기계화되어 있지 않은 능력"이라는 인공지능의 분야에 최근 다량으로 출원되고 있는 논리처리 .퍼지. 신경망. 전문가시스템 등은 지능정보처리 기술의 하나이며, 이 같은 지능정보처리 기술은 보다 더 인간에 가까운 시스템, 즉 적응성이 있는 유연한 시스템 구축을 가능하게 만들었다. 이러한 기술을 제어. 인식. 사고 추론. 언어 번역. 학습. 지능 로봇 등 산업전반에 적용하면서 파생된 발명을 특허 출원하는 사회 분위기가 조성되고 있다.

11.6 프로그램의 저작권

지적재산권 분쟁에는 여러 방향이 있다. 그 중 정보화 사회의 소프트웨어를 살펴본다. 소프트웨어산업의 발전 및 저작권 보호의 강화로 인하여 컴퓨터프로그램 저작권에 관한 분쟁이 급증하고 있고, 우리나라에서도 프로그램 저작권의 침해가 증가하고 있는 실정이다.

프로그램 저작권에 관한 분쟁이 빈번히 발생하는 근본적인 이유는 프로그램의 법적 보호의 근거가 되는 저작권법 또는 우리나라에서와 같은 컴퓨터 프로그램 보호법이 컴퓨터프로그램의 보호를 위하여 기존의 저작권법원리를 원용하고 있지만, 프로그램은 소설이나 음악과 같은 전통적인 저작물과는 상이해서 프로그램의 저작권의 보호범위 및 프로그램 저작권의 제한 또는 예외가 불분명하고 많은 논란의 대상이 되기 때문이다.

또한 컴퓨터 프로그램은 고도의 기술적 요소를 내포하고 있다는 점으로, 프로그램 저작권분쟁은 저작권에 대한 법률지식뿐만 아니라 프로그래밍에 관한 고도의 기술적 지식을 전제로 하고 있다는 특징이 있는데, 분쟁해결을 하기 위해서는 법률전문가 뿐만 아니라 관련된 기술 분야의 기술전문가의 도움이나 그러한 기술전문가의 도움이나 그러한 기술전문가의 직접적인 참여가 요구되는 특징을 가지고 있다.

분쟁에서 저작권침해 여부를 판단하기 위하여 컴퓨터 프로그램의 보호방법에 대해 WTO/WTIPs와 WIPO 저작권조약에서는 컴퓨터프로그램을 베른협약에 따라 일

<표 11.4> 지적재산권 침해 현황>

우리제품의 품질 향상 및 기술.디자인 경쟁력 상승으로 인해 해외시장에서 지적재산권 침해 사례가 증가하는 추세
국가별로는 중국 등 동남아를 포함한 아시아 지역에서 발생한 사례가 전체의 50%를 차지하는 것으로 추정

〈지역별 및 연도별 피침해 기업현황(특허청)〉

구분		2000	2001	2002	2003	2004	2005	계
아	중국	–	11	8	6	5	18	48
시	중화권	1	–	2	2	1	1	7
아	아시아권	5	1	6	7	4	5	28
기타지역		9	5	15	27	17	10	83
소 계		15	17	31	42	27	34	166

〈권리 유형별 침해 현황(특허청)〉

구분	2000	2001	2002	2003	2004	2005	계
특허.실용	6	5	13	18	6	10	58
디자인	3	4	5	1	2	10	24
상표	7	11	23	29	18	22	108
기타	–	1	1	2	3	9	16
계	16	21	42	50	29	51	206

반저작물이 아닌 어문저작물로서 보호한다고 규정하고 있다. 따라서 컴퓨터 프로그램은 어문, 예술저작물보호에 관해 규정하고 있는 베른협약에 따라 저작자 사후 50년간 그것도 소급적으로 보호해야 하며 그럼으로써 컴퓨터 프로그램의 이용과정에서 흔히 볼 수 있었던 복제나 개작 등이 불가능하게 되었다.

프로그램 저작권의 분쟁이 발생하였을 때, 다음과 같은 요건을 갖추어야 보호를 받을 수 있다. 첫째 창작사실을 증명해야 한다. 창작과정을 증명할 수 있는 개발계획서, 설계서 등 관련 자료와 작업일지 등을 보관하여 분쟁발생이 발생하였을 경우 입증자료로 제시해야 한다. 둘째 저작권 표시를 명확히 해야 한다. 프로그램 저작물에 저작권자의 표시를 명확히 해야 제3자에게 자기의 저작권을 주장할 수 있다. 프로그램 보호법 세6조에 서작권표시방법 등 추정규정이 있나. 또한 프로그램 보호법 제21조, 22조, 24조의 규정에 따른 등록절차도 마치는 것이 좋다.

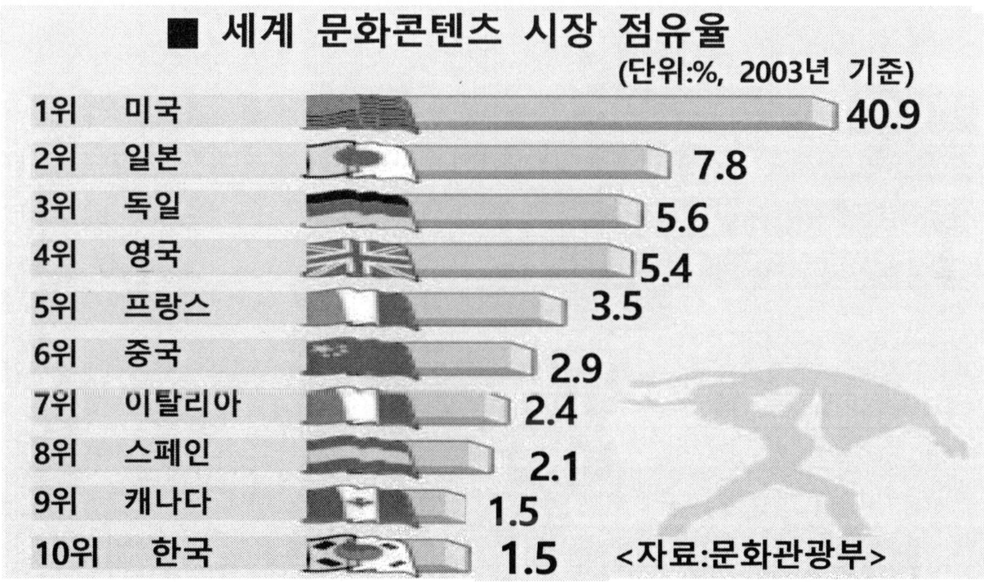

<그림 11.3> 지적 재산권 침해 현황과 세계 문화콘텐츠 시장 점유율

12
CHAPTER

정보통신 윤리

12.1 정보화 사회와 공학윤리

공학윤리에 비교하여 정보통신, 컴퓨터공학과 윤리는 '설계와 제품의 제조'의 큰 의미에서 '기계'와 '정보'의 차이에 의한 윤리적인 문제의식의 변화를 살펴 볼 필요가 있다. 정보는 컴퓨터나 통신 네트워크의 발달에 의해 중요한 이슈가 되어 있기 때문에 '설계와 제품 제조'의 관점을 피할 수는 없다. 표준화된 정보 윤리 교과서는 아니지만 Kevin W. Bowyer(1996)는 "Ethics and Computing IEEE Computer Society Press"에서 다음과 같은 내용을 다루고 있다.

대부분 윤리학에 대한 개괄적 해설과 전문직의 윤리헌장, 피고용자에 대한 문제, 공학의 안전성, 환경에 대한 영향을 포함 등이 중심 내용임을 알 수 있다. 정보 기술자들은 대부분 독자적인 전문적 판단(정보 지식)이 제약된다고 하는 윤리 문제가 생기고, 정보 제품(소프트웨어)의 안전성은 소비자에게 피해를 끼칠 수도 있다고 하는데서 윤리 문제가 발생하기 때문이다.

정보통신(컴퓨터) 윤리란 정보화 사회에서 야기되고 있는 윤리적 문제들을 해결하기 위한 규범 체계로서, 단순히 정보통신, 컴퓨터 기기를 다루는 데 있어서 뿐만 아니라 정보화 사회를 살아가는 데 있어서 옳음과 그름, 좋음과 나쁨, 윤리적인 것과 비윤리적인 것을 올바르게 판단하여 행동하는 데 필요한 규범적인 기준 체계를 뜻하는 것이다. 하지만 정보통신 윤리 분야는 아직 학문적 역사가 일천하고 논란이 많고 사실상 그 개념을 정의하는 것마저도 상당히 어렵다고 할 수 있다.

1. 윤리학이란 무엇인가
2. 비판적 사고의 공학
3. 전문직의 윤리헌장
4. '해킹'과 컴퓨터 시스템의 보안
5. 법적 강제 및 프라이버시
6. 안전성이 위험한 시스템에 있어서의 컴퓨터
7. 내부고발
8. 지적 재산권 문제
9. 환경 및 건강에 관계된 문제
10. 공정성
11. 당신의 역할을 관리한다.

<표 12.1> Ethics and Computing IEEE Computer Society Press의 컴퓨터 윤리 내용

정보화 사회에 대한 연구가 종합 학문적으로 이루어지고 있듯이 현재 정보통신, 컴퓨터윤리에 대한 연구 역시 철학, 정치학, 사회학, 신문 방송학, 컴퓨터공학 등과 같은 여러 학문들의 종합적인 노력에 의해 이루어지고 있기 때문에 국내외적으로 명확한 개념상의 통일을 아직 이루고 있지 못한 실정에 있는 것이 사실이다.

정보통신 윤리를 정의하는 데 있어서 부딪치게 되는 또 다른 어려움은 정보통신 윤리가 기존의 윤리 규범을 정보화 사회의 상황에 적용하는 것인지 아니면 전혀 새로운 윤리 규범을 제시하는 것인지의 문제와 관련되어 있다.

즉, 정보통신, 컴퓨터 윤리의 형태와 본질이 전통적 윤리와 동일한 것인지 아니면 전통적 윤리와는 전혀 새로운 형태의 윤리인지의 문제가 상당한 논쟁을 일으키고 있기 때문이다. 정보통신(컴퓨터) 윤리란 도대체 어떤 것이 살펴보는 데 있어서 먼저 우리는 정보통신(컴퓨터) 윤리가 전통적 윤리의 확대 적용인지 아니면 전혀 새로운 규범체계의 정립인지의 여부를 따져 보아야 한다.

정보화 사회는 인간의 주요 활동이 정보 및 통신기술이 제공하는 서비스의 지원을 받아 이루어지는 사회라고 할 수 있으며, 구체적으로는 다음과 같은 특성을 지니고 있다.

첫째, 정보화 사회는 정보의 사회적 중요성이 증대되는 사회이다. 둘째, 정보화 사회는 컴퓨터 및 전자통신 기술의 결합인 정보통신(컴퓨터) 기술의 발전에 의해 가능해지는 사회이다. 셋째, 정보화 사회는 경제 활동의 중심이 재화의 생산에서 정보나 서비스, 지식의 생산으로 옮겨지는 사회이다. 넷째, 정보화 사회는 물질이나 에너지 이상으로 정보 자체가 유력한 자원이 되고, 정보의 가치창출, 가치 생산을 중심으로 사회 전체가 움직이는 사회, 즉 인간의 지적 창조력이 전면적인 개화를 이루는 고도의 지적 창출 사회이다.

우리는 흔히 정보화 사회에서는 건전한 정보문화의 형성이 매우 중요하다고 말하고 있다. 일반적으로 정보문화란 정보통신(컴퓨터)기술 및 서비스의 발달과 새로운 정보통신(컴퓨터)기기의 보급이 인간의 생활양식과 행동 전반에 영향을 미침에 따라 정보에 대한 중요성의 인식과 활용의지를 나타내는 가치관과 규범 그리고 행동 등 제요소가 작용하는 문화적 체계라고 정의 할 수 있다.

이러한 정보문화가 국민 개개인의 가치관과 윤리의식에 바탕을 두고 있음은 두말할 나위가 없다. 반대로 한 사회의 정보문화는 그 사회 구성원들의 정보에 관한 윤리의식에 영향을 미치게 된다. 왜냐하면 인간의 가치 체계는 인간과 환경간의 상호작용에 의하여 형성되는 것이기 때문이다 그러나 현재 우리나라 사람들의 정보윤리의식은 매우 낮은 수준에 머무르고 있다.

정보화 사회는 그 어느 시대보다도 우리를 비도덕적인 행동으로 유혹하는 여러가지 요인들을 지니고 있다. 그러므로 정보화 사회를 살고 있는 우리들은 정보화 사회의 주인이 되어 유익한 정보를 서로 나누고, 인류의 행복과 높은 이상이 실현되는 사회를 만들어야 할 책임이 있으며 그러한 책임은 바로 건전한 정보통신(컴퓨터) 윤리관의 확립에서 비롯된다고 말할 수 있다. 이제 우리는 정보화 사회를 살아가는 민주 시민으로서 건전한 정보통신(컴퓨터) 윤리가 정보화 사회의 기반을 이루어야 한다는데 뜻을 모으고 이 뜻이 실현되도록 성실하게 노력해야 할 것이다.

정보화 사회의 윤리적 문제로는 사생활의 침해와 지적 재산권의 침해, 크래킹과 바이러스 유포의 문제, 정보격차의 문제, 불건전 정보유통의 문제, 정체성의 위기가 있다. 정보윤리는 넓게 본 정보윤리가 있고, 좁게 본 정보윤리가 있다. 넓게 본 경우는 정보의 생성, 유통, 사용까지 모두 포괄하는 것이고, 좁은 의미로는 단지 배포 및 전달과정만 관여되는 것이다.

정보윤리의 정의는 다음과 같다.

정보화 사회에서 야기되고 있는 윤리적 문제들을 해결하기 위한 규범 체계로서, 단순히 정보통신, 컴퓨터기기를 다루는 데 있어서 뿐만 아니라 정보화 사회를 살아가는 데 있어서 옳음과 그름, 좋음과 나쁨, 윤리적인 것과 비윤리적인 것을 올바르게 판단하여 행하는 데 필요한 규범적인 기준 체계이다.

정보통신 윤리의 기본원칙은 존중 즉 자신에 대한 존중과 타인에 대한 존중을 의미하며 자신에 대한 존중은 자신의 생명과 몸을 본래적 가치를 지닌 것으로 대우할 것을 요구하는 것이다. 타인에 대한 존중은 타인의 지적 재산권, 프라이버시, 다양성을 인정하고 존중하는 것을 의미한다.

책임은 예상적 책임과 소급적 책임으로 구별한다. 예상적 책임이란 내가 어떤 사건 전에 내가 주의를 기울여야 할 혹은 관심을 가져야 할 문제들과 관계가 있으며, 소급적 책임이란 내가 그 사건 후에, 한 행위자로서 나에게 원인이 있다고 돌려질 수 있는 사건이나 결과들에 대해 지는 책임을 의미한다. 따라서 사이버공간에서 정보 이용자 및 정보 제공자는 자신의 행동이 어떤 결과를 가져오게 될 것인지에 대해 미리 심사숙고해야 할 필요가 있다.

정의는 사이버 공간에서 각자는 자신이 제공하는 정보의 진실성, 비편향성, 완전성, 공정한 표현을 추구해야 하며 타인의 기본적 자유와 권리를 침해하지 않아야 한다.

해악금지란 사이버 성폭력, 크래킹, 바이러스 유포 등과 같은 행위들은 타인에게 명백하게 해로움을 주는 것이므로 마땅히 지양해야 할 행동이다. 정보기술의 특성상, 사이버 공간에서의 비도덕적 행동은 헤아릴 수 없는 불특정 다수에게 엄청난 피해를 줄 수 있기 때문이다. 따라서 사이버 공간이 따뜻하고 정감 있는 공간이 되기 위해서는 각자가 나르시시즘에서 탈피하여 타인의 복지를 증진시키는 방향으로 행동해야 한다.

정보통신(컴퓨터) 이용자를 위한 윤리는 정보통신, 컴퓨터 전문가의 윤리와 정보통신 사업자의 윤리가 있다. 정보윤리의 원리로는 상호존중의 원리 즉 자신을 포함한 모든 사물들의 존재가치를 존중과 책임의 원리 인간행위의 사회적 파급효과에 대한 자각을 말한다. 또한 정의의 원리는 정보에 대한 공정한 태도를 말하고 해악금지의 원리는 타자에 대한 피해최소화의 원리를 말한다.

개인정보유출과 사생활침해가 일어나는 원인은 근본적으로 도덕적 윤리적 문제 즉 정신적 문제를 들 수 있는데 정보의 홍수 속에서 주체성의 상실, 고속정보화 사회로 인한 사색과 여유의 박탈, 통제의 영역을 벗어난 데 따른 윤리의 파괴 등 사이버 사회에서는 많은 문제점에 기인한다고 할 수 있다. 기술과 과학의 산물인 사이버 사회는 과학적이고 이분법적인 서구의 논리를 바탕으로 하며, 그 속에는 동양적 사고에서 찾을 수 있는 기초 윤리와 도덕성이 결여되어있다.

그 결과 오늘날 사이버 공간에서는 주체성의 상실, 사색과 여유의 시간 박탈, 윤리의 파괴 등 구성 주체인 인간의 정신적 황폐화를 불러일으킨다. 그리고 좀 더 현실적으로 본다면 경제적 이익에 기반 한다고 볼 수 있을 것이다. 다른 사람에 개인정보로 인해 얻을 수 있는 이익은 실로 다양하다고 볼 수 있다. 이러한 정보유출은 경제적 이익을 위해 정보를 필요로 하는 수요자와 그것을 공급함으로서 얻을 수 있는 이익을 노린 공급자간의 필요충분조건이 확립되므로 개인정보 유출이 계속되는 중요한 원인이 되고 있다. 또한 정보유출을 꺼려 남의 정보를 사용하는 경우도 자신의 경제적 손실을 두려워하는 결과라고 볼 수 있을 것이다.

오늘날 정보통신, 컴퓨터 사회에 대한 평가는 이중적이다. 즉, 정보통신, 컴퓨터 사회의 물질적 풍요와 행복, 사회발전과 같은 긍정적인 성과를 가져왔기 때문에 긍정적으로 보는 견해가 있는가 하면 빛나는 유익한 성과 못지않게 정보화 사회 특유의 문제를 비롯하여 종래에 제기 되어온 일반적인 문제가 정보화 사회에 특유한 방식으로 제기되는 등 여러 심각한 윤리적 문제들을 초래하여 정보화 사회를 부정적인 시각으로 바라보기도 한다. 정보화 사회에 살아갈 우리들은 정보화 사회가 가져올 혜택과 문제점을 면밀하게 검토해 나가는 한편, 긍정적인 측면들은 더 확대시켜 나가려는 노력을 기울여야 할 것이나.

정보화 사회가 이전 시대보다 더욱 건전한 윤리의식이 요구되는 사회임에도 불구하고 여태까지 우리는 정보화 사회가 가져다주는 온갖 혜택에만 골몰해 왔을 뿐 그러한 시대를 이끌어 갈 수 있는 건전한 정보문화의 창조에는 소홀한 모습을 보여왔다. 정보통신, 컴퓨터기술이 보장하는 장미 빛 미래는 인간의 올바른 정보윤리 의식이 기반이 되었을 때 보장될 수 있으며 그렇지 못할 경우 오히려 우리에게 상상하지도 못할 해악을 가져다 줄 것을 명심해야 하며 우리는 정보통신, 컴퓨터기술이 우리에게 미치는 영향들을 윤리적 차원에서 다각적으로 예측·평가하고 정보화 사회가 인간 중심의 바람직한 사회가 될 수 있도록 만들기 위해 건전한 윤리의식을 확립할 필요가 있다.

12.2 인터넷의 확산과 정보윤리

공학(工學, Engineering)은 주어진 천연자원을 인간의 삶에 유익하게 변환 또는 개발시키는 모든 수단 및 이와 관련된 지식을 말한다. 정보 · 컴퓨터공학은 현대의 정보화 사회에서 컴퓨터 시스템과 컴퓨터와 관련된 여러 기술을 개발하여 익히고 이를 각 분야에 응용함을 목적으로 하는 학문 분과이다.

정보 · 컴퓨터공학에서 윤리학적 의미가 있게 된 것은 공학의 발달로 인한 정보의 가치중립성을 떠나 인간이 이를 사용하면서 발생하는 많은 윤리적 문제와 오류가 발생하였기 때문이다.

최근 인간의 삶속으로 깊숙이 파고든 인터넷의 발달로 인하여 인터넷의 접속하기 위한 '컴퓨터'와 고정매체에서 인터넷으로 이동한 '정보'가 인류사회에 미치는 영향 또한 점점 커지고 있으며 이러한 이유로 '컴퓨터'와 '정보'를 이용하는 정보·컴퓨터공학에서의 윤리의 중요성 또한 점점 커지고 있다.

인터넷의 확산은 정보를 만들고 이용하는 것이 특수한 분야의 기술자들뿐만 아니라 일반 대중에게 널리 퍼지게 되어 일부의 문제가 아니게 되어버렸다. 우리나라를 비롯하여 선진국 대다수는 이미 국가 전체인구의 대부분이 인터넷을 사용하고 있고 이러한 추세는 전 세계로 확산될 것이다. 또한 컴퓨터를 켜면 바로 인터넷에 접속하듯 우리생활 깊숙이 들어와 있다. 이제는 인터넷 쇼핑몰을 이용해 물건을 구매하고, 은행업무도 이미 주거래 은행의 홈페이지에 접속하여 인터넷 뱅킹을 이용한다. 또한 친구들과 놀기 위해서 밖으로 나가 만나야 했던 예전과는 달리 각자의 집에서 게임에 접속하여 게임을 즐기거나 블로그·미니홈피를 이용하여 친구와 의사소통을 하기도 한다.

하지만 인터넷의 확산이 꼭 좋은 면만 가지고 있지는 않다. 채팅 중 상대방을 비방하는 경우, 유명인의 개인 홈페이지에 가서 악성 댓글을 다는 경우, 음란물을 제작하고 유포하는 경우 등 많은 부작용들이 생겨나고 있다. 실제로 악성 댓글을 유포한 자를 고소하거나 형사 처분을 하는 경우도 발생하고 있다.

기술자와 관련된 윤리 규정 중에서 미국 전기전자 기술자 협회인 IEEE(Institute of Electrical and Electronics Engineers)는 윤리헌장을 제정하고 협회에 소속한 기술자들에게 그 규정을 준수할 것을 강조하고 있다. 즉 기술을 개발할 경우에는 그것이 악용될 수 있다는 생각을 가지고 개발에 임해야 하며, 악용되는 경우를 최대한 예측하여 그에 대응할 수 있는 기술을 같이 개발하거나 최소한 악용에 대한 경고 메시지 또는 좋은 방향으로 사용할 수 있게끔 권장하는 메시지를 넣어야 한다. 악성 댓글을 사용하는 사례도 이와 같은 행위를 제거하는 기술을 염두에 두고 개발할 것을 권유하고 있는 것이다.

컴퓨터윤리는 컴퓨터 하나에 국한된 문제가 아니라 사회 전체에 대한 문제이다. 사회에 중요한 조직이나 시설에 있어 컴퓨터를 보유하고 이용하지 않는 곳은 찾아

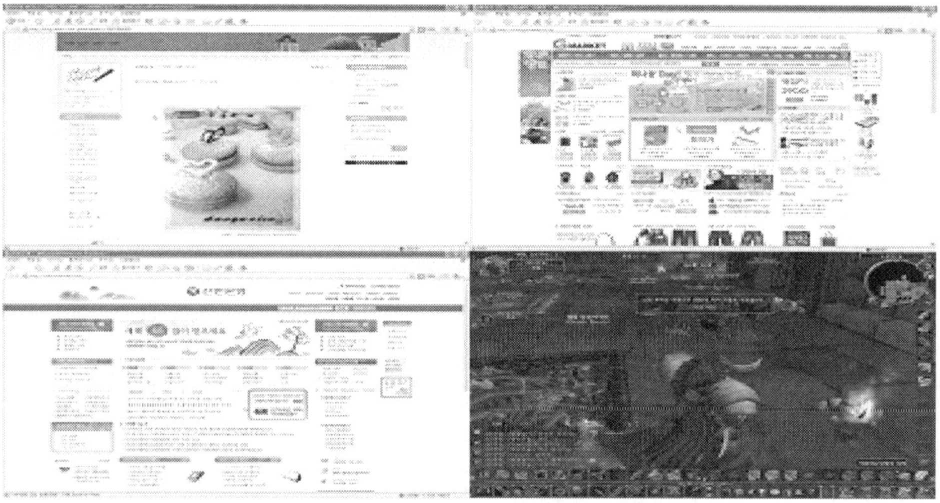

<그림 12.1> 각종 인터넷 website

보기 힘들다. 은행의 전산시스템이나, 원자력 발전소, 비행기 조종이나 우주비행선 등 많은 곳에서 컴퓨터를 이용하고 있다. 만약 이러한 곳에서 쓰이는 컴퓨터에 문제가 생긴다면 은행 업무는 모두 마비될 것이며 원자력 발전소에 문제가 생기는 최악의 사태를 가정할 수도 있다.

컴퓨터에 관한 부정행위 중의 하나인 컴퓨터 '해킹'의 본래 목적은 궁금증의 해결을 위하거나 시스템의 안전성을 점검할 때 행해지는 행위이다. 물론 상대방의 허락에 의하여 이루어져야하는 것이며 이러한 점만 생각한다면 해킹과 보안은 거의 같은 것이라고 할 수 있다. 상대방을 동의하에 해킹을 하고 문제점을 가르쳐준다면 그것이 바로 보안이 되고 윤리적 문제는 일어나지 않는다. 그러나 윤리적으로 문제가 되는 부분은 '크래킹'이다.

상대방의 허락 없이 컴퓨터에 들어가 중요한 문서를 복사해 오거나 컴퓨터 보안 문제를 망치는 행위는 상대방에게 해를 입히는 행위이므로 당연히 윤리적이지 못할 뿐더러 법적인 책임의 문제가 되기도 한다.

시대가 발전하면서 이러한 '크래킹'과 해킹 기법 또한 날로 다양화되고 지능화되는데, 악성 프로그램 유포, 전자우편을 통한 공격, 대상 호스트의 취약점 정보 수집

<표 12.2> 윤리헌장
IEEE(Institute of Electrical and Electronics Engineers)/ACM의 Code of Ethics

1. 소프트웨어 기술자는 대중의 이익에 부합하는 행동을 해야 한다.
2. 소프트웨어 기술자는 고객과 고용주의 이익을 최대화하고 대중의 이익에 부합하도록 행동해야 한다.
3. 소프트웨어 기술자는 자신들의 상품과 관련 변형물이 최상의 전문적 기준에 부합할 수 있도록 해야 한다.
4. 소프트웨어 기술자들은 그들의 전문적인 판단의 무결성과 독립성을 유지해야 한다.
5. 소프트웨어 기술자인 매니저와 리더들은 소프트웨어 개발과 유지의 관리에 대한 윤리적 접근에 동의하고 그것을 진척시켜야 한다.
6. 소프트웨어 기술자는 대중의 이익에 부합하는 직업의 무결성과 명성을 쌓아야 한다.
7. 소프트웨어 기술자들은 그들의 동료들에게 공정하고 협력적 이어야한다.
8. 소프트웨어 기술자들은 그들의 전문성에 관한한 평생교육에 참여하고 그들의 전문성을 사용함에 있어서 윤리적으로 접근해야 한다.

*자료: IEEE(Institute of Electrical and Electronics Engineers) 홈페이지

등으로 발전되었으며 '크래킹'으로 인해 금전적인 피해는 물론, 정신적인 피해와 업무 효율성 저하까지 그 영향력은 막대하며, 그 규모와 파장도 확대되고 있는 상황이라고 할 수 있다.

12.3 정보통신 윤리와 네티켓

현대사회는 정보화 사회로 발전해가고 있으며 '정보'와 '컴퓨터'는 우리생활 전반에 영향을 미치고 있으며 전문적인 교육을 받은 공학자가 아니어도 쉽게 다루고 개발 및 응용을 할 수 있게 되었다. 이러한 특징 때문에 여기서 발생하는 문제는 빠르게 사회문제로 부각되고 있으며 이러한 문제를 전문가인 기술자들이 통제하기는 힘든 상황이다.

컴퓨터 윤리란 컴퓨터의 사회적인 영향과 본질을 조사하여 윤리적으로 바람직하게 사용할 수 있는 지침을 주는 것을 말한다. 선진화 된 정보화 사회를 만들기 위해서는 질적으로 우수한 정보의 기술, 적절한 제도 , 건전한 정보 통신 문화가 필요

하다. 정보화 사회에서는 정보의 양적 증가와 질적 고도화를 가져온다. 이로 인해 급변되는 사회 현상의 속에서 사람들은 문자 정보뿐만 아니라 전파 정보 및 전자 정보에 이르는 다양한 정보에 대한 취사선택의 문제가 일상화되고 있으며 이에 따른 여러 가지 비윤리적 행위가 발생하고 있다.

해킹과 크래킹은 통신망을 이용하여 국가나 회사의 컴퓨터 시스템에 불법 침입하여 내부의 파일을 불법으로 이용하거나 손상시키는 행위 이다. 이런 행위는 국가의 중요한 기밀이나 군사 기밀 등의 경우에 국가 안위를 크게 위협할 수도 있고 회사의 경우 산업 기밀을 훔친다든지 저장되어 있는 내용을 파괴, 수정하여 막대한 손해를 입힐 수도 있다.

바이러스 유포 행위는 컴퓨터 시스템을 작동하지 못하게 하거나 저장된 파일을 무작위로 지우고 파괴하는 등의 목적으로 만들어진 것이다. 이 프로그램은 다른 파일에 자신의 바이러스 프로그램을 복제하는 방법으로 시스템을 파괴해 나가며 바이러스 파일과는 접촉하는 순간 감염시킨다. 바이러스에 감염되면 그 확산 속도나 파급 효과는 매우 크며 통신망이 발달과 함께 바이러스 감염은 전 세계적으로 널리 퍼지게 되었다.

컴퓨터에 의한 불건전한 음란물 유포 행위도 대단히 우려할 만한 비윤리적 행위로 볼 수 있으며 특히 청소년들에게 가장 해를 입힐 수 있다. 컴퓨터 음란물은 쉽게 복사할 수 있다는 장점을 역이용해 확산되고 있으며 통신상에서 일일이 제재를 가할 수 없으므로 사실상 통제하기가 매우 어렵다. 이런 음란물들은 단순히 호기심을 자극하기 위한 자극적인 장면을 담고 있기 때문에 성에 대한 기본 지식이 부족한 청소년들에게 성에 대해 왜곡된 인식을 갖게 할 수 있다.

이러한 비윤리적 행위의 증가 요인은 익명성, 신속성, 전자매체의 불변성과 개인의 잘못된 성취감으로부터 기인한다고 볼 수 있다. 익명성은 PC 통신이나 인터넷 등은 사용하는 개인의 프라이버시 및 개인 정보 유출을 막기 위해 인적 사항 등이 잘 드러나지 않는다. 또한 정보 통신의 기술이 발달함에 따라 정보의 수집과 전달이 손쉽게 이루어진다. 이러한 속성은 범죄 행위 순간의 탐지를 거의 불가능하게 하고 쉽고 빠르게 벌어질 수 있으므로 도덕적, 윤리적 감각마저도 무디게 만든다. 또한 원본과 똑같은 복사본을 여러 사람이 동시에 가질 수 있기 때문에 불건전 정보가 광범위하게 유포될 수 있다.

<표 12.3> 정보통신(컴퓨터) 윤리의 기본적 예절

정보통신 윤리의 기본적 예절
① 상대방도 나와 똑같은 인격을 가진 사람임을 생각. ② 다른 사람의 시간을 존중. ③ 항상 건전하고 올바른 언어를 사용. ④ 토론을 할 때에는 감정을 절제하고 이성적으로 진행. ⑤ 다른 사람의 개인적 영역을 함부로 침범하지 않음 ⑥ 다른 사람의 실수를 너그럽게 용서하는 태도를 지님 ⑦ 불건전한 정보를 유통시켜서는 안 됨

여기서 우리는 비윤리적인 행위들을 막고 건전한 정보를 유포시키기 위해서는 정보통신과 컴퓨터에 관한 사회윤리 의식을 연습하고 익숙해질 필요성이 있다.

네티켓 (Netiquette)이란, 네트워크(Network)와 에티켓(Etiquette)의 합성어로 '정보통신, 컴퓨터상의 예절'을 뜻한다. 이것은 새롭게 생긴 용어이지만 에티켓의 역사만큼이나 오랫동안 사회 속에 존속해야 하는 용어로 남게 될 전망이다. 한편 네티켓의 종류에는 주로 전자우편이나 온라인 대화상에서 지켜야할 네티켓이 있고 메일링 리스트 사용 및 조직 토의를 할 때의 네티켓, 유즈넷(usenet) 뉴스를 사용할 때의 네티켓, 웹(WWW)문서를 작성할 때의 네티켓, 원격접속(Telnet)이나 파일전송(FTP)을 할 때의 네티켓, PC통신 예절, 운영자 네티켓, 이용자 네티켓 등이 있을 수 있으며 이외에도 다양하게 나타날 전망이다.

네티켓을 지키지 않고 사이버상의 폭력이라고 할 수 있는 비윤리적 행위의 사례가 있다. 예를 들면 아래와 같다.

1. 허위정보

통신상에서 자신의 신분이 나타나지 않는다는 사실을 이용하여 거짓정보를 유통하는 것은 바람직한 사회 건설에 커다란 지장을 초래한다. 거짓정보를 퍼뜨리는 경우는 거짓정보를 사실로 믿고 퍼뜨리는 경우도 있으며, 고의로 남에게 해악을 입히기 위해 퍼뜨리는 경우도 있다. 두 경우 모두 거짓정보를 유통시킴으로 해서 서로

가 서로를 믿지 못하는 분위기를 만들게 되고 신뢰할 수 없는 사회를 만든다고 하는 것에서는 차이가 없다.

2. 컴퓨터 바이러스 유포

컴퓨터 바이러스 프로그램의 유포는 상상할 수 없을 정도의 많은 사람에게 막대한 양의 피해를 미칠 수 있다. 컴퓨터가 바이러스에 한 번 감염되어 고장이 날 경우 원 상태로 돌아가기 위한 시스템 복구 작업에 따르는 경제적인 손실은 대단히 크다. 따라서 컴퓨터 바이러스 프로그램의 유포는 개인과 국가에 경제적으로 막대한 손실을 끼칠 수 있는 잘못된 행동이며 범죄행위이다.

3. 해킹(hacking)

해킹은 도둑질이며, 기물 파괴, 그리고 무단 침입과 같은 범죄와 같은 성질의 행위이다. 그럼에도 불구하고 해킹을 하는 사람들은 자기가 하는 행위의 범죄적 성격을 이해하지 못하고, 해킹이 마치 자신의 컴퓨터 작동기술을 과시하는 것으로 잘못 생각하고 범죄를 저지르는 경향이 있다. 아무런 생각 없이 해킹을 저지르는 해커들은 자신의 행동에 대한 법적인 처리를 받게 될 뿐만 아니라 자신이 훔친 정보로 자신의 이웃을 포함한 여러 사람에게 피해를 줄 수 있는 행동을 함으로써 결과적으로 자신에게도 피해가 돌아가게 된다.

핵티비즘이란 '해커(hacker)'와 행동주의를 뜻하는 '액티비즘(activism)'의 합성어로 급진적인 정치·사회적 목적을 달성하기 위한 컴퓨터 해킹을 말한다. 정치적 목적이나 종교적 목적으로 정치적 이념이나 사상이 서로 다른 국가의 정부기관에 해커들이 침투하여 정보망을 교란시키거나 마비시키는 행위를 가리킨다.

4. 사생활 침해, 개인정보유출

정보화 사회에서는 정보통신, 컴퓨터 기술의 발달로 인해 개인에 관련된 여러 가지의 정보(성별, 주소, 나이, 재산정도, 학력정도, 취미 등)들이 전자기록으로 컴퓨터 속에 저장되어 보관되기 때문에 관리하기 쉬운 장점이 있는 반면에 컴퓨터에 접근할 수 있는 사람들이나 해커들에 의해서 개인 정보가 쉽게 노출될 수 있는 위험성이 있다.

5. 재산권 침해

컴퓨터 프로그램은 최초로 만든 이에게만 그 프로그램에 대한 소유가 인정되고 그 프로그램을 팔아 얻어지는 모든 수익에 대한 권리를 인정한다. 이것을 바로 '지적 소유권'이라고 한다. 정품의 소프트웨어를 구입하지 않고 남이 사용하는 소프트웨어를 몰래 복사하여 사용할 경우 지적 소유권을 가진 사람의 물건을 몰래 훔쳐 사용하는 범죄를 저지르는 것이 된다.

6. 무단 광고(spam)

무단 광고(spam)는 네트워크상의 스팸과 메일의 스팸 제공자로 구분된다. 이들 무단 광고의 대부분은 음란사이트의 선전이나 특정제품의 광고 및 홍보 등을 목적으로 하고 있으며 무단 광고를 보내는 사람들은 인터넷상의 메일링 리스트를 가로채거나 유즈넷에 보내어지는 헤더를 스캔하는 방법 등으로 예비고객 명단을 확보한 후 유즈넷 뉴스조직과 인터넷 메일사용자를 대상으로 무분별하게 기사를 보내거나 메일을 발송하고 있다. 이들이 합법적인 메일링리스트 개설 등의 방법을 통하지 않고 이러한 편법을 사용하는 것은 이런 무단 광고의 대부분은 내용 면에서 불법성이나 사기성을 띠기 때문이다

컴퓨터 활용이 증가함에 따른 여러 가지 사회적 문제 중에서 사용자와 가장 밀접한 문제는 사생활침해이다. 사생활 침해란, 개인의 정보를 타인 또는 단체에 불법적으로 공개, 유통시키거나, 양도하는 일체의 행위를 의미한다. 개인 정보란, 이름, 성별, 나이, 주소, 전화 번호, 가족 사항, 은행 계좌 번호, 학력 등 개인의 신상에 관한 정보를 말한다. 특정의 개인 정보는 거미줄처럼 얽혀 있는 통신망을 통하여 한 기관 또는 한 장소에서 다른 곳으로 아주 쉽고 빠르게 직접 또는 간접으로 유통될

수 있다. 비밀을 보장받아야 할 이러한 개인 정보가 본인 모르게 공개, 유통, 양도되는 것도 바람직한 일이 아니지만, 다른 불법적인 활동에 쓰일 가능성이 높다는 점에서 그 심각성이 크다고 볼 수 있다.

고도 정보화 사회에서는 대부분의 컴퓨터가 통신망으로 서로 연결되기 때문에 개인 정보 유출에 의한 사생활 침해가 매우 쉬워진다는 점에서 우리들 개개인의 철저한 윤리관이 더욱 요구되고 있다. 사생활에 관한 개인 정보를 보호하는 것은 법적인 문제 이전에 사회의 가장 기본적인 윤리라고 할 수 있다. 이러한 사생활 보호 윤리는 비단 컴퓨터의 활용에만 국한되는 것이 아니라 팩스, 전화, 카메라 등 모든 정보 매체의 활용에도 적용되는 것임에 유의해야 한다.

컴퓨터 범죄는 불법적인 이익을 얻으려는 목적에서 비롯되는 것이 대부분이지만, 단순한 장난이 그 동기가 되는 경우도 있다. 불법 복제는 컴퓨터 프로그램 또는 자료를 개발한 사람이 가지는 고유한 재산권인 저작권을 침해하는 행위이다. 소프트웨어나 자료에 대한 저작권은 현금이나 주택과 같이 그 소유권을 당연히 보장받아야 한다. 이러한 권리를 침해하는 대표적인 사례가 소프트웨어의 불법 복제와 배포 행위이다. 이와 같은 행위는 저작자의 재산권 침해는 물론 사회적으로는 소프트웨어 산업을 위축시킬 수 있으므로 그 심각성이 크다고 할 수 있다.

컴퓨터를 이용한 금품 절도는 윤리적인 차원을 떠나 법적인 문제이다. 통신망을 이용하여 얻은 개인의 예금 정보나 신용 카드 정보를 사용하여 타인의 예금을 인출하는 행위가 대표적인 예이다. 최근에는 프로그램을 조작 하여 절도 또는 횡령하는 행위도 늘어나고 있다.

컴퓨터를 이용한 불법 침입 소위 해킹과 크래킹은 사용 권한이 없는 타인의 컴퓨터에 침입하는 행위를 말하고 불법 침입, 또는 해킹이라고 한다. 해킹은 컴퓨터에 수록된 자료를 변조하거나 파괴하는 행위로 이어지는 경우가 많다. 심한 경우에는 사회적으로 매우 중요한 컴퓨터 시스템이나 전산망을 마비시키기도 한다. 크래킹은 소프트웨어의 보안장치를 해제하여 마치 자신의 소유인양 하는 행위를 말한다. 이것 또한 정당한 행위로 볼 수 없다. 해킹은 청소년들에 의해 발생하는 경우가 많다. 자신이 의도하지 않았다 하더라도 사회 전체에 심각한 손해를 끼칠 수 있다는 점을 생각하여 이러한 행위가 일어나지 않도록 해야 할 것이다.

최근에는 불건전한 정보 유통행위가 증가하고 있다. PC 통신이나 인터넷을 통해 특정 개인이나 기업을 비방하고 허위 사실을 퍼뜨리거나 날조하며 불건전한 정보를 유통시키는 사례가 늘어나 사회적인 문제가 되고 있다. 이러한 컴퓨터 범죄는 전문 기술이 필요하지 않고, 유포시킨 사람을 찾아내기 어려우며, 피해가 광범위하게 발생한다는 점에 문제의 심각성이 있다.

12.4 정보통신 윤리의 역기능과 원칙

현재 우리는 빠른 속도로 변화되고 있는 정보화 시대에 살고 있다. 예전보다 상당히 보편화된 개인용 PC로 인해 개개인이 인터넷이라는 정보의 바다 속을 쉽게 접할 수도 있고 이로 인해 생활의 편리함을 누리고 있다. 이와 관련된 컴퓨터 범죄들을 최소화하기 위해서는 개인과 단체, 그리고 국가가 공동으로 이들을 예방하기 위한 노력을 기울여야 한다는 점이다. 개인의 노력만으로 모든 컴퓨터 범죄를 예방할 수는 없으나, 정당한 접근 권한이 없는 타인이나 단체의 컴퓨터에 불법으로 접근하지 않는 것이 무엇보다 중요하다.

정보통신 윤리의 역기능

◈ 음란물 유통
◈ 통신 중독
◈ 사이버 성폭력
◈ 사이버 매매춘
◈ 통신 언어 오용 및 언어 폭력
◈ 개인정보의 오·남용
◈ 통신 사기
◈ 통신 도박
◈ 해킹
◈ 바이러스 유포
◈ 저작권 침해

<그림 12.2> 정보통신(컴퓨터) 윤리의 역기능

정보화 사회에서 일어날 수 있는 공학윤리적 문제들을 해결하기 위한 규범체계로서, 단순히 정보통신(컴퓨터), 컴퓨터 기기를 다루는데 있어서 뿐만 아니라 정보화 사회를 살아가는데 있어서 옳음과 그름, 좋음과 나쁨, 윤리적인 것과 비윤리적인 것을 올바르게 판단하여 행동하는 데 필요한 규범적인 기준체계가 필요하다. 이러한 정보에 관한 윤리적 행위의 기본원칙으로 우선 존중성(respect)을 들 수 있을 것이다.

존중성은 자신에 대한 존중과 타인에 대한 존중을 의미하며 자신에 대한 존중은 자신의 생명과 몸을 본래적 가치를 지닌 것으로 대우할 것을 요구하는 것이며, 타인에 대한 존중은 타인의 지적 재산권, 프라이버시, 다양성을 인정하고 존중하는 것을 의미한다.

한편, 정의감(justice)과 해악을 금지해야 하는 원리도 포함될 수 있는데 이것은 사이버 공간에서 각자는 자신이 제공하는 정보의 진실성, 비편향성, 완전성, 공정한 표현을 추구해야 하며 타인의 기본적 자유와 권리를 침해하지 않아야 한다는 의미이다. 이러한 행위는 건전한 민주시민으로서의 윤리성을 준수할 의무를 갖는 행위와도 일치하는 말이다. 해악금지(non-maleficence)는 상대방에 대한 : 사이버 폭력, 크래킹, 바이러스 유포 등과 같은 행위들은 타인에게 명백하게 해로움을 주는 것이므로 마땅히 지양해야 할 행위이다.

정보기술의 특성상, 사이버 공간에서의 비도덕적 행동은 헤아릴 수 없는 불특정 다수에게 엄청난 피해를 줄 수 있기 때문이다. 따라서 사이버 공간이 따뜻하고 정감 있는 공간이 되기 위해서는 각자가 타인의 복지를 증진시키는 방향으로 행동할 필요성이 있는 것이다.

정보통신, 컴퓨터 전문가의 윤리에 관한 범위와 내용에는 프라이버시(privacy),정확성(accuracy),소유권(property),접근가능성(accessibility) 등이 있고, 권리와 의무, 소유권, 책무와 통제, 시스템의 품질, 삶의 질에 관한 영역을 포함하려는 노력도 있다. 전문가의 직업윤리나 소프트웨어의 소유권, 프라이버시, 범죄, 정보의 남용, 해킹, 책임과 책무, 컴퓨터의 사회적 영향으로서의 자율성과 접근 등은 모두 정보통신, 컴퓨터 전문가의 윤리에 관한 범위에 속하는 영역이다.

12.4 정보통신 윤리의 역기능과 원칙

12.5 Case Study; 정보관련 인터넷 대란 사고

1. 사고개요 및 과정

1) 신종 웜(SQL 슬래머) 바이러스

윈도 MS-SQL 서버의 취약점을 이용하는 바이러스로서 감염시킨 후 다른 컴퓨터의 과도한 데이터를 날려 다운시킨다. 트래픽의 폭발적 증가로 DNS(도메인 네임 시스템) 서버 접속에 장애가 발생했기 때문에 사회적 파장이 더욱 컸다.

<표 12.4> 정보관련 인터넷 대란 사고 발생과정

인터넷망 마비 사건 흐름도
25일 오후 2시 10분 ▪ 인터넷 서브스 업체 드림라인 ▪ 이상징후 발견(트래픽 급속 증가) ▪ 정보보호진흥원에 보고
오후 2시 10분 ▪ 전국 인터넷망 마비
오후 2시 10분 ~ ▪ 정보보호진흥원 비상사고 대응팀(서트), 원인분석 시작
오후 4시 ▪ 서트, SQL 서버 문제파악, ▪ 혜화 전화국 DNS서버 1433, 1434번 포트 폐쇄 ▪ 보수작업 시작. ▪ KT 하나로 통신 드림라인 두루넷 등 ISP업체에 같은 포트 닫을 것을 권고
오후 11시 ▪ DNS 서버 정상회복 시작
26일 오후 1시 현재 ▪ 상당수 회복 ▪ 일부 인터넷 서비스 사용 불능

2) 정부, 기업, 대형통신업체들의 보안 불감증

① 정부의 보완불감증

사용자들의 보안패치 미 이행, 대형 통신사업자들의 사전 대응책 부재 등으로 드러나 정부의 관련 정책이 실효성이 없었다.

② 기업의 보안 불감증

MS사는 2002년 10월에 MS SQL서버의 취약점을 발표하고 패치프로그램을 설치하도록 했으나, 국내 기업의 서버관리자 이를 무시한데 그 원인이 있다.

③ 대형통신업체의 안일한 대응태도

대기업 등 통신사업자들의 경우 해당사의 DNS(도메인네임시스템)서버와 백업(우회)망이 마비되는 상황을 초래했으며 이번 사고의 경우 사건발생 사흘째인 27일 이상 데이터 유입이 계속되자 서버 10대를 증설했다.

3) 해커의 웜 유포가능성

우리나라의 경찰청 사이버 테러 대응센터와 정보통신부, 미 연방 수사국 등이 수색이 진원지를 파악하기 위해 수색에 나섰지만 결국엔 찾지 못했다. 하지만 이번 사건이 한 개인, 해커조직, 국가수준의 거대한 집단의 체계적이고 계획적인 공격일 것이라는 지적도 제기되고 있다.

2. 사고 피해 상황

1) 인터넷 불통사태로 우리나라는 전국적인 인터넷마비 상태에 빠지고 미국, 일본, 대만, 태국, 인도 등 세계 각지에서도 인터넷 접속 속도가 크게 느려지는 등 혼란이 초래됐다.

2) LG 이숍, 삼성몰, 인터파크 등 전국의 2천600여개 인터넷 쇼핑몰들은 설 연휴를 1주일 앞둔 휴일에 인터넷마비의 직격탄을 맞았다.

3) 인터넷이 마비된 이후 인터넷 뱅킹 접속도 끊겨 고객들이 각종 조회와 계좌이체 등의 서비스를 이용이 불가하였다.

4) 항공. 철도. 고속버스 등 각종 인터넷 예약 서비스도 전면 중단되기도 했다. 영화나 공연 티켓 예매 차질로 인한 고객들의 불평도 잇따랐으며 인터넷폰.PC방 등도 이날 인터넷 마비의 희생자였다.

3. 사고 후 대책

1) 정보통신(컴퓨터) 기반보호 종합 상황실 구축하여 협조체제 유지
2) ISP업체 간 정보공유 및 공조체제 구축하고 이상 트래픽 제고 위한 투자를 진행
3) 정보보호 영향평가제 도입하여 정보 사업을 승인할 때 정보보호를 고려
4) 문제발생 시 신속한 보고의 의무와 보안관련 기술 확보에 예산편성(5년간2천790억 원 투입)
5) 바이러스 비상발령 등 조기경보제 실시,
6) 정보보호 문화운동
7) 보안패치 다운로드 받을 수 있도록 인터넷 사이트롤 통해 공지하도록 법으로 강제화 (사고 후 손해배상 제기)

손해배상 신청인인 녹색 소비자 연대와 피 신청인인 4개 사업자에 대해 통신위원회는 불가항력적 이었다는 사업자들의 주장을 받아들이지 않고 불가항력은 법률적으로 이성적으로 기대할 수 있는 모든 조치로도 전혀 예견할 수 없거나 회피할 수 없는 상태라는 매우 엄격한 것으로 사후복구 과정에서도 인정돼야 하나 초고속인터넷 사업자들이 이를 충분히 입증하지 못했다고 지적 하여 인터넷망의 구조적 특성을 인정해 손해배상의 범위를 약관상의 3배가 아니라 피해시간(1월25일 오후 2시 30분부터 사업자에 따라 당일 오후 6시14분~7시35분까지)에 해당하는 요금수준으로 감액했다.

통신위원회의 판결에서는 초고속인터넷 사업자들에게 일부책임(2003.10)이 있다고 다음과 같이 판결을 내렸다. 인터넷을 사용하지 못한 시간의 요금에 상당하는 손해액을 보상하라고 판결을 내렸으며 이는 요금 감면이 일인당 300원 정도 된다.

4. 공학윤리 토론사항

1) 서버 관리자들이 당연히 받아 두어야 할 보안패치를 다운 받지 않은 행위는 윤리적인가?
2) 정부는 사전에 사고를 예방할 수 있도록 법적, 제도적 장치를 준비하는데 있어 업무 태만 등이 없었는가?
3) 바이러스를 제작, 유포하는 컴퓨터 프로그래머는 비윤리적 행동인 것을 알고 한다면 이것은 공학윤리적인 책임 문제가 되는 것인가?
4) 자신들의 잘못을 인정하지 않고 책임을 회피하는 기업 경영자들의 태도를 윤리적인가?
5) 인터넷 이용자들의 보안, 백신관리 등에 있어 윤리적 책임은 없는 것인가?
6) 국가 정보고속도로인 인터넷 망을 관리하는 기업이 기간망관리 책임보다 기업이윤을 우선시하는 경영을 추구하는 것은 윤리적인가?
7) 마이크로소프트는 SQL서버의 보안허점을 보완한 패치를 권고하는데 있어 문제의 심각성 등의 홍보에 최선을 다하였는가?

13
CHAPTER

환경공학 윤리

13.1 공학 전문직과 환경

기술자는 전문직으로서 책임과 의무를 다함에 있어서 독립적으로 생각해야 한다. 이것은 단지 기술자가 규정에 명시적으로 다루어지고 있지 않는 상황에서 규정을 어떻게 적용할 것인가 하는 문제뿐만 아니라 기술자의 진보와 사회적 기대의 변화에 영향을 주는 새로운 규정을 어떻게 수정해야 할 것인가 하는 것을 스스로 정해야 하기 때문이기도 하다.

기술자는 다른 어떠한 전문직보다도, 더욱 직접적으로 환경 문제에 관계되고 있다. 아직 기술자 전문직이 환경 문제를 어떻게 취급하는 것이 당연한가 하는 의견의 일치가 없다. 다만 IEEE(Institute of Electrical and Electronics Engineers) 규정은 회원에게 다음과 같은 규정을 제시하고 있다.

"대중의 안전, 건강 및 복지에 일치하는 공학·기술적 결정을 할 책임과 의무가 있는 것을 인정하고 대중 혹은 환경을 위험하게 할 수 있는 요인은 곧 공표한다."

이 규정에 대한 해석에 있어서 몇 가지 사항을 염두에 두어야 한다. 기술자는 음식, 공기, 물 또는 토양에 의해 인간의 건강을 위협하거나 위협 당하지 않도록 환경오염 인자로부터 지키는 기술자적 결정을 해야 한다.

IEEE 규정은 기술자가 대중의 건강을 위해 그에 일치하는 결정을 할 책임을 질 것을 요청하고 있기 때문에 기술자에게는 대중의 건강과 일치하지 않는 공학·기술적 결정을 피해야 할 책임과 의무가 있는 것을 또한 '요청하고 있다'라고 추측 할 수 있다. 그런 이유로 기술자는 건강한 음식, 공기, 물, 또는 토양에 공학·기술적 결정을 하는 것이 마치 절대적인 명령등의 무거운 개념의 불문율이 아니라고 볼 수 있다. 어쩌면 요청 혹은 요구 사항이지 의무사항이 아니기 때문에 더욱 더 기술자가 준수해야할 윤리적 의무가 아닌가 하는 점이다.

인간의 건강이 문제가 되지 않는 경우, 환경을 지키는 것에 관한 규정이 의미하는 점은 명확하지 않다. 예를 들면, 습지 구역에 건설 예정의 플랜트를 설계하는 것 또는 나무를 벌목하기 위해서 제재소를 설계하는 것이 대중의 복지를 촉진하지 않는 것이라면 기술자는 윤리헌장에 의하여 이것은 윤리에 위배된다고 믿어도 좋다. 만약, 이것이 위배된다는 것이 타당한 검증이 있으면 그러한 사업의 건설 혹은 사업을 촉진하는 공학·기술적 결정을 기술자가 위배하는 것이 당연한 것이다. 그렇지만, 윤리헌장의 규정집에 나타난 '복지'라고 하는 말을 어떻게 해석해야 할지 애매할 때가 있다.

대중 복지 측면에서 공장이나 제재소의 설립으로 인한 복지가 인간에게 더 유리한지 아니면 습지 구역의 나무를 보호하는 것이 인간의 복지에 더 유리한지를 판단해야 한다. 더욱 복잡한 것은 공장의 설립을 둘러싼 환경 보호인가, 환경 파괴인가를 결정하기 전에 인간의 건강에 불리하게 작용하는 환경오염을 일으키는 공학·기술적 결정을 IEEE(Institute of Electrical and Electronics Engineers) 회원이 하는 것은 당연한 것이 아니라는 것으로 이 규정을 해석해야 한다. 단, 인간의 건강이 문제가 되지 않는 경우, 기술자에게는 전문직의 어떠한 의무도 부과되지 않는다고 해석한다.

환경에 적용되는 것으로 IEEE 윤리헌장에 관한 이러한 견해를 정리하면 다음과 같다.

1) "인간의 건강에 영향을 주는 환경 문제에 상반되는 공학·기술적 결정을 하지 않는다."고 하는 책임과 의무를 다하도록 기술자는 의무 지워지고 있다.
2) 기술자는 인간의 건강에 관계되는지 아닌지에 관계없이 환경에 영향을 주는 문제를 공표하는 것을 의무 지워지고 있다.
3) 경영자는 (1)과 (2)를 수행하는 기술자의 자유를 존중하도록 의무 지워지고 있다.

아직은 이러한 규정 조항이 명확하게 적용되는 많은 상황에 관하여 생각하는 것이 가능하지 않다. 기술자는 인간의 건강 문제에 관계있는 유독 물질을 대기 혹은 수중에 배출할 수 있도록 한 공학·기술적 결정을 하지 않는 것에 대해 책임을 져야 한다.

기술자는 직속 상사에게 그리고 아마도 특별한 상황에서는 일반적인 사항에 대하여 하천에 수력 발전소를 건설하는 것에 따르는 환경 문제를 공표하지 않으면 안 된다. 그렇지만, 이의 적용에 관하여 흥미 깊은 문제점을 제기하는 상황이 다수 있다. 다음의 사례를 생각해 보자

기술자 Jane의 회사는 불충분한 농도로 방출을 한다고 의심받고 있는 폐기 가스

를 대기 중에 방출하는 프로세스를 이용하고 있다. 지금의 플랜트로부터 방출된 레벨에서 화합물이 위험하다고 하는 증거는 없고, 플랜트의 폐기 가스는 법률로 허용된 레벨보다는 아래에 있다. 배출 물은 주위의 지역 사회에 어떠한 미확정된 건강 위험을 가져올지도 모르지만 그것을 더욱 줄이는 것은 상당히 비용이 늘기 때문에 공장을 폐쇄하지 않으면 안 될 것 같다. 경영진은 좀 더 경제적으로 배출물을 줄일 수 있는 방법을 조사하고 있지만 아직 특별히 발견되고 있지는 않다. John은 무엇을 이용해야 하는가?

환경 문제에는 통상 환경 보호와 경제적 측면의 충돌이 발생한다. 종종, 환경 측면과 경제적 측면에서 바람직하게 되는 경우도 있다.

창조적이며 합리적인 방안을 고안하는 것이 가능하다. 예를 들면, 미네소타 광공업사는 이전에 오염 대기업으로서의 이미지를 가지고 있는 회사이었다. 그러한 환경 실적을 개선하기 위해 회사는 1988년 여름에 강력한 환경 프로그램을 시작했다.

예를 들면, 1989년부터 1994년에 걸쳐, 90%이상이나VOC (휘발성유기 화합물) 폐기 가스를 줄였다. 회사는 보다 깨끗한 환경을 강조하는 신정책이 경영 관리와 생산 공장의 모든 계단 층에 확실하게 침투하도록 2000년까지는 90%까지 모든 배출물을 삭감하는 것을 목표로 정하고 있다.

회사는 포장용 자재를 회수하는 것과 고객이 폐기물 문제를 경감하는 것을 돕겠다는 것을 표방하고 있고 회사의 연방 오염 삭감 크레디트의 판매로부터 이익을 얻지 않는 정책을 추구하고 있다.

오염을 깨끗하게 하는 것은 긴 안목으로 보면 거대한 일이라고 경영진은 주장하고 있다. 사장은 "경쟁을 위해 나부터 새로운 제품을 보다 신속하게 개발하는 것이 필요하다. 규제를 위해, 신제품의 도입 과정의 속도를 조절하지 않을 수 없고 실제 그렇게 되고 있다. 그러므로 이 오염을 삭제하면 하는 만큼, 아직은 경쟁 능력에 부과되는 규제의 제약을 제거하는 것이 된다."

4,200건 이상의 오염방지지출 (Pollution Prevention Pays) 프로젝트에 의하여, 1975년에 프로젝트가 시작된 이래, 회사는 7억 5000만 달러를 절약하고, 오염 물질을 13억 파운드 줄였다고 주장하고 있다.

환경에 관한 기술자의 책임과 의무를 결정한다고 하는 과업(task)은 결코 완료되고 있지 않다. 대개의 기술자 협회의 규정은 환경에 관하여 언급하고 있지만 그러한 의미를 표현하는 데에 있어서 명확하지 않다. 환경에 관한 특정한 문제는 가장 양심적인 기술자조차도 판단력을 필요로 하는 문제를 낳고 있다.

13.2 환경보호와 공학윤리

ASCE의 윤리 규정은 1977년 개정판에서 처음으로 '환경'사항을 받아들였다. 규정1.f.의 '기술자는, 일반 대중의 생활의 질을 높이기 위해서, 지속 가능한 개발의 제원리를 고수하는 것에 의해서 환경을 개선하도록 전심하여야 한다. 또한, IEEE (Institute of Electrical and Electronics Engineers)의 윤리 규정은 1990년 개정판에 처음으로 '환경'에 대하여 언급하였다.

환경에 대한 관심이란 일반적으로 인간의 건강에 관계되는 관심을 의미한다. 대기·토양·수질오염은 인체에 발암 물질의 발생 등 인간의 건강에 해를 끼치게 되고, 댐의 건설은 농지나 삼림의 수몰을 가져온다. 식료품이나 목재 공급에 대한 악영향을 초래할 수 있으며 해안 침식, 경관과 상·하류 지역에 있어서의 생태계의 변화를 일으킨다. 화학 공장의 건설은 환경오염의 직접적인 원인이 된다.

위의 것을 포함해 대부분의 공학윤리 규정이 일반인의 건강을 존중하도록 요구하고 있다. 환경을 보호하는 것은 일반인의 건강을 보호하기 위해서 필요한 것이다. 이렇게 보면 환경에 대한 기술자 전문직 책임의 범주를 정하는 것이 가능하게 된다.

즉, 기술자는

- 인간의 건강에 관계된 환경에의 관심을 넘어 한층 더 확대 해석하는 것이 당연하다
- 기술자는 환경에 대하여 자신이 행한 행위에 도덕적 책임이 있다.
- 기술자는 어떠한 프로젝트나 활동으로 환경에 영향을 미치고 있다.
- 따라서 기술자는 환경 문제에 관해서 윤리적 책임이 있다.

한편 인간의 건강에 관계가 없는 경우에는 기술자 전문직으로서의 책임으로 인정

되어지는 곤란한 문제가 있다. 환경 문제에 관한 판단의 상당수는 기술자의 전문적 능력 영역 외의 것이며 전문직의 책임에 미치지 않은 것이다. 그것은 사람으로서의 도덕관의 문제이다.

환경 윤리학이라고 하는 것은 자연에 대한 일련의 책무(obligation)를 의미한다. 그리고 환경 윤리학의 교육이 기술자의 모든 교육 프로그램 안에서 가르칠 수 있는 하나의 기초적인 과목으로서 포함되어야 하는 것이다.

환경문제는 크게 범세계적 환경문제와 지역적 환경문제로 나눠 볼 수 있다. 범세계적 환경문제가 범세계적으로 구상된 정책이 원인에 적절히 대처할 수 있고 목적을 달성할 수 있는 문제를 말한다면, 지역적 환경문제란 문제 발생의 원인이 지역간에 서로 연결되어 국지적, 지역적 노력을 통해서도 극복이 가능한 문제를 말한다.

범세계적 환경문제는 오존층 파괴문제, 지구 온난화 문제, 생물종 다양성 파괴문제, 토양, 물 문제, 폐기물 문제가 포함되며, 지역적 환경문제에는 각 지역별로 그 지역의 특성에 따라 발생하는 문제들이 포함된다.

1. 오존층 파괴문제

오존층은 주로 성층권에 형성되어 잇다. 성층권은 지상 10~50 km사이의 대기 상층부, 오존층은 20~40 km부근으로 쉽게 말하여 에베레스트 산의 2배 높이 또는 제트기가 비행하는 높이에 해당 한다. 오존은 매우 불안정하여 반응성이 좋게 때문에 무엇이든 접촉하기만 하면 이를 산화시켜 버린다. 그러므로 식물 조직이나 인간의 폐등 오존이 반응을 일으킬 소재가 밀집한 대기권에서는 오존은 파괴적인 오염물질이긴 하지만 쉽게 없어지기도 한다.

성층권에는 오존분자가 마주칠 만한 것이 별로 없기 때문에 성층권에서는 태양광이 보통 산소분자에 작용하여 계속 오존을 생성하며 또 오존이 상대적으로 오랫동안 존속하기 때문에 '오존층'이 형성된다.

이 성층권의 오존은 태양관선 중 특히 해로운 자외선 파장을 흡수함으로써 우리에게 많은 도움을 주고 있다. 오존층이 파괴되어 지표면에 도달하는 광선이 크게늘어나면 피부암 유발, 암에 저항하는 면역체계 능력 손상, 각막 손상으로 인한 설

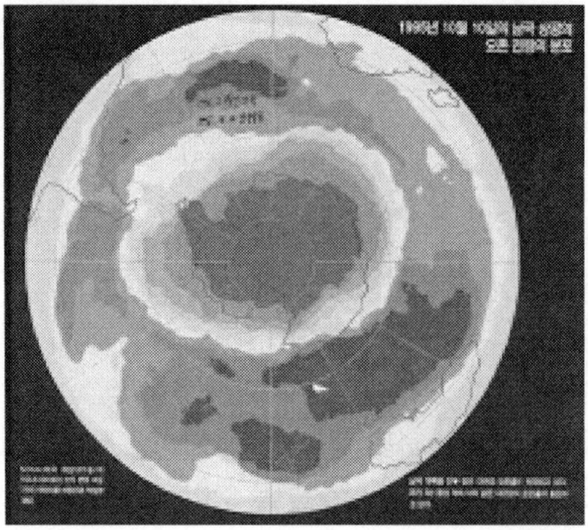

<그림 13.1> 남극상공의 오존 잔량 분포

맹(雪盲)증세 유발, 망막손상으로 인한 백내장 유발, 식물의 광합성 작용 방해, 생태계 교란 등 우리에게 아주 해로운 결과를 초래하게 된다.

오존층 파괴를 일으키는 원인으로는 첫 번째로 프레온 가스(CFC_s)를 들 수 있다. 오존층이 프레온 가스(CFC_s)에 의해 파괴된다는 사실이 발표된 후 11년이 경과한 1985년에 영국 남극 조사팀의 관측 자료를 통해 프레온 가스는 오존 파괴의 주범으로 입증되었고 성층권 화학에 중요한 기체로 등장하게 되었다.

오존층의 파괴의 주원인인 이 프레온 가스는 매우 안전하기 때문에 낮은 대기권에서는 분해되지 않으며 성층권까지 수송된 후 자외선에 의해 분해되어 오존 파괴의 촉매자로 작용하는 염소 분자(Cl)를 방출하게 된다. ($CL + O_3 \rightarrow CLO + O_2$) 오존층이 파괴된 후 염소는 재생되므로 하나의 염소 분자는 수천에서 수십만 개의 오존을 파괴할 수 있다.

또한 Carbontetrachloride(CCL_4)와 Methyl chloroformCH_3CCL_3)도 성층권 오존을 파괴 할 수 있는 염소 분자를 포함하고 있으며, Bromine을 함유한 Halon은 염소보다 약 10배 가까이 오존을 파괴하며 남극 오존 파괴에 약 20% 기여하는 것으로 알려져 있다.

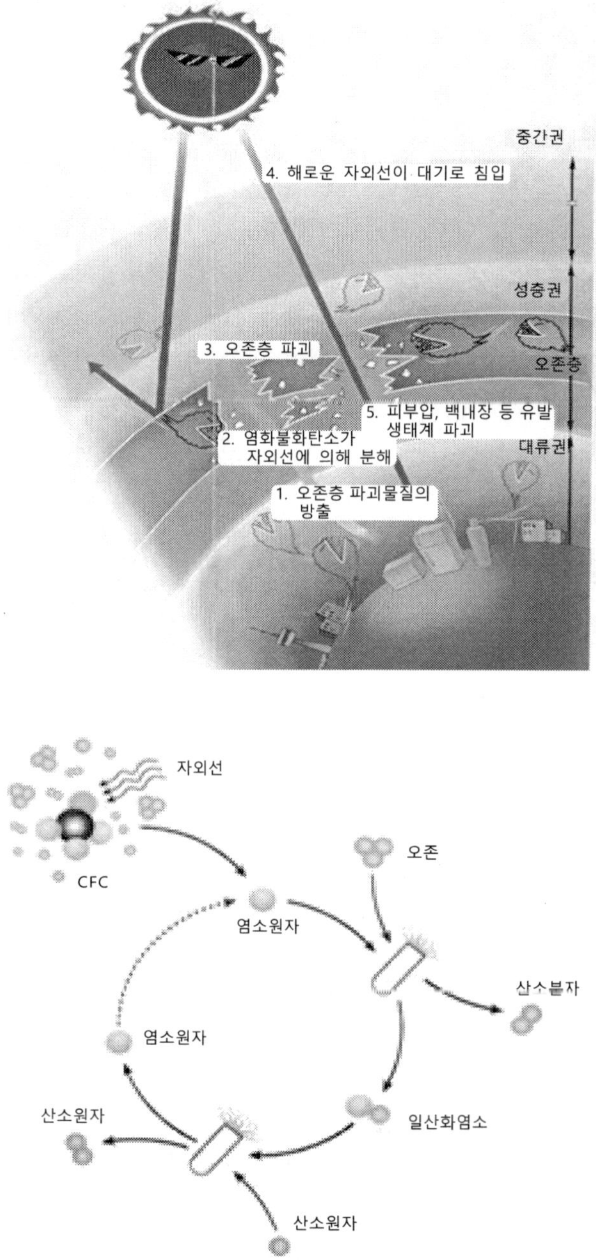

<그림 13.2> 오존층의 파괴 원인

13.2 환경보호와 공학윤리

자외선 중에서는 파장이 짧을수록 생물체 조직에 영향이 더욱 큰 것으로 알려지고 있다. 대기 중의 오존은 파장이 짧은 자외선을 긴 광선보다 더 잘 흡수한다. UV-B량의 증가에 따른 피부암 발생 영향은 오존량 1% 감소시 피부암 발병률은 2% 증가가 예측되고 있다.

오존량 3% 감소시 미국에서만 매년 18,000여건의 피부암 발생자가 증가할 것으로 전망된다. 피부암의 발생 외에도 UV-B의 증가는 인체의 면역기능의 약화, 피부염의 발생을 증가시킬 수 있다. 오존층의 파괴로 피부암이 증대되는 것은 이미 널리 알려진 사실이다. 일반적으로 자외선이 1% 증가하면 피부암은 4~6% 증가하는 것으로 되어 있다. 또한 오존층의 파괴에 의한 피해로 오존홀의 확대를 들 수 있다.

오존은 이산화탄소와 마찬가지로 온실기체이다. 온실기체의 영향 이외에도 오존층파괴로 인한 태양광선 침투의 증가는 지구기온의 상승을 초래할 것이다. 오존층파괴로 인한 또 하나의 기후변화 영향은 강우량 증가에 따라 일부 지역은 홍수피해가, 일부 지역의 가뭄 피해가 증가할 것이다. 아울러 지구 온도상승은 양극지방의 기후에 영향을 미치게 되는데 눈과 얼음의 녹는 양이 증가할 것으로 예측된다.

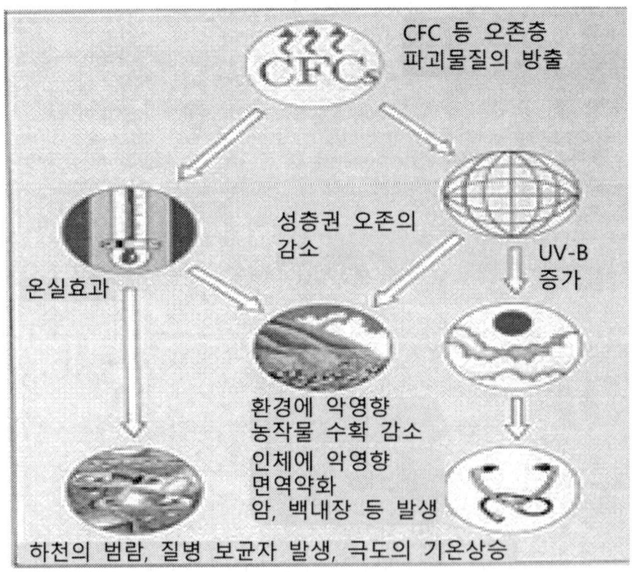

<그림 13.3> 오존층 파괴물질의 대기방출로 인한 영향

1979년에는 오존량이 300 DU 이하인 지역인 남극대륙을 부분적으로 덮고 있었으나 그 후 점차 확대되어 대륙을 거의 덮어버리게 되었다. 오존층의 파괴에 의한 피해 중 가장 큰 피해는 지구생태계에 좋지 않은 영향을 끼치는 것이다. 오존층의 파괴로 의한 자외선 증가는 농작물의 수확량을 감소시키고 이는 전 지구적인 식량부족문제를 야기한다. 자외선이 식물에 미치는 영향은 벼의 경우 오존층이 8~11.5% 감소했을 때에 상당하는 자외선을 조사한 야외실험에 서는, 가장 감수성이 높은 품종의 경우 수량이 매우 감소한 것으로 나타났다.

2. 지구 온난화 문제

지구온난화는 지구 대기온도가 점점 높아지는 현상을 말한다. 지구온난화는 산업혁명 이전에도 자연계에서 있었던 현상이나 20세기 들어서 석탄, 석유와 같은 화석연료 사용량의 증가, 삼림벌채 등으로 인해 그 속도가 빨라지고 있다는 사실이다.

지구온난화의 직접적인 원인은 이산화탄소(CO_2)와 같은 온실기체가 대기 중으로 배출됨으로 써 일어나는 온실효과(greenhouse effect) 때문이다. 태양에서 지구로 오는 빛 에너지 중에서 약 34%는 구름 등에 의해 반사되고 지표면에는 약 44% 정도만이 도달한다. 지구는 태양으로부터 받은 이 에너지를 파장이 긴 적외선으로 방출하는데 이산화탄소가 적외선 파장의 일부를 흡수한다. 적외선 파(波)를 흡수한 이산화탄소 내의 탄소 분자는 들뜬 상태가 되고 안정 상태를 유지하기 위해 에너지를 방출하는데 이 에너지로 인해 지구가 따뜻하게 되는 것이다.

온실효과를 일으키는 것으로는 탄산가스가 가장 높아 55% 정도를 차지한다. 그 다음이 오존층을 파괴하는 물질로 알려진 염화불화탄소(CFC_s)로 24%를 차지하며, 메탄(CH_4) 15%, 아산화질소 6% 순이다.

온실기체 중에서 메탄과 산화질소는 많은 양이 자연 중에서 방출되기 때문에 배출을 억제하기가 어려운 것으로 알려져 있다. 그래서 전 세계적으로 지구온난화를 억제하기 위해 관심을 갖고 있는 물질이 바로 탄산가스와 염화불화탄소이다. 특히 염화불화탄소는 적은 양으로도 온실효과에 큰 영향을 주는 물질로 알려져 있는데, 오존층을 파괴 하는 물질로도 더 잘 알려져 있다.

현재와 같은 증가율대로 탄산가스 농도가 증가한다면 2050년에는 산업화 이전의 농도의 2배인 575 ppm에 달하고, 2100년 에는 1,330 ppm에 이를 것이라고 한다. 그렇게 되면 지역에 따라 지구 기온이 1~4℃ 정도 높아지게 됨에 따라 강수량의 변화가 일어나며 기압과 토양 수분의 변화가 일어난다. 이 때문에 기상재해가 일어날 가능성이 커진다.

기후변화에 따라 재배 작물의 종류와 생산량도 크게 변한다. 식물은 종에 따라 생육에 알맞은 온도를 갖고 있어 온도가 맞지 않을 경우 생육이 불가능해진다. 우리나라의 경우, 지구온난화로 인해 재배 가능기간이 길어지고 재배 면적이 확대된다는 긍정적인 견해도 없지 않다. 쉽게 말해 우리나라의 연평균 기온이 4℃ 상승할 경우 제주도 서귀포는 대만과 비슷한 기온 분포를 보여 열대작물도 재배가 가능하다는 것이다.

농업생물학자의 견해에 의하면 기후변화는 농업생태계에 매우 복잡한 변화를 가져오기 때문에 부정적 영향이 더 크다고 한다. 토양 비옥도의 저하와 신종 지구온난화는 오존층 보호, 생물종 다양성 보전 문제와 함께 국제 사회에서 그 대응책이 활발히 논의되고 있다.

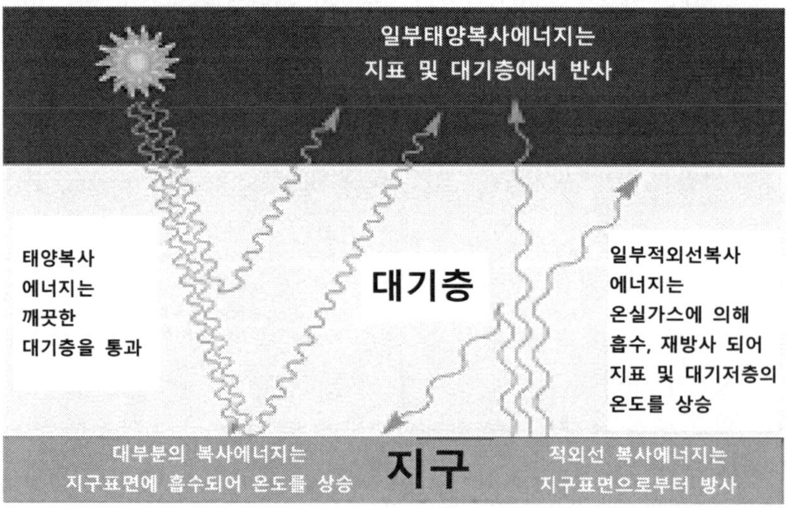

<그림 13.4> 지구 온난화 발생의 메커니즘

3. 생물체의 멸종 문제

환경문제는 다른 일상적인 일과는 달리 되돌릴 수 없는 부분이 더 크다는 것에 맹점이 있다. 환경피해의 문제에 대한 심각성을 인류가 느끼고 있다는 것은 이미 동식물들과 환경 전체가 치명적인 영향을 입을 수 있다는 것이며 생물종 생육에 관한 문제로 확대, 지속되고 있다는 것이다. 모든 생명체의 기본이 되는 생산자의 파괴는 더 큰 환경재앙으로 이어질 수밖에 없다. 그 환경재앙이라는 것은 결국 인류의 존속과 관계가 있다. 즉 생물종의 감소는 인류 생존을 위협하는 것이다.

미국, 캐나다, 유럽 과학자들이 각종 연구 자료들을 종합 분석한 결과에 의하면 현재의 해양생물종 감소추세라면 2048년에는 생선을 비롯한 바다 속 동시물들이 거의 사라질 수 있다는 충격적인 연구보고서를 하고 있다. 해양생물종이 감소되는 이유는 여러 가지가 있다. 몇 가지를 요약하면 남획과 지구온난화(기후변화), 간척사업과 같은 급격한 해양환경변화 유발, 방오제(TBT) 등과 같은 임포섹스 유발물질 배출, HNS(Hazardous and Noxious Substances, 위험 유해물질) 배출량 증가 등 수많은 환경문제 유발요인 등으로 인해 해양생물종은 급격히 감소되고 있다.

생물종의 단순화는 생육종 서식지의 단순화와도 밀접한 관련이 있다. 결국 서식지의 단순화는 기회종의 번식을 유발시키고 이러한 기회종 증가는 유전자풀(gene poll)의 단순화를 의미한다. 결국 생태계의 연쇄반응으로 생물종들은 멸종의 길로 가게 되는 것이다.

<그림 13.5> 멸종 위기에 처한 동물들

4. 토양 및 물 문제

토양 오염은 오염된 용수 및 대기에 의하여 토양이 오염되는 현상을 말한다. 토양오염은 농경지에 대한 것과 그 이외의 것으로 크게 나눌 수 있다. 여기서 중요한 것은 물론 농경지의 토양오염이며, 이는 일단 토양이 오염되면 그 토양의 위에서 생육되는 농작물에 오염물이 흡수되어 궁극적으로 사람에게 섭취 됨 으로써 사람의 건강에 해를 미치기 때문이다.

토양에는 공장에서 나오는 산업 폐수와 논밭에서 사용되는 농약, 광산에서 내보낸 물 등이 젖어든다. 분해되지 않은 유해물질은 물의 순환과 함께 바다나 강, 대기 중을 돌아다니게 되어 토양이 오염되면 물이나 대기도 오염되는 것이다. 또한, 화학비료를 많이 쓰면 농토가 산성화된다. 비가 많이 오는 경우에도 칼슘분이 씻겨 달아나 산성화되기도 한다. 그리하여 식물에 필요한 영양분이 잘 녹지 않아 식물이 자라지 못 하며, 흙 속의 미생물과 다른 생물들의 번식이 어렵고, 유기물은 잘 분해되지 않는다.

생태계 법칙은 균형과 조화이다. 대부분의 농약은 이로운 벌레와 균도 죽이기 때문에 해충의 천적들까지 피해를 입게 되어 해충들이 오히려 더욱 번성하고 이에 따라서 농작물에 피해를 주게 된다. 오염된 토양에서 자란 농작물에는 유해한 중금속,

<그림 13.6> 토양 및 물의 오염 사례

화학 물질 등이 포함되어 있을 가능성이 높아 사료로 한 소, 돼지 등의 가축에게도 오염이 퍼진다. 결국 자연의 법칙을 무시한 마구잡이식으로 사용된 농약으로 인해 동식물은 물론 인간에게 큰 피해를 준다.

수질오염이란 오염물질이 물의 자연자정능력을 초과하여 자연수내로 배출될 때 해당 수체가 이용목적에 적합하지 않게 된 상태라고 말할 수 있다. 수질오염 현상은 용존산소의 감소, 중금속에 의한 오염, 무기물의 다량 유입, 전염성 세균에 의한 오염 및 유류오염에 의하여 일어난다고 볼 수 있다.

물속은 대기와는 상대적으로 산소가 고갈되기 쉬운 환경을 지니고 있는데, 그 이유는 물속에 들어온 유기물질이 미생물에 의해 분해될 때 먹이로써 유기물이 섭취되면서 이에 따른 산소 소비가 일어나 발생하는 것이다. 따라서 많은 양의 유기물질이 물속에 들어올 경우 많은 양의 산소 소비가 더불어 일어나게 되는데, 실제 적은 양의 산소만 존재하는 물속에서는 쉽게 산소가 고갈되는 상태가 되기 쉽다.

<그림 13.7>수질 오염의 사례

중금속에 의한 오염은 가정하수보다도 주로 공장폐수에서 기인된다고 볼 수 있다. 중금속의 특징은 몸속에 들어왔을 때 배출이 쉽지 않으며 주로 간, 지방, 뼈 속에 농축되어 급, 만성 피해를 일으키게 된다. 따라서 인체나 생물체에 미치는 영향으로는 유기물이 많은 물보다 중금속이 낳은 물의 영향이 더 크다고 할 수 있다.

무기물의 다량 유입은 주로 호수나 저수지 등과 같이 정체수역에서 발생하는 오염현상으로 이른바 부영양화 현상이다. 이는 물속에서 비교적 낮은 농도로 존재하는 질소나 인이 다량으로 들어옴으로써 식물성 플랑크톤의 과도 성장을 일으켜 물의 색깔을 녹색으로 만들고 다량의 식물성 플랑크톤이 호수 밑바닥에 쌓이고 썩음으로써 호수바닥 근처의 물은 산소가 없는 죽은 물로 만드는 오염현상이다.

전염성 세균에 의한 오염은 이러한 세균들이 감염된 동물과 사람의 배설물에 의하여 물에 유입되고 이 물을 처리하지 않은 채 여러 경로를 통하여 사람에게 들어올 때 발생하게 된다. 이러한 수인성 전염병은 이질, 장티푸스, 파라티푸스, 콜레라 등을 일으키게 된다.

유류오염 문제는 현재 세계적으로 연간 5억 톤의 석유 수송이 해상에서 이루어지고 있으며, 그로 인해 이러한 유류의 해수 유입량은 0.4%에 이르고 있으며 수송선이 좌초되면서 낳은 양의 기름이 바다로 흘러들어 해양을 오염시키고 있다. 이러한 유류에 의핸 오염은 물고기나 수중식물 기타 생물에 악영향을 주고 있으며, 물의 대기 증발 과정과 대기 중의 산소유입을 차단하기도 한다.

폐기물 문제는 경제성장과 더불어 산업 폐기물의 양적 증대가 결국 환경오염으로 이어지는 상호의존적 관계이기 때문에 자연을 무한한 자원으로만 생각하고 경제성장을 최우선과제로 여기어 왔던 과거의 사고방식은 경제발전과 폐기물의 효율적 관리로 균형 있는 발전으로 변경되어야 하는 문제로 나타나게 되었다.

인간의 생활을 영위하는 과정에서 나타나는 폐기물을 크게 생활폐기물과 산업폐기물로 구분할 수 있으며, 우리나라에서는 산업폐기물은 환경보전법의 적용을 받고 생활폐기물은 오물이라 하며 오물청소법의 관리대상이 되어 있다.

산업폐기물이라 함은 산업 활동에 수반하여 발생하는 찌꺼기, 잔재물, 폐유, 폐산 폐알칼리, 폐고무, 폐합성수지 등 폐기물로서 보건 사회부령이 정하는 것을 말한다. 여기서 산업 활동이라 함은 생산품의 제조, 가공과정에서 발생하는 폐기물이므로 단순히 사무실의 폐지류 등은 산업폐기물이라 할 수 없으며, 유가성(有價性)이 있는 부산물과 반드시 같은 개념이라 할 수 없다. 산업폐기물은 그것이 환경에 미치는 위해의 정도에 따라 크게 특정 산업폐기물과 일반 산업폐기물로 분류할 수 있다. 특정산업폐기물은 특정유해 산업폐기물, 폐유, 폐합성수지, 폐산 및 폐알칼리가 있다. 산업폐기물은 산업 활동에 수반해서 불가피하게 발생되는 불용물로서 모든 산업에서 예외 없이 배출된다. 따라서 산업폐기물은 경제사회활동에서 불가피한 산물이며, 활동규모가 증대하면 그 발생량도 필연적으로 증대한다.

최근 선진공업국에서의 상업폐기물의 양은 생활폐기물량의 수배에 상당하며 그 적류는 연소회, 슬러지, 폐유, 폐산, 폐알칼리, 폐플라스틱류, 금속스크랩, 섬유, 폐지, 목재, 목피, 고무류 등 다양하며, 그 조성, 성상도 유기물, 오기물 또는 그 혼합물, 액상, 고상 등 각종이고 일반적으로 집중적이다.

13.3 기술 지향주의와 환경 중심주의

우리는 이같이 심각한 환경의 위기에 직면해 있다. 이와 같은 모든 환경문제와 관련된 인간의 윤리적 가치관에서 가장 전통적인 형태로서 기술 지향주의와 환경 중심주의를 들 수 있다. 기술 지향주의는 과학 기술의 찬란한 미래를 낙관하고 이를 통하여 자연 환경에 대한 보존이 가능하다고 보는 입장이다. 그러나 환경 중심주의는 기술개발의 필연적 결과로서 제기되는 생태학적 위기가 가져올 비관적 예견을 보다 중시한다.

기술 지향주의의 사고는 16세기 이후의 과학혁명과 합리주의에 기초하고 있으며 자연에 대한 지배적 태도를 선호한다. 이와 반대로 환경중심주의적 사고는 자연과 인간의 동등성이나 또는 인간의 자연에 대한 종속성을 표방하는 낭만주의 그리고 맬서스 및 다윈을 중심으로 하는 생물학적 과학이론에 깊은 영향을 받아 왔다.

기술 지향 주의자들은 과학 기술의 발달이 현재와 같은 생태학적 위기를 초래하였다 할지라도 이것은 과학을 더욱 더 폭넓게 사용함으로써 극복될 수 있다고 주장한다.

그러나 기술지향주의자들은 단기적인 계획에 의하여 단기적 이익만을 목표로 하기 때문에 지구의 부존자원의 고갈이나 생태학적 위기를 과소평가하는 결함을 극복하지 못하고 있다는 주장이 있다. 이들은 세계 인류의 운명을 기술 발전에 의하여 향상시킬 수 있다는 낙관 주의자들이다. 그러나 진보적 기술지향주의자들은 경제성장이나 자원 개발은 첫째로 세금이나 벌금 등을 통하여 경제적 불균형을 재조정할 수 있고, 둘째로 최소한의 환경권에 대한 법적 권리가 보장되며, 셋째로 사회적 환경적 피해자에 대한 적절한 보상이 이뤄지는 한에서만 허용될 수 있다고 주장한다.

환경중심주의는 자연에 대한 생물학적 생존권을 인정하고 자연에 대한 경외 사상을 바탕으로 인간과 자연의 윤리적 관계를 회복하려는 환경운동의 이념이다. 환경중심 주의자들은 인간이 자연에 있어서 필수적 존재는 아니지만 자연은 인간에게 필수적 존재라는 사실을 강조하면서, 생명윤리 사상에 기초하여 지나치게 감정적일 정도로 자연에 대한 경외심을 호소한다.

13.4 환경보호 운동과 환경정책

환경보호의 기본정책은 장기적인 탐색과 실천을 통하여 "예방위주", "오염원인 인자의 관리", "환경관리 강화"의 환경보호정책을 강화할 필요가 있다. 정책의 근본 출발점과 목적은 곧 오늘날 환경문제의 기본적인 특성과 환경문제를 해결하는 일반규율을 기초로 하여 환경관리를 해 나갈 필요가 있다.

예방위주의 원칙은 예방을 위주로 하고 예방과 개선을 결합하여 종합적으로 개선하는 원칙을 말한다. 이러한 정책의 사상은 오염제거와 환경보호 조치를 경제개발과 건설과정 전이나 과정 중에 실시하여 근본적으로 환경문제가 발생될 근원을 제거하고 사후 개선에 소요되는 대가를 크게 저감시키는 것이다. "예방위주" 정책의 주요 내용은 첫째, 환경보호를 국민경제와 사회발전계획에 포함시켜 전체적으로 평형 되도록 한다. 둘째는 도시환경 종합정비 실시로서 주로 환경보호계획을 도시전체 발전계획에 포함시키고, 도시의 산업구조와 공업배치를 조정하며, 자원의 종합이용을 실현하고 도시의 에너지 구조를 개선하고 오염의 배출과 발생총량을 감소시키는 것이다. 셋째는 건설항목 환경영향평가제도의 실행이다.

환경관리 강화에 대한 정책은 지속적으로 환경관리의 개선과 강화를 통하여 많은 자금을 사용하지 않고서도 환경오염 문제를 해결할 수 있도록 하여야 한다. 또한 환경관리 강화로 인하여 유한한 환경보호 자금으로 양호한 투자환경을 창조하고 투자효율을 높일 수 있다. 환경관리에 관한 법규는 이미 환경보호업무의 근거와 도구가 되었으며 환경보호의 권위성을 확립하였고 실천과정에서 중요한 작용을 발휘하였다. 둘째, 전국적인 환경보호 관리체계의 확립으로 각국의 정부는 공통적인 이념인 환경보호를 위하여 지지, 선전, 교육, 연구, 측정, 관리 등의 활동에 힘을 쏟아야 할 것으로 보인다.

1972년 스톡홀름 선언(Declaration of the United Nations Conference on the Human Environment 1972)으로 발효된 국제환경법의 의의는 국제환경 문제에 효과적으로 대처하기 위한 새로운 국제 환경법 질서로서 시도된 것이다. 인간환경 문제를 논의하자는 스웨덴의 제안에 따라 개최된 이 회의에는 모두 113개 국가와 13개 국제기구가 참석하였으며, 환경적 위협에 맞서 전 세계적인 협력을 약속하는 스톡홀름 선언을 채택하였다.

주요 내용은 세계 모든 사람들에게 환경문제의 본질을 알리고, 그 해결을 위해서는 공통의 사상과 원칙이 필요하다는 전제하에서 환경에 관한 기본원칙을 내세우고 있다. 이 선언에 포함된 기본원칙은 모두 26개며, 이 원칙들과 행동계획에 명시된 권고사항들은 법적 구속력은 없지만 환경법의 기본 골격과 방향을 제시하는 중요한 의미를 갖는다.

이 선언에서는 인간환경이 인류의 복지, 기본적 인권, 생존권의 향유를 위해 필요불가결한 것이며, 인간환경의 보호와 개선은 인류의 복지와 경제적 발전에 영향을 미치는 중요한 과제로서, 이를 추구하는 것이 인류의 지상목표인 동시에 모든 정부의 의무라는 점을 지적하고 있다.

환경의 보호 내지 개선과 경제적 개발은 서로 모순되는 것이 아니라는 점을 강조하고 있으며, 개도국의 경우 환경을 이유로 개발을 중지하는 것이 아니라 개발을 하되 환경보존과 개선을 고려하도록 요구하고 있다. 다시 말해서 환경보호 범위 내에서의 경제적 개발을 인정하는 것이다. 특히 개도국의 경우에는 저개발 상태에서 발생되는 환경상의 결함이 중대한 문제를 제기하기 때문에, 이를 극복하도록 재정적·기술적 원조를 제공하도록 규정하고 있다.

13.4 환경보호 운동과 환경 정책

각 국가는 환경오염으로 인한 피해를 막기 위해 오염방지 의무를 취할 의무를 부담하며, 이에 따라 고농도의 유독물질이나 열의 방출을 통해 생태계에 피해를 주는 것은 금지된다. 또한 육지오염뿐 아니라 해양오염도 인류건강과 생물자원에 피해를 주는 것으로서 금지된다.

이 선언에서 중요시하는 것은 환경보존과 개선을 위한 국제적인 협력이다. 이에 따라 각 국가는 국제협력의 수단으로서 양자조약 또는 다자조약을 체결하여 환경오염을 예방·감소·통제하여야 하며, 또한 핵무기를 비롯한 대량파괴무기로부터 환경을 보호하기 위해 협력하도록 요구하고 있다.

스톡홀름 선언에서 가장 주목받고 있는 것은 국제책임에 관하여 언급하고 있는 각 국가의 자원개발 주권을 인정하는 동시에, 관할권 내의 활동이나 규제가 다른 국가의 환경 또는 국가관할권 밖의 지역에 피해를 주지 않도록 하는 책임을 부여하고 있다. 이 원칙은 국가주권에 다라 각 국가가 자원을 독자적으로 개발할 권리를 갖되, 개발활동으로 인하여 다른 국가 내지 국제공역에 환경적 피해를 주어서는 안 된다는 국제법상 원칙을 확인하는 의미를 갖고 있다.

13.5 환경보호와 공학윤리적 고찰

공학, 기술자는 다른 어떠한 전문직보다도, 더욱 직접적으로 환경 문제에 관계되어 있다고 말할 수 있다.

"공학, 기술자는 대중의 안전, 건강 및 복지에 일치하는 공학, 기술적 결정을 할 책임과 의무가 있는 것을 인정하고 대중 혹은 환경을 위험하게 할 수 있는 요인은 곧 공표한다.(IEEE 규정)"

여기서의 IEEE(Institute of Electrical and Electronics Engineers)의 규정은 기술자가 대중의 건강과 일치하지 않는 공학, 기술적 결정을 피해야 할 책임과 의무가 있다는 것을 알 수 있다. ASCE의 윤리헌장에서도 처음으로 '환경'사항을 받아들였다(1977년 개정판). IEEE의 윤리 규정에서도 처음으로 '환경'에 대하여 언급(1990년 개정판)하였다.

<그림 13.8> 환경윤리의 6가지 가치

일반적으로 공학적 관점에서 볼 때 환경윤리는 크게 6가지 중요한 가치를 가진다.

1) 각각 모든 종들은 저마다의 생존할 권리를 가진다.
2) 모든 종들은 상호 의존적이다.
3) 인간은 지구 관리 역할을 수행할 책임이 있다.
4) 인간은 미래 혹은 장래의 세대에 대한 책임이 있다.
5) 자연은 경제적인 가치로 환산되는 정신적이고 심리적인 가치를 지닌다.
6) 생물 다양성은 삶의 기원을 연구하는데 결정적으로 필요하다.

따라서 환경윤리는 이러한 중요한 내용들을 기반으로 하여 개인 이라는 최소 개체부터 시작하여 자신(self)으로부터 가족- 사회집단, 부족- 한민족, 종교적 공동체- 모든 인류- 모든 동물- 지구위의 모든 종- 지구와 생태계까지 어울러져 모든 것들이 지구위에서 공존할 수 있도록 함을 그 결론으로 한다.

현재 ASCE(American Society of Civil Engineers)의 윤리 규정은 지속 가능한

개발의 중요성을 이야기하고 있다. 지속 가능한 개발이라는 것은 클린 기술(Clean Technology)이라는 것으로 대체할 수 있다. 20세기 후반에 들어서면서 산업화의 급속한 발전으로 인한 환경오염의 문제가 세계적인 문제로 불거지자 세계 각국에서 환경오염을 방지하기 위한 각종 프로젝트가 등장했는데, 클린 테크놀로지 연구는 이러한 환경오염을 원천적으로 방지하거나 극소화하려는 노력에서 비롯되었다.

특히 기존의 기술이 오염물질을 배출한 뒤 처리에 힘을 기울이는 치료 위주의 기술인 데 반해, 클린 테크놀로지는 오염물질의 발생을 원천적으로 없애거나 줄인다는 장점이 있다. 이미 유럽·일본·미국·인도 등에서는 이 기술을 환경정책의 중심으로 삼아 활발한 연구가 진행 중이다.

진정한 공학, 기술자의 목표는 자연 파괴자가 아니라 자연 환경의 수호자이어야 한다. 현대의 기술자는 일반인에 봉사한다고 하는 의무를 가지는 것만이 아니고 자연에 봉사한다고 할 의무도 가지는 것이다. 오늘날의 환경오염은 기술 중심주의와 물질 만능주의가 낳은 산물이다. 환경보호를 위한 기술자들의 기술개발도 필수적이겠지만 그 이전에 윤리의식부터 점검해 볼 필요가 있다. 또한 민간의 노력들도 필요하겠지만 국가적 또는 세계적으로 실행될 수 있는 환경보호정책이 시급하다. 또한 환경문제는 이 시대 기술자들이 책임져야 할 가장 큰 문제라고 할 수 있다.

자연은 이제 더 이상 인간에게 대상적 존재가 아니다. 자연은 인간과 더불어 사아가야 할 주체적 존재이며, 인류의 미래 후손에게 물려주어야 할 책무가 있는 생명의 터전이다.

13.6 지속가능한 개발과 공학 윤리적 문제

자연이 스스로의 환경을 변화시킨 가장 최근의 사례를 예로 들면 1992년 12월 중국 파오 타이 산의 분화를 들 수 있다. 이 분화는 평상시의 폭발 중에서 역사상 최대의 것이었고 히로시마에 떨어뜨려진 원폭의 폭풍에도 필적하는 것이었다. 그러나 광석의 채굴, 운하나 댐의 건설, 터널의 굴착, 산의 깎아 내리기 등의 개발로 인하여 인간에 의한 파괴는 예를 들어 중국의 경우 츄하이(Zhuhai) 공항의 확장 공

<그림 13.9> 지속 가능한 개발과 클린(clean)기술

사를 위해서 대략 1100만 입방미터의 흙이나 돌이 사용된 사례가 있다. 또한 중국 산시 성의 댐의 경우 대략 120억 달러의 비용이 든다고 예측하고 100만 명을 넘는 사람들의 이주, 농지의 소실 등 기술자의 역사에는 환경의 열화(degradation)라고 하는 결과에 이르는 많은 개발의 예가 있다. 위의 예로부터 설명되듯이 기술자는 앞으로 지금 이상으로 환경에 대한 절대적인 거대한 영향력을 가질 수 있는 것이 가능하게 되었다.

기술자는 경제발전에 의해서 일으켜진 파괴에 대해서 많은 비난을 받아 왔다. 그러한 파괴는 에너지나 천연자원에 대한 수요의 증가에 의해서만이 아니고 기술자의 활동에 의해서 일으켜진 생활수준의 향상에 의해서 확대 증가되어 왔다. 현재의 환경 위기의 원인은 생태계(ecological system)의 물리적 한계를 거의 고려하지 않고 개발된 탓이기도 하다.

천연자원의 이용이 증대한 것은 인구 증가 때문만이 아니다. 그것은 공학기술 덕분에 사람들이 보다 짧은 시간 내에 많은 천연 자원을 소비할 수 있게 되었기 때문이기도 하다. 따라서 현재 기술자에 있어서 요구되는 것은 개발에 사용되는 천연

자원과 개발에 의해서 만들어지는 잉여물의 양쪽 모두를 잘 관리하는 것이다.

경제 발전과 환경 보존과의 사이의 긴장 관계는 많은 나라들이 이제 어느 정도 인식하고 있다. 환경 영향 평가는 보통 '지속 가능한 개발'의 원리에 근거하고 있다. 기술자의 교육자들은 환경 영향 평가의 과목이나 사회와 관련된 과학 기술(공학)이라고 하는 교과목을 개발하여 학생들에게 제공하여야 하는 시기가 된 것이다.

기술자들에게는 자연 환경과 사회에 대하여 이 '지속 가능한 개발' 원리에 의해서 활동하도록 윤리적으로 의무 지워진다. 지속 가능한 개발과 클린 기술(clean technology)의 실천을 하는 기술자는 과학의 설계자, 창의 고안자 및 실천가이다. 사회 건설의 유일한 주체이고 인간 생활의 방법에 대해서 영향을 주고 있다. 기술자는 과학 기술을 유익한 목적을 위해서 원료를 지적으로 조직화해 조작하는 것이고 환경을 인간적인 목적으로 적합하게 변화시키는 방법이라고 정의되어 왔다. 지금 지속 가능한 환경 윤리가 모든 기술자의 분야에 널리 퍼져야 한다고 하는 것이 주장되고 있다. 기술자 교육 프로그램의 목표는 기술적인 능력과 환경에 대한 의식을 겸비한 기술자를 낳아야 한다는 것이다.

이 지속 가능성의 환경 윤리는 환경에 대한 책무이며, 이러한 책무는 두 개의 구성요소로부터 성립되고 있다. 하나는 오염의 예방을 목적으로 하는 것이며, 다른 하나는 오염의 구제를 목적으로 하는 것이다. 환경 영향 평가나 낭비를 최소한으로 줄이는 것 그리고 제품 수명 주기 분석 등의 개념이 분야를 불문하고 모든 기술자 교육 프로그램 안에 포함되어져야 하는 것이다.

경제발전 및 환경 영향의 예를 들어 여러 문화 간의 공정함이나 사회적 정의, 환경에 대할 책임이나 인간의 권리 등을 적절한 방법으로 조화를 이룬 생태계 내의 여러 가지 유기체의 권리라고 하는 것을 인식하는 기술자의 양성을 필요로 한다. 진정한 기술자의 목표는 자연 파괴자가 아니라 자연 환경의 수호자이어야 하기 때문이다. 기술자는 드디어 일반인에 봉사한다고 하는 의무를 가지는 것만이 아니고 자연계에 봉사한다고 할 의무도 가지는 것이고 전문가로서의 입장과 윤리적인 입장과의 양쪽 모두에 대해 그러한 의무를 가지는 사람이어야 한다.

자연 환경의 개발에 대한 개념은 전통적으로는 기술적으로 가능한 것과 경제적으로 매력적인 것 사이의 타협과 절충 선에서 만났다. 사회적 정의를 모든 생물의 권리에 적용하는 윤리적 입장이 기술자에게 도입되어야 하는 근거인 것이다.

1987년에 환경과 개발에 관한 세계 위원회가 세계적 규모로의 지속 가능한 개발의 필요성에 대해서 그 개략도를 나타내었다. 그 이후로 산업에 대해서 낭비를 최소한으로 줄여 원재료나 에너지의 소비 효율을 높이고 스스로가 낳고 있는 오염을 정화하도록 압력을 가해 오고 있다. 특히, 대기업은 그러한 압력을 받고 지속 가능한 개발의 패러다임으로 기업 경영의 방향을 전환하여 각 기업 마다 독자적인 전략을 개발해 전개해 왔다.

지속 가능한 개발은 과학 기술의 급속한 발전에 대한 즉 자연에의 의존으로부터 과학 기술에의 의존에 대한 인식 변화의 적절한 반응으로서 논의되어 왔고, 또 자연 환경이 더욱 더 소모해 오고 있는 것에 대한 적절한 반응으로서 논의되어 왔다. 지속 가능한 개발이 목적하는 것은 복지와 생활의 질이다. 지속 가능한 진보는 현재의 수요와 다음 세대의 수요를 똑같이 고려해야 한다. 또 지속 가능한 진보 안에는 생활의 질이 개발을 통해서 계속 끊임없이 향상해야 하는 것이다.

지속 가능한 개발이라고 하는 것이 공학에 응용되면 환경 및 사회에 대한 기술자의 윤리적 책임을 강화하게 된다.

- 경제발전과 함께 환경을 존중한다.
- 현재 세대와 같이 미래 세대를 존중한다.
- 부자와 같이 빈자를 존중한다.
- 물질적 성장과 함께 사회적 공정을 존중한다.

클린 기술(clean technology)은 지속 가능한 개발에 있어서의 과학 기술에 관련되는 면에 초점을 맞춘 것이지만 이 클린 기술은 전체적으로 다른 수단보다 소비하는 자원이 적고 또 환경에게 주는 피해도 작을 것 같은 인간적 이익을 공급하는 하나의 수단으로서 정의되어 왔다.

클린 기술 혹은 예방적 공학은 지속 가능한 세계에서 과학 기술의 설계 및 수행의 기술적 및 철학적 지침을 준다. 이 때 예방적이라고 하는 것은 환경 문제의 근본적 원인에 대한 공격을 의미한다. 클린 기술의 철학은 생산 시스템의 설계를 지휘·감독하는 것이다. 클린 기술이 특별히 필요로 하는 것은 과학 기술의 변화를 관리·추진하는 사람으로서 과학 기술의 적절함을 평가하는 사람 즉, 기술자이다.

기술자는 천연자원의 감소에 따라 기술자의 활동이 환경에 중대한 영향을 줄 가능성을 가지고 있다고 하는 것과 반대로, 환경이 공학의 여러 가지 사업의 미래에 중대한 영향을 준다고 하는 것을 분명히 이해하게 되었다. 기술적인 문제와 같이 기술적이 아닌 문제도 올바르게 평가하는 것이다. 공학이 발전하기 위해서는 기술자의 정규 프로그램에서 환경 윤리학의 정식적 교육이 기술자 교육과 훈련의 전체를 구성하는 필수의 과정이 되어야 한다. 어느 생물 중 존속의 윤리적 가치나 어느 생태계의 유지라고 하는 것이 기술자의 문제로서 다루어져야 할 때이다.

기술자는 의사소통(communication)자이며 문제 해결(problem solving)자이며 문제결정(problem decision)의 권한을 가진 자이다. 사회의 요구나 욕구의 충족이라고 하는 목적을 가진 디자이너이다. '전문 기술자'이라고 하는 말은 공학에 대한 후자의 해석으로부터 전자의 해석을 구별하기 위해서 새롭게 만들어진 용어이다. 따라서 전문 기술자란 과학 기술 시스템을 취급하여 그것을 사회의 최선의 이익을 위해서 이용하는 유능한 전문가이다. 그리고 기술자의 궁극의 목적은 기술적인 지식이나 기능이나 판단을 현명하게 응용하는 것에 의해서 인간의 새로운 목적을 위해서 자연계를 변용시키는 것이다.

전문 공학은 계속 끊임없이 변화하고 있다. 비즈니스에 있어서의 여러 가지 변화의 결과 새로운 기능, 태도, 인격적 성질을 가진 새로운 비전을 가진 기술자가 요구되고 있는 것이어서 높은 수준의 인격적 완전성(integrity)이 모든 기술자에 요구되고 있는 것이다. 의사결정에 대한 책임을 가진 기술자가 필요하다고 하는 주장이 지금 지속 가능한 개발에 대한 논의를 통해서 제기되고 있는 것처럼 환경이나 사회에 관한 고찰이 더욱 더 주목받고 있다.

환경 기술자에 있어서의 윤리적 문제로 당면한 고용되어 있는 전문가는 자신이 책임을 가지는 모든 일에 대하여 안전이나 생명, 건강 유지 조건 등을 충분히 고려해야 한다. 어느 공정 혹은 제품의 기술상의 결함이 문제가 되고 있는 경우에는 전문가는 일반적으로 인정되고 있는 전문 직업 기준(professional standards)을 따라야 하고 또 자신의 전문가로서의 판단이 채택되지 않을 경우에 야기될만한 분명한 여러 가지 결과를 제시하는 것이 일반인 및 자신의 고용자를 보호하는 전문직의 윤리 의식이다.

이것은 IEEE(Institute of Electrical and Electronics Engineers)에 의해서 인가되

고 있는 그 구성원 전용의 행동 코드의 일부이다. 예를 들면 영국 공학 협의회의 전문 직업 실천 코드에 의해서 제시되고 있다. 영국 공학 협의회는 공학 조직 세계 연맹(the World Federation of Engineering Organizations)에 의해서 기초 된 국제 윤리 코드에 근거하여 1993년에 전문 직업 실천 코드 '기술자와 환경'을 발표했다. 그 부속 문서인 환경 문제에 관한 가이드라인(guide line) 중에서 기술자는 결정이나 판단을 할 때 기술자의 지식이나 기능이 특별한 책임이 있다는 것을 부여하고 있다.

환경 문제에 대한 기술자들의 인식은 가능한 한 정확해야 한다. 기술자들은 어떤 문제에 대하여 여러 가지 국면을 분석할 수 있어야 하고 또 그 문제에 대하여 전체적으로 볼 수 있어야 한다. 기술자들은 각 개별적 상황에 있어서의 가장 적절한 해결책을 항상 판단하기 위해서 이른바 '하이테크'의 응용(예를 들어 광전지)과 '일반적인 기술'의 응용(효율적인 목탄 스토브) 사이의 균형 감각을 확립하고 있어야 한다.

위에서 언급한 패러다임(paradigm)과 같이 공학 협의회에 의해도 기술자들은 스스로의 일이 가지는 사회 및 환경에 대한 밀접한 관계를 최우선적으로 고려하도록 요구되고 있고 또 스스로가 이룬 결정에 대한 책임을 지도록 요구받고 있는 것이다.

이상과 같이 행동 규정의 예에서 책임 있는 윤리적 행동에 대한 요구에 대해서 기술자는

- 사회 및 환경에 대해서 일어날 수 있는 결과에 대해 고려할 것.
- 유해하다고 생각되는 프로젝트를 지지하지 않을 것.
- 고용자 및 일반인에 대해서 생길 수 있는 위험을 널리 고해 알리는 것 등의 행동 요령이 필요하다.

기술자의 윤리적 행동에 대한 의사 결정은 가치 체계에 근거하여야 한다. 프로젝트의 평가에 있어서의 보편적인 가치는 유효성이나 합리성, 비용 효과나 안전성, 수요의 충족 등이 된다. 동시에 기술자는 신용이나 성실함, 신용에 충실하거나 미래 세대를 포함한 인간의 생명 및 복지에 대한 배려, 공정함이나 솔직함, 정직성 등을 중요시해야 하는 것이다. 클린 기술에 대한 기술자들의 현명한 판단의식은 늘 자기가 하고 있는 일이 환경에 영향을 주는 것인가 따라서 제조, 제작의 필요성이 있는

것인가 하는 것을 염두에 두어야 한다는 것이다.

환경 기술자 역할의 변화와 교육에 관한 필요성은 산업에 있어서의 현재 여러 가지 변화가 환경에 관한 압력이 계속 증대하고 있는 것이지만 새로운 의식을 가진 기술자의 필요성을 두드러지게 하고 있다. 종래의 연구가 가리켜 온 것처럼 현재의 기술자 교육을 받은 졸업생은 일반적으로 미래의 고용자에 의해서 제시되는 요구에 대해서 최선의 준비가 되어 있지 않다.

전통적인 한계를 넘고 있는 일을 할 수 있는 기술자가 필요하게 되고 있다. 기술자의 의사결정 프로세스 안에 기술 이외의 문제를 통합할 줄 아는 기술자 및 환경 보호에 대한 새로운 창조적인 접근을 할 수 있는 클린 기술 패러다임(paradigm)에 의해서 요구되고 있다. 그러므로 경험과 성숙도 중요하지만 기술자 교육에 보통 교양 교육을 포함해야 한다고 하는 강한 주장이 대두되고 있는 것이다. 이와 같이 기술자 교육과정(curriculum)의 변화에 따라 기술자 교육에 있어서의 교수 및 학습의 접근방법은 변화될 필요가 있다.

기술자 교육 프로그램에 있어서의 윤리학 및 철학 등 인문 교육의 좋은 예는 런던의 임페리얼 대학 인문 학부에 의해서 주어지고 있는 공학부 학생(engineering students)에 대한 선택 코스이다. 기술자 및 자연과학의 학생은 인문 학부에 의해서 제공되고 있는 선택 과목 중 하나 혹은 그 이상을 교육할 수 있다. 또 "과학과 공학에 있어서의 윤리학"에 대한 토론회도 준비되어 있다.

결론적으로 공학 및 산업 조직에 있어서의 여러 가지 변화는 기술자의 역할에 대해서 영향을 주고 있다. 적어도 전문 기술자들은 스스로의 활동에 대해서 전문가로서도 책임을 다해 왔지만 친환경적 개발(environmental development)의 윤리에 관해서 한층 더 강조하게 되었다.

클린 기술라고 하는 것은 지속 가능한 개발에 대한 논의에 의한 공학으로부터의 응답이지만 그 클린 기술의 패러다임(paradigm)은 산업계에 서서히 침투하며 가고 있다. 그러나 기술자의 역할에 대한 같은 영향은 기술자들에게 가치 평가나 의사결정에 대한 전문가적인 책임의식을 요구하고 있다.

13.7 환경오염 및 자연파괴 사례

환경오염 및 자연파괴 사례로 다음에 나오는 예들은 비록 다른 나라에서 일어난 사례이지만 우리 주변에서 얼마든지 다시 일어날 수 있는 심각하고 교훈이 되는 일이 될 것이다.

1952년 12월에 영국 런던 시에서는 석탄 연소에 따른 연기가 정제되지 않은 채 대기 중으로 배출되었고, 무풍현상과 기온역전으로 인해 대기로 확산되지 못하고 지면에 정체하게 되었다. 배출된 연기와 짙은 안개가 합쳐져 스모그를 형성하였고, 특히 연기 속에 있던 이산화황은 황산안개로 변하였으며, 이러한 스모그 현상은 1주일간 지속되었다.

사건 발생 후 첫 3주 동안에 호흡장애와 질식 등으로 4,000여명의 시민들이 사망했고, 그 후 만성 폐질환으로 8,000명이 추가 사망하여 총 1만 2,000명이 1주일

<사례 1> 영국 런던시의 스모그 사건

▶ 장소 : 영국 런던시 ▶연도 : 1952년 12월 ▶원인물질 : 이산화황에 의한 스모그

<그림 13.10>대도시에 발생하는 스모그와 런던스모그 사건 당시

<표 13.1> 런던 시에서 발생한 시기별 스모그의 농도 및 피해자 수

구분	1952.12	1956.1	1962.12	1957.12	1956.12	1955.1	1959.1
사망자수	3,900	1,000	850	800	400	240	200
스모그 지속일수	5	5	5	5	10	11	5
최고농도 지속일수	2	2	1	1	5	1 X 3*	6
사건 발생 전 SO_2농도(μg/m³)**	500	300	400	300	300	300	300
SO_2 최대농도(μg/m³)	4,000	1,500	3,300	1,600	1,100	1,200	800
1일간 SO_2농도상승량(μg/m³)	1,200	500	1,000	325	400	450	250
사건 전 매연 농도(μg/m³)	400	500	200	400	400	500	400
매연의 최대농도(μg/m³)	4,000	3,250	2,000	2,300	1,200	1,750	1,200
1일 매연농도 상승량(μg/m³)	1,200	1,300	600	500	400	600	400
사망자 발생일수	13	10	13	10	6	6	6
스모그 현상시 1일 사망자수	300	330	310	300	270	320	325
평시 대비 1일 사망률 증가율(%)	170	130	120	125	125	112	110

*주: 1일에 최고 농도에 달한 시간이 3회 발생** 농도는 24시간 평균농도를 의미함

동안의 심한 대기오염 현상으로 인해 생명을 잃게 되었다. 당시 사망자들은 주로 노인, 어린이, 환자 등 비교적 허약한 체질의 사람들이었으며, 모든 연령층에서 심폐성 질환이 급증하였고, 특히 45세 이상은 중증을 나타내었다. 런던 시에서 일어났던 스모그에 의한 피해상황을 시기별로 나타내면 표 13.1과 같다.

영국에서는 1953년에 비버위원회를 설립하여 대기오염의 실태와 대책을 조사하고 연구하기 시작하였으며, 1956년에 이 위원회가 제출한 보고서를 바탕으로 대기오염 청정법이 제정되었다. 한편 가정 난방 연료를 점진적으로 석탄에서 천연가스로 대체하기 시작하였다.

<사례 2> 스위스의 레만 호수 오염 사건

합성세제는 동식물의 기름으로 만드는 유지 비누와는 달리 그 원료가 석유나 석탄 등 천연 화석자원으로부터 여러 단계의 합성과정을 거쳐 만들어진다. 합성세제는 2차 세계대전 후부터 일반가정에서도 사용하게 되었으며, 레만 호도 이러한 합

▶장소 : 스위스 레만 호수 ▶연도 : 1950년대 말 ▶원인물질 : 합성세제

<그림 13.11> 레만 호수의 오염전과 오염 후

성세제에 의하여 급속하게 오염되기 시작하였다. 합성세제는 수중 생물에게 매우 유독하며 물에서 쉽게 분해되지 않고, 부영양화를 일으키는 인을 다량 함유하고 있다. 레만 호의 물은 1950년대 초부터 점점 오염되어 갔으며 1950년대 말경에는 악취는 말할 것도 없고 생물이 더 이상 살 수 없는 죽음의 호수로 변하였다.

한편 1950년 영국의 모그덴 하수처리장에서는 처리되지 않고 방류된 합성세제가 거품을 일으켜 인근 하천이 크게 오염되기도 하였으며, 1959년 독일에서는 갈수기에 정수장에서 처리되지 않고 그대로 수돗물에 흘러들어간 합성세제로 인하여 수돗물이 오염되는 사건이 발생하기도 하였다.

1962년 스위스와 프랑스는 레만 호의 오염방지를 위한 양국 간 협정을 체결하여 오염배출원을 조사하기 시작하였으며, 행정적 규제를 양국 공동으로 실시하였다. 주요 오염원부터 우선적으로 폐수처리장을 설치하기 시작하였는데, 20년 동안 약 120개의 폐수처리장이 레만 호 유역에 건설되어 대부분의 인이 제거되었다. 20년에 걸친 이와 같은 스위스와 프랑스의 공동 노력에 힘입어 1970년대 말부터 레만 호 물은 맑아지기 시작해서 물고기가 다시 뛰노는 호수가 되었다.

한편 경성제제에 의한 수질오염문제를 해결하기 위하여 세정력은 더 우수하고 물속에서 분해속도도 빠른 연성세제가 개발되었다. 각국에서는 합성세제의 연성화 정책을 추진하고 있는데, 독일 은 1964년, 미국은 1965년, 영국은 1966년, 일본은

1975년부터, 그리고 우리나라는 1980년 11월부터 이를 시행하고 있다.

그러나 합성세제의 연성화만으로 수질오염 문제가 해결된 것은 아니며, 그 외에도 폴리인산염의 함량 등 문제점을 안고 있다. 그러므로 앞으로도 수질오염을 더 적게 일으키는 세제의 개발뿐만 아니라 세제 사용량 자체를 줄이려는 노력이 필수적으로 뒤따라야 할 것이다.

<사례 3> 미국 미주리 주 타임스비치 다이옥신 폐해 사건

미국 미주리 주 타임스비치의 주민들은 비포장도로에서 날리는 먼지로 겪는 고통을 해결하기 위해 1971년부터 수년 동안 도로에 기름을 뿌리기 시작하였다. 그런데 타임즈비치시와 계약을 맺은 사람이 경비를 줄이기 위하여 그의 기름 트럭에 인근 화학공장에서 판매하는 폐유를 섞어서 도로에 살포하였고, 이 때 폐유 속에 들어있던 다이옥신이 도로에 뿌려졌고 이것이 다시 토양으로, 대기로, 하천으로 들어가 이 지역 모든 생명체에게 치명적인 영향을 주게 되었다.

▶장소 : 미국 미주리 주의 타임스비치 ▶연도 : 1982년 ▶원인물질 : 다이옥신

<그림 13.12> 다이옥신의 폐해

도로에 기름을 뿌린 다음날 길옆의 목장에서 수 십 마리의 참새가 떨어져 죽었고 한 달 안에 개와 고양이가 계속 죽어나갔다. 또한 목장의 말 43마리가 1년 내에 죽었고 임신한 말은 모두 사산하였다. 목장주인은 두통, 설사, 가슴통증 증세로 고통을 당했고 다른 가족들도 비슷한 증세로 입원 치료까지 하게 되었다. 그 후 하늘을 날던 새들이 죽어서 땅에 떨어지고 애완동물들이 죽어갔으며, 주민들은 별다른 이유 없이 몸에 통증을 느끼는가 하면 폐암에 걸리고, 부인들은 유산을 하게 되었다. 그리고 신장암, 후두암, 간질환 환자들이 많이 발생하였다.

1982년 미국 연방환경처는 타임스비치 주민들의 심각한 상태를 보고받고 그 원인을 조사해본 결과, 기름 속에 많은 양의 다이옥신이 포함되어 있었음을 밝혀내었다. 1983년에 미국 연방 환경처는 3,670만 불을 들여 이 지역의 2만2천여 주민을 모두 다른 곳으로 이주시켜 마을은 통행조차 금지된 텅 빈 곳으로 남아있으며, 당시의 피해자들은 지금까지 고통을 받고 있다. 이 지역에 대한 조사연구는 미국 연방환경처에 의해 현재까지도 진행하고 있다.

13.8 Case Study; 해양에서의 유류오염 사고

페르시아 만과 발해 만으로부터 한국, 일본으로 수입되는 원유 유조선이 대부분 서해와 대한해협을 통과하고 있으며, 중국과 우리나라 또 일본과의 교역으로 해상 물동량도 증가하고 있으므로 우리나라 주변해역은 유류유출의 위험이 상존한다고 볼 수 있다.

해양경찰청에서 집계한 1979~1994년 사이에 해양오염사고 발생건수 및 유출량 자료를 보면 대규모 사고가 발생한 해에 유출량이 크게 증가하므로 우리나라 연안 해역에 배출되는 유류의 주요오염원은 유조선 사고로 판단된다.

유조선 사고이외에도 바다를 오염시키는 크고 작은 사고들을 합쳐보면 해역별로는 남해와 서해에서 주로 발생하고 있으며 육상이나 해상시설로부터 배출된 경우보다 선박에서 배출된 경우가 훨씬 더 많다.

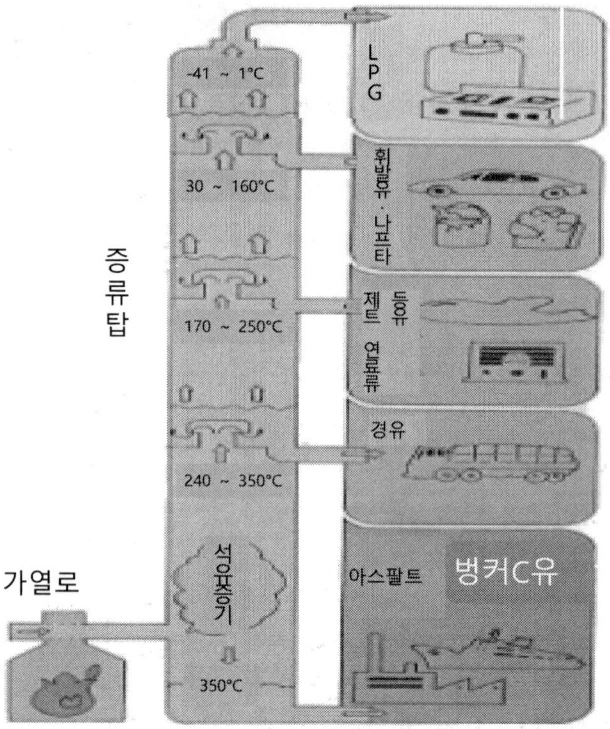

<그림 13.13> 벙커 C유 생산 체계도 (유류 정제과정)

배출원인을 보면 해난이나 파손에 의한 불가항력적인 경우보다 부주의나 고의에 의한 배출이 대다수를 차지하므로 지도단속의 강화나 계몽을 통한 배출량 저감이 가능한 부분이다. 이를 통해 발생건수를 줄일 수는 있으나 완전히 없앨 수는 없고, 일본의 경우처럼 어느 정도 감소시킨 후에는 더 이상 줄일 수 없는 한도에 이를 것이다. 또한 고의나 부주의에 의해 배출되는 유류는 주로 폐유나 선저폐수로써 발생건수는 많으나 사건 당 유출량은 상대적으로 적다.

유류의 주성분은 탄화수소이며 그 밖에 약간의 황, 질소, 산소나 미량의 금속 등이 포함된 분자량 20~100,000에 이르는 혼합물로 산출되는 유전, 매장되었던 지층에 따라 성분에 차이가 있으며 성상도 달라진다.

원유의 일반적인 특성은, 독특한 냄새를 풍기는 암녹색 또는 흑갈색의 끈적끈적한 액체로써 물보다 가볍고 가연성 물질이라는 점이다.

해양에 유입되는 유류의 양을 80년대 후반에 추정한 것에 따르면 연 236만 톤이다(Clark 1992). 유입량의 35%는 해상운송 및 생산 과정에서, 55%가 육상 및 대기로부터, 5%가 자연현상 때문이다. 80년대 말의 석유생산량이 연 39억 톤이었으므로 생산량의 약 0.1%가 바다로 흘러드는 셈이었다.

해양오염전문가 연합조직(Joint Group of Experts on the Scientific Aspects of Marine Pollution)에서는 1990년대에도 비슷한 양의 유류가 바다로 유입될 것이라고 추정하였다(GESAMP 1994).

세계 석유생산량은 90년대 들어서는 매년 비슷한 수준이므로(대한석유협회 1995a) 해상활동에 의한 유류유출을 감소시키려는 국제적 노력의 결과 GESAMP의 예측대로 유출량이 80년대 말에 비해 증가하지 않았다고 가정하면, 다음 오염원들로부터 각각 전 세계적으로 연간 10만 톤 이상씩 유류가 유출되고 있다.

1. 유조선 운항

세계 원유생산량의 반 정도가 유조선으로 운반되고 있으며, 유조선에 실려 있던 원유를 항구에 하역한 후에는 배의 안정성을 위하여 탱크에 원유대신 해수(ballast water)를 채우고 돌아가서 다시 탱크를 비우고 세척한 후에 새 화물(원유)을 싣곤 한다.

탱크와 파이프 등에 남아있는 유류가 혼합된 밸러스트수와 세정수를 항해 중에 외양에 배출함으로써 1970년대 중반에는 연 백만 톤의 유류가 해양에 유입된다고 추정되었다. 이렇게 배출된 유류가 유조선 왕래가 잦은 해역이나 원양에서 많이 발견되는 타르볼(tar ball)의 생성원이다.

MARPOL 73/78에 의해 해역별로 일정 농도 이상의 유류를 포함한 폐수의 배출이 규제되고, 비싼 화물인 원유의 손실을 줄이기 위해 보다 효과적인 하역기술 및 세척기술이 도입되고, 밸러스트수가 유류에 닿지 않는 탱크구조를 지닌 유조선들이 늘어남으로써 해양에 배출되는 유류의 양이 1989년에는 158,000톤으로 줄었으나 그 발생량을 줄이는 데는 한계가 있다.

2. 빌지(bilge) 및 연료유

유조선뿐만 아니라 다른 배들도 화물을 내리고 화물창이 비게 되거나 악천후일 때 전복되지 않기 위해서 밸러스트수를 실어야 할 때가 있다. 화물칸을 아껴야 한다거나 화물칸만으로는 모자랄 때 연료유가 담겨있는 빈 탱크에 밸러스트수를 싣는 경우가 있는데 이 물을 그대로 바다로 내버리면 연료유가 섞여 나간다. 또한 배의 엔진 윤활유와 물이 섞인 빌지(bilge)를 버릴 때 유류가 해양으로 배출된다. 빌지를 뽑아 올려서 배출하기 전에 유수분리기를 거쳐 유류 함량을 낮추게 하고 유수 배출 해역을 규제하고 있으나 이를 어기는 배가 있다.

3. 유조선 사고

유조선이 충돌, 좌초되어 유류가 유출되는 사고는 전 세계적으로 자주 발생한다. 사고가 나면 선박을 예인하거나 화물만이라도 옮겨 실으므로 수십만 톤의 원유가 다 쏟아지는 일은 드물지만, 다소간은 유출되기 마련이다. 해안 가까이에서, 좁은 해협을 통과할 때, 항해밀도가 높은 항구로 들어갈 때 사고의 위험이 높으므로 대부분의 유조선 사고는 연안에서 일어난다. 이런 곳에서 유류가 유출되면 연안오염은 피할 길이 없다.

4. 하수 및 공장폐수

가정하수나 공장폐수에는 동식물유와 광물유가 들어 있으며, 업종에 따라서는 공장 폐수 중에 상당량의 유류가 포함되어 있다. 연안에 이런 폐수들이 직접 배출되는 일은 흔히 있으며, 하수처리를 거친다고 해도 슬러지에 포함된 유류가 슬러지의 해양투기에 의해 역시 바다에 유입된다.

5. 우수와 하천수

비가 오면 도로의 물기위에 기름이 뜨는 것을 볼 수 있으며 차고에 떨어져 있던 기름도 비에 쓸려 하천을 통해 또는 직접 바다로 흘러간다. 자동차 엔진오일의 폐유가 회수되어 재활용되는 정도는 나라마다 크게 차이가 나서 독일이나 네덜란드처럼 전량 회수, 정제되거나 연료로 재사용되는 국가가 있는가 하면 선진국 중에도 25~30% 밖에 회수하지 못하는 나라도 많다.

집에서 엔진오일을 교환하는 사람이 늘어남에 따라 폐유가 하수구나 땅에 버려지므로 회수되지 않는 양이 많고 결국 바다로 들어간다.

13.9 Case Study; 해양 유조선 좌초 사고

정유회사 부두에 접안하여 원유 하역 작업을 벌이던 중 태풍 경보 통보를 받고 하역 작업을 중단하였다. 태풍을 피해 출항하여 피항지를 물색하던 해양 유조선 SP 호는XX지역 동방 4.7마일 해상 작도에 선미 좌현 기관실 부위가 충돌하면서 기관 정지 및 기관실에 화재가 발생하여 통신두절 상태에서 좌초된 사고로 벙커C유 약 5000톤이 유출 되었다.

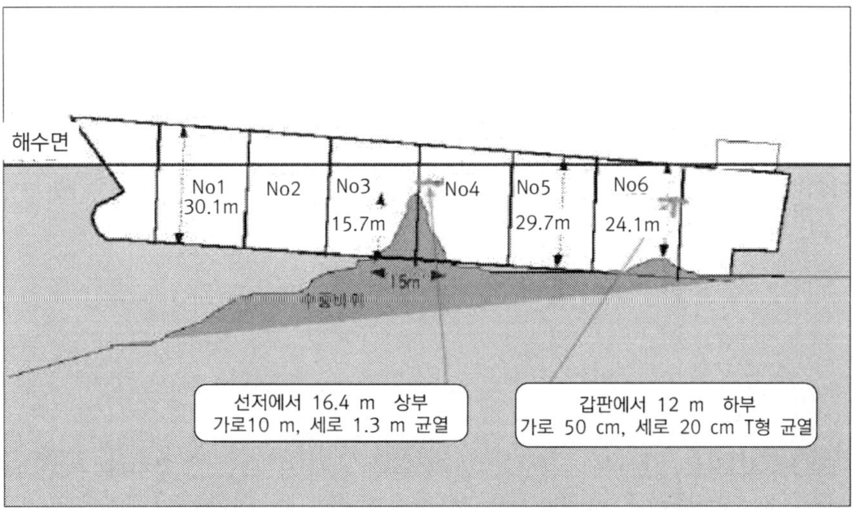

<그림 13.14> 좌초된 해양 유조선의 선체상태

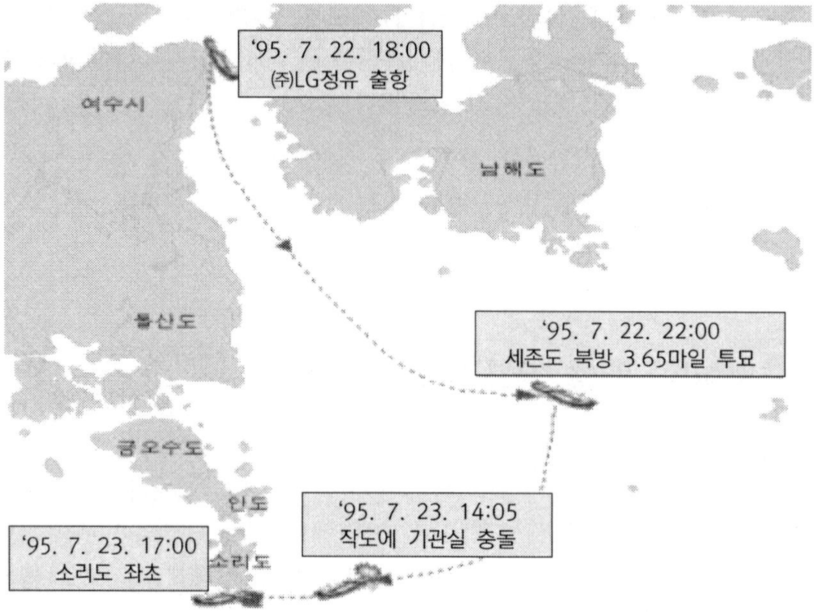

<그림 13.15> 해상 유류 오염 유출 사고 개용도

이 사고로 2명이 사망하고 해상 약 127 마일, 해안 총 73.2 km)범위가 오염되었다. 방제 비용만 약 180 억 원, 어민피해 688억 원을 청구했으나 사정 결과 총 154억 원을 지급키로 결정하고 합의 보상하였다. 또한 사고가 있은 2년 후의 조사자료에 다르면 해안가와 바다 밑바닥에 기름 성분이 스며들어 조개류 양식장이 황폐화되어 바지락 량은 사고전인 1994년에 비해 70%, 전복 56%로 감소했고 바다 밑바닥 저생생물의 종류도 199종에서 151종으로 줄어든 것으로 보고되는 환경피해를 일으켰다.

2. 사고의 원인

SP호의 사고는 일반적인 사고와 달리 환경 재앙적 측면도 강하게 부가 된다. 이에 따라 사고의 원인을 단순한 선장의 잘못으로만 볼 것이 아니라 직접적인 유조선 좌초와 국내 방제 대책의 미숙함에 따른 오염피해의 확대로 볼 수 있다.

<표 13.2> 해양 유조선 SP호 기름유출 내역

원유	B-C유	B-A유	계
4,155 kℓ	780 kℓ	100 kℓ	5,035 kℓ

1) 자연적 요인

태풍 페이는 중심기압은 940 hpa 영향권 890 ㎞에 이르는 A급 태풍이었고 중심부근이 초속 40 m의 강한 바람과 8~10 m의 매우 높은 파도가 일고 있었다. 그리고 남해안 일원이 그 영향권에 접어든다는 기상특보가 계속 발효됨에 따라 항구에는 크고 작은 많은 선박이 대피하고 있었다.

2) 인위적 요인

SP호는 원유 266,852톤을 적재한 후 동중국해에 이르렀을 때 일본 선박용 기상대(JMH)로 부터 태풍 페이가 오고 있다는 소식을 접한 후 7월 21일 15시경 00항에 접안하였다.

하역작업을 시작한 다음날태풍 “페이”가 북상하니 적절한 대처방안을 강구해야 될 것 같다는 통보를 받았다. 이때 SP호의 선장은 태풍에 대비해서 배를 피항하던가 외해로 나가야 했으나 경험을 바탕으로 안이하게 대처하여 18시 05분경 출항하여 작은 섬 근해로 나가게 되었다. 그 뒤 자신의 판단과 다르게 태풍이 약해지지 않고 더욱 강화 되며 여수로 오자 배를 외해로 빼려고 시도 했으나 너무 대피에만 신경 쓴 나머지 배의 침로를 계산하지 않고 무리하게 대피하다 수중 암초에 충돌하였고 이때 기관이 부서지면서 동력을 상실한 배는 표류하다 배를 난파 시켰다.

국내의 방제 대책 및 장비는 대규모의 기름유출 사고에 대응하기에 너무나 부족한 면모를 보였다. 몇 척 안 되는 방제선과 방제전문 기술 인력의 부족 등으로 방제효과가 비효율적이고 저조했다. 대규모의 사고를 맞아 여러 부서의 장비와 인력이 동원됐으나 지휘계통 일원화가 없어 보고와 지휘에 혼선이 야기되고 각 기관별로 실적 홍보용이나 생색내기용으로 운영됐다. 또한 국가방제 능력

<표 13.3> 각국의 방제 능력 비교

구분	한국 (해양경찰청)	일본 (해상보안청)	미국 (연안경비대)	영국 (해사연안경비청)
방제청	15척	27척	38척	25척
오일펜스	16 km	30 km	38 km	100 km
항공기	8대	70대	239대	22대

을 초과하는 사고시 외국 장비 지원을 받아야 하나 이에 관한 제도가 없어 장비의 공급이 지연 되었다.

3. 사고 후의 대책

외국의 사례로만 생각하였던 대규모 기름유출사고가 우리나라에서도 발생할 수 있음을 입증시켜 준 사고였으며 온 국민에게 기름오염의 심각성을 일깨워준 계기가 되었다. 이에 따라 정부에서는 방제정책을 좀 더 빨리 추진 할 수 있었으며, 그 주요 내용을 보면 방제업무를 해경 청으로 일원화하고 국가·지역 방제 실행계획 수립, 과학지원단 제도 도입, 해경 방제 능력 확충 및 방제조합 설립, 민간방제능력 확충, 국제 협력체제 구축 등 많은 발전을 가능하게 한 전환점이 되었다.

4. 공학윤리 토론사항

1) 자연 재해를 당했을 때의 공학윤리적 태도는 어떤 것인가?
2) 이 사고에서 알 수 있는 선장의 비 공학윤리적 행위는 어떤 것인가?
3) 관계기관이 취했던 자세와 대응방법의 비 공학윤리적 행위를 분석하여 열거하라
4) 인간이 자연에 대하여 취할 수 있는 공학윤리적 행위에 대하여 나열할 수 있는가?

14 CHAPTER

생명공학 윤리

14.1 생명공학과 윤리

생명에 관한 윤리는 생명을 의미하는 바이오(bio)와 윤리를 뜻하는 에틱스(ethics)의 합성어로 생명윤리 또는 생명공학윤리로 불린다. 내용적으로는 생명에 관한 윤리와, 생물학의 기본원칙에 입각한 윤리로 지금까지 '의사의 윤리', 또는 '의료의 윤리'라고 일컬어 왔는데 의료의 발전과 인권의식의 고양이 서로 연관되어 넓은 입장에서 생명, 특히 인간의 생명에 대한 간섭의 시비를 검토하게 되었다. 특히 유전공학을 비롯한 많은 공학 분야에 도입됨으로서 공학기술윤리의 한 범위에 속하게 되었다.

안락사를 비롯하여 뇌사나 식물 상태에 있는 환자에 대한 치료 계속의 적부, 장기이식과 체외수정,출생 전 진단과 ·인체실험, 직업적 대리모(代理母)에 의한 임신 등 이제까지의 윤리학설에서 의견이 갈라졌던 여러 문제도 여기에 깊이 연관된다.

생명공학윤리는 위에 정의에서 언급된 것처럼 의료윤리가 주를 이루어왔으나 근래에 들어 생명공학 기술의 눈부신 발전과 인간의 생명에 대한 의식변화로 인하여 그 내용의 수정이 불가피하게 되었다. 유전자 조작이나 안락사 같은 문제들이 바로 이러한 기존의 윤리관과 충돌하는 문제들로서 기존 생명 윤리관이 아닌 새로운 관점으로 바라보는 것이 요구되어지고 있다.

생명공학이란 모든 학문에서 기초가 되며 최우선시 되어야만 하는 생명 기술과 그 기술을 연구하는 기술자와 관계되는 모든 학문을 이야기한다. 구체적으로는 생명복제 기술, 낙태와 뇌사 혹은 안락사 문제, 유전자 변형 기술 (식품가공) 냉동 인간의 가능성 문제 등이 있다. 우리가 과거, 현재 혹은 미래에 배우고 익히는 공학 학문은 자연 현상을 과학적으로 분석, 연구하여, 결과적으로는 그 모든 현상을 사용하는 인간을 위한 학문이다.

그러므로 동식물을 포함한 인간의 직접적 생명과 관련된 문제는 소홀하게 취급할 수 있는 것이 아니며 그 효과와 영향은 실로 지대하기 때문에 신중하지 않을 수 없는 것이다. 이것은 후세대의 생명과 직결되고 반 자연적인 현상의 연구로 인한 생명공학의 윤리적 오류는 인간 사회의 멸망과도 직결된다고 할 수 있다.

1. 인간 생명 복제의 윤리성

인간 배아 복제는 정자와 난자를 수정해 생명을 탄생 시키는 것이 아니라 인간의 수정란을 분할하거나 체세포를 핵이식해 인공적으로 복제하여 초기 배아 단계까지만 기른다는 의미다. 인간 배아 복제와 인간 개체의 복제로 나누어진다. 일련의 이런 연구들은 알츠하이머, 당뇨병 등 여러 질환의 치료 목적도 있다. 그러나 이러한 인간 복제는 현재 인류 사회의 근간을 이루는 결혼과 가족 제도의 붕괴가 될 수도 있다.

2. 낙태, 뇌사, 냉동 인간의 연구의 윤리성

낙태에는 산모의 건강과 태어날 아기의 건강상의 문제도 있지만 그 외의 남아(男兒) 선호 사상, 혼전 성교, 잘못된 성의 인식, 미혼모의 증가로 인한 낙태도 있다. 이런 문제의 해결을 위해서라도 생명 윤리 교육의 강화와 생명 존중의 사회 분위기 조성 등이 시급하다.

뇌사란 대외의 활동이 없는 상태에서 심장 및 호흡이 가능한 상태를 말한다. 이런 뇌사문제는 사회 전반적으로 장기 이식과 깊은 관계가 있으므로 현실적인 문제와 함께 법률적인 문제를 함께 생각해야 한다.

냉동인간의 문제는 인간의 냉동 본존 기술이 윤리적인 면에서 타당성과 정당성을 부여 받지 못하고 있다. 이는 생명 탄생의 자연적인 현상과 윤리적, 종교적 문제에도 밀접한 관련이 있다

3. 생명공학기술 및 생명 복제

생명공학이란 산업적으로 유용한 제품 또는 공정을 제조하거나 개선하기 위해 생체나 생체유래 물질 또는 생물학적 시스템을 활용하는 기술이다. 전통 생명공학 기술은 발효 식품의 제조 기술의 복원, 동물 수정란의 이식 기술 등이 있으며, 신 생명공학기술이라고 부를 수 있는 것은 생물 공정기술, 동식물 세포 배양기술, 세포 융합기술, 핵이식 기술, 단백질 공학기술, 유전자 재조합 기술 등이 있다.

복제기술의 발전은 개구리의 수정란부터 현재는 복제 양 둘리까지 성공하고 있다. 이는 치료 및 연구 목적 등이 있으나, 윤리적인 문제에서는 아직 까지도 정답을 찾지 못하고 있으므로 더욱 많은 연구가 필요하다.

4. 체세포를 이용한 동물 복제

체세포를 이용한 복제는 적절하게만 이용한다면 양질의 고기와 우유 등을 얻어 식량문제 해결에 도움이 되고, 장기 이식이 필요한 환자에게 부작용이 없는 장기를 쉽게 얻을 수 있으며, 인간 수명 연장의 꿈이 이루어 질 수도 있으나 이는 정자와 난자가 만나지 않고 체세포만 가지고도 똑같은 생물이 탄생할 수 있다는 사실 때문에 생명윤리 부분에서 큰 문제가 되고 있는 영역 중의 하나라고 할 수 있다.

이와 같이 생명공학 기술 윤리의 문제는 일반 공학적인 문제 보다는 더욱 더 조심스럽게 접근해야만 한다. 과학 기술의 발달은 인간의 생명을 대상으로 하는 단계에 까지 이르렀으며 이의 성공적 발전은 인간으로써의 더욱 윤택한 삶을 영위하기 위한 기술철학의 목적에 두어야 할 것이다. 생명 공학의 문제는 전사회적, 나가서는 전 인류적인 문제가 될 수 있으며, 현재 사회인의 종교의 문제에도 많은 문제를 야기할 것이다.

<그림 14.1> 히포크라테스 상

<표 14.1> 히포크라테스 선서 (Oath of Hippocrates)

〈 히포크라테스 선서〉

이제 의업에 종사할 허락을 받음에

- 나의 생애를 인류 봉사에 바칠 것을 엄숙히 서약하노라.
- 나의 은사에게 대하여 존경과 감사를 드리겠노라.
- 나의 양심과 품위를 가지고 의술을 베풀겠노라.
- 나는 환자의 건강과 생명을 첫째로 생각하겠노라.
- 나는 환자가 나에게 알려준 모든 것에 대하여 비밀을 지키겠노라.
- 나는 의업의 고귀한 전통과 명예를 유지하겠노라.
- 나는 동업자를 형제처럼 여기겠노라.
- 나는 인종, 종교, 국적, 정당관계 또는 사회적 지위 여하를 초월하여 오직 환자에 대한 나의 의무를 지키겠노라.
- 나는 인간의 생명을 그 수태된 때로부터 더없이 존중하겠노라.
- 나는 비록 위협을 당할 지라도 나의 지식을 인도에 어긋나게 쓰지 않겠노라.
- 나는 자유의사로서 나의 명예를 걸고 위의 서약을 하노라.

생명공학과 관련된 기존의 생명윤리관은 주로 의학 윤리관에 대하여 언급하고 있다. 최초 의사로서의 윤리관을 정립한 히포크라테스 선서(Oath of Hippocrates)에서는 의사로서 마땅히 갖추어야 할 자질을 제시하고 인간의 생명을 다루는 의료 전문가로서의 윤리 규범을 정립하였다.

한편 이 헌장은 1948년 스위스 제네바에서 개최된 제 22차 세계의학협회에서 개정된 것으로 제네바 선언 (Declaration of Geneva;1948)이라고 한다. 의학이 추구하는 인간적인 목표에 대한 의사들의 공헌을 표현한 헌장이다. 이것은 특히 이 헌장이 발표되기 직전에 행해졌던 나치의 의학적인 범죄라는 측면에서도 중요한 헌장이었다. 이 제네바 헌장은 현 시대와 잘 맞지 않는 히포크라테스 선서를 현대화하기 위하여 시도된 것이다.

그리고 세계 인권 선언(Universal Declaration of Human Rights;1948)은 제2차 세계대전 전야의 인권 무시, 인권의 존중과 평화 확보 사이의 깊은 관계를 고려하여 기본적 인권 존중을 그 중요한 원칙으로 하는 국제연합헌장의 취지에 따라 보호해야 할 인권을 구체적으로 규정할 것을 목적으로 하여 채택되었다. 인권선언의 채택으로 인해 2차 대전으로 인해 무자비하게 탄압받았던 인권을 바로잡고 인류가 나아가야 할 방향을 제시하게 되었다.

<표 14.2> 제네바 선언

*자료: 한국 생명윤리학회- http://www.koreabioethics.net/

의업에 종사할 한 일원으로서 받아들여지는 이 시간에 나는

- 나의 일생을 전 인류에 대한 봉사에 공헌할 것을 엄숙히 선서한다.
- 나는 스승에 대하여 당신이 당연히 받아야 할 존경과 감사를 드리겠다.
- 나는 나의 의업을 수행함에 있어서 양심과 권위를 가지고 행하겠다.
- 내 환자의 건강은 나의 최대의 관심사이다.
- 나는 환자의 비밀을 말하지 않겠으며 환자가 사망한 후라고 하여도 그에 관한 비밀을 말하지 않겠다.
- 나는 모든 최선을 다하여 의업의 명예롭고 숭고한 전통을 유지하겠다.
- 나의 동료들은 나의 형제와 같다.
- 나는 환자의 종교나, 국적이나, 종족이나, 정당이나, 사회적 지위 등에 관계없이 그들에 대한 나의 의무를 다하겠다.
- 나는 인간이 수태된 그때부터 인간생명에 대하여 최상의 존경을 바치겠으며 어떠한 위협이 온다 하더라도 인류애에 위배되는 의술을 행하지 않겠다.
- 나는 자유로이, 그리고 내 명예를 걸고 이 약속을 한다.

<표 14.3> 세계 인권 선언(전문) (Universal Declaration of Human Rights;1948)

*자료: 한국 생명윤리학회- http://www.koreabioethics.net/

모든 인류 구성원의 천부의 존엄성과 동등하고 양도할 수 없는 권리를 인정하는 것이 세계의 자유 , 정의 및 평화의 기초이며 , 인권에 대한 무시와 경멸이 인류의 양심을 격분시키는 만행을 초래하였으며 , 인간이 언론과 신앙의 자유, 그리고 공포와 결핍으로부터의 자유를 누릴 수 있는 세계의 도래가 모든 사람들의 지고한 열망으로서 천명되어 왔으며, 인간이 폭정과 억압에 대항하는 마지막 수단으로서 반란을 일으키도록 강요받지 않으려면 , 법에 의한 통치에 의하여 인권이 보호되어야 하는 것이 필수적이며, 국가 간에 우호관계의 발전을 증진하는 것이 필수적이며, 국제연합의 모든 사람들은 그 헌장에서 기본적 인권, 인간의 존엄과 가치 , 그리고 남녀의 동등한 권리에 대한 신념을 재확인하였으며, 보다 폭넓은 자유 속에서 사회적 진보와 보다 나은 생활수준을 증진하기로 다짐하였고, 회원국들은 국제연합과 협력하여 인권과 기본적 자유의 보편적 존중과 준수를 증진할 것을 스스로 서약하였으며, 이러한 권리와 자유에 대한 공통의 이해가 이 서약의 완전한 이행을 위하여 가장 중요하므로, 이에, 국제연합 총회는, 모든 개인과 사회 각 기관이 이 선언을 항상 유념하면서 학습 및 교육을 통하여 이러한 권리와 자유에 대한 존중을 증진하기 위하여 노력하며 , 국내적 그리고 국제적인 점진적 조치를 통하여 회원국 국민들 자신과 그 관할 영토의 국민들 사이에서 이러한 권리와 자유가 보편적이고 효과적으로 인식되고 준수되도록 노력하도록 하기 위하여 ,모든 사람과 국가가 성취하여야 할 공통의 기준으로서 이 세계인권선언을 선포한다.

2차 대전이후 이어져 온 인권문제 해결을 위한 노력은 결실을 거두었다. 전쟁이라는 시련을 이겨내며 변모해 왔던 생명윤리는 또 다시 큰 시련을 맞이하게 된다. 급속도로 발전한 과학 기술 앞에 생명윤리는 다시 한 번 수술대에 오르게 된 것이다. 종래의 기술은 어떠한 질병이 발생하였을 때 그것을 해결하는 방법에 초점을 둔 수동적인 행위인 반면에 유전자 조작 기술은 예방의 차원을 뛰어 넘어서 그 원인이 아예 생기지 못하게 인간이 모든 것을 조작하는 능동적인 기술인 것이다. 하지만 이 기술로 인해 인류가 수천 년 동안 쌓아왔던 인간의 존엄성이 한순간에 뒤흔들리는 위기를 맞게 되었다.

14.2 인간 생명 복제의 윤리성

오늘날 생명 윤리 문제에서 화두가 되고 있는 여러 가지 문제들이 있다. 생명복제 기술, 낙태와 뇌사 혹은 안락사 문제, 유전자 변형 기술, 냉동 인간의 가능성 문제 등이다. 이들 중 직접적으로 기술자와 관계되는 것은 인간 복제의 유전자 공학, 생명과 관련된 생명 공학기술, 인간 생활과 관련된 환경 공학기술, 이른바 생명기술(bio technology)이라고 불리는 생명공학 기술 등이 있다.

생명 존중의 사상과 공학윤리의 문제에서 기술자는 누구를 위하여 존재해야 하는 것인가를 인식할 필요가 있다. 인간이 기술을 발전시켜 왔고 기술자는 그 기술을 대상으로 하는 학문이다. 처음부터 인간을 위하여 탄생한 학문은 끝까지 인간을 위하여 존재해야 함을 전제로 한다.

인간복제는 한 인간과 유전적으로 동일한 다른 인간을 만드는 것이다. 이러한 인간 복제는 의학적인 면에서 긍정적인 점도 있으나 종교적, 윤리적 측면 등 다른 면에서 심각한 문제를 초래할 수 있다.

추상적인 의미에서의 인간복제는 어떤 인간과 모든 면 즉, 유전형질뿐 아니라 외모, 성격, 감정, 취미, 능력, 기억 등이 똑같은 인간을 만드는 것을 의미한다. 자기자신과 똑같은 존재가 있을지도 모른다는 생각은 사람들에게 일종의 정체성 위기(identical crisis; 내가 과연 누구인지 혼란스런 상황)를 일으킨다.

대부분의 사람들이 인간복제라는 말에 대해 우선 심정적인 거부감을 느끼는 것은 바로 여기에 기인한다고도 볼 수 있다. 그러나 현재 문제가 되고 있는 인간복제는 생물학적인 인간복제 즉, 한 개체와 유전적으로 동일한 또 다른 개체를 만드는 것을 의미한다. 여기서 개체라고 함은 한 개인, 혹은 배아가 될 수 있으며 그에 따라 각기 다른 의미를 가지고 있다.

처음에 세포는 DNA로 시작하여 마지막 모든 세포가 같은 DNA를 가지고 있다. 처음에 세포가 몸의 무엇을 구성하는 세포가 될지 모르며 이를 세포의 전능성이라고 한다.

사람은 임신하게 되면 정자와 난자가 만나 수정란 형성 (수정란은 곧 하나의 세포)분열이 시작되며 세포가 많아진다. 1→2→4→8→16→32→64→128 순으로 분열되고 있는 것을 배아라고 한다. 이 배아는 후에 외배엽, 중배엽, 내배엽 세 가지 부분으로 나뉘게 된다. 이 세 가지는 다음과 같이 만들어진다.

- 외배엽 - 뇌, 척수 등 신경조직
- 중배엽 - 골격, 피부, 혈액, 근육, 신장, 생식기관
- 내배엽 - 소화기관, 호흡기관

이때는 전능성(Differentiation)은 잃어버리고 오로지 한 가지만 될 수 있는 세포가 된다. 그리고 수정란 분할법에는 두 가지가 있는데 유성생식과 무성생식이 그것이다. 유성생식은 일반적인 생식방법으로 여자의 난자와 남자의 정자가 만나 수정란을 이루고 이것이 분열하여 배아세포가 되며 이 배아세포가 분화하여 신체의 각 부분을 이루게 된다. 무성생식은 여자의 난모세포가 분열하여 제2난모세포와 제1극체로 나뉘고 이것이 다시 분열하여 난자와 제2극체를 생성한다. 이 때 DNA만을 가지고 있는 극체와 DNA와 세포질을 가지고 있는 난자를 전기, 화학적 자극으로 핵융합과 분열을 촉진시켜 배아세포를 형성 이것이 분화하여 각 신체조직을 이루게 된다.

인간배아복제는 정자와 난자를 수정해 생명을 탄생시키는 것이 아니라 인간의 수정란을 분할하거나 체세포를 핵이식해 인공적으로 복제하여 초기 배아 단계(보통 수정 후 4-5일 정도)까지만 기른다는 의미다. 잘못 해석하면 '인간의 배아를 복제한다'는 개념으로 받아들이기 쉽다.

14.2 인간 생명 복제의 윤리성

좀 더 자세히 설명하면 인간 복제는 인간 배아 복제(human embryonic cloning)와 인간 개체의 복제라는 크게 두 가지로 구분할 수 있다.

- 인간 개체 복제; 인간 개체 복제는 한 인간과 유전적으로 동일한 다른 인간을 만드는 방법이다. 여기에는 크게 수정란분할과 체세포핵이식의 두 가지 기술이 있다.
- 인간 배아 복제; 인간 배아 복제는 인간 개체 복제와 기술적으로는 동일하나 그 목적이 개체를 얻으려는 것이 아니라 완전히 분화되기 전의 배아기간 세포를 얻거나 그에 이르기까지의 과정을 연구하려는 것이다.

인간 개체 복제(human individual cloning)는 한 인간과 유전적으로 동일한 다른 인간을 만드는 방법이다. 여기에는 크게 수정란분할과 체세포핵이식의 두 가지 기술이 있다. 수정란 분할법은 수정란이 4~8개의 세포로 분열한 상태에서 각각의 할구(세포)들을 여러 물리, 화학, 생물학적인 수단을 사용하여 분리해 내는 기술이다. 즉 성체의 체세포 핵을 분리해 내어 여러 가지 처리를 거쳐 재프로그래밍 시킨 후 수핵 세포질(사람, 혹은 다른 동물의 난자)과 수정시켜 새로 분화하게 만드는 방법이다. 이 수정란을 자궁에 착상시킨다면 핵을 떼어낸 성체와 유전적으로 동일한 새로운 아기가 탄생하게 된다.

인간 배아 복제(human embryonic cloning)는 인간 개체 복제와 기술적으로는 동일하나 그 목적이 개체를 얻으려는 것이 아니라 완전히 분화되기 전의 배아기간세포(embryonic stem cell)를 얻거나 그에 이르기까지의 과정을 연구하려는 것이다.

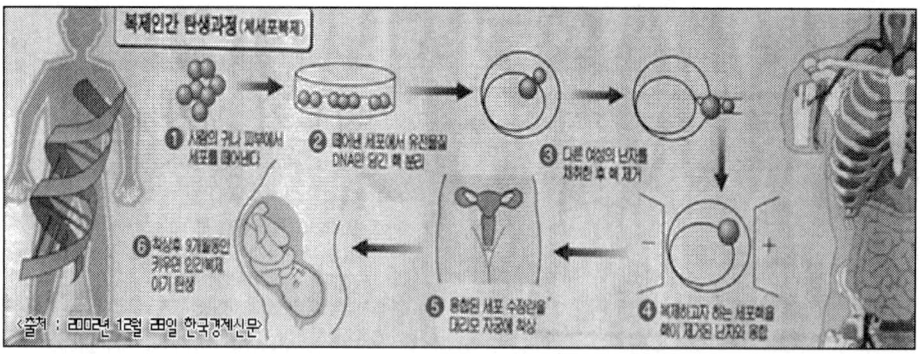

<그림 14.2> 복제인간 탄생과정 체계

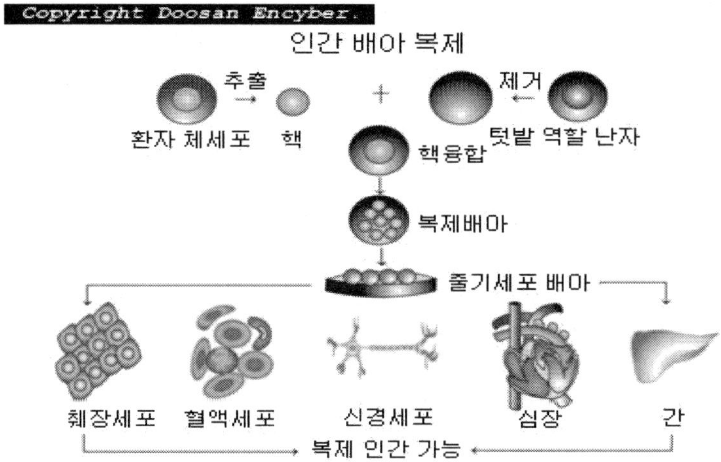

<그림 14.3> 인간 배아 복제 과정

일반적인 발생학의 관점에 의하면 인간의 수정란은 수정 후 대략 14일에 원시선(primitive streak)이 나타나면서 배아단계로 들어간다. 이때부터 8주 째까지는 각종 기관이 형성되는데 이 시기를 배아기(embryonic period)라고 부르며 이후로는 이미 형성된 기관과 신체부위가 자라는 태아기(fetal period)로 넘어간다. 이 배아의 형성과정은 임상의학과 기초 생물학의 발전에 매우 커다란 의미가 있기 때문에 많은 학자들이 여기에 관심을 보이고 있으며 배아기간세포는 알츠하이머, 당뇨병 등 여러 질환을 치료하는 데 사용될 수 있다.

장기복제(organ cloning) 한 개의 세포를 이용하여 그 세포가 원래 속해있던 전체 장기를 복제하려는 것은 아직은 꿈에 불과하지만 세포의 역분화 과정이 완전히 이해된다면 불가능한 일이 아닐 수도 있다. 그러나 근육이나 연골, 피부와 같은 조직을 체외에서 배양하여 이를 필요로 하는 환자에게 이식하려는 연구는 현재 진행 중이다.

최근에 성공한 사람 귀 모양의 연골 세포를 쥐에게서 배양한 실험 등이 이에 속한다고 볼 수 있는데 이런 연구에서는 수정란을 사용하지 않으므로 심각한 윤리적인 문제는 제기되지 않고 있다.

14.2 인간 생명 복제의 윤리성

줄기(幹)세포는 신체 내에 있는 모든 조직을 만들어 내는 기본적인 구성요소로 뼈, 뇌, 근육, 피부 등 모든 신체기관으로 전환할 수 있는 만능세포이다. 줄기세포에는 수정란이 첫 분열을 시작할 때 형성되는 만능 줄기세포와 이 세포들이 계속 분열해 만들어진 포배(胞胚) 내막에 있는 배아 줄기세포 그리고 성숙한 조직과 기관 속에 들어있는 다기능 줄기세포가 있다.

수정란 분열 초기의 만능 줄기세포는 수정란이 2개로 분열됐을 때 갈라져 각각 신생아가 된 일란성 쌍생아처럼 세포 하나하나가 한 명의 태아가 될 수도 있어 연구용으로 사용할 경우 엄청난 생명공학윤리 논쟁을 일으킬 수 있다.

생명의 출발점을 규정하는 관점은 다양하지만 크게 과학적인 관점과 종교·윤리학적인 관점으로 나눌 수 있다. 과학적인 관점에서는 생명을 물질적인 것으로 환원시켜 바라보는 경향이 있다. 종교·윤리학적인 관점에서는 현실적인 문제를 해결하는데 구체적인 대안을 제시하기 쉽지 않은 측면이 있다. 우리는 현대 사회가 과학적인 생명 관에 기초하고 있다는 사실을 인정하지만, 한편으로 종교나 윤리학에서 제시하는 생명관이 우리가 간과하기 쉬운 생명의 존엄성에 관한 교훈을 제공할 수 있음을 인정한다.

또한 의료계를 비롯한 자연과학계에서는 수정 후 14일을 전후로 하여 생명의 출발시기를 정하는 것이 쟁점이 되고 있다. 수정 후 14일이 되면 '원시선'이 형성되는데, '원시선'이 생기면 개체의 기본 단위인 배아 발생과 함께 장기 발생이 시작되는 것이다. 그래서 '원시선'이 생기기 이전은 개체성을 인정할 수 없는 세포덩이에 불과하다는 설이 있다. 그러나 이것은 발생 과정을 인위적으로 구분한 것일 수 있다는 점에서 종교·윤리학적 입장의 비판을 받고 있으며 과학자들 사이에도 논란이 되고 있다.

그런데 인간 복제의 장점을 들어 찬성하는 사람은 인간 개체 복제의 이점으로 불임부부에게 새로운 희망을 줄 수도 있다는 것과 인간 배아 복제의 이점으로 백혈병, 파킨슨병, 당뇨병 등과 같은 난치병에 걸린 환자에게 장애가 생긴 세포를 대신하여 정상 세포를 배양, 주입하여 치료할 수 있으며 손상된 장기나 신체 부분을 세포하나로부터 재생시킬 수 있다고 주장하고 있다.

14.3 낙태/ 뇌사/ 냉동인간 등의 생명공학 문제

1. 낙태

낙태의 사전적 의미는 의사의 지시에 따른 적법한 것도 여기에 포함되나 대개 좁은 의미로 불법적인 임신중절만을 뜻한다. 이것은 임신부 스스로 행하는 것이든, 타의에 의하여 시행되는 것이든 간에 모두 해당된다. 의사에 의한 합법적 임신 중절이란 임신의 지속으로 모체의 건강이 현저하게 나빠질 우려가 있거나, 악질적인 유전적 소인을 없애야 할 필요가 있는 경우, 태아가 모체 밖에 나와도 생명을 유지할 수 없는 시기에 행하는 것을 뜻한다.

세계적으로 일 년에 약 5천 5백만~7천만 명 정도의 어린 아기가 낙태되는 것으로 추정되고 있다. 한국의 경우 연간 150만 건 ~ 200만 건으로 추정되고 있으며 이것은 인구 비례로 볼 때 미국의 6배로 세계 1위이고 출산(60~80만 명)의 약 2.5배 정도의 아기가 낙태되고 있는 것이다. 낙태의 원인으로는 가족 구조의 변화, 남아 선호 사상, 혼전 성교와 미혼모의 증가, 잘못된 성에 대한 인식과 사회적 분위기 등을 나열할 수 있고 낙태의 종류로는 월경추출 임신 중절법, 진공 흡출에 의한 제거법, 프로스타 그라딘 낙태법 등이 있다.

낙태의 문제점으로는 신체적인 면에서 여러 가지 합병증과 불임을 불러일으킬 수 있고, 심리적으로는 죄의식, 후회, 우울증 등 그 후유증이 심각하다. 이러한 문제의 해결을 위하여 생명 윤리 교육의 강화와 생명 존중의 사회 분위기 조성 등이 시급한 실정이다.

2. 뇌사

대뇌가 의식적인 부분을 책임지는 부분이므로 대뇌가 활동하지 않으면 움직일 수도 생각할 수도 없게 된다. 그러나 심장박동, 호흡, 내장의 운동 등은 대뇌가 관여하지 않는다. 즉, 간뇌나 연수 등 다른 뇌가 이 역할을 담당하므로 대뇌가 활동하지 않는다 해서 꼭 심장이 멈추는 것은 아니라는 것이다. 그래서 대뇌의 활동은 없이 아래의 선행조건들이 충족되고 판정기준을 통과한 상태를 뇌사라 한다.

뇌사의 판정기준으로는 깊은 혼수상태, 자발 호흡의 비가역적 소실, 양안 동공의 확대 고정되어야 한다. 뇌간 반사의 완전 소실, 광 반사 소실, 각막 반사 소실, 안구 두부 반사 소실, 진정 안구 반사 소실, 모양체 척수 반사 소실, 구역 반사 소실, 기침 반사 소실 등이 입증되어야 한다. 자발적 운동, 제뇌 강직, 제피질 강직 등의 경련이 나타나지 않는다 혹은 무호흡 검사에서 호흡이 없다. 무호흡 검사를 6시간 경과 후에 재확인 한다. 그리고 무호흡 검사들의 기준을 재확인한 후 뇌파를 검사하여 평탄뇌파 30분 이상을 확인한다 등이 검사되어야 한다.

한편 뇌사로 판정된 사람의 장기 기증에 따른 법률적 문제가 심각하다. 그 이유로는 뇌사가 논의 되는 이유는 장기 이식과 깊은 관련이 있기 때문이고 그 배경에는 '뇌 사망자로부터의 장기기증'이라는 실제적인 문제가 있기 때문이기도 하다. 그리고 뇌사망자로 판단되어 장기이식 시에도 해결해야 할 많은 법률적인 문제가 있다.

3 냉동인간

냉동인간이란 숨이 멎었더라도 세포가 살아 있다면 다시 소생할 수 있다는 이론에서 시작되었다. 만드는 순서는 먼저 마취 후 몸 전체의 온도를 떨어뜨려 세포가 괴사하는 것을 막고 혈액을 인공적으로 교체한다. 그 후 세포막이 터지는 것을 방지하기 위해 특수 액을 몸속에 넣어 순환 시키고 질소를 뿌려 냉동처리 한 다음 특수 제작한 내부 용기에 넣고 저장 탱크에 보관하는 것이다.

미국의 알코르사의 냉동 인간 보존 처리기술을 요약하면 이 회사는 우선 고객을 '환자', 사망한 사람을 '잠재적으로 살아 있는 자' 라고 부른다. 일단 환자가 임상적으로 사망하면 먼저 시신을 얼음 통에 집어넣고 산소부족으로 뇌가 손상되는 것을 방지하기 위해 심폐소생 장치를 사용하여 호흡과 혈액 순환 기능을 복구 시킨다. 이어서 피를 뽑아내고 정맥주사를 놓아 세포의 부패를 지연시킨다. 사체를 냉동 보존실로 옮긴 다음에는 특수 액체를 부동액으로 바꾼다. 부동액은 세포가 냉동되는 과정에서 발생하는 부작용을 감소시킨다. 며칠 뒤에 환자의 시체는 액체 질소의 온도인 영하 196 ℃로 급속 냉각된다. 이제 환자를 탱크에 보관된 채 냉동인간으로 보존한다.

이러한 인체 냉동 보존 기술은 저온 생물학과 나노기술이 결합될 때 비로소 실현

가능한 기술이다. 하지만 50년 혹은 1백년 뒤의 의술이 냉동인간을 되살릴 수 있을지는 아무도 알 수 없다.

여기에서 생명공학윤리적으로 복제된 배아를 하나의 생명으로 볼 것인가, 실험용으로 배양된 배아를 죽이는 것은 정당한 일인가, 냉동인간을 다시 살린다는 것 등은 인간이 그리고 과학 공학이 생명의 신비를 하나하나 풀어가면서 생명 탄생의 영역까지 침범할 수 있다는 종교적, 윤리적 문제가 발생한다는 것을 알 수 있다.

14.4 생명공학자와 생명복제

생명공학(Biotechnology)은 산업적으로 유용한 제품 또는 공정을 제조하거나 개선하기 위해 생체나 생체유래물질 또는 생물학적 시스템을 활용하는 기술이다. 전통적 생명공학 기술(Old Biotechnology)은 발효식품제조기술, 동물수정란이식기술 등을 들 수가 있고, 새로운 신 생명공학 기술(New Biotechnology)이라고 부를 수 있는 것은 생물공정기술, 동식물 세포 배양기술, 세포 융합기술, 핵이식 기술, 단백질 공학기술, 유전자 재조합기술 등이 있다.

유전공학기술(Genetic Engineering Technology)은 생물체에 주어진 유전형질을 인위적으로 변형, 개조시켜 새로운 형질을 가진 생물체를 만들어내는 기술이며 세포 융합, 핵이식 기술 및 유전자 재조합 기술 분야 등이 있다.

유전자 재조합기술(Recombinant DNA Technology)은 특성 유전자를 운반체(vector)에 담아서 미생물의 세포내에 이식하고 그 유전자를 가동, 발현시키는 기술을 말한다. 생명체 복제(cloning)는 한 개체와 동일한 유전자 세트를 지닌 새로운 개체를 만드는 것이다. 그러나 문제가 되고 있는 것은 개체, 특히 동물 개체를 만들 목적으로 수정란, 혹은 체세포를 이용하는 기술이다. 따라서 앞으로 생명체 복제라 함은 주로 동물의 개체복제를 의미한다.

생명복제의 역사는 최근까지 동물의 개체 발생은 암수 생식세포간의 수정에 의해서만 가능한 것으로 알려졌다. 그러나 1950년대에 개구리 수정란의 핵을 개구리 난자에 다시 이식하려는 시도가 있었고 52년에는 킹과 브릭스에 의해 개구리의 체세

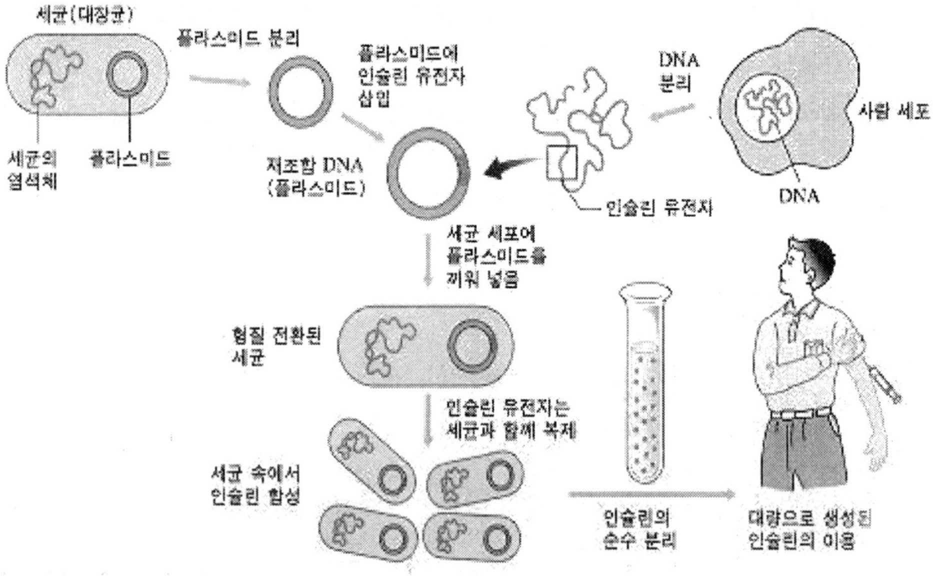

<그림 14.4> 유전 공학기술로 생산한 인슐린의 이용 예

<표 14.4> 주요 복제기술 일지 2003년까지

1952	개구리 수정란 복제(미국)
1983	생쥐 생식세포 복제
1997	첫 복제 양 '돌리' 탄생
1999	한국 첫 복제 소 '영롱이 탄생(세계 5번째)'
1999	미국 ACT사 첫 인간 배아복제 성공
2000	복제 돼지 탄생. 미국 클로네이드사 인간복제 추진발표
2001	세베리노 안티노리 박사 등 인간복제 강행 발표
2002.7월	미국에서 장기이식용 돼지 복제 성공
2002.12월 26일	클로네이드사 인간 아기 1호 탄생
2003.2월 15일	복제 양 '돌리' 사망

포 핵을 다른 수정란에 이식하는 핵 치환 기술이 성공을 거두었다. 53년 왓슨과 크릭의 염색체 이중 나선구조 발견으로 유전 메커니즘을 규명할 수 있게 되었다.

1970년대에는 존 거든(John Gurdon)이 개구리 수정란의 핵을 다른 개구리 난자에 이식시켜 올챙이까지 키우는 데 성공했고 1983년 맥그라스(McGrath)와 솔터(Solte)가 쥐 1세포기 수정란의 전핵을 치환하여 새끼를 얻는 데 성공하였으며 이후 체세포 및 2세포기 이후의 수정란 할구를 이용한 동물에서의 핵이식 연구가 가속화되었다. 그 결과 윌라드슨(Willadsen)이 1986년 면양에서 8~16세포기 수정란의 할구를 공여 핵으로 첫 새끼를 얻었으며 쥐, 소, 토끼 등에서도 같은 결과를 얻을 수 있었지만 체세포를 공여 핵으로 한 복제는 불가능하다고 생각되었다. 그러나 최근 윌머트(Wilmut)가 양의 유선세포(1997년)를 공여 핵으로 새끼를 얻는 데 성공함으로써 체세포 복제의 길이 열리게 되었다.

영장류의 복제로는 1996년 미국의 울프(Wolf)가 태아세포를 공여 핵으로 원숭이를 복제하는 데 성공하였으며 최근 미국의 제론 사에서 인간의 체세포를 이용한 수정란을 배아 단계까지 키우는 데 성공하였다.

14.5 생명복제의 공학 기술

1. 일란성 쌍둥이

암컷의 난자와 수컷의 정자가 결합하면 수정란으로 되는데 이 수정란은 그 안에서 1세포기 → 2세포기 → 4세포기 → 8, 16, 32, 64…와 같은 난할이 이루어진다. 이때 어떤 이유에서 하나의 수정란으로부터 2개의 수정란으로 분리되고 암컷의 뱃속에서 태아로 자라나 임신기를 거쳐 쌍둥이로 이 세상에 태어나는 것이다.

2. 수정란 할구 분할법, 분리법

수정란이 4세포기 또는 8세포기 등으로 발육 되었을 때 현미경하에서 예리한 도구로 2등분 또는 4등분하거나(수정란 분할법), 그 수정란 속에 들어있는 할구들을 효소를 이용하거나 물리적으로 각각 떼어내어(할구분리법) 이를 체외 배양시켜 정상적으로 발육 되었을 때 대리모에 이식하여 임신시키면 후에 동일한 유전형질을 지닌 몇 마리의 동물이 태어나게 된다. 이 방법은 생쥐 등 실험동물에서 학문연구의 수단으로 오래전부터 행해져 오고 있으며 양이나 염소 등 가축에서도 실험적으로 이루어졌었다. 우리나라에서도 이 방법으로 쌍둥이를 만들어내곤 했으나 이는 복제동물이라 할 수 없으며, 태어나는 동물의 몸집이 작고 발육성적도 좋지 않아 더 이상 연구를 진행시키지 않고 있다.

3. 생식세포 핵 이식법

난자와 정자의 수정란이란 생식세포의 결정체가 되고 이어 난분할이 진행된다. 이 수정란을 16세포기 또는 32세포기 등의 단계에서 체외로 채취하여(채란) 단백질 분해효소인 pronase를 이용하여 외막인 투명대를 제거하고 각할구의 결합을 이완시키면 동일한 유전정보를 지닌 16개 또는 32개의 핵을 분리할 수 있다(공핵, Donor nuclei). 도축된 소의 난소 또는 생존우의 난소로부터 직접 채취한 난자에서 핵을 빼어내고(탈핵), 세포활성화 과정을 거쳐 metraphaseⅡ 단계의 수핵 난자를 준비한다. 수핵 난자에 미리 준비된 S 또는 G2 단계의 할구 핵을 넣어주면 핵이식 수정란이 되는 것이다. 그 후 이 핵이식 수정란에 전기 자극 등의 처리에 의해 세포융합이라는 과정을 거쳐 인큐베이터에서 7-8일간 배양하면 16~32세포기의 수정란이 16개 또는 32개가 만들어진다. 이것을 핵이식 복제 수정란이라 하며 이런 과정을 반복하면 이론적으로는 하나의 수정란으로부터 수백, 수천 개의 복제수정란을 만들어 낼 수 있는 셈이다.

4. 수정란 간세포(Embryonic stem cell)를 이용한 동물복제

수정란의 발육단계가 진전되어 배반포기에 도달한 간세포(stem cell)를 채취, 배양하여 공핵세포(Donor nucleus)로 이용하는 기술이다. 기타 과정은 수정란 할구 핵이식법과 동일하다. 수정란이 아니라 보통 체세포로 핵이식을 하여 탄생한 복제양 '돌리'는 포유동물에서 동물의 생식 세포인 난자와 정자가 서로 만나지 않고, 체세포만 가지고도 똑같은 생물이 탄생할 수 있다는 사실 때문에 '돌리'가 태어나면서 '인간 복제'에 대한 위험이 대두되게 되었다. 만약 이것이 가능하다면 생명 잉태에서 정자의 역할이 무시될 것이며, 최악의 경우 본인의 허락 없이 자신과 똑같은 인간이 태어날 수도 있다는 것이 된다. 또한 이것은 여자가 남자 없이도 혼자서 아이를 가질 수 있게 되는 것이다.

여기에 2020년경으로 예상되고 있는 인공 태반이 개발된다면 생명의 탄생은 인간과 완전히 별개가 될지도 모른다. 그러나 이러한 생명 복제 기술을 적절하게만 이용한다면 양질의 고기와 우유 등을 얻어 식량 문제를 해결하는 것은 물론, 장기 이식에 필요한 장기를 쉽게 얻을 수 있고, 인간의 영원한 꿈인 수명 연장도 가능해질 것으로 보인다.

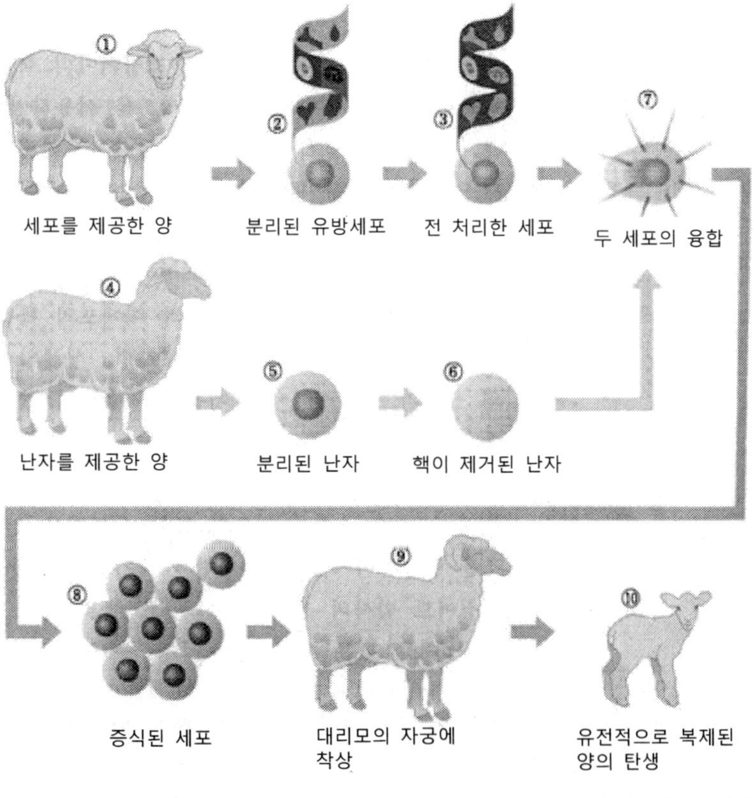

<그림 14.5> 체세포로 핵이식을 하여 탄생한 복제양 '돌리'의 탄생 체계도

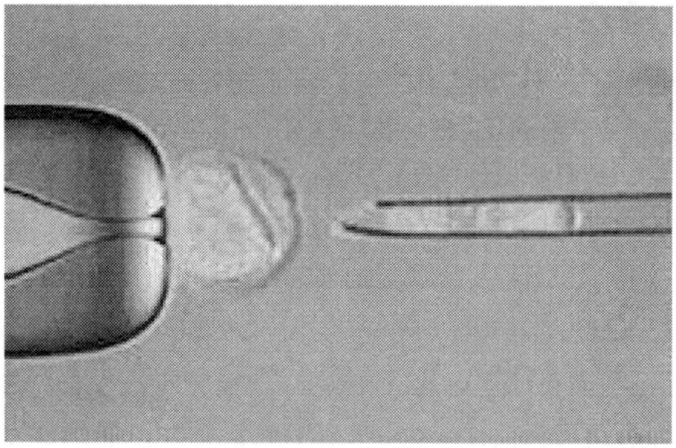

<그림 14.5> 수핵 세포질에 핵을 주입하는 직접 주입법

복제 양 '돌리'의 탄생 과정을 살펴보면 다 자란 암컷 양의 젖샘(유선) 세포에서 젖샘의 상피 세포를 분리한 다음 세포가 분열하는데 이 영양분을 제거하면 비활성 상태로 변한다.(핵을 제공하는 세포의 세포 주기를 GO기라는 일종의 휴면 상태로 유도한 것이 복제에 성공할 수 있었던 이유 중의 하나이다.)

블랙페이스 종양으로부터 난자를 분리하고. 난자의 핵을 제거한 다음 전기 융합을 통해 젖샘 세포의 핵을 미수정란에 이식한다.(핵 이식) 난자가 분열하고. 상실기나 포배기에 이르면 대리모의 자궁에 이식한다. 임신 기간(약 150일)을 거쳐 출산된다. 새끼 양은 젖샘 세포를 제공한 양과 동일한 유전 정보를 가진 클론이 된다.

1) 수핵세포질의 준비

우선 핵을 이식받게 되는 수핵세포질(受核細胞質, 즉 난자)을 준비해야 한다. 이는 성숙한 난자에서 핵을 빼내는 과정을 통해 확보하게 된다. 이 탈핵 과정은 복제 과정 중 가장 먼저 이루어지며 일반적으로 특정 약물로 난자를 처리하여 세포골격에 의한 세포질의 파괴를 억제한 후 미세 조작에 의해 이루어진다.

최근에는 탈핵을 간편하게 하고 핵이식의 효율을 증진시키기 위해 난자의 투명대를 절개 후 곧바로 눌러 짜 극체 및 주변 세포질을 제거하는 방법이 도입되었다.

2) 공여 핵의 추출과 준비

체세포를 공여 핵으로 이용할 경우에는 세포를 역분화시킬 필요가 있다. 즉 이미 분화된 세포의 세포시계를 되돌려 분열 및 분화가 정지된 상태인 G0기로 조절해 놓아야 이 세포핵을 가지고 핵이식이 가능하다. 이 과정은 체세포를 영양이 부족한 상태에서 배양하여 이루어진다. 유전자의 완벽한 재프로그래밍을 위해서는 G0기로의 유도가 효율적인 것으로 알려져 있고 이를 통해 공여가 가능하게끔 핵을 준비시킬 수 있다.

3) 핵의 이식

공여 핵을 수핵난자 내에 이식하는 방법은 크게 세포융합과 세포질 내 직접 주입법으로 나눌 수 있다. 세포를 융합시키는 기술로는 핵이식 후 화학물질에 노출시킨다든지, 비활성화된 센다이 바이러스(Sendai virus)를 주입한다든가 전기 자극을 가하는 등의 방법이 있다. 후자는 인간의 불임클리닉에서 이용하는 정자 직접 주입법을 응용한 것으로 미세 관을 사용하여 현미경 하에서 공여 핵을 수핵난자 내에 직접 주입하는 방법이다. 이는 공여 핵의 크기가 작아 융합이 어려운 경우에 시도하고 있다.

4) 난자 활성화와 리모델링

일반적으로 동물의 체내에서 난자와 정자가 융합되면 수정된 난자는 활성화되면서 분열을 시작하게 된다. 이 과정은 핵을 이식한 난자를 여러 가지 방법으로 처리하여 이와 흡사한 현상을 보이도록 자극하는 것이다.

난자를 인위적으로 활성화하기 위해서는 인산화억제제인 6-DMAP를 사용한 융합 후 활성화가 일반적으로 적용된다. 한편 분열촉진인자(MPF) 수준이 높은 상황에서 융합된 외래 핵은 일시적으로 핵막이 붕괴하고 염색체가 응축되는데 이런 과정을

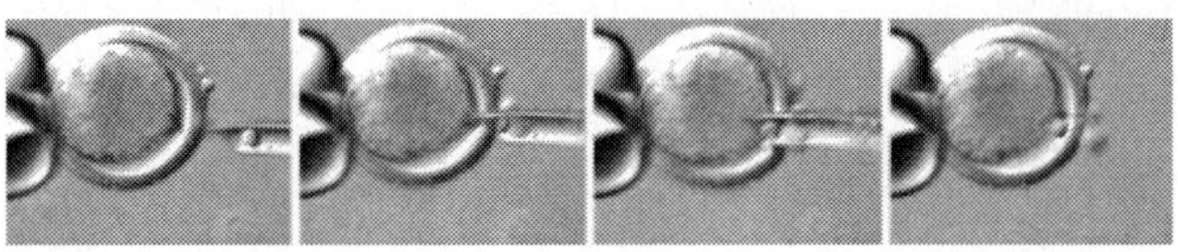

리모델링이라 한다. 최근에는 융합 후 일정 시간이 흐른 뒤 화학적 또는 전기적 방법으로 리모델링을 유도한 핵이식란이 우수한 발육률을 보여 융합 후 일정 시간 동안 높은 MPF수준을 유지하여 리모델링을 거치는 것이 이식된 핵의 재프로그래밍에 유효할 지도 모른다는 주장이 제기되고 있다.

5. 재프로그래밍(reprogramming)

재프로그래밍이란 핵이식란이 일반적인 수정란처럼 분할 및 발육에 적응하는 과정을 뜻한다. 이 과정을 통해 핵이식란은 정상적인 수정란과 마찬가지의 발달 양상을 보이게 된다. 이 과정이 존재한다는 것은 다음 몇 가지 사실이 증명한다.

- 핵이식란이 특정단계까지의 발육에 소요되는 기간이 초기에는 일부 지연되는 현상이 나타나기도 하나 일반적인 체외수정란의 배양시간과 큰 차이가 없다.
- 공여 핵의 핵막이 전핵에서처럼 심하게 증대되는 현상(nuclear swelling)을 보인다.
- 유전자 전사과정(transcription)이 신속하게 억제된다.
- 수정시 정자는 프로타민(protamine)이라는 독특한 핵단백질을 가지고 난자에 들어오는데 핵이식시의 공여 핵은 이러한 프로타민을 가지고 있지 않다. 그러나 융합 후 핵이식란에는 이 핵단백질이 나타난다.

이론적으로 핵이식란이 재프로그래밍 된다면 탈 메틸화 및 재메틸화 과정을 거쳐야 정상적인 발달 및 분화단계를 거쳐 발생이 가능할 것이다.

6. 체외배양 및 수정란 이식

핵이식란의 배양 및 수정란 이식은 체외수정란의 배양이나 이식과 동일한 방법이 사용된다. 융합 후 정상적으로 분할한 핵이식란의 경우 배반포(balstocyte)로의 발생률은 체외수정란과 큰 차이를 보이지 않는다. 그러나 배반포를 이식한 후의 새끼생산율은 체내 또는 체외수정란의 이식 성적에 비해 저조한 편이다. 이는 착상의 실패, 조기 태아사 또는 거대태아에 의한 난산 등의 문제점에 기인한 것으로 생각된다.

14.6 생명 복제의 장점과 윤리적 문제

➢ 우선 수의학 및 축산학 면에서 다음과 같은 장점이 있다고 주장한다.

1. 우량 동물의 번식과 보전

젖소 가운데는 하루에 70 ㎏의 우유를 생산하면서 질병에도 강한 것이 있다. 이런 소는 선천적으로 뛰어난 형질을 가진 소인데 국내에서 이런 젖소의 새끼를 받으려면 많은 돈이 든다. 자연적인 생식방법으로는 양친과 똑같이 우수한 새끼를 얻을 것이라 장담할 수 없다. 그러나 체세포복제방법을 사용하면 똑같은 형질을 가진 새끼를 얻을 수 있기 때문에 우량 동물의 대량 번식이라는 면에서 큰 이점이 있다.

2. 멸종 종들의 보전

시베리아 호랑이나 중국의 팬더 등은 현재 멸종 위기에 처해 있고 앞으로도 많은 동물 종들이 그렇게 될 것으로 예상된다. 특히 팬더와 같은 어떤 동물들은 동물원에서도 교배를 시키기가 무척 까다롭기 때문에 자칫하면 후손을 얻지 못할 수도 있다. 그러나 복제기술을 사용한다면 멸종 위기에 처한 동물 종들을 대량으로 번식시키고 보전할 수가 있다.

3. 특정 영양물질의 생산

유전자가 조작된 소는 인간의 모유와 유사한 우유를 제공할 수 있게 된다. 복제기술을 통해 같은 형질을 가진 소를 만든다면 상업적인 대량 생산도 기대할 수 있다. 이울러 정상적인 모유 이외에도 특정 단백질을 소의 우유 단백질과 전환시켜 소비자에게는 영양성분이 변경된 우유를 공급할 수 있다.

➢ 의학적인 면에서의 장점도 있다.

4. 인체 치료용 생명물질의 생산

알부민, 인터페론, 인터류킨 등의 치료용 단백질과 생체활성물질들은 질병의 치료에 유익한 수단으로 이용되고 있으나 그 공급은 부족한 상태이다. 이들 중 일부는 인간의 혈액으로부터 정제하기도 하나 많은 비용이 소요되며 그 원료가 되는 혈액이 AIDS, C형 간염 또는 광우병 등의 감염성 질병에 오염되었을 가능성도 있다.

세포배양기술로 이런 단백질을 생산할 수는 있으나 생산량이 극소량에 불과하며 세균이나 효모를 유전자 조작기술로 변형시켜 대량생산하는 방법도 있으나 그렇게 생성된 단백질은 정제가 쉽지 않다. 이에 비해 형질전환 동물의 유즙에서는 이런 치료용 생체활성물질을 저렴한 가격에 대량으로 생산이 가능하다. 다만 이런 치료용 단백질 등은 외래유전자를 도입한 형질전환 젖소에서는 원래 소의 것과 분리해 내기가 쉽지 않아 이를 분비한다 해도 많은 양을 정제하기가 곤란할 수도 있다.

이는 유전자적중(gene targeting)방법에 의해 소의 동등한 유전자 부위를 인간의 알부민 유전자로 대치하는 방법으로 해결할 수 있을 것이다.

5. 장기이식용 동물 생산

인간의 장기이식술은 불치, 난치의 질환을 치료하는 확실한 수단으로 수십 년 전부터 사용되어 이제는 일반 치료술로 인정받고 있으며 생명을 살리는 중요한 수단이 되고 있다. 그러나 현실적인 문제로 장기공급원이 절대적으로 부족하지만 이를 해결할 만족스런 방법은 없는 형편이다. 장기부족 문제를 해결하는 데는 의공학적 접근법에 의한 인공장기의 개발과 형질전환 동물의 생산 등이 있다.

일반적으로 돼지 등 이종 동물의 장기를 이식하면 이종항원에 의한 거부반응이 일어나는데 문제가 되는 이종항원을 유전자조작기법으로 사전에 파괴하거나, 이식 후 인간면역세포와 반응하는 장기 세포의 반응도를 떨어뜨리는 유전자를 주입하여 인간에게 이식해도 별 문제가 없는 형질전환동물을 만들 수 있다.

6. 과학 실험용 동물의 생산

인간을 대상으로 한 질병 연구는 한계가 있으므로 연구자들은 각종 동물 모델을 만들어 그 병을 연구하려는 노력을 오래 전부터 해 왔다. 지금까지는 돌연변이나 우연에 의지해 왔지만 유전자조작기법을 적용하면 우리가 원하는 동물에서 원하는 질병모델동물을 얻을 수 있다.

예컨대 특정 암을 가진 쥐나 당뇨병, 파킨슨병을 가진 생쥐 등을 만들어 이를 체세포복제기법으로 대량생산한다면 연구에 쓸 수 있는 질병 모델을 얼마든지 얻을 수 있으며 이는 해당 질병의 연구와 치료제의 개발에 엄청난 가치를 지닌다. 또 동물을 대상으로 실험을 할 때 각 개체간의 다양한 유전형질의 차이로 인해 의미 있는 차이가 발생할 수 있다.

복제양 돌리나 다른 복제동물들에서 공통적으로 나타났듯이 정상적인 모습으로 태어날 수 없다. 인간 복제 실험 중에도 분명히 99.9%는 실패라고 알려져 있다. 인간이 아닌 다른 생물체가 태어날 가망성이 높은 것이다. 또한 인간배아 복제는 성공률이 아직은 희박하므로 많은 시행착오를 겪어야 하는데 그 여건이 쉽지 않다.

생명관련 종교 단체 및 윤리관련 단체들이 주장하는 인간 복제의 문제점으로는 다음과 같은 것을 들 수 있다.

- 개인의 가치를 떨어뜨리고 인간적인 삶의 존엄성을 훼손할 것이다.
- 뒤늦게 태어난 쌍둥이에게 심리적 압박감과 피해를 준다.
- 상업적 이익을 목적으로 사용될 수 있다.
- 안전성의 문제로 클론의 착상, 성장, 발달이 제대로 일어나지 않을 수 있다.
- 인간 유전자 풀의 다양성을 감소시키므로 인류의 생존가능성을 감소시킨다.
- 정부나 다른 집단에 의해 비도덕적·착취적 목적으로 사용될 수 있다.
- 종교적 신념에 대한 커다란 회의를 불러올 수 있다.
- 초기 단계에 있는 인간 생명의 소중함을 저버릴 수 있다.

14.7 생명복제에 대한 윤리적 관점

1. 종교계의 대응

양의 복제 실험이 성공한 이후 대부분의 기성 종교는 생명, 나아가 인간 복제의 가능성에 심각한 우려를 표명하며 그런 연구와 실험을 금지하도록 촉구하였다. 천주교는 인간의 생식과 관련한 문제들에 관해 가장 완고한 입장을 고수하고 있는데 특히 1987년 2월 교황청 신앙교리 성에서 반포한 훈령 '생명의 선물(Donum Vitae)'은 사람의 생명은 수태된 순간부터 온전한 인격체로 존중받아야 함을 강조하고 있다. 따라서 인간 배아를 가지고 하는 모든 실험은 그 자체로 비윤리적이며 부부간의 결합에 의거하지 않은 모든 수태는 바람직하지 않은 것으로 본다.

개신교의 입장 역시 교파에 따라 조금씩 차이가 나기는 하지만 생명복제에 부정적임은 공통적이다. 특히 스코틀랜드 국교회(Church of Scotland)의 활동이 주목을 끄는데 이곳에서는 '종교 기술 협회(The Society, Religion and Technology Project, SRT)를 만들어 사회적으로 예민한 과학 기술 주제에 관한 종교적인 입장을 일관되게 표명하고 있다.

복제양 돌리를 만든 로슬린 연구소도 생명윤리 문제에 관해서는 이곳의 견해를 따르도록 하고 있다. SRT는 1998년 12월에 나온 '복제-사회는 어떻게 결정을 내려야 하는가?(CLONING - HOW SHOULD SOCIETY DECIDE?)'를 비롯한 여러 문건에서 전 세계적인 인간복제의 금지, 과학자에 대한 교육, 그리고 공중의 연구 활동에 대한 감시 등을 촉구하였다.

불교계 또한 생명복제에 비판적이다. 전체 불교계의 입장이 공식적으로 표명되지는 않았지만 여러 불교계 단체들이 시민운동 단체 및 환경운동단체들과 연대하여 이를 비판하는 선언문을 채택한 바 있다. 우리나라의 종교적인 대응은 이렇듯 개별 종파의 차원에서뿐 아니라 범 시민단체와 연대하여 이루어지는 경우가 많다.

2. 시민단체와 학계의 대응

돌리가 탄생한 1997년 3월 녹색연합은 국가생명윤리위원회의 설치와 생명복제 연구 금지를 골자로 하는 성명서를 발표하였고 경희대 인간배아복제실험이 발표된 1998년 12월에는 환경운동연합이 인간복제실험의 즉각 중지와 사과를 요구하였으며 같은 달 15개의 종교, 시민단체들이 참여한 생명안전·윤리연대모임에서는 '인간복제 금지 위한 규제 장치 마련을 촉구하는 환경·사회·종교단체 공동 성명서' 을 발표하고 집회를 벌였다.

1999년 3월에는 생명기술자와 생명윤리학의 전문가들로 이루어진 한국생명윤리학회가 '생명복제에 관한 1999년 생명윤리 선언'을 채택하였는데 인간개체복제의 전면금지와 국가생명윤리위원회 및 전문·연구기구의 설치를 촉구하였다.

동년 6월에는 한국철학회가 '생명·의료윤리에 관한 1999년 한국 철학회 선언'을 발표하면서 과학 기술 분야에서의 윤리교육 강화를 주장하였다. 또한 의료계에서는 대한의사협회를 중심으로 '생명복제연구지침'을 현재 준비 중에 있다.

3. 정부와 국제기구의 규제

유럽에서는 현재 동물에서는 종의 다양성과 보존을 목적으로 하는 경우에 한해서만 복제를 허용하고 있다. 프랑스 덴마크 네덜란드 등 일부 유럽 국가들은 거의 모든 인간 배아 연구를 금지시키고 있고 독일은 일절 금하고 있다.

독일과 영국을 제외한 유럽회의 19개 회원국은 1998년 1월 12일 파리에서 인간복제를 엄격히 금지하는 유일한 국제협정인 "인간복제금지 의정서"에 서명했다. 이 의정서는 "유럽 인권-생명의학 협약"의 추가문서 형식으로서 다른 사람과 유전적으로 동일한 인간의 창조를 엄격히 금지하고 있으며 어떠한 예외도 배제하고 있다.

1997년 6월에는 서방선진7개국과 러시아 등 8개국 정상회담이 주요 현안 중 하나로 인간복제문제를 취급하였으며 폐막식 공동성명에서 이들 정상들이 인간복제의 전 세계적인 금지를 촉구한 바 있다.

그 전까지 미국은 인간배아 연구를 원칙적으로 금지해왔으며 이에 대한 연방정부의 지원도 금지하고 있었다. 하지만 99년 6월 영국 정부는 전문가들의 권고를 거부한 채 파장을 고려할 시간이 더 필요하다는 이유를 들어 모든 의학적 연구 활동에 대해 인간배아 복제행위를 금지시킨 바 있다.

우리나라에서는 현재 생명공학 육성법 개정 법률안 2건이 의원발의 형식으로 국회 상임위원회에 회부되어 심사 중에 있다. 두 안은 모두 인간복제를 금지하고 있으나 제한의 범위와 형사 처벌 여부에 따라 약간의 차이가 있다. 조만간 이런 법률안이 통과되면 우리나라에서도 인간복제에 대한 법적 규제가 가능해질 것이다.

14.7 생명복제에 대한 윤리적 관점

4. 생명복제에 대한 윤리적 논쟁점

인간복제를 지지하는 윤리적 주장들이 있다. 첫째, 자유주의의 기본 원리인 타인 위해(危害)의 원리, 즉 개인에게 위임된 자유는 만약 개인이 그렇게 선택한다면 그리고 개인의 행위가 그다지 타인에게 심각한 피해를 끼치지 않는다면, 그 개인이 인간복제를 자유롭게 사용하도록 놔둘 것을 요구한다.

둘째, 선호 공리주의 즉, 선택할 수 있는 행위들 가운데 그 행위에 영향을 받을 모든 사람들의 선호를 극대화시키는 행위를 선택해야 한다는 원리에 입각할 때, 자신의 유전자를 물려주고 싶어 하는 사람의 욕망과 복제기술로 태어난 사람의 욕망을 만족시켜주는 것이 복제인간이 되고 싶지 않은 욕망보다 크다면 도덕적으로 허용되어야 한다는 것이다.

셋째, 인간복제는 개인적 또는 사회적으로 이익을 준다는 근거에서 정당화된다는 것이다. 개인에게 이익이 될 수 있는 측면으로 인간복제는 일부 사람들이 현재 겪고 있는 불임이라는 고통을 덜어줄 새로운 수단이 된다. 인간복제는 난자가 없는 여성이나 정자가 없는 남성들도 자신들과 생물학적 혈연관계가 있는 자손을 생산할 수 있게 해준다.

인간복제는 부부 중 한쪽이 심각한 유전병을 앓고 있을 때, 그 병을 자손에게 물려줌이 없이 번식할 수 있게 해준다. 상당한 시차를 두고 쌍둥이를 만드는 인간복

<표 14.5> 생명복제의 윤리적 쟁점

생명복제에 대한 윤리적 논쟁점	
▪ 인간복제를 지지하는 윤리적 주장	▪ 인간복제를 반대하는 도덕적 논거
1. 자유쥬의의 기본원리인 타인 위해의 원리	1. 린간을 복제하는 것은 비 자연적 논거
2. 선호 공리 쥬의	2. 인격권의 침해
3. 개인적, 사회적으로 이익을 준다는 근거의 정당화	3. 개인적 혹은 사회적인 피해

제는 이식용 장기나 조직을 제공할 수 있다. 인간복제는 일치하는 장기나 조직을 가진 제공자를 찾아야 하는 문제를 해결하고 이식거부 반응이 일어날 위험을 아예 없애거나 현저하게 줄여줄 것이다.

이 경우 복제인간을 수단적으로 대우한다는 비판을 받을 수 있다. 하지만 오직 이 동기만이 원조인간과 복제인간과의 관계를 지배한다고 볼 수 없다. 복제인간을 동등한 인간으로 대우하면서도 원조인간을 구할 수 있는 수단으로 대하는 경우가 가능하기 때문이다.

인간 복제 및 인간 복제 연구는 인간의 발생과정과 같은 과학지식상의 중요한 발전을 가져올 수 있다. 남녀 간 성비가 이상적으로 조화된 사회를 건설하는데 도움이 된다는 것이다.

그러나 인간복제를 반대하는 도덕적 논거들은 첫째, 인간을 복제하는 것은 비자연적이라는 것이다. 정상적인 성 관계를 통하지 않고 성인의 체세포에서 인간의 배아를 복제하는 것은 비자연적이라는 것이다. 비자연적인 행위가 도덕적으로 허용될 수 없는 근거는 생과 사를 인위적으로 조작하는 것은 신의 고유 영역을 침해하는 행위이기 때문이라고 가톨릭을 비롯한 종교계는 말한다.

둘째, 인간복제의 이용은 중요한 인격권을 침해한다는 것이다. 이는 두 가지 측면에서 논의할 수 있다. 하나는 고유의 정체성을 지닐 권리를 위배하는 것이며, 다른 하나는 타인의 미래를 알지 못할 권리 혹은 열린 미래에 대한 권리이다. 인간은 누구나 유전적으로 유일하게 될 권리를 가지는 바, 복제기술로 태어날 인간은 유전적으로 유일하게 될 권리를 침해받는다는 것이다. 인간복제는 개인의 특성을 상실하게 한다는 것이다. 복제된 인간은 앞선 유전적 동일자를 통해서 자신의 미래가 알려지게 되어 있다는 것이다.

셋째, 인간복제는 개인적 혹은 사회적으로 피해를 준다는 것이다. 개인적 피해의 측면으로 인간복제는 뒤늦게 태어난 쌍둥이에게 심리적 압박감과 피해를 줄 것이다. 앞서 태어난 쌍둥이가 어떤 인생길을 걸었는지 알았을 때, 정신적으로 나쁜 영향을 미칠 수 있다.

헤럴드 버무스(Harold Varmus)는 복제 인간의 몸을 이루고 있는 해묵은 세포들은 원본의 몸속에 있었던 기간만큼, 클론에게 암이나 노화 관련 질병을 일으킬 수 있는 유전자 돌연변이를 축적할 수 있다고 우려한다. 이를테면 돌리는 새끼양의 탈을 썼을 뿐인 늙은 양에 불과할 수 있다는 것이다.

사회적 피해의 측면으로 인간복제는 개인의 가치를 떨어뜨리고 인간적인 삶의 존엄성을 훼손할 것이다. 인간복제는 개인을 대체 가능한 존재로 생각하게 함으로써 우리가 인간의 삶에 부여해온 가치와 존엄성을 훼손한다는 것이다.

인간복제는 인간관계의 혼란을 야기할 것이다. A 여자의 난세포에서 세포핵을 제거하고, B 남자의 체세포로부터 추출된 세포핵을 A의 난세포에 주입시켜 A 혹은 제3자인 C에게 임신시켜 태어난 인간이 바로 복제된 인간이다. 그러면 이렇게 해서 태어난 아이 Y는 B와 어떤 관계에 있는가? Y는 B의 아들인가, 아니면 B의 동생인가, 그것도 아니면 B와 동일인인가? 이런 질문이 발생하는 이유는 Y와 B의 유전자가 동일하기에, 일상적인 의미로서는 새로운 개체라고 보기 어렵기 때문이다.

인간복제는 상업적 이익을 얻을 목적으로 사용될 수 있다. 상업적 이익이 유전적으로 인증되고 보증된 판매용 배아, 즉 다양한 바람직한 특성을 지닌 개인들로부터 복제한 다양한 배아 상품 목록이 시장을 통해 제공될 수 있다는 것이다. 또 장기를 얻기 위해서 복제인간을 은밀히 '사육'하게 될 가능성도 있다. 모든 사람들을 시장에서 서로 다른 가격에 의해 매매되는 대상으로 취급하게 됨으로써 그들이 소유한 평등한 도덕적 가치와 존엄성을 근본적으로 침해할 것이다.

인간복제는 정부나 다른 집단에 의해 비도덕적·착취적 목적으로 사용될 수 있다. 창조될 사람들을 고르고 통제하는 기준은 창조되는 사람의 이익이 아니라, 사회의 이익과 그들을 창조하는데 드는 비용이다. 뿐만 아니라 번식과 양육도 개인의 이익과 상관없이 이루어진다.

범죄만이 아니라 모든 사회활동이 담시 당하고 신분노출이 두려워 개인은 극도로 위축되는 사회가 된다. 유전자 기능과 역할에 정통한 게놈 연구진, 매수당한 다국적 제약업체가 독재자와 손잡고 마침내 우생학을 실시한다.

민족의 순수혈통을 복원하고 건강한 후세를 낳는다는 명분으로 '열등자 유전자'를 도태시킨다. 인간복제를 그런 목적으로 사용하는 것은 클론을 오직 타인의 이익을 위한 수단으로 착취하는 것이며, 클론이 완전한 도덕적 개인으로서 지니고 있는 평등한 도덕적 가치와 존엄성을 침해하는 것이다.

복제기술을 인간에게 적용하는 인간 유전자 풀의 다양성을 감소시키므로 인간복제는 인류의 생존가능성을 감소시키거나 적어도 증대시키지 못한다는 주장이다. 초기 단계에 있는 인간 생명의 소중함을 저버리는 행위이다. 복제기술을 인간에게 적용하는 것은 곧 자의적으로 폐기하거나 미숙한 기술에 의해 '생명'을 잃는 수많은 '잠재적 인간인' 초기단계의 인간을 만들어 내는 것을 의미하므로 이를 허용할 수 없다는 주장이다.

잠재적 인간인 초기 단계의 인간이 해를 입는 경우는 크게 다음과 같다.

① 인간의 배아를 착상시키지 않고 길러 낼 때를 생각할 수 있다.

② 착상을 목적으로 인간의 배아를 기를 때, 실제로 착상시키는 것보다 많은 수의 배아를 기르므로 인간의 배아가 해를 입는다.

③ 착상시키는 과정이 완벽하지 못하기 때문에 또는 착상시킨 후의 발달 과정에서의 결함 때문에, 착상과정에서 잠재적 인간이 해를 입을 수 있다고 할 수 있다. 주지하는 바와 같이, 복제양 돌리는 기술적 불완전성으로 인해 기형이나 괴물 같은 양 276마리가 희생되었다.

인간복제는 기존의 종교적 신념에 커다란 회의를 불러온 가능성이 높다. 이는 사회적으로 큰 불안감을 불러올지 모른다. 인간을 창조할 수 있는 유일한 존재인 신과 대등한 위치에 인간이 자리하게 된다는 점에서, 그리고 복제된 인간은 어떤 전생을 가지는가에 대해서 기독교와 불교는 어려운 대답을 해야 된다.

14.8 Case Study; 생명공학 기술과 원자폭탄

원자폭탄은 우라늄·플루토늄 등의 원자핵 분열에 의해서 얻어지는 에너지를 살상 또는 파괴 목적에 이용한 폭탄이다.

순도 높게 농축된 우라늄 235, 플루토늄 239 등 핵분열물질의 원자핵에 중성자를 충돌시키면 원자핵에 분열반응이 일어나고, 핵분열을 일으킨 원자핵으로부터는

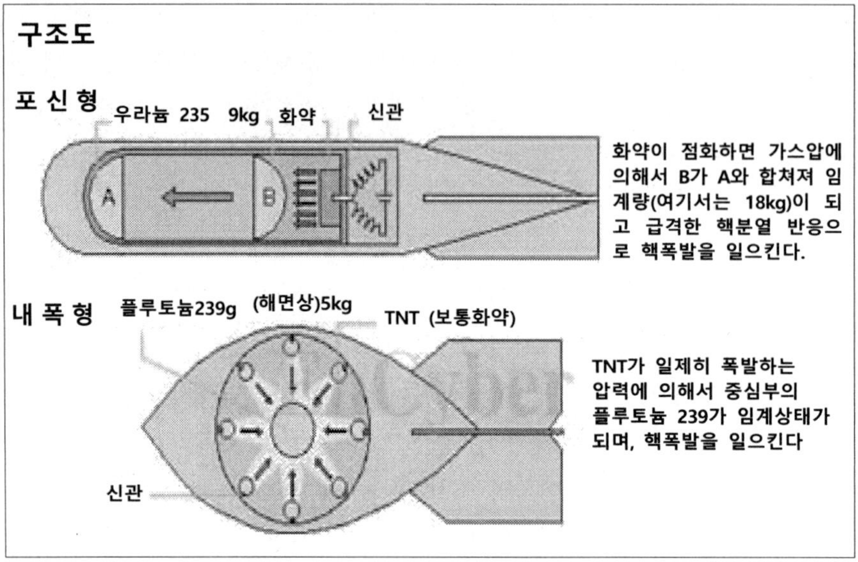

<그림 14.6> 원자폭탄의 구조도

다시 2개 이상의 중성자가 튀어나와서 다른 원자핵에 충돌하여 새로운 핵분열을 일으킨다. 이러한 핵분열반응은 연속해서 확대되어 나가며, 연쇄반응을 일으켜서 방대한 에너지를 방출하게 되는 것이다.

우라늄 92의 동위원소인

$$\text{우라늄-235}(\ {}^{235}_{92}U\ )$$

이고

$$\text{우라늄-238}(\ {}^{238}_{92}U\ )$$

은 단지 중성자를 흡수

$${}^{1}_{0}n + {}^{235}_{92}U \rightarrow {}^{146}_{56}Ba + {}^{90}_{36}Kr$$

이 과정에서 생기는 질량차이 때문에 엄청난 에너지가 발생하는 것이다. 이 과정으로 생긴 바륨(Ba)과 크립톤(Kr)은 극도로 불안정하여 중성자를 내놓게 되는데 이

때 생성되는 두 개 이상의 중성자는 두 개 이상의 다른 원자핵과 충돌하여 네 개 이상의 중성자를 만들고 이런 반응이 엄청난 속도로 증식될 것이다. 그러므로 급격한 연쇄반응, 즉 폭발물이 될 수 있다는 결론이 된다.

우라늄 -235외에도 플루토늄 -239도 연쇄 반응을 일으킬 수 있고 이

$$\text{플루토늄 -239는}\left({}^{1}_{0}n + {}^{238}_{92}U \rightarrow {}^{239}_{92}Pu \right)$$

천연에는 존재하지 않으나 천연 우라늄에서 쉽게 얻을 수 있는 우라늄-238에 중성자를 흡수시키면 핵변환을 일으켜 얻어진다는 사실도 알게 되었다.

폭탄의 살상 및 파괴효과는 폭풍·열·방사능의 3대 효과가 종합적으로 작용하여 발휘된다. 폭발은 100만분의 1초 내에 일어나고, 지속시간은 200만분의 1초에 불과하다. 이와 같이 극히 짧은 순간에 막대한 에너지가 방출되므로 수백만 도 이상의 고온이 발생하여 주위의 공기를 가열시키고, 가열된 공기는 급격히 팽창해서 폭풍이 되어 무서운 파괴효과를 내게 된다. 가열된 공기는 불덩어리를 형성해서 고열의 열복사선을 방출하여 연소 및 화상효과를 낸다.

표준 원자폭탄이 공중 ·지표면에서 폭발한 경우 폭풍효과에 의해서 폭발중심으로부터 1~5 km 이내의 목조건물, 300 m 이내의 콘크리트건물, 150~220 m 이내의 지하 구조물이 파괴되고, 열복사선에 의해서는 2.5 km 이내의 가연성 물질이 연소되거나 인원에게 심한 화상을 입히게 되며, 방사선에 의해서는 1 km 이내의 전체 인원에게 치사량의 방사선량을 조사하게 된다.

1. 원자폭탄 투하사건의 개요

1945년 미, 영, 중은 '포츠담 선언'에서 내일 처리방침을 명시함과 아울러 무조건 항복으로 요구하였다. 일본이 이를 묵살하자 미국이 일본의 히로시마와 나가사키에 원폭을 투하했다. 먼저 히로시마 원자폭탄 투여사건은 태평양전쟁이 막바지에 달했던 1945년 8월 6일 아침 미국의 B-29 폭격기 '에놀라게이'호는 일본 히로시마를 향해 날고 있었다. 히로시마 상공에 도착한 에놀라게이호는 8시 15분 정각 심상치 않게 보이는 검은 물체 하나를 떨어뜨리고는 쏜살같이 방향을 틀었다. 이것이 세계 최초로 투하된 원자폭탄 '리틀 보이(Little Boy; 꼬마소년)'이었다.

나가사키 원자폭탄 투여 사건은 히로시마에 원자폭탄 떨어진 후 사흘 뒤 인 1945년 8월 9일 11시 2분 굉음소리와 함께 나타난 미국의 B-29 폭격기는 길이 3.2 m, 지름 1.5 m, 무게 4.5톤의 검은 물체를 떨어뜨렸다. '팻맨(Fatman; 뚱보)'이라는 이름이 붙여진 원자폭탄이었다. 폭발과 가까운 거리의 건물들은 아예 없어졌고 사람의 시체는 아예 존재하지도 않았다. 엄청난 폭발과 함께 많은 사람들이 한 톨의 가루도 남기지 못한 채 없어져 버렸다. 외곽지역 곳곳에 알아볼 수 없을 정도로 타죽은 시체들이 즐비했다.

2. 원자력 발전과 원자폭탄의 차이점

핵분열(Nuclear Fission)은 특정한 종류의 원자핵이 중성자와 충돌한 후 불안정해져서 가벼운 원자핵들로 분열하며 질량이 줄어들고 에너지가 발생하는 핵반응이다.

$$235U + n \rightarrow 236\ U^* \rightarrow X + Y + 2\sim3\ n + \text{에너지(약 200 MeV)}$$

n 중성자, 236U* 불안정한 상태의 236U, X와 Y는 핵분열 결과로 생성되는 가벼운 핵종들, 즉 핵분열 조각(Fission Fragment) 또는 핵분열 중성자(Fission Neutron)라 한다. 하나의 핵분열 반응에서는

약 200 MeV (메가 일렉트론볼트 = 106, eV = 1.602×10-13 J)

의 에너지가 생성된다.

중수소(H_2 ·D),삼중수소(H_3 ·T)등수소의동위원소들처럼 가벼운 원소의 핵이 1 억도 이상의 초고온 상태에서 서로 결합해 헬륨(He)과 같은 무거운 원소의 핵을 형성할 때 질량 결손에 의해 생기는 열이다.

<표 14.6 원자폭탄과 원자력 발전 비교>

	원자 폭탄	원자력 발전
원료	90%이상고농축 235우라늄	2~4%의 저농축 235우라늄
제어봉의 유무	없다	있다 (노속에 중성자수를 일정하게 유지되도록 조절)
성냥개비 비유	성냥갑 속에 꽉 들어찬 성냥에 불을 붙이면 그 안에 있는 성냥이 한꺼번에 타는 것과 같이 연쇄반응이 한 번에 일어나게 함으로써 에너지 이용	성냥개비를 한 줄로 놓아 불을 붙이면 한 개비씩 타는 것과 같이 각종 제어장치를 통해 필요한 만큼의 에너지를 알맞게 이용

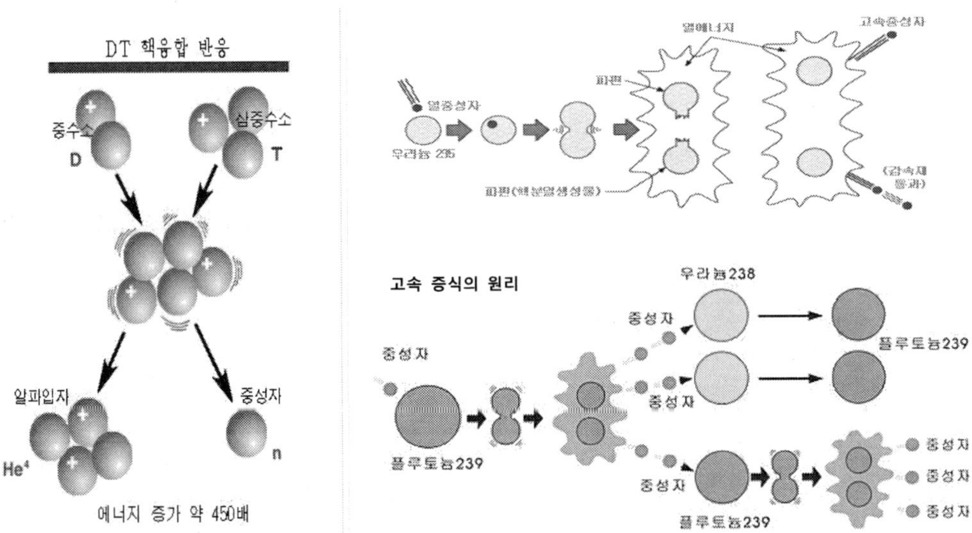

<그림 14.7> 핵분열의 원리

14.8 Case Study; 생명공학 기술과 원자폭탄

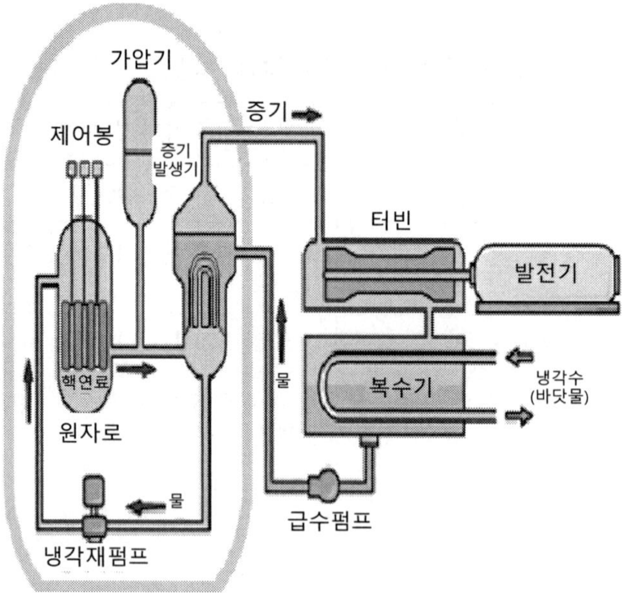

<그림 14.8> 핵발전소(원자력 발전소)의 기본 원리

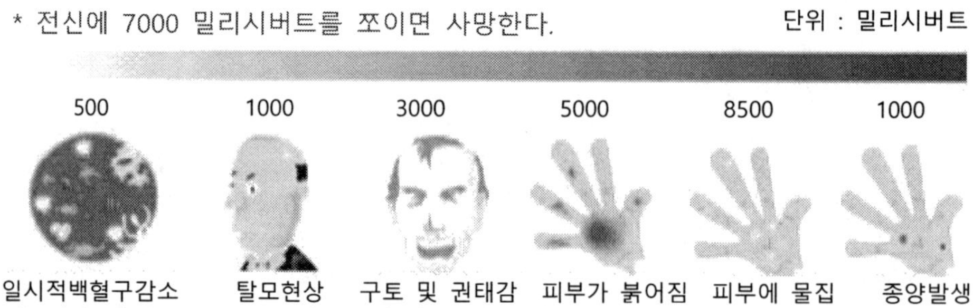

<그림 14.9> 방사선의 영향

3. 방사능이란?

불안정한 상태에 있는 방사능 물질의 원자핵이 안정 상태를 회복하려 할 때 에너지가 쏟아져 나오는 현상을 방사선이라 하고, 방사선을 내는 것을 방사성 물질이라 한다. 방사능이란 방사선을 내는 능력을 말한다. 인체에 미치는 장애는 급성장애와 만성장애로 나뉜다. 급성장애는 대량의 방사능을 일시에 쪼일 경우 발생, 피폭량 25렘 정도 이상이면 급성장애가 나타나고 250렘 수준에서는 50%가 사망하며 600렘 이상에서는 대부분 죽는다. 만성장애는 방사선 양이 적을 경우 발생, 임상적으로 증상이 없다가 잠복기를 지나 나타난다. 후세에까지 미치게 되어 기형아를 낳게 된다.

4. 공학윤리 토론 사항

1) 원자폭탄의 투하 사건과 공학윤리적 측면에서의 관계를 설명하라.
2) 산업혁명과 오염 문제와 관하여 공학윤리적 측면의 분석 결과를 설명할 수 있는가?
3) 전쟁무기의 개발과 기술자들의 역할에 대하여 윤리적인 설명이 가능한 것인가?
4) 공학기술의 윤리적 측면은 공학기술의 발전과 어떤 관계를 취하는 것이 마땅한 것인가?

참고문헌

1. 과학세대 편(1993). 21세기의 공학기술사회, 벽호.
2. 과학철학교육위원회(2003). 과학기술의 철학적 이해, 한양대학교출판부.
3. 구승희(1995).에코필로소피아: 생태, 환경의 위기와 철학의 책임, 샛길.
4. 권혁길(2007), 공학윤리의 의의. 권혁길 외, 공학윤리, 인간사랑.
5. 김대순(1983). 국제경제법론, 삼영사.
6. 김영종(1996). 부패학, 숭실대출판부.
7. 김용권(2008). 연구윤리 정립을 위한 학회의 역할과 노력. 물리학과 첨단기술,
8. 김정식(2004). 공학기술윤리학, 도서출판 인터비젼.
9. 김진 임홍빈 외 (2005) 공학윤리(기술공학시대의 윤리적 문제들).
10. 김진국·정보주(2007). 공학윤리강령. 공학인을 위한 윤리, 미래컴.
11. 김춘태 이대희(2000). 윤리학의 이해, 형설출판사.
12. 김태길(1991). 윤리학, 박영사.
13. 김태길(1997). 직업윤리와 한국인의 가치관, 철학과현실사.
14. 남문현 외(2002). 전통 속의 첨단 공학기술, 김영사.
15. 노부오, 이케다(2000). 인터넷 자본주의 혁명, 거름.
16. 도성달 외(2002). 과학기술시대의 삶의 양식과 윤리, 울력.
17. 돈아이디, 김성동 역(1998), 기술철학, 철학과현실사.
18. 뒤르켐, 에밀(1998).직업윤리와 시민도덕, 새물결.
19. 레비, 피에르(2000). 사이버 문화, 문예출판사.
20. 레비, 피에르(2002). 디지털 시대의 가상현실, 궁리출판.
21. 레제 쉐퍼, 발터, 권용혁 옮김(1996). 칼 오토 아펠과 현대철학, 울산대학교출판부.
    로티, 리처드(1998). 철학 그리고 자연의 거울, 까치.
22. 롤즈, 존,황경식 옮김(1996). 사회정의론, 서광사.

23. 마누엘 G. 벨라스케스(2002), 기업윤리(Business Ethics)
24. 바이커, 위비 외(1999). 과학기술은 사회적으로 어떻게 구성되는가, 새물결.
25. 박선목(1983). 윤리학, 학문사.
26. 박종대 옮김(1985). W.S. 사하키안 지음, 윤리학- 그 이론과 문제에 관한 개론, 서강대학교 출판부.
27. 박헌준(2005). 한국의 기업윤리 -이론과 현실, 삼영사.
28. 박흥식(1999). 내부고발의 논리, 나남출판.
29. 배원병 외, 공학윤리, 북스힐, 2006.
30. 변재옥(2000). 정보화 사회의 프라이버시와 표현의 자유, 커뮤티케이션북스.
31. 부패방지위원회(2002). 공공기관 청렴도 측정내용 및 결과,
32. 부패방지위원회(2003). 일과 윤리,
33. 세버슨, 리차드(2000). 정보 윤리학의 기본원리, 철학과 현실사.
34. 송성수·김병윤(2001). 공학윤리의 흐름과 쟁점. 유네스코한국위원회 편, 과학연구윤리, 당대.
35. 신창석 외(2003). 직업윤리, 세종출판사.
36. 안건훈(2001). 과학 기술 그리고 철학, 철학과 현실사.
37. 오진곤(1997), 과학사회학 입문, 전파과학사.
38. 웹스터, 앤드류, 김환석 외(2002), 과학기술과 사회, 한울아카데미.
39. 이민호(1999), 부정부패는 가라, 한국능률협회
40. 이민호(1999), 부패척결을 위한 법제도적 접근방안, 한국행정학회
41. 이민호(2000), 우리사회 윤리와 준법인프라 구축방안, 한국기업윤리학회
42. 이민호(2003), 국가비전과 국가윤리시스템 도입방안, 한국기업윤리학회
43. 이상철 외(2001). 주체중심 직업윤리, 정림사.
44. 이은영·박원순(2002), 부패추방 어떻게 하나
45. 이재은(1997), "상장법인 내부감시장치의 외부평가와 신내부통제제도", 삼일저널, 가을호
46. 이정호(2007). 공기업에서의 윤리경영 도입, 정착방안 연구한국기업윤리학회.

47. 이종영(2005). 기업윤리 : 이론과 실제, 박영사.

48. 이준호(2003). 엔지니어의 사회적 책임과 윤리강령. 김진 외, 공학윤리: 기술공학시대의 윤리적 문제들, 철학과 현실사.

49. 이창혁(1992). 메가트렌드, 21세기 북스.

50. 이택식(1996), 공학과 공학자 그리고 기술, 서울대학교출판부.

51. 자크 엘루(1996). 박광덕: 기술의 역사. 한울.

52. 장수영, 독일대학과 과학의 역사, 학문사, 2001

53. 정윤승(2006). 공학윤리강령. 양해림 외, 과학기술시대의 공학윤리, 철학과 현실사.

54. 정진섭·황희경(1995). 국제지적재산권법, 육법사.

55. 존 호스퍼스(John Hospers), 최용철 옮김(1994). 인간행위의 탐구, 지성의 샘.

56. 존슨, 드보라 G.(2001). 컴퓨터 윤리학, 한울아카데미.

57. 차동관 1998 바람직한 환경 윤리와 21세기의 환경 교육에 관한 연구, 경주 대학교 논문집 11호

58. 찰스 해리스(Charles E. Harris), 김유신·성경수 옮김(2004). 과학과 공학윤리: 개념과 사례, 학술정보.

59. 최훈, 조극훈(2005).일과 윤리, 리북

60. 추정훈(2003).윤리의 본질과 직업윤리, 형설출판사.

61. 한국공학원(1997), 공학기술로 나라 살리자, 고려서적.

62. 홍성욱(1999), 생산력과 문화로서의 과학기술, 문학과지성사.

63. 홍성태 외, 삼풍사고 10년 교훈과 과제, 보문당, 2006

64. 홍영석(2002), 과학기술의 윤리성, 교우사.

65. 堀田源治(2006). (사)일본공학교육협회, 공학교육연구 강연회 논문집.

66. 石原孝二, 臍本良何(2006), 공학교육연구강연회 강연논문집, 강연번호 1-214.

67. Accreditation Board for Engineering and Technology (2005). Engineering Criteria 2000.

68. Attfield, Robin(1983). The Ethics of Environmental Concern, New York: Columbia University Press.

69. Baum, R, J.(1980). Ethics and Engineering, Hastings-on-Hudson, NY: The Hastings Center.

70. Baum, Robert J. (1980). Ethics and Engineering Curricula, Hastings Center, Hastings-on-Hudson, N.Y.

71. Berleur, Jacques, Brunnstein, Klaus(ed.)(1996). Ethics of Computation: Codes, spaces for fiscussion and law, Chapman & Hall London.

72. Boisjoly, Roger(1991). "The Challenger disaster : Moral responsibility and the working engineer", in Etbical issues in Engineering, Prentice Hall.

73. Boyd, Richard(1988). "Moral Realism" in Moral Realism, Cornell University Press.

74. C. B. Fleddermann(1999). Engineering Ethics, Prentice Hall.

75. C.R. Harris, Jr(2002). Applying Moral Theories (4 th), Wadsworth, Cambridge University Press.

76. Chadwick, R. And Schroeder, D. Routledge(2002). Applied Ethics - Critical Concepts in Philosophy, Nature and Scope, Vol. I.

77. Charles E. Harris, Jr. et al(1995). Engineering Ethics: Concepts and Cases (Belmont, CA: Wadsworth).

78. Clark, S.(2000). Engineering Ethics in Japanese Corporations: A View from the Field. EAJ (Engineering Academy of Japan) Information, No. 97.

79. D. Bonevac (2002). Today's Moral Issues-Clasic and Contemporary Perspectives, (4TH ed.) McGaw-Hill.

80. Davis, M.(1998). conflict of intrest revisited, Bussiness and Professional Ethics journal 12.

81. Davis, Michael (1998). Thinking Like an Engineer: Studies in the Ethics of a Profession, Oxford University Press, New York.

82. Deborah G. Johnson(1991). Ethical Issues in Engineering, Prentice Hall.

83. Devid B. Resnik(2001). The Ethics of Science, Routledge.

84. Durbin, P.(1997). Engineering Ethics and Social Responsibility: Reflections on Recent Development in the USA. Bulletin of Science, Technology & Society.

85. Elbaz, S. W.(1990). Professional Ethics and Engineering: A Resource Guide. Arlington, VA: national Institute for Engineering Ethics.

86. Gewirth, A.(1978). Reason and Morality, Chicago: University of Chicago Press.

87. Harman, Gilbert(1997). The Nature of Morality, Oxford University Press.

88. Harris, C. E. Jr., M. S. Pritchard and M. J. Rabins(2005). Engineering Ethics, Concepts and Cases, 3rd ed., Belmont: Wadsworth/Thomson Learning [국역: 김유신 외 옮김, 공학윤리, 북스힐, 2006].

89. Harris, C.E., Jr., Pritchard, M.S., and Rabin, M.(2004). Engineering Ethics: Concepts and Cases. Belmont, CA: Wadsworth Publishing.

90. Hempel, Carl(1999). Aspects of Scientific Explanation and Other Essays in the Philosophy of Science, New York.

91. J. Maienschein - Michael Ruse(2000). Biology and the Foundation of Ethics, Cambridge.

92. J. P. Sterba, Thomson(2004). Morality in Practice, (7th ed).

93. J. R. Boatright(2000). Ethics and the Conduct of Business (3rd), Prentice Hall.

94. Kemper, J. D.(1982). Engineers and Their Profession, 3rd ed. New York: Holt, Rinehart & Winston.

95. Layton, E. T., Jr.(1986). The Revolt of the Engineers: Social Responsibility and the American Engineering Profession, Baltimore: Johns Hopkins University Press.

96. Lewis, David(1993). Causal Explanation" in Explanation, ed. David Hillel Ruben.

97. Iino, H.(2001). Teaching Engineering Ethics in Japan. Proceedings of the International Conference on Engineering Education, Oslo, Norway.

98. Luegenbiehl, H.C. (1996). Engineering Ethics Education in the U.S. Bilingual Japanese/English.

99. Luegenbiehl, H.C.(1983). Codes of ethics and the moral education of engineers. Business and Professional Ethics Journal.

100. Luegenbiehl, Heinz C. (1983). 'Code of Ethics and the Moral Education of Engineers', Business and Professional Ethics Journal, vol. 2, no. 4.

101. Martin, M. and Schinzinger, R.(1983). Ethics in Engineering. New York: McGraw-Hill.

102. Martin, M. W. and R. Schinzinger(2004). Ethics in Engineering, 4th ed., New York: McGraw-Hill.

103. Martin, Mike W. and Schinzinger, Roland (1997). Ethics in Engineering, 3rd ed., McGraw-Hill, New York.

104. Martin, Mike W.(1996). Ethics in Engineering, McGraw-Hill.

105. Michael J Reiss And Roger Straughan(1999). Improving Nature? : The Science and Ethics of Genetic Engineering, 3rd ed., Cambridge University Press.

106. Mike W. Martin and Roland Schinzinger(1996). Ethics in Engineering, 3rd ed. (NY: McGraw-Hill).

107. Miller, Richard(1987). Fact and Method, Princeton University Press.

108. Mitcham, C. and Duval, R.S.(1999). Engineering Ethics. Upper Saddle River, NJ: Prentice Hall.

109. Mitcham, Carl(1999). Engineering Ethics, Prentice Hall.

110. National Society of Professional Engineers (2006). Code of Ethics. Http://www.nspe.org/ethics/ehl-code.asp.

111. Pinkus, Rosa Lynn B. (Edt)/Shuman.(1997). Engineering Ethics, Cambridge University Press.

112. Rogers, William P.(1986). "Report to the President by the Presidental Commission on the Space Shuttle Challenger Accident", Washington, DV.

113. Schinzinger R. and martin M.W.(2000). Introduction to Engineering Ethics, Mcgraw-company.

114. Schlossberger, Eugene (1993). The Ethical Engineer, Temple University Press, Philadelphia.
115. Stephanie J. Bird & Raymond Spier(1999,2004). Science and Engineering Ethics, Opragen.
116. T. L. Beauchamp - J. F. Childress(2001). Principle of Biomedical Ethics (5th), Oxford. Techne: Research in Philosophy and Technology, 80): e-journal.
117. Unger, S. H.(1994). Controlling Technology: Ethics and the Responsible Engineer, 2nd. ed., John Wiley & Sons, New York.
118. Van Fraassen(1980), The Scientific Image, Oxford Clarendon Press.Vesiliand, P. Aarne and Gunn, Alastair S. (2000). 환경과 과학 기술자의 윤리, 마루젠.
119. Vesilind, P. Aarne(1998). Engineering Ethics and the Environment, Cambridge University Press.
120. Whitbeck, Caroline(1998). Ethics in Engineering Practice and Research, Cambridge University Press.
121. Zimmerman, J.(1994). Curbing Unethical Behavior in Government, Greenwood.

찾아보기

ㅊ

ㅋ

ㅌ

ㅍ

ㅎ

공학윤리

2012년 2월 20일 초판 인쇄
2017년 8월 25일 6 쇄 발행

저　　자　김정식
발 행 인　송기수
발 행 처　도서출판 GS인터비전
편 집 처　도서출판 GS인터비전
인 쇄 처　대명프린팅
등록번호　제 25100-2016-000050호
I S B N　978-89-97231-00-3(90500)

주　　소　서울 은평구 증산로15길 69, 2층
전　　화　02)976-7898,3272-7898,
팩　　스　02)6468-7898
홈페이지　gsintervision.co.kr
E-Mail　gsinter7@gmail.com

정 가　22,000원